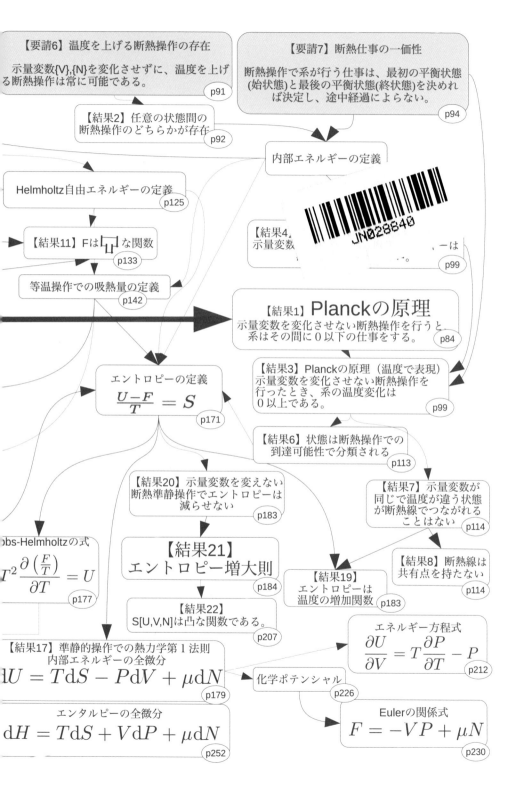

【要請6】温度を上げる断熱操作の存在

示量変数{V},{N}を変化させずに、温度を上げる断熱操作は常に可能である。 p91

【要請7】断熱仕事の一価性

断熱操作で系が行う仕事は、最初の平衡状態(始状態)と最後の平衡状態(終状態)を決めれば決定し、途中経過によらない。 p94

【結果2】任意の状態間の断熱操作のどちらかが存在 p92

内部エネルギーの定義

Helmholtz自由エネルギーの定義 p125

【結果11】Fは⌐∪な関数 p133

【結果4】
示量変数

ーは
p99

等温操作での吸熱量の定義 p142

【結果1】 Planckの原理

示量変数を変化させない断熱操作を行うと系はその間に0以下の仕事をする。 p84

エントロピーの定義
$$\frac{U-F}{T} = S$$
p171

【結果3】Planckの原理(温度で表現)
示量変数を変化させない断熱操作を行ったとき、系の温度変化は0以上である。 p99

【結果6】状態は断熱操作での到達可能性で分類される p113

【結果20】示量変数を変えない断熱準静操作でエントロピーは減らせない p183

【結果21】
エントロピー増大則
p184

【結果22】
S[U,V,N]は凸な関数である。 p207

【結果7】示量変数が同じで温度が違う状態が断熱線でつながれることはない p114

【結果19】
エントロピーは温度の増加関数 p183

【結果8】断熱線は共有点を持たない p114

bbs-Helmholtzの式
$$T^2 \frac{\partial \left(\frac{F}{T}\right)}{\partial T} = U$$
p177

【結果17】準静的操作での熱力学第1法則
内部エネルギーの全微分
$$dU = TdS - PdV + \mu dN$$
p179

エンタルピーの全微分
$$dH = TdS + VdP + \mu dN$$
p252

化学ポテンシャル p226

エネルギー方程式
$$\frac{\partial U}{\partial V} = T\frac{\partial P}{\partial T} - P$$
p212

Eulerの関係式
$$F = -VP + \mu N$$
p230

よくわかる 熱力学

前野 昌弘 著

東京図書株式会社

はじめに

1 本書における熱力学へのアプローチ

　この「よくわかる」シリーズの「はじめに」ではだいたい、著者が大学のとき
にいかに○○がわからなかったか、という話から始めている。そこで大学で熱力
学を勉強したときを思い出そうとした──のだが、見事に何も覚えてない。自分
が大学生のときに熱力学をどう理解していたのか、さっぱりわからない（多分、
理解してなかったのだ）。熱力学を攻略するための「本丸」はエントロピーの理
解[†1]だが、そのエントロピーの理解ができたのは統計力学を勉強した後だった
ように思う。統計力学のエントロピーと熱力学のエントロピーはその成り立ち
が違うので、こんな理解の仕方は邪道である。統計力学を経由してからの方が
「エントロピーが状態量である」という概念が頭の中に入ってきやすくなったの
$\rightarrow$ p53
だが、それは私の経験がそうだっただけで、自分がそうだったから皆もそうしな
さい、というつもりは毛頭ない。エントロピーの概念は、熱力学だけで完結する
（完結するように説明することができるし、本書ではそうする）。

　昔話はともかく、かように、熱力学というのは勉強の方向を誤ると迷路に落ち
込む学問なのである。

　以上のような反省に立った上で、では熱力学をどう理解していけばいいだ
ろう？

　熱力学の理解の筋道にはいくつかの「流儀」があるが、本書は

[†1] 今から考えてみると、中学生・高校生ぐらいの頃から物理に関する一般書を読んで聞きかじっていた
「エントロピー」という言葉に、神秘的な「幻想」を持ちすぎたのもよくなかったように思う。大学1年生
のとき（授業で熱力学を勉強する前だ）、同級生に「おまえ、エントロピーエントロピーって言っているけ
ど、ほんまにわかっとんか？」と言われて答えに窮したことを今でも覚えている。

熱力学は「力学」の続きである

という姿勢で進めていく。

初等力学では力から「仕事」が定義され、仕事により増減する物理量として「ポテンシャルエネルギー」が定義される[†2]。いったんポテンシャルエネルギーが定義されると、逆にそのポテンシャルエネルギーを微分することで「力」がわかる。力学では「仕事によってポテンシャルエネルギーが増減」「ポテンシャルエネルギーを微分すると力」という概念が有用である。この有用な概念を熱現象が現れる場合にも広げていく。熱力学で定義される「ポテンシャルエネルギーに対応する量」のことを「熱力学関数」と呼ぶ。

熱力学では初等力学に比べ仕事が行われる状況について考慮すべきポイントが増える。それがゆえに「熱力学関数」は初等力学の「ポテンシャルエネルギー」に比べ注意深く定義していく必要があるし、後で定義する F という熱力学関数については上に挙げたポテンシャルエネルギーの性質は（特に「仕事によって増減」という部分は）非常に限定された意味でしか通用しない[†3]。それでも熱力学関数は大変有用で、「微分すると力に限らずもっといろいろな物理量がわかる」という性質はとてもありがたい。

熱力学を勉強する物理学徒の悩みは「熱とはなにか？」「エントロピーとはなにか？」という疑問であろう。その「悩み」を解消するため、まずは力学での「仕事→エネルギー」という流れの先に続く概念として（新しいものではなく「力学の思想の続きにあるもの」として）熱、そしてエントロピーを導入していこうというのが本書での流れである。このあたりの熱力学へのアプローチの仕方は『熱力学—現代的な視点から』（田崎晴明著、培風館）に準拠している[†4]。熱は目に見えないが、「力」は目には見えなくとも感じることはできるし、「仕事」は実感することができる。そのような「目に見えるもの」「操作できるもの」さらに言えば「手応えを感じられるもの」を使って熱力学という「物理」を知っていこう、というのがこの本でやりたいことだ。

本書では、前提として読者は力学の知識はあるものとする（できれば解析力学も知ってた方がいいだろうが、必須ではない）。また、微分や偏微分の計算に

[†2] エネルギーのおかげで複雑な問題が易しくなったという経験を何度もしたはずである。
[†3] 熱力学関数がポテンシャルエネルギーと全く同様ではないという点に、熱力学の本質がある。
[†4] 流れは似ているが、より基本的なところから（具体的には力学から）固めていく形で執筆した。

はある程度慣れているものとする（付録Aにまとめてある）。電磁気学、量子力
→ p315
学、統計力学は知っていればその分楽なことや嬉しいことはあるだろうが、知っ
ていなくても大丈夫である（これらに関係する部分は後で向こうを勉強してか
ら理解してくれればいい）。

> 🖥 「よっしゃ、じゃあそのやり方で熱力学を理解していこうじゃないか」と納
> 得してもらえた人は、ここですぐに第2章へと（あるいは力学に自信のある人はさら
> → p11
> にその先の第3章へと）進んでいってくれてよい。
> → p45
> 「なんで仕事やエネルギーから熱力学に入るの？ ──そんなことして何がうれしい
> の？」という疑問を持った人のために、第1章で「そもそも、なぜ熱力学は難しいと
> → p1
> 言われるのだろう？」という疑問について考えていこう。

2 本書での書き方のルール

本書では、少しだけ世間の他の本とは違う表記方法を使っているところがあ
るので、その点をここでまとめておく[5]。

文中に式を書くときは $\boxed{F=ma}$ のように四角でくくって目立つようにした
が、間違えた式をあえて書くときは $\boxed{F=mv}$ のように灰色の背景とした。この
枠が出てきたら「間違った式だぞ」と注意して欲しい。

微分を表現するdはイタリック体（d）ではなく立体dを使い、dx のように
微分されている文字とつなげて書く。これは dx を「$d \times x$ の掛算記号が省略さ
れたもの」と勘違い[6]しないように、という老婆心からである。誤解を受けそ
うな表記はなるべく減らしたい（しかしあまり従来のものと違う表記を使うの
ははばかられる）のでこの書き方を採用している[7]。

関数の括弧は、（掛算の括弧と区別が付くように[8]）$f(x)$ のように、薄い灰色
で書くことにする。

---

[5] とはいえ、あまり新奇な書き方をすると他の本を読むときに困るかもしれないので「世間での表記の仕
方」から大きく逸脱しない程度に変えてあるつもりである。

[6] 「そんな奴はいねぇ！」と言いたくなる気持ちはわかるのだが、実際 $\boxed{\dfrac{dx}{dt}=\dfrac{x}{t}}$ という計算をする人
はいる。まぁそういう人は、$\dfrac{dx}{dt}$ と書いてあったって $\dfrac{x}{t}$ にしちゃうかもしれないのだが。

[7] 偏微分記号は単独で ∂ が使われることはないので誤解は少ないだろうと判断し、つなげてない。

[8] これも「そんな奴はいねぇ！」という声が聞こえてきそうだが、$\boxed{\dfrac{d}{dx}f(x)=f(1)}$ という式を見た
ことがある。まぁそういう人は $f(x)$ と書いてあったって（以下略）

$V_1, V_2, \cdots$ のように「複数個の V」の関数 $F(V_1, V_2, \cdots)$ の省略形として、$F(\{V\})$ と書く。

偏微分係数の記号としては $\left(\dfrac{\partial f(x,y,z)}{\partial x}\right)_{y,z}$ のように（少々冗長ではあるのだが）微分にあたって固定した変数を後ろにつけて表した。固定する変数や引数を省略して $\dfrac{\partial f(x,y,z)}{\partial x}$ や $\dfrac{\partial f}{\partial x}$ のように書かれることも多いが、本書ではこのような記法を使うときはその旨断るようにしている。

$f(x(t), y)$ のような関数を t で微分するという操作を行うとき、「まず $f(x,y)$ を x で微分してから、$\dfrac{\mathrm{d}x}{\mathrm{d}t}$ を掛ける」という操作を行うものだが、このとき最終結果は $x(t)$ と y（つまり t と y）の関数だから「x に $x(t)$ を代入する」という操作が必要になる。この操作を本書では $\underbrace{f(x,y)}_{x=x(t)}$ と表現（多くの本では $f(x,y)\big|_{x=x(t)}$ と書いているが横幅が小さくなる表記を選んだ）して、

$$\frac{\mathrm{d}}{\mathrm{d}t}\left(f(x(t), y)\right) = \underbrace{\left(\frac{\partial f(x,y)}{\partial x}\right)_y}_{x=x(t)} \frac{\mathrm{d}x(t)}{\mathrm{d}t}$$

と表現することにした。

本書においてもそうだが、熱力学を勉強するときは「ある特定の系（特に理想気体）で成り立つ式」と「一般的に成り立つ式」を区別しておいた方がよい[†9]。そこで、

一般論。

＜具体例＞..

　具体例を記すときは、このように行の左横に縦線を書く。

　ここまでが具体例。

ふたたび一般論。

のように、具体例を書く部分は横に線を引いて区別しておくことにする。

以上を約束として、本編に進もう。

[†9] p108 にも書いたが、「理想気体でしか使えない式を使ってしまう」間違いは頻出するので、注意して欲しい。

目　次

[**Web**サイトからのダウンロードについて]

●章末演習問題のヒントと解答は web サイトにあります。これらのダウンロード、および **sim** などのマークのついた図のシミュレーションの閲覧は、本書サポート web(http://irobutsu.a.la9.jp/mybook/ykwkrTD/) から行ってください。

●本文中で参照している章末演習問題のヒントと解答のページは、本文のページと区別するため、15w のようにページ番号の後ろに w が付いています。

　熱力学の要請から結果や定義がどのように導かれるかを示す「熱力学攻略チャート」が見返しにあるので学習の参考にして欲しい。

第 *1* 章

熱力学とは

最初に「熱力学」とはどんな学問なのか、を見ておこう。

1.1 熱力学は何が難しい？

―――――― 疑問 ――――――
「熱」とは何か？

この問いを熱力学を勉強しかけの学生さんに聞いてみたとすると、以下のようないろいろな答えが返ってくるだろう。

(1) 暖かかったり、冷たかったりを表すもの
(2) エネルギーの一つの形態
(3) 分子の振動のエネルギー
(4) エネルギーの移動
(5) 温度を上げるもの

（↑には、間違いも入っているので注意：この先で解説する）

これらの答の中には部分的に正しいものもあるが、なかなか満足できる説明にはなってない。たとえば (1) の「暖かかったり、冷たかったりを表す」のは、むしろ「温度」に対する解答（それも、中途半端な解答）だろう。

1.1.1　Stock or Flow?

　注意すべきことは、

> 熱は stock（貯蔵量）なのか、flow（変化量＝流れ）なのか。

という点が曖昧な、あるいは間違っている説明が実に多いことである。stock と flow はペアで定義される量で、ある状態（始状態）から別の状態（終状態）への変化が起こったときに、stock がその変化の間の flow に応じて増減する。つまり、
$$\begin{cases} \text{flow が入ってきたら stock がその分増える} \\ \text{flow が出ていったら stock がその分減る} \end{cases}$$
という対応を持つペアの物理量が定義できるとき、その量を stock と flow と呼ぶ。

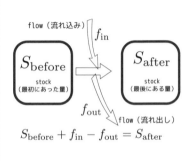

──── stock と flow の例 ────

stock	flow
貯金	預入／引出額
ダムの貯水量	流入／流出量
力学的エネルギー	仕事
運動量	力積
角運動量	トルク積[†1]
電荷[†2]	電流×時間

$$S_{\text{before}} + f_{\text{in}} - f_{\text{out}} = S_{\text{after}}$$

　最初に S_{before} という stock（貯蓄）があり、f_{in} という流れ込みがある一方、f_{out} という流れ出しがあれば、stock（貯蓄）の値は $S_{\text{before}} + f_{\text{in}} - f_{\text{out}}$ に変化する。S_{before} を貯金額、f_{in} を預入額、f_{out} を引き出し額と考えれば「10万円貯金を持っていて5万円預け入れたが3万円引き出した。現在の貯金額は $10 + 5 - 3 = 12$ 万円」という状況である（こういうのはお金で考えるのが一番わかりやすいらしい）。

　stock は、ある瞬間の「状態」に対して定義されている量。flow の方はある状態から別の状態へと変化する際にその系から流れ出たりその系に入ってきたりした量である。→ p45

[†1] 力積が（力）×（時間）であるように、（トルク）×（時間）を「トルク積」と書いた。こういう言葉はあっていいはずだが、あまり使われていない。

[†2] この「電荷」はコンデンサなどに溜まった電気量で、そこに流れ込んだ電流に時間を掛けると電荷の変化量になる。

実は熱は流れ（flow）の方なのだ。たとえば

- 熱が伝わった。
- 熱を放出して温度が下がった。
- 摩擦で熱が発生した。

などの「例文」でわかるように、「熱」というのはなんらかの変化が起こったときに、出たり入ったり発生したりする量である。

　一方、上で挙げられた「熱って何？」の答えのうち、(3)「分子の振動のエネルギー」は stock を表現した言葉で、flow である熱の表現としては正しくない。(2)「エネルギーの一つの形態」も stock かどうかの区別が曖昧だが、「一つの形態」の中に「流れている」という意味を入れているなら、かろうじて正しい。物理量は stock とそれに対応する flow との二つがペアになっていることがよくある[†3]。この二つは明確に違う量なので、どちらが stock でどちらが flow か、この区別がつかないままで話をするのは危険である。

　「熱」は flow である。(4)「エネルギーの移動」はこの概念が入っているという点は正しい。また、(5)「温度を上げるもの」も間違ってはいない（ちゃんと「変化をもたらすもの」であるという概念は入っている）。しかしこの二つも、まだ説明不足である。まずエネルギーの移動も、温度を上げる原因も、（この後で厳密に定義するところの）「熱」以外のものがある。そしてもっと大事なことは物理量としての定義においては、「物体の温度が $1{}^{\circ}C$ 上がったとき、どれだけの熱が入ってきたのか」をちゃんと示す必要がある[†4]。

同量の $0{}^{\circ}C$ の水と $100{}^{\circ}C$ の水を熱を通す壁で間をしきって接触させ、周りを断熱材で囲む。しばらくすると温度は平均である $50{}^{\circ}C$ になる。

という現象が起きたとき、我々は「熱が $100{}^{\circ}C$ の水から $0{}^{\circ}C$ の水に向けて移動した」と言う[†5]。が、これだけでは「いくらの熱が移動したか？」という問いに答えられないから、まだ定量的な定義になっていない[†6]。

[†3] どちらにも属してないようなものももちろんある。

[†4] エネルギーは「100J の仕事をすればエネルギーは 100J 減る」と定義されているが、温度と熱に関しては「$100{}^{\circ}C$ の熱が入ってきたら $100{}^{\circ}C$ 温度が上がる」とはなっていない（そもそも熱の単位は ${}^{\circ}C$ じゃない）。「定義」は「それを聞いたら、その量がちゃんと計算できる」ものであるべきである。

[†5] このように初等的な理科および物理では習うのだが、実は水の比熱は「温度に依らず一定」ではないので、厳密にこうはならない。

[†6] 中学理科では (質量) × (比熱) × (温度差) で熱が計算できたことを覚えているだろう。

　エネルギーという stock が「外部に移動する」または「外部から移動してくる」とき、その移動量（flow）のうち、ある部分が熱である。注意して欲しいことは「熱」という stock はないことである。熱の正体が「エネルギーの flow の一形態」であることが明確になる前は、『熱（flow）』によって増えたり減ったりする『熱（stock）』を考えたり、それが「カロリック（熱素）」と呼ばれる一種の物質であると考えたりもした。しかし、そのような stock を考えることは熱が関与する物理現象を解釈するには不要（むしろ有害）であることがわかった[†7]。

　エネルギーの flow としては（先に表で示したように）「仕事」もある（むしろ仕事の方が先にあった）。エネルギーの移動量のうちどの部分が「仕事」で、どの部分が「熱」なのか、を判定し選り分ける必要がある。

　このように考えるときには温度に関係する「目には見えないエネルギー」の存在を暗黙に仮定しているのだが、このエネルギーを「内部エネルギー」と呼ぶ（これは stock である）。よって、stock か flow か曖昧な言葉である「熱エネルギー」という言葉は使わない方がいい。熱現象に関係する stock という意味なら、「内部エネルギー」を使うべきだし、移動量なら単に「熱」と呼ぶべきだ。残念ながらきっちりとこの辺りを区別してない人もいて、「物体が熱を持っている」のような言い方をする人もいる（「内部エネルギーを持っている」と言い直すべき）。

　この、　何が stock で何が flow か？　をしっかり認識しなくてはいけない、というのが熱力学の難所その1である（「難所」とは書いたが、考えてみれば当たり前のことであるし、その重要性は熱力学に限ったことではない）。

1.1.2　エネルギーって何？

　さて、こうなると次の質問もしたくなる。

―― 疑問 ――

「エネルギー」とは何か？

こちらも、曖昧だったりなかなかぴったりした答が返ってこないことが多い問いであり、聞いてみると返ってくる答えは

[†7]「熱量保存の法則」なども、この時代の名残で、「保存する（stock である）熱量」などというものはないのだから、この名前もよろしくない。

- 物体が持っているもの
- 仕事をする能力
- 物体の中にたまっていて、移動するもの

のような感じであろうか（力学をちゃんと勉強した人にとっては何てことない問いのはずだが）。

エネルギーの定義をちゃんと（短く）説明することは難しいのだが、「持っているもの」とか「たまっていて移動するもの」では何も説明したことにはならないだろう。また「仕事をする能力」というのはある程度正しいが、これだと「一晩寝たらエネルギーが回復してまた仕事ができるようになる」というふうに誤解するかもしれない（人間の場合は寝ることでまた仕事ができるようになることもあるが、物理用語としての仕事はそういうものではない）。

具体的には、エネルギーは以下の図で定義される[8]。

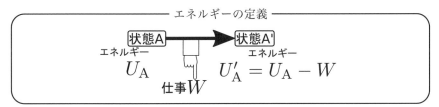

$$\text{エネルギーの定義}$$

すなわち、「仕事を flow としたときの stock」がエネルギーである[9]。

「そんなにうまくいくの？」と疑問に思う人もいるだろう。その感覚は大事である。先人たちが自然を観察した上で、どのような量を定義したら自然をうまく理解できるかを考えた結果がこの仕事およびエネルギーの定義なのだから、どのように「うまくいく」ようにやるかというところに工夫がある。

実際のところ、エネルギーが定義できるためにはいくつかの条件が必要であり、それらの条件が幸いにも満たされているときに限り、エネルギーを使える。すぐにわかる条件は「まず仕事が定義できること」である[10]。さらにその仕事

---

[8] 以下、状態変化の間に系が外界に W の仕事をすることを ⊔̲W と表現する。

[9] 「仕事をする」とその分エネルギーが減る。「負の仕事」をした場合は負の量だけ減少するので「増える」ことになる。

[10] 物理を学ぶにおいては物理量の「定義」をきっちり知ることがまず大事である。そこが曖昧なまま勉強を進めても実りがない。「定義を知る」ことは「その量を計算する方法を知る」ことである。たとえば「エネルギーの定義は？」と言われて「物体が持っているもの」では（計算の仕方がまるでわからないから）定義にならない。「自分は物理ができない」と思っている人の多くが、まずここができなくて勉強が進まない状況にある。物理が得意になりたかったら定義を知ろう。それは難しい話ではなく、「自分が今から何を考えるのかをはっきりさせてから前に進め」ということである。物理に限らず、何だってそうでしょ？

がある性質を持っていなくてはいけないが、それについては2.1.1項で考える。
$\rightarrow$ p11

　とりあえず、仕事がちゃんと定義できて、かつその仕事が次の図のように、ある系Aがある系Bに仕事Wをしたときは、系Bは系Aに仕事$-W$をする、という関係になっていたとしよう[†11]。

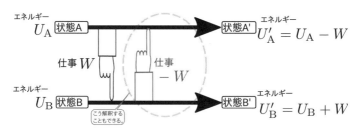

　この結果、仕事をした系AはWだけエネルギーを失い、仕事をされた系BはエネルギーがW増える。よって全体のエネルギーは保存する（上の図の場合 $\boxed{U_\mathrm{A} + U_\mathrm{B} = U'_\mathrm{A} + U'_\mathrm{B}}$ が成り立つ）というのがエネルギー保存則の導出である（仕事をする／されるの関係についての注意は2.1.2項を参照）。
$\rightarrow$ p15

　注意して欲しいのは、「エネルギー保存則があるから」ではなく、こうなるような量として「エネルギー」を定義し求めたがゆえにエネルギーが保存するようになったことである。別の言い方をすれば、エネルギーは人間が、自然を考察するにあたっての便利さを追求する過程の中で作り出した（あるいは、発明した）概念である[†12]。自然界に実体として「エネルギー」なるものが存在しているのではなく、「人間が作った」のである。

　たとえば運動エネルギー$\frac{1}{2}mv^2$、重力の位置エネルギーmgh、バネの弾性エネルギー$\frac{1}{2}kx^2$、その他いろんなエネルギーは全て「仕事をしたらその分だけ増減する量」となるように定義されている[†13]（動いている物体は何かにぶつかって押すことで仕事ができるが、止まるまでどれだけ仕事ができるかを計算するとちゃんと$\frac{1}{2}mv^2$になる）。これについては第2章でもう少し説明するが、ここ
$\rightarrow$ p11
で「そうだっけ？」と思った人は力学の本を読み返しておこう。

[†11] 初等力学の場合でも、摩擦や物体の変形などによりロスが発生する場合はこうならないが、ここではロスがない場合のみを考えていることにする。
[†12] これは後で出てくるエントロピーだって同じだ。
[†13] もちろん「定義されている」だけではなく、エネルギーを用いた計算の結果は実験的にも支持される。実験との整合性に支えられているという意味では熱力学も同様である。

物理を勉強するとき[†14]、「これはこういう定義なんだから」で思考停止してはいけない。定義は誰か人間（物理学者なり数学者なりの御先祖様のどなたか）が与えたのだから、「こう定義することによる御利益」がなにかあってそうしているはずである。その部分を考えずに「そういうことになってんだからそうしておこうや」（←こういう態度を「天下り」と言う）と定義を丸呑みしていると、本質がわからないままに勉強が進むことになってよろしくない[†15]。この後、熱力学の話が進んでいく中で新しい物理量を定義していくことになるが、F だの S だの、それら新しい物理量の定義について、それぞれ「なぜこう定義するといいのか？」をいちいち確認しながら理解していこう。

1.2 分子運動のエネルギーの移動としての「熱」

ここまで当然のように「エネルギーは保存する」という話をしてきたが、物理現象を見ていると、エネルギーが保存するようにはちっとも見えない。たとえば物体を落下させると床にあたり跳ね返るが、けっして元の高さまで戻ってこない（サポートページに下のアニメーションがあるので、動きを見てほしい）。位置エネルギー mgh がどこかに行ってしまったように思える。

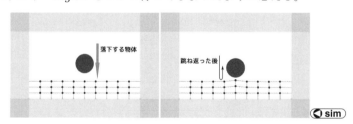

これを「物体が原子・分子でできていること」に注意して考えると、物体が落ちた結果、床の分子が（目には見えない）振動を始めた（分子運動のエネルギーが増えた）と思えば位置エネルギー mgh がどこに行ったかが説明できる。上の図の右の段階では、分子にみたてたバネ振り子の集団が振動を始める。バネ振り子の振動はどんどん大きくなりエネルギーが物体からバネ振り子の方へと移動していく。

[†14] いや、何を勉強しているときだってそうか。
[†15] とはいえ、ときには先人の整理した「天下りの定義」を飲み込んで勉強していく方が近道なことも、あるかもしれない。このあたりは柔軟に対処しよう。

さて、以上のような説明を聞いて、

> ははぁ、熱力学というのはこういう分子運動によるエネルギーの変化（散逸）を考える学問なのだな。

と、思う人もいるかもしれないが、そうではない。ここで分子運動の話をしたのは、あくまで熱力学の『背後』にある物理を「ちょっと覗いてもらう」ため、いわば「カンニング」である。確かに上の例では「分子を見る目」があれば「エネルギーは散逸する（広がっていく）だけでなくなってはいない」ことがわかるが、それ以外の理解方法がないわけではない。そもそも、分子の存在が確立するのは熱力学ができてからずっと後であり、熱力学は分子運動のエネルギーの存在を仮定しなくても成立するものである（本書でもこの後は分子の存在は仮定しない）。

　力学の授業の中で（いや、もしかしたら力学に限らずあらゆる学問の授業の中で）「エネルギーの低い状態が実現する」という言葉を聞くだろう。だがこの言葉は「エネルギーは保存する」というもうひとつのよく聞く話と矛盾しているように思えるかもしれない（が、もちろん両方正しいと考えていい）。両方が正しいなら、我々の目に見えるところから目に見えないところへと、「エネルギーの抜け出し」が起こっていることになる。それはなにか？（何処へか？）——その「エネルギーの抜け出し」を（ミクロに追求するのではなく）マクロな目で見ていくことが熱力学の始まりである[†16]。

1.3　熱力学の考え方

　糞真面目なほどに潔癖に計算するならば、コップ一杯の水の物理を考えるだけでも Avogadro 数（6×10^{23}）個[†17]程度の変数をあつかわなくてはいけない（多分不可能）が、熱力学では「温度 T、体積 V、圧力 P、物質量 N」のような、全体を見てわかる変数（マクロな変数）だけを相手にする。「ミクロ<small>細かいこと</small>」を考えるのでは

[†16] 少しだけ先回りしておくと、熱力学では「系」の持つエネルギーと関係するマクロな変数である「温度」を導入することでエネルギーの抜け出しを理解する。温度とは何か？ ——もまた一つの熱力学の難所だが、本書では力学とのつながりを重視した結果、温度の定義が明確になるのがかなり遅くなる点には注意願いたい。

[†17] Avogadro（アボガドロ）は「同温同圧の気体は同じ数の分子を含む」という Avogadro の法則を唱えた 19 世紀イタリアの化学者。Avogadro 数の正確な値は p46 の脚注 †7 を見よ。

なく、「マクロ」だけを追いかけて物理をしよう、というのが熱力学である[18]。
ただし、「マクロな変数を追いかける」といいつつ、その時間的変化を計算する
ことは、熱力学にはできない（運動方程式に対応する $\dfrac{\mathrm{d}}{\mathrm{d}t}$ (力学変数) = ?? の
ような式はない）。熱は flow だが、「単位時間に熱がどれだけ流れるか」のよう
な計算は、本書で語る熱力学の守備範囲外であり、熱力学は「どのような状態に
落ち着くか」を計算することしかできない（そういう意味で、動力学よりは静力
学に近いのである）。

　だが、熱力学は「力学」とは全く別個のものではない。特に力学で使った「ポ
テンシャルエネルギー」の概念と「変分原理」の手法は熱力学でもそのまま使わ
れる。本書ではまず、ポテンシャルエネルギーにあたるものの定義を二通り用
意する。以下にその概念図を載せておく[19]。

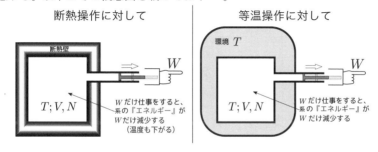

　図の、二つのエネルギーは内部エネルギーと Helmholtz 自由エネルギー[20]（詳
細は後で説明する）と呼ばれ、違う量である（環境とのつながり方の違いによ
り、できる仕事も変わってくるので、それに対応するポテンシャルエネルギーも
変わる）[21]。こんなふうに状況に応じたポテンシャル（「熱力学関数」と呼ぶ）
が出てくるところが熱力学の難所その2と言えよう。難所を乗り切る為には「状
況が変わればエネルギーも変わる」という感覚を身に付けて欲しい。それは（正
しく段階を踏めば）そんなに難しいものではないはずだ。

---

[18] 分子運動のエネルギーをちゃんと計算するというミクロな立場から物理現象を知ろう、というのは「統計力学」の方の守備範囲である。もっとも、その統計力学だって分子一個一個の運動を追いかけるような計算はしない。

[19] 具体的な説明は後でじっくりやるので今は雰囲気だけを図でつかんで欲しい。「断熱操作」「等温操作」などの言葉の意味も、後で説明する。また、$T; V, N$ のセミコロンの意味も、後で説明する。

[20] Hermann Ludwig Ferdinand von Helmholtz（カタカナ表記は「ヘルムホルツ」）は、19世紀の物理学者。熱力学第一法則の確立のほか、物理のいろんな分野で業績を残している。

[21] この「仕事」は、どう行うか（すばやく行うかゆっくり行うかなど）によって違ってくるので、「最大仕事」を定義しなくてはいけないのだが、これについても、後でじっくり説明しよう。

　この二つのエネルギーの違いは「熱」が関与するか否かという差から生まれる。よって、この二つの差から「熱」に関係する量（熱そのものではない）を定義することができるようになる（どうできるのか、後の楽しみである）。そうやって熱力学を作っていくなかで（ちょうど力学を作っていくなかで「エネルギー」という概念を獲得していったように）、「エントロピー」という概念を獲得することになる。エントロピーは、熱力学第二法則という新たな物理法則を表現するための新たな物理量である[22]。この「エントロピー」なる新しい量、新しい概念を理解することが熱力学の難所その3になるだろう。

> 本書では力学の基礎の踏み固めをじっくりとやり直しつつ、熱力学の難所を攻略していこう。まず次の章で、熱力学で使う力学の手法を整理しておこう。

1.4　章末演習問題

★【演習問題 1-1】

　以下の文章は正しく「物理用語としての『熱』」を表現しているか、論じよ。

(1)　今日は風邪を引いて熱がある。

(2)　物体の温度を上げると物体の熱が増加する。

(3)　よい燃料であるガソリンは、高い熱を保持している。

解答 → p6w へ

★【演習問題 1-2】

　以下の文章は正しく「物理用語としての『エネルギー』」を表現しているか、論じよ。

(1)　原子核の周りを公転する電子は、回転のエネルギーを発し続けている。

(2)　一晩よく眠ればエネルギーは回復する。

(3)　あなたの言葉には私を勇気づけるエネルギーがある。

(4)　相対性理論によれば、エネルギーは物質に転換される。

解答 → p6w へ

---

[22] 物理を勉強するときは「自分で法則を導く」つもりでやろう。「このような物理現象をどのように理解していけばいい？」と自問自答していく。それは先人たちが通った道であり、いわば「車輪の再発明」なのだが、そのような思考の訓練をすることは物理を理解していくうえで大いに役立つ。

第 2 章

熱力学への準備としての力学

力学における「仕事」と「エネルギー」の関係を振り返ろう。
と同時に、後で使う「Legendre 変換」という計算を、力学の場
合で体験しておこう。

📺 この章の目的は「熱力学で使うために力学を整理しておく」ことなので、
「私は力学は大丈夫」と思う人はこの章を飛ばしてもかまわない。力学は大丈夫でも
「Legendre 変換って何？」と思う人は2.4節だけでも読んでおいた方がよい。
→ p34

2.1 エネルギーの定義

2.1.1 エネルギーが定義できる条件

エネルギーの定義[1]は右の図のようなも
のであった。つまり、「エネルギー変化」が
→ p5
「仕事」であるように、別の言い方をすれば、

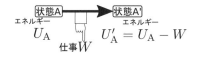

───── 仕事とエネルギーの関係 ─────

エネルギーという stock に対する flow が仕事である。

となるように、エネルギーを定義する。ここで、

---

[1] この章で取り上げる「エネルギー」はいわゆる「位置エネルギー」または「ポテンシャルエネルギー」(省
略して「ポテンシャル」と呼ぶこともある) である。「運動エネルギー」との関係については【演習問題2-4】
→ p43
を見よ。

― 疑問 ―

どうして「エネルギー」の定義に、「仕事」を使うのだろう？？

という疑問をまず考えよう。

　力学というと主役は「力」かと思いきや、エネルギーの話をする時には主役は力そのものではなく、それに移動距離を（内積の意味で）掛算した「仕事」になる。それはなぜかというと、こう定義された仕事を使うと、

― 保存力 ―

その力のする仕事の大きさが出発点と到着点を決めれば移動の仕方（経路やどれだけ時間を掛けたかなど）に依存せずに決まる場合、その力は「保存力」である。

という力のカテゴリーが定義できるからである。力学で登場する重要な力の多く（重力、万有引力、バネの弾性力など）が「保存力」に分類される。もう一つの仕事に関係する力のカテゴリーが「束縛力」（こちらの例は垂直抗力）で、こちらは仕事を一切しない[†2]。

　仕事が便利な物理量になるのは

― 仕事の原理 ―

道具を使っても仕事の量は変わらない。

があるからである。下の図は、道具を使って力の大きさを変える例である。

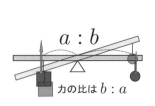

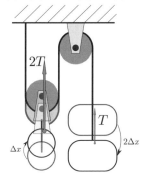

しかしこの場合、仕事は増えていない。

―――――――――――――――――

[†2] というのは言い過ぎで、垂直抗力が仕事をするケースだってあるのだが、そのあたりは力学の教科書を参照して欲しい。

　右図のように、左側で面積
が S、右側で面積が S' と、面
積が違うピストンの場合も同
様に、仕事は増えない。

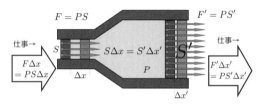

　ピストンをゆっくりと押す
と、中の気体の圧力 P および体積 V は変化せずに左右のピストンが移動する。
　(力)＝(圧力)×(面積)　なので左右のピストンにかかる力は面積に比例す
るが、　(体積変化)＝(移動距離)×(面積)　であるため移動距離がちょうど
面積に反比例し、　(仕事)＝(力)×(移動距離)　[†3]は変わらない。

　ここで挙げた例では全て、移動距離に反比例して力が変わるので(力)×(移
動距離)である仕事は変化しない。このような道具を使うと、力を増幅するこ
とはできる。しかし、仕事は「道具による増幅」ができない。だからこそエネル
ギーを考えるときは力学の主役は「仕事」になる。

　上で述べたようにエネルギーを「仕事という flow によって増減する stock」と
定義したいのだが、そうするためには

───── stock であるための条件 ─────

　ある状態から別の状態へ変化させるときの流れ込み／流れ出し(flow)が
　途中経過に依らず、始状態と終状態だけで決まる。

が成り立っていなくてはいけない。

　右の図のように 状態 A から
状態 B へと変化させる方法
が複数個ある場合を考えよ
う。このとき、それぞれの仕
事 W_1, W_2, W_3 が違う値であ

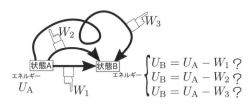

れば、状態 B でのエネルギー U_B が一つに決まらない。仕事が途中の経過によ
らない場合(保存力である場合)、対応する位置エネルギーを定義することがで
きる。

　重力、万有引力、バネの弾性力などは保存力であり、摩擦力、垂直抗力などは
保存力ではない(対応するエネルギーが定義できない)。

───────────────

[†3] 体積変化を ΔV と書くとこの仕事は $P\Delta V$ と表現することができることに注意しよう。

　重力の場合、右の図のようにどのような経路で積分しても、A 地点から B 地点へと積分すれば結果は

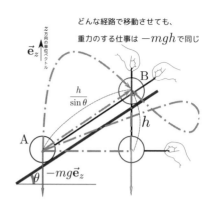

$$\int_{\mathrm{A}}^{\mathrm{B}} \mathrm{d}\vec{x} \cdot (-mg\vec{\mathbf{e}}_z) = -mgh \quad (2.1)$$

である（確認してみよう）。これが「A から B までの移動の間に重力のする仕事」である。重力は $-mgh$ の仕事をするので、仕事をした系、つまり「物体と重力場を含めた系」のエネルギーが mgh 増加する。この増加量は経路に依らないから、基準点を A として A での位置エネルギーを 0 とすれば、「重力の位置エネルギーは $\boxed{U = mgh}$ である」と（安心して）言うことができる。

　上の条件が満たされているならば、

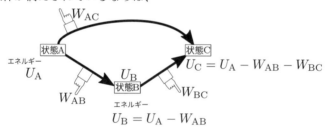

のように三つの状態を考えたとき、$\boxed{W_{\mathrm{AB}} + W_{\mathrm{BC}} = W_{\mathrm{AC}}}$ が成り立つ（逆にこれが成立していなければ「経路に依らない」に反する）。

　質点の力学における仕事の定義を確認しておこう。

--- 微小変位による仕事の定義 ---

　他の系から力 $\vec{F}$ を及ぼされつつ、微小変位 $\mathrm{d}\vec{x}$ だけ移動した質点は、

$$\vec{F} \cdot \mathrm{d}\vec{x} = F_x\,\mathrm{d}x + F_y\,\mathrm{d}y + F_z\,\mathrm{d}z \quad (2.2)$$

だけの仕事をその「他の系」からされた。

のように、質点の位置が微小変位したときにされた微小な仕事を定義する。変位が微小でない場合、仕事は $\int \vec{F} \cdot \mathrm{d}\vec{x}$ のように積分で定義する。

2.1.2 相互にする仕事 ✝✝✝✝✝✝✝✝✝✝✝✝✝✝✝✝✝✝✝✝✝✝ 【補足】

ここで「仕事をする／される」という言葉について確認しておく[†4]。

例として、右に書いたような、床の上を動摩擦力を受けつつすべっている物体を考える。このとき、物体は動くが床は動かない。仕事は力×移動距離であるが、その「移動距離」は力の作用点がある物体の移動距離である。床に働く摩擦力の作用点がある物体（床の一部）は動かず[†5]、物体に働く摩擦力の作用点（物体）は動く。この二つの力は作用と反作用なのだが、作用点がある物体の運動が違うことが、問題を複雑にしていて[†6]、

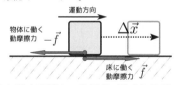

$$\begin{cases} \text{「床が物体にする仕事」は} -\vec{f} \cdot \Delta\vec{x} \\ \text{「物体が床にする仕事」は} 0 \end{cases}$$

になるのである。「作用反作用の法則」はあるが「仕事反仕事の法則」はない（多くの場合、あたかも「仕事反仕事の法則」と呼ぶべきものが成立しているような状況を考えているのは確かであるが、常に成り立つと思ってはいけない）。

この後も何度も使うことになるので、ここで「AがBにする仕事」とはどういう量なのかを確認しておこう。右の図のように、

$$\begin{cases} \text{AがBに } \vec{F}_{AB} \text{ の力} \\ \text{BがAに } \vec{F}_{BA} \text{ の力} \end{cases}$$

を及ぼし合いつつ、二つの物体が移動したとする。「AがBにする仕事」は、「AがBに及ぼす力 $\vec{F}_{AB}$」と「$\vec{F}_{AB}$ の作用点（Bの中にある）の変位 $d\vec{x}_B$」の内積である $\vec{F}_{AB} \cdot d\vec{x}_B$ である、と定義するのが自然であろう。「BがAに及ぼす力 $\vec{F}_{BA}$」と「$\vec{F}_{BA}$ の作用点（Aの中にある）の変位 $d\vec{x}_A$」も含めて考えると、この他に $\vec{F}_{AB} \cdot d\vec{x}_A$, $\vec{F}_{BA} \cdot d\vec{x}_A$, $\vec{F}_{BA} \cdot d\vec{x}_B$ と、合計4種の仕事として使える量が定義できそうである。しかし作用反作用の法則により $\boxed{\vec{F}_{AB} = -\vec{F}_{BA}}$ であるから、独立なのは $\vec{F}_{AB} \cdot d\vec{x}_B$ と $\vec{F}_{BA} \cdot d\vec{x}_A$ の二つである。後者は「BがAにする仕事」である。

仕事の原理により道具を使ってさえ仕事が増えることはないが、状況設定によっては（道具のあるなしとは関係なく）減ることは様々な理由によって起こる。次の項でその例について述べよう。

[†4] 力学において「負の仕事 $-W$ をする」ことを「仕事 W をされる」と表現することがある。この表現自体は間違っていないが、そういう習慣があるからといって、「仕事 W をする」というときの W は正であると決めつけるのはよくない。「仕事をする」と表現しているときも、仕事には負の量もあると考えておいた方が一般的な状況に対応できる（本書でも「負の仕事をする」状況はたくさん出てくる）。

[†5] このとき、「作用点」という場所自体は移動しているが、床の中で位置を変えているのであって、床という物体は動いてない。仕事を計算するときの「移動距離」は物体の移動距離である。

[†6] ここに「摩擦」が関与していることからもわかるように、この現象は初等力学の中に入り込んでいる熱力学的現象である。初等力学で「力学的エネルギーが保存しない」ときは、なにか他の状態量（たとえば、温度）が変化している。その変化も取り入れた「エネルギー」を考えようというのが、本書の目指す「力学の続きとしての熱力学」である。

2.1.3　仕事をロスする例 ＋＋＋＋＋＋＋＋＋＋＋＋＋＋＋＋＋＋＋＋＋＋＋＋　【補足】

「仕事・反仕事の法則はない」ことを納得した上で、力学において仕事の損失が起きるのはどのような場合かを復習しておこう。

一般の場合、$\mathrm{d}\vec{x}_A$ と $\mathrm{d}\vec{x}_B$ は一致するとは限らない。二つの $\mathrm{d}\vec{x}$ の違いが $\vec{F}$ と垂直な場合であれば、$\boxed{\mathrm{d}\vec{x}_A \neq \mathrm{d}\vec{x}_B}$ であっても $\boxed{\vec{F}_{BA} \cdot \mathrm{d}\vec{x}_A = -\vec{F}_{AB} \cdot \mathrm{d}\vec{x}_B}$ になる。これは、物体が変形することなく摩擦もなく、接触面が滑っている場合である。この場合には「AがBにする仕事」と「BがAにする仕事」は逆符号で同じ絶対値である。

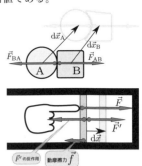

右の図は、$\mathrm{d}\vec{x}$ が同一でないがゆえに仕事に損失が生じる例である。このときは物体に変形が起こっている。こういう状況では仕事にロスが生じて力学的エネルギーが保存しなくなる。

次に、動摩擦力が働く例をもう一つ挙げよう。

右図のように、シリンダーにはめたピストンを指で力 $\vec{F}$ で押したとする。このとき気体に働く力は $\vec{F}$ より小さい、$\vec{F}'$ になる。なぜなら、ピストンには動摩擦力 $\vec{f}$ も働いていて、ピストンに関してつりあいの式 $\boxed{\vec{F} - \vec{F}' + \vec{f} = 0}$ が成り立つからである[7]。手とシリンダー内の気体だけを考えてピストンを見ず判断すると、手が仕事 $\vec{F} \cdot \mathrm{d}\vec{x}$ をしているのに気体は $\vec{F}' \cdot \mathrm{d}\vec{x}$ しか仕事をされないので、仕事の損失が起きていると思ってしまう。

以上のべてきた「仕事がロスする過程」は質点や剛体では（摩擦の場合を除くと）起きない。動摩擦によって仕事をロスする場合は「摩擦熱」が発生する。つまり熱もしくは物体の変形のような現象が起きるときに仕事がロスしていることになる。

力学において「仕事がロスする過程」というのは実は、熱力学的な過程（摩擦の場合「温度が上がる」という点がまさにそれであるし、物体が変形したときも同じことが言える）が紛れ込んでいる場合だと言えそうだ。「エネルギーは保存する」と力学では言うのだが、そう聞いたとき、「現実はそうもいかない場合がある」と思った人も多いのではなかろうか。その「そうもいかない現実」を記述するために熱力学は必要なのである。

この後、力学における「ポテンシャルエネルギー」に対応する量としての「熱力学におけるポテンシャル（熱力学関数）」を考えていくが、それは力学に比べて、「堅固に保存するエネルギー」にはなっていない。そのあたりをしっかり見定めるために、この章では力学でのエネルギーと仕事の関係を復習しておきたい[8]。

---

[7] ピストンに働く力は、手の力 $\vec{F}$、気体に働く力の反作用 $-\vec{F}'$ と、動摩擦力 $\vec{f}$ の三つがある。ピストンの質量を0だとすると、この三つの力はつりあわなくてはいけない。

[8] 勉強がある程度進んでしまうと、力学でエネルギーを導入するときにこれだけの下準備（仕事の原理だとか、仕事に損失が生じない条件だとか）が必要であったことをころっと忘れてしまっている人もよくいる（最初から意識してない場合もあるかもしれない）。だがエネルギーはいろいろな条件が満たされたことによって定義可能になったことを忘れてはいけない。それはこれからの熱力学で様々な物理量が定義できる条件についても同様だ。「慎重にエネルギーを定義するぞ」という気持ちを持って先へ進もう。そうで

2.1.4 位置エネルギーの定義

仕事が定義できたので、以下のようにして系の位置エネルギーを定義する。

┌────── 微小変位を使った位置エネルギーの定義 ──────┐

質点が力 $\vec{F}$ を他の物体に及ぼしつつ微小変位 $\mathrm{d}\vec{x}$ だけ移動したときに

$$\mathrm{d}U = -\vec{F} \cdot \mathrm{d}\vec{x} = -F_x\,\mathrm{d}x - F_y\,\mathrm{d}y - F_z\,\mathrm{d}z \tag{2.3}$$

のような微小変化を起こす物理量 U が定義できたとき [9]、系の持つ位置エネルギーは U である。

└──┘

図に示すと右のようになる。移動前の位置エネルギーが U ならば移動後の位置エネルギーは $U + \mathrm{d}U$ である（この場合仕事をした分位置エネルギーが「減る」のだが、それは $\boxed{\mathrm{d}U = -\vec{F} \cdot \mathrm{d}\vec{x}}$ の右辺のマイナス符号によって表現されている [10]）。

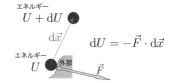

【補足】 ✛✛✛✛✛✛✛✛✛✛✛✛✛✛✛✛✛✛✛✛✛✛✛✛✛✛✛✛✛✛✛✛✛✛✛

偏微分記号（偏微分に慣れてない人はA.2節を見よ）を使うと (2.3) を
⟶ p316

$$\mathrm{d}U = \left(\frac{\partial U(x,y,z)}{\partial x}\right)_{y,z} \mathrm{d}x + \left(\frac{\partial U(x,y,z)}{\partial y}\right)_{x,z} \mathrm{d}y + \left(\frac{\partial U(x,y,z)}{\partial z}\right)_{x,y} \mathrm{d}z$$
$$= -F_x\,\mathrm{d}x - F_y\,\mathrm{d}y - F_z\,\mathrm{d}z \tag{2.4}$$

と表すこともできる。ここで出てきた偏微分係数 $\left(\dfrac{\partial U(x,y,z)}{\partial x}\right)_{y,z}$ は、$\dfrac{\partial U}{\partial x}$ のように引数や固定する変数を書かないことも多い（本書ではなるべく書く）。省略した形を使いつつ、$\mathrm{d}x, \mathrm{d}y, \mathrm{d}z$ の前の係数を比較すると

$$\frac{\partial U}{\partial x} = -F_x, \quad \frac{\partial U}{\partial y} = -F_y, \quad \frac{\partial U}{\partial z} = -F_z \tag{2.5}$$

─────────────────────

あってこそ、熱力学が理解できる。
[9] 「できたとき」であって、できない場合もあることに、注意。
[10] よくある間違いは「減っているから」と移動後の位置エネルギーを $U - \mathrm{d}U$ にしてしまうことだが、減っているときは $\mathrm{d}U$ 自体が負になる。これにさらにマイナス符号をつけるのは、要らぬお世話で大間違いである。

という三つの式ができる。まとめて書くと

$$\underbrace{\frac{\partial U}{\partial x}\vec{e}_x + \frac{\partial U}{\partial y}\vec{e}_y + \frac{\partial U}{\partial z}\vec{e}_z}_{\text{grad } U} = \underbrace{-F_x\vec{e}_x - F_y\vec{e}_y - F_z\vec{e}_z}_{-\vec{F}} \tag{2.6}$$

となり、以下のように書くこともできる。

$$\mathrm{d}U = -\vec{F}\cdot\mathrm{d}\vec{x} \quad \leftarrow（同じことの別の表現）\rightarrow \quad \vec{F} = -\text{grad } U \tag{2.7}$$

　この後の熱力学では、$\boxed{\mathrm{d}U = -\vec{F}\cdot\mathrm{d}\vec{x}}$ に似ている形をよく使う。この形の式、た とえば $\boxed{\mathrm{d}U = -F_x\,\mathrm{d}x}$ を見たら「x が変化したときの U の変化の割合が $-F_x$ である」 という情報を読み取るようにしよう。

＋＋＋＋＋＋＋＋＋＋＋＋＋＋＋＋＋＋＋＋＋＋＋＋＋＋＋＋＋＋＋＋　【補足終わり】

　ここではある微小な仕事 $F_x\,\mathrm{d}x$ が、対応する位置エネルギーの微小変化 $\mathrm{d}U$ で表せるとしたが、そうできない場合もある。微小仕事が何かの全微分になっ ているかどうかは「状況に依る」ので、一般の微小仕事は $\mathrm{d}W$ のような記号を 使って $\boxed{\mathrm{d}W = -F_x\,\mathrm{d}x}$ のように書く [11]。上では「微分形」で表現したが、

積分形の位置エネルギーの定義

　質点が $\vec{x}_0$ から $\vec{x}_1$ まで、途中の点で $\vec{F}(\vec{x})$ なる力を外部に及ぼしながら移 動したときの変化量が

$$U(\vec{x}_1) - U(\vec{x}_0) = -\int_{\vec{x}_0}^{\vec{x}_1} \vec{F}(\vec{x})\cdot\mathrm{d}\vec{x} \tag{2.8}$$

で表される物理量が位置エネルギー $U(\vec{x})$ である。

のように積分形で表現してもよい。微分形の式(2.3)と積分形の式 (2.8) の示す
　　　　　　　　　　　　　　　→ p17
物理的内容は同じである。上のようにして定義できるのは、p17 に書いたよう に U が定義できる場合に限る。その条件については2.1.6項で述べる。
　　　　　　　　　　　　　　　　　　　　　　　→ p20

---

[11] 記号 d（読み方は「ディーバー」）は「微小量であるが何かの全微分ではない（かもしれない）」量の前 につく。これを $\mathrm{d}W$ と書かないのは、何かの全微分という形にはなっているとは限らないからである（全 微分については付録のA.6.1項を参照）。たとえば物体が $\mathrm{d}x$ 動く間に動摩擦力 μN のする仕事 $-\mu N\,\mathrm{d}x$
　　　　　　　　　　　　　　　　　　　　　　　　　→ p329
は、何かの微分では書けないが微小量であるから、$\boxed{\mathrm{d}W = -\mu N\,\mathrm{d}x}$ と表現される。

　d に似た記号を使っているが微分とは別なので「$\mathrm{d}W$ ってことは W の微分だな」と誤解しないように。 そういう意味では新しい記号を作るべきなのだが、世間では $\mathrm{d}W$ または $d'W$ という記号が使われている 場合が多い（特に記号をつけない場合もある）。

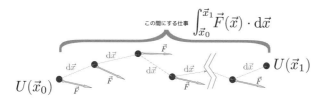

2.1.5 初等力学の簡単な例

一様な重力

地面（どこかの基準点）からの高さを z 座標になるように（結果、x と y は水平方向の座標となる）座標を置くと、 z が増える方向 は「上」だから、下向きであるところの重力は $F_x = F_y = 0, F_z = -mg$ （一つにまとめて書くと $\vec{F} = -mg\vec{\mathbf{e}}_z$ ）で表現される。重力が保存力であることは前に示した。この場合の位置エネルギーは $U(z) = mgz$ である[†12]。こうしておけば、

$$\vec{F} = -\mathrm{grad}\,(mgz) = -\vec{\mathbf{e}}_z\frac{\partial}{\partial z}(mgz) = -mg\vec{\mathbf{e}}_z \tag{2.9}$$

$$\mathrm{d}U = mg\,\mathrm{d}z = -\underbrace{(-mg)}_{F_z}\,\mathrm{d}z \tag{2.10}$$

となる（ $\vec{F} = -\mathrm{grad}\,U$ と $\mathrm{d}U = -\vec{F}\cdot\mathrm{d}\vec{x}$ がちゃんと成り立っている）。

弾性力

今度は逆に、位置エネルギーから力を求めるという手順で行こう。フックの法則に従う弾性力の位置エネルギーは

$$U(x, y, z) = \frac{1}{2}k\left(x^2 + y^2 + z^2\right) \tag{2.11}$$

である。これによって発生する力を求めるには、これを微分して[†13]

$$\mathrm{d}U = k\left(x\,\mathrm{d}x + y\,\mathrm{d}y + z\,\mathrm{d}z\right) \tag{2.12}$$

[†12] この U は x, y に依らないので $U(z)$ と書いたが、 $U(x, y, z) = mgz$ と書いても問題はない。

[†13] 「微分する」という言葉は「微係数を求める」という意味（$f(x) \to f'(x)$）にも、「微小変化を考える」という意味（$f(x) \to \mathrm{d}f$）にも使う。ここでの「微分する」は後者。よって U を微分すると $\mathrm{d}U$、$\frac{1}{2}kx^2$ を微分すると $kx\,\mathrm{d}x$、$\frac{1}{2}ky^2$ を微分すると $ky\,\mathrm{d}y$ （$\frac{1}{2}kz^2$ も同様）となる。

となることから

$$F_x = -kx, \quad F_y = -ky, \quad F_z = -kz \tag{2.13}$$

を読み取る。もちろん、$\boxed{\vec{F} = -\mathrm{grad}\, U}$ で計算しても結果は同じである。

万有引力

原点にある質量 M の質点（こちらは不動点とする）から距離 r の位置（直交座標で (x, y, z) の点）にある質量 m の質点の持つ万有引力の位置エネルギーは、極座標なら $\boxed{U(r) = -\dfrac{GMm}{r}}$、直交座標なら $\boxed{U(x, y, z) = -\dfrac{GMm}{\sqrt{x^2 + y^2 + z^2}}}$ である（万有引力定数を G とした）。微分して

$$\mathrm{d}U = \frac{GMm}{r^2}\mathrm{d}r = \frac{GMm\overbrace{(x\,\mathrm{d}x + y\,\mathrm{d}y + z\,\mathrm{d}z)}^{r\,\mathrm{d}r}}{\underbrace{(x^2 + y^2 + z^2)^{\frac{3}{2}}}_{r^3}} \tag{2.14}$$

となり [14]、極座標なら $\boxed{\vec{F} = -\dfrac{GMm}{r^2}\vec{\mathbf{e}}_r}$（$r$ 方向に $-\dfrac{GMm}{r^2}$）、直交座標なら

$$\vec{F} = -\frac{GMmx}{(x^2 + y^2 + z^2)^{\frac{3}{2}}}\vec{\mathbf{e}}_x - \frac{GMmy}{(x^2 + y^2 + z^2)^{\frac{3}{2}}}\vec{\mathbf{e}}_y - \frac{GMmz}{(x^2 + y^2 + z^2)^{\frac{3}{2}}}\vec{\mathbf{e}}_z \tag{2.15}$$

であることがわかる。

2.1.6　力が保存力である条件

対応する位置エネルギー $U(\vec{x})$ を持つ（つまり $\boxed{\mathrm{d}U(\vec{x}) = -\vec{F}(\vec{x}) \cdot \mathrm{d}\vec{x}}$ となるような U が存在する）力を保存力と呼ぶ。$\vec{F}$ が保存力であるための条件は「積分可能条件」と呼ばれていて、

→ p329

$$\left(\frac{\partial F_x(x, y, z)}{\partial y}\right)_{x,z} - \left(\frac{\partial F_y(x, y, z)}{\partial x}\right)_{y,z} = 0 \tag{2.16}$$

$$\left(\frac{\partial F_y(x, y, z)}{\partial z}\right)_{x,y} - \left(\frac{\partial F_z(x, y, z)}{\partial y}\right)_{x,z} = 0 \tag{2.17}$$

$$\left(\frac{\partial F_z(x, y, z)}{\partial x}\right)_{y,z} - \left(\frac{\partial F_x(x, y, z)}{\partial z}\right)_{x,y} = 0 \tag{2.18}$$

---

[14] $\boxed{r^2 = x^2 + y^2 + z^2}$ を微分すると $\boxed{2r\,\mathrm{d}r = 2x\,\mathrm{d}x + 2y\,\mathrm{d}y + 2z\,\mathrm{d}z}$ になることに注意。

と書くことができる。F_x, F_y, F_z が一つの関数 $U(x, y, z)$ の偏微分係数で

$$
F_x = -\left(\frac{\partial U(x,y,z)}{\partial x}\right)_{y,z}, F_y = -\left(\frac{\partial U(x,y,z)}{\partial y}\right)_{x,z}, F_z = -\left(\frac{\partial U(x,y,z)}{\partial z}\right)_{x,y}
$$

$$(2.19)$$

のように表現されればこれが満たされる（十分条件である）ことはすぐにわかるし、逆（必要条件であること）も計算できる（付録のA.6.1項を見よ）。
$\rightarrow$ p329

---------------練習問題----------------

【問い 2-1】 (2.15)が積分可能条件 (2.16)〜(2.18) を満たすことを確認せよ。
$\rightarrow$ p20

解答 $\rightarrow$ p343 へ

【補足】 ＋＋＋＋＋＋＋＋＋＋＋＋＋＋＋＋＋＋＋＋＋＋＋＋＋＋＋＋＋＋＋＋＋

(2.16)〜(2.18)は $\boxed{\mathrm{rot}\ \vec{F} = 0}$ という式である。静電気現象における電場 $\vec{E}(\vec{x})$ の定
$\rightarrow$ p20 $\rightarrow$ p20
義は「単位試験電荷をその場においたときに受ける力」であり、$\boxed{\vec{E}(\vec{x}) = -\mathrm{grad}\ V(\vec{x})}$
のように、対応する「単位電荷あたりの位置エネルギー $V(\vec{x})$」を持つ（よって保存力
である）。保存力であるための条件は $\boxed{\mathrm{rot}\ \vec{E}(\vec{x}) = 0}$ で、Maxwell方程式の一つである

$\boxed{\mathrm{rot}\ \vec{E}(\vec{x}, t) = -\dfrac{\partial \vec{B}(\vec{x}, t)}{\partial t}}$ の時間変化がない場合である [†15]。

＋＋＋＋＋＋＋＋＋＋＋＋＋＋＋＋＋＋＋＋＋＋＋＋＋＋＋＋＋＋　**【補足終わり】**

2.2　位置エネルギーと一般化力

2.2.1　一般化力

$U(x_1, x_2, \cdots)$ のように複数の変数を持つ位置エネルギーがあれば、その全微分は

$$
\mathrm{d}U = \left(\frac{\partial U(x_1, x_2, \cdots)}{\partial x_1}\right)_{x_2, x_3, \cdots} \mathrm{d}x_1 + \left(\frac{\partial U(x_1, x_2, \cdots)}{\partial x_2}\right)_{x_1, x_3, \cdots} \mathrm{d}x_2 + \cdots
$$

$$(2.20)$$

である。この式を解釈しよう。U が「x座標」などの距離を直接表現する座標の
関数 $U(x, y, z)$ である場合は第1項は $\left(\dfrac{\partial U(x,y,z)}{\partial x}\right)_{y,z} \mathrm{d}x$ となり、これは仕事す

[†15] 時間変化がある場では電位が定義できないかというと、そうではない。その場合は、電位（スカラーポテンシャル）の他にベクトル・ポテンシャルにも登場してもらわなくてはいけない、というだけのことである。

なわち（力）×（移動距離）である[†16]。U が「角度座標 (θ, ϕ)」やあるいは「面積」や「体積」のような一般化座標[†17]の関数である場合でも

$$（仕事）=（一般化力）×（一般化座標の変化）\tag{2.21}$$

と考えれば、偏微分係数にマイナス符号をつけた[†18]もの $\left(-\left(\dfrac{\partial U(x,y,z)}{\partial x}\right)_{y,z}\right)$ は「系が外部に及ぼす、x 方向の一般化力」を表す。これが「一般化力」という言葉の定義であると言ってもいい。一般化力は「系の変数を操作するときの手応え」と考えることもできる。x が普通の座標なら「一般化力」は「力」そのものである。x が角度変数ならその場合の「一般化力」は「力」ではなく「トルク（力のモーメント）」となる[†19]。また、この後よく出てくる仕事は（圧力）×（体積変化）であり、この場合一般化座標は体積、一般化力は圧力となる[†20]。

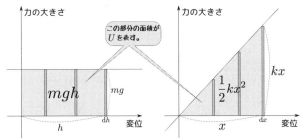

重力の位置エネルギー $\boxed{U = mgh}$ と弾性力の位置エネルギー $\boxed{U = \dfrac{1}{2}kx^2}$ は、上のグラフの灰色に塗った部分の面積になる。h または x という座標（変数）を変化させると、それに応じて位置エネルギー U（グラフの灰色部分の面積）も変わる。その変化部分を■のように示した。この長方形の面積が $\mathrm{d}U$ であるが、それぞれ $\boxed{\mathrm{d}U = mg\,\mathrm{d}h}$、$\boxed{\mathrm{d}U = kx\,\mathrm{d}x}$ と書くことができる（図からもわかるし、微分してもわかる）。

[†16] 「この変化のときに系がする仕事」はこれの逆符号となることに注意。この後は系の一般化力を $-\dfrac{\partial U}{\partial x}$ で表すことが多い。

[†17] 物体の状態を表現する物理量であれば、位置を指定する変数でなくても「一般化座標」と呼んで座標扱いする。解析力学でよく使われる。

[†18] マイナス符号をつける理由は、$\mathrm{d}U$ が「系の位置エネルギーの変化」であり、系の位置エネルギーは系のした仕事の分減少するから。$-\left(\dfrac{\partial U(x,y,z)}{\partial x}\right)_{y,z}$ が正なら、力は「x が増える方向」を向く。

[†19] （トルク）×（角度）で仕事になる。

[†20] 面積変化に対する一般化力は表面張力になる。面積を操作するときの手応えである。

右に示した U が面積になるような二次元領域の

グラフの $\begin{cases} \text{横軸 } x \text{ が（一般化座標）} \\ \text{縦軸 } \dfrac{\mathrm{d}U}{\mathrm{d}x} \text{ が （(}-1)\times\text{一般化力)} \end{cases}$ にな

る。ポテンシャル $U(x)$ があるときに $x \leftrightarrow \dfrac{\mathrm{d}U}{\mathrm{d}x}$ の

ように対応する二つの変数を「共役な変数」と呼ぶ

（熱力学でも出てくる）。後でこの縦軸 $\dfrac{\partial U}{\partial x}$ と横軸 x
→ p199

を入れ替えるような変換も出てくる[†21]。
→ p34

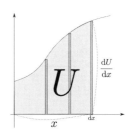

2.2.2 つりあいと変分原理

いろいろな保存力が働いていて、それぞれの保存力に対して位置エネルギー $U_i(\vec{x})$ が定義されている場合、合力は

$$\vec{F}(\vec{x}) = -\mathrm{grad}\left(\sum_i U_i(\vec{x})\right) \quad \text{または} \quad \mathrm{d}\left(\sum_i U_i(\vec{x})\right) = -\vec{F}(\vec{x}) \cdot \mathrm{d}\vec{x} \tag{2.22}$$

で求めることができる。力がつりあう（合力が 0 になる）点では、

$$\mathrm{grad}\left(\sum_i U_i(\vec{x})\right) = 0 \quad \text{または} \quad \mathrm{d}\left(\sum_i U_i(\vec{x})\right) = 0 \tag{2.23}$$

となる[†22]。つまり、位置エネルギーの和 $\sum_i U_i(\vec{x})$ の微分が 0 であることから

つりあいの位置や条件を求めることができる。

実際には、微分（変化量）が 0 というだけでは、

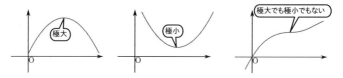

のようないろいろなケースが有り得る（ここでは1変数で考えているが、多変数の場合「x 方向は極大だが y 方向には極小」というようなこともある）。極大・極小のどれになっているかを指定せず、単に微小変化量が 0 になっている状況

[†21] 解析力学では正準変換により座標と運動量という「共役な変数」のペアを入れ替えることができた。

[†22] この式は「力がつりあっているならば、考えている物体を仮想的に $\mathrm{d}\vec{x}$ だけ移動させたときに仕事が 0 である」と読み取ることができる。これを「仮想仕事の原理」と呼ぶ。

は「停留」していると言う。極小になっている時は「安定なつりあい」、極大に
なっている時は「不安定なつりあい」（少しでもそこを外れると転がり落ちてし
まう状況になっている）と表現する。

極小（または極大）だとわかっても、それが最小
（または最大）とは限らない場合もある。右の図
の「局所的な最小」(local minimum) と書いてい
る部分は、極小だが最小ではない。 変化量 ＝ 0
という条件を満たしても、その状態が考えている
状況にあっているかどうか調べる必要がある。

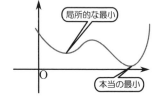

ある物理量（今の場合は位置エネルギー U）の微小変化が0になる点を探して
平衡の条件を求めるこの手法は物理のあらゆるところで使われていて、「変分原
理」と呼ばれる[23]。以下で力学の例で変分原理の練習をしてみよう。

2.2.3　例：糸と滑車

図のように、天井から掛けた糸、動滑車と定滑車
（滑車や糸の質量は無視できる）を使って質量 m, M
の二つの荷物を吊り下げる。m, M が満たすべき条
件を変分原理を使って求めよう。

質量 m の物体の位置エネルギーを $-mgx$ と書く
（基準を天井に置いている）。糸の長さを全部で ℓ、
定滑車間の距離を a とすると、天井から質量 M の
物体までの距離は $\ell - a - 2x$ となり[24]、

$$U = -mgx - Mg(\ell - a - 2x) \tag{2.24}$$

が全位置エネルギーである[25]。この式を微分すると、

$$dU = -mg\,dx - Mg(-2\,dx) = (-m + 2M)g\,dx \tag{2.25}$$

となり、これが0となるべきだから、 $m = 2M$ がつりあいの条件[26]となる。

---

[23] 「変分」は微分などの微小変化をもっと一般的にした概念で、「ある積分の積分経路を少し変形する」
というような操作も変分と呼ぶ。

[24] 滑車の大きさは（図では結構大きいが）無視して考える。滑車の大きさは U に定数を付け加えるだけ
の変化しかもたらさないので、本質は変わらない。気になる人は実際にやってみること。

[25] 位置エネルギーの定数部分は無視していいので、 $U = -mgx + 2Mgx$ としても結果は同じ。

[26] この例の場合、U が x の1次式なので、 $m \neq 2M$ なら「つりあいの位置」がない。 $m = 2M$ のと
きだけは U が平坦なので、（任意の場所で）つりあう条件となる。

この問題の場合、変分原理を使っても使わなくても難しさはそう違わないだろう（変分原理では張力 T を導入する必要がない分だけ、楽）。

【補足】 ＋＋＋＋＋＋＋＋＋＋＋＋＋＋＋＋＋＋＋＋＋＋＋＋＋＋＋＋＋＋＋＋＋
この x は「座標」ではない。質量 m の物体の位置は単純に x では表現できないし、質量 M の物体の位置は「天井から $\ell - a - 2x$ 低い場所」であって、x は「2倍して $\ell - a$ から引く」という操作をして初めて位置を表現できる。よって $\boxed{\mathrm{d}U = -F\,\mathrm{d}x}$ と考えたときの F も、通常の意味の「力」ではなく、「一般化力」である。
＋＋＋＋＋＋＋＋＋＋＋＋＋＋＋＋＋＋＋＋＋＋＋＋＋＋＋＋＋＋＋　【補足終わり】

--------------------------------- 練習問題 ---------------------------------

【問い2-2】

　質量 m のおもりをつるす糸が鉛直でない場合を考えよう。図のように、天井の糸の固定点と左側の定滑車が $2L$ だけ離れている[27]。つりあいの条件を

(1)　変分原理から求めよ。
(2)　力のつりあいから求めよ。

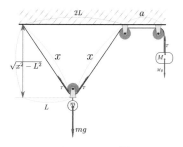

ヒント → p337 へ　　解答 → p343 へ

2.2.4　曲線に乗った小球

摩擦のない曲線の上に乗った小球[28]を考えよう。曲線が平坦な場所では、重力 mg と垂直抗力 N がつりあう（合力が0となる）が、斜面では重力と垂直抗力 $\tilde{N}$（文字を変えた）の合力は斜面をすべりおりる方向へと向く。斜面の傾きを θ とすれば、$\tilde{N}$ は鉛直に対して θ 傾いている。このことから合力の大きさは $mg\sin\theta$ となる。図から見ても、$\boxed{\theta = 0}$ が「つりあい点」なのは確かである。

---

[27] $\boxed{L = 0}$ にすると先の問題に戻る。
[28] 「小球」というのは「こう書いているときは大きさを無視してね」という符牒。

曲線を $y = f(x)$ とするとき、物体の
位置エネルギーは $U(x) = mgf(x)$ と
書けて、つりあいの位置の条件は

$$\frac{\mathrm{d}U(x)}{\mathrm{d}x} = mgf'(x) = 0 \qquad (2.26)$$

である。この場合の水平方向に働く力
は $F = -\dfrac{\mathrm{d}U}{\mathrm{d}x}$ であるから、「力が0」す

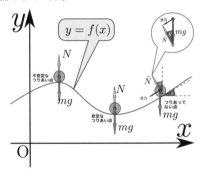

なわち「$U(x)$ の傾きが0」がつりあいの条件である。あるいは

$$\mathrm{d}U = mgf'(x)\,\mathrm{d}x \qquad (2.27)$$

という U の全微分 を考えて、各項（今は項は一つしかないが）の係数が0にな
るのがつりあいの条件と考えてもよい [†29]。

　ここでこの小球が電荷 q を持っていて、この場所に x 方向に電場 E が掛かっ
ているとしよう。その場合、物体には三つの力（これまでの重力と垂直抗力に加
えて、電場によるクーロン力）が働く。

　三つの力のベクトル和が0というのがつりあいの式である（図に描き込まれて
いる三角形が閉じることが力のベクトル和が0であることを表現している）が、
この図を見ると三角形の相似から

$$qE = mg\tan\theta \qquad (2.28)$$

がわかる。$\tan\theta = f'(x)$ だから

$$mgf'(x) = qE \qquad (2.29)$$

という式がつりあいの式となる。クー
ロン力 qE が働かないときなら $f'(x) = 0$
(傾きが0) がつりあいの式だが、クー

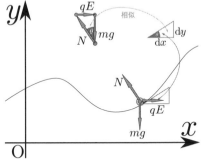

ロン力があると傾きが $\dfrac{qE}{mg}$ のときにつりあう。この場合、 のような図

[†29] つりあっている条件 $\dfrac{\mathrm{d}U}{\mathrm{d}x} = 0$ だけでは「安定なつりあい点」か「不安定なつりあい点」かはわからず、

二階微分 $\dfrac{\mathrm{d}^2}{\mathrm{d}x^2}U$ の符号を見て判断する必要がある。$\dfrac{\mathrm{d}^2}{\mathrm{d}x^2}U > 0$ なら安定なつりあい点、$\dfrac{\mathrm{d}^2}{\mathrm{d}x^2}U < 0$

なら不安定なつりあい点である。物理的に実現するのは「安定なつりあい点」である。

を描いて力のベクトルの和を考えなくてはいけない分だけ、つりあいの式が複雑になっているが、

$$U_{\text{全}}(x) = \overbrace{mgf(x)}^{U(x)} \underbrace{\overbrace{-qEx}^{qV(x)}}_{\text{傾き}-qE\text{ の関数}} \tag{2.30}$$

を微分して0になる条件（停留条件）がまさに(2.29)である。
→ p26

つまり、重力の位置エネルギー $\boxed{U(x) = mgf(x)}$ と、電場による位置エネルギー $\boxed{U_V(x) = qV(x)}$ の和である $U_{\text{全}}(x)$ が停留値を取るという条件 $\boxed{\dfrac{\mathrm{d}U_{\text{全}}(x)}{\mathrm{d}x} = 0}$ から自動的につりあいの式が出てくる。

変分原理を使って考えると、以上のように計算が自動的に行われて楽になる。変分を取っている関数（ $U(x)$ だったり $U_{\text{全}}(x)$ だったり）がスカラーであって、力という、向きのあるベクトル量を使って考えるより（成分というものがない分）楽になっていると考えることもできる。

系が $U(x)$ という位置エネルギーを持っていて、その変数 x を外部から力を加えることによって変えられるようになっているとき、外力がないならば $\dfrac{\mathrm{d}U(x)}{\mathrm{d}x}$ が0になるところがつりあい点だが、外力があればつりあいの条件もつりあいの位置も変わる。一般的な「位置エネルギー $U(x)$ を持つ系」のつりあいを求める式の出し方として図に表すと以下のようになる。

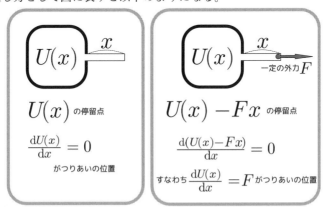

図の $\overset{x}{\rule[-0.5ex]{1.5em}{0.15ex}}$ は外部から操作できる「ハンドル」を表す（このハンドルを操作することで、変数 x を調整することができるとする）。

　変分すべき位置エネルギーが $U(x)$ から $U(x) - Fx$ に変わることで、一定の外力 F が式に導入される。いわば、$U(x) - Fx$ は「外力を発生させるメカニズムの持つ位置エネルギー」も含めた「全エネルギー」になっている[†30]。

　外力を発生させるメカニズムとして、次のような定滑車とおもりの組み合わせを考えよう。おもりが重力により下に引っ張られた結果、糸に掛かる張力 F が外力となっている。この仕掛けにより外力が $\boxed{F = Mg}$ の一定値に保たれる。このおもりの持つ位置エネルギーは、「x が増加するとそれだけ質量 M の物体が下に移動する」ことを考えると、$-Mgx$、つまり $-Fx$ である。

$$\underbrace{U(x)}_{\text{系のエネルギー}} \quad \underbrace{-Mgx}_{\text{おもりの位置エネルギー}} \tag{2.31}$$

が $U(x) - Fx$ なのだ、と解釈できる[†31]。

　ここでは「引っ張る方向の外力」が掛かっているとしたので $-Fx$ が付加項となったが、これが「押す」方向の外力であったならば $+Fx$ が付加項となる（F は正の数とする）。そのときはつりあいの式も $\boxed{\dfrac{dU(x)}{dx} = F}$ ではなく

$\boxed{-\dfrac{dU(x)}{dx} = F}$ になる。外力が押す場合でも引く場合でも、$U(x) - \dfrac{dU(x)}{dx}x$ という形にまとめることができる。このように、考える関数（今の場合位置エネルギー）を $\boxed{U(x) \to U(x) - \dfrac{dU(x)}{dx}x}$ と変更する手続きは「Legendre 変換」と呼ばれる一般的な数学的手続きである（2.4節で詳しく説明する）。不思議な数

→ p34

学的手続きをしているように思われるが、熱力学で行う Legendre 変換は結局、今ここで考えたような「外部とつながった状態の位置エネルギーを考えるときは、『外部の位置エネルギー』も勘定に入れよう」という操作を数式の上で行うテクニックである。

　この付加項 $-Fx$ は、系が x 以外にも変数を持っているときに重要となる。

[†30] 状況に応じてエネルギーを変える、ということが熱力学ではエネルギーに対応する「熱力学関数」を複数用意しなくてはいけないという話（最初に話した、難所その2）につながる。
→ p9
[†31] この解釈は必要なものではない。何かのメカニズムを仮定しなくても、外力 F がある場合には位置エネルギーに $-Fx$ のような項を付け加えておけばよい、という部分の理屈がわかっていればよい。

　次の図のようにもう一つの変数 y を変化させることでこの系が仕事ができる（よって位置エネルギーは x, y の2変数関数になる）場合、外力が働いている場

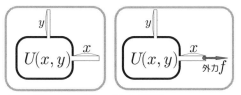

合とそうでない場合で、「y を変化させることによる影響」が違うことが起こり得る。

2.3　例：コンデンサの電荷

　💻　「状況によって変数を変化させたときの影響が違う」具体例として、コンデンサを考えよう。

2.3.1　孤立したコンデンサ

　静電容量 C で電荷 Q が溜まっているコンデンサの持っているエネルギーは $\dfrac{Q^2}{2C}$ である。面積 S で極板間距離が ℓ で、誘電率 ε の

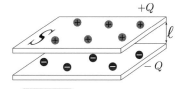

誘電体が詰まった平行平板コンデンサの静電容量は $\boxed{C = \dfrac{\varepsilon S}{\ell}}$ であるから、コンデ

ンサのエネルギーは $\boxed{U(Q,\ell) = \dfrac{Q^2 \ell}{2\varepsilon S}}$ と書くことができる。Q と ℓ を一般化座標
→ p22
と考えよう。$U(Q,\ell)$ の全微分は（ε と S は定数として[32]）

$$\mathrm{d}\left(U(Q,\ell)\right) = \frac{Q\ell}{\varepsilon S}\,\mathrm{d}Q + \frac{Q^2}{2\varepsilon S}\,\mathrm{d}\ell \tag{2.32}$$

となる。第1項の $\mathrm{d}Q$ の係数 $\dfrac{Q\ell}{\varepsilon S}$（$Q$ という一般化座標に対する一般化力にマイ

ナス符号をつけたもの）は $\boxed{\dfrac{Q}{C} = V}$（コンデンサの極板間電位差）である。

　電位差が V であるコンデンサにさらに電荷 $\mathrm{d}Q$ を追加する（正極板に $\mathrm{d}Q$、負

---

[32] (2.32) を具体的に計算するには、変化後と変化前の差 $\dfrac{(Q+\mathrm{d}Q)^2(\ell+\mathrm{d}\ell)}{2\varepsilon S} - \dfrac{Q^2\ell}{2\varepsilon S}$ を微小量の1

次のオーダーまでを計算してもよいし、$U(Q,\ell)$ を Q で偏微分すると $\left(\dfrac{\partial U(Q,\ell)}{\partial Q}\right)_\ell = \dfrac{Q\ell}{\varepsilon S}$、$\ell$ で偏微

分すると $\left(\dfrac{\partial U(Q,\ell)}{\partial \ell}\right)_Q = \dfrac{Q^2}{2\varepsilon S}$ と考えてもよい。

極板に $-\mathrm{d}Q$ の電荷を追加する）には $V\,\mathrm{d}Q$ の仕事が必要だと示している[33]。

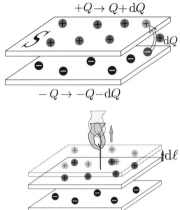

第2項は「コンデンサの極板間距離 ℓ を $\mathrm{d}\ell$ だけ伸ばすには $\dfrac{Q^2}{2\varepsilon S}\,\mathrm{d}\ell$ の仕事が必要」と示している。この係数の符号を変えた $-\dfrac{Q^2}{2\varepsilon S}$ は ℓ に対する一般化力であり、極板間引力が

$$F = \frac{Q^2}{2\varepsilon S}$$

であることを示している。物理的にはもっともな結果である。

--------------------練習問題--------------------

【問い2-3】　S が定数ではなかったとすると(2.32)はどのように変わるか。
→ p29
ヒント → p337へ　　解答 → p343へ

2.3.2　電池をつないだコンデンサ

独立変数のうち、「実験前に決めておいて、実験を行っている間は動かさない変数」を「制御変数 (control variable)」という名前で呼ぶことにする。前項で考えたコンデンサの場合、実験開始時に与えた電荷 Q は 〔ℓ を変える〕という操作を行っても変化しない。つまりこの場合 Q は制御変数である。Q と ℓ が独立変数で、結果として変わる V が従属変数なので[34]、電位差は $V(Q,\ell)$ のように書くことができる。

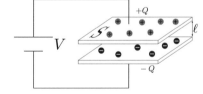

コンデンサに起電力 V の電池をつないでみる。こうするとコンデンサの電荷 Q は $\boxed{Q = \dfrac{\varepsilon S}{\ell}V}$ のように V によって決まる従属変数となり、「制御変数」は Q ではなく V になる。ℓ が独立変数であるのは変わらないが、制御変数であった Q が今度は従属変数になるので、$U(Q,\ell)$ を書きなおして

---

[33] $V\,\mathrm{d}Q$ は「電気的仕事」と呼ぶこともある。一般化座標 x と一般化力 F が 〔$\mathrm{d}U = -F\,\mathrm{d}x$〕のようにエネルギーと結びついていることを考えると、Q が一般化座標で $-V$ が一般化力である。
[34] 制御変数は独立変数の一部である。独立変数のうちどれが制御変数でどれが制御変数でないかは、実験者によって決められる。

$$U(V, \ell) = \frac{\varepsilon S}{2\ell} V^2 \tag{2.33}$$

となる。$U(V, \ell)$ と $U(Q, \ell)$ は 何を独立変数として表現しているか が違うが、表している値は同じである。$U(Q, \ell)$ に $Q = V$ を代入すると $U(V, \ell)$ になる のでは ない ので注意しよう。$U(V, \ell)$ の全微分は（$\mathrm{d}\left(\dfrac{1}{\ell}\right) = -\dfrac{1}{\ell^2}\,\mathrm{d}\ell$ に注意して）

$$\mathrm{d}U = \frac{\varepsilon S}{\ell} V \,\mathrm{d}V - \frac{\varepsilon S}{2\ell^2} V^2 \,\mathrm{d}\ell \tag{2.34}$$

となる。ここで $\mathrm{d}\ell$ の前の係数が負になっていることを疑問に思うだろうか？（思って欲しい）——前項の考え方に従い「$\mathrm{d}\ell$ の前の係数は極板間引力を示す」とするならば、これが負になったことは 極板間には斥力が働く を意味するように思われる。もちろんこれは誤解なのだ。

　極板間に働く力は正電荷と負電荷の力だから、引力に決まっている。上の考えはどこかで「間違えた」のである。

　なお、「ℓ が増加すると U が減る」という点は全く間違っていない。ℓ が増加すると静電容量は小さくなる。今の場合は V が一定の条件で動かしているから、$Q = CV$ からすると、C が小さくなると電荷は減る。この電荷は電池の方へ移動する。この状況では確かに「コンデンサの持つエネルギー U」は減少している。従って (2.34) の第 2 項の $\mathrm{d}\ell$ の係数が負なのはそれで正しい。

　手が正の仕事をしているのにエネルギーが減ったとなると、どこかが間違っている。どこだろう？？？——下の図を見ながらじっくり考えてみよう。

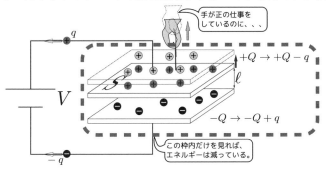

答えは次のページだが、めくる前にちゃんと「自分の答え」を見つけること！

　前の2.3.1項と本項の設定の違いは「電池をつないだ」ことである。よって
「$U(V, \ell)$ には、電池のエネルギーが考慮されてないじゃないか！」と気づいて
欲しい。電池をつないだときは、コンデンサと電池のエネルギーの和を考えな
くてはいけない。

　電池は電位差 V を作り出すメカニズムを持っており、内包している電荷 $Q_全$
を流しきるとそこでもう電流を流すことはできなくなる[†35]と考えよう。

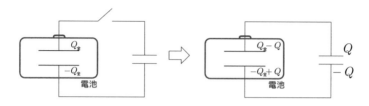

　コンデンサにつながる前の電池は $Q_全 V$ のエネルギーを持っていたと考える
ことができる[†36]。コンデンサに電荷 Q がたまった時点で電池の蓄える電気量は
$Q_全 - Q$ に変わっている。よってこの（電池も含めた）全エネルギーは

$$U_全(V, \ell) = \overbrace{\frac{\varepsilon S}{2\ell}V^2}^{U(V, \ell)} + (Q_全 - Q)V = -\frac{\varepsilon S}{2\ell}V^2 + Q_全 V \tag{2.35}$$

になる $\left(Q = \dfrac{\varepsilon S}{\ell}V \text{ を代入した}[†37] \right)$。

コンデンサのエネルギーUが、
手のする仕事Wの分だけ増加する。

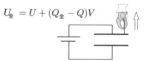

コンデンサと電池のエネルギーの和$U_全$が、
手のする仕事Wの分だけ増加する。

[†35] 電気回路などの「練習問題」で出てくる「起電力 V の電池」はいくら電流を流してもへることなく
電流を流し続けてくれるが、現実にはそうはいかない。

[†36] ここで、「コンデンサのエネルギーは $\frac{1}{2}QV$ なのに電池のエネルギーは QV なの？」と不思議に思う
人もいるかもしれないが、コンデンサは放電するに従い電位差も下がる。一方理想的な電池は常に電位差
は V のままである。この違いが係数 $\frac{1}{2}$ の原因である。電位差が変わらないのは電池が化学反応によって
電位差を作っているからである。そのメカニズムはずっと後だが14.4 節で考える。
→ p309

[†37] 今は$U_全(V, \ell)$を V と ℓ の関数として求めたいのだから、V, ℓで表されている Q を残してはいけない。
$U_全(V, Q, \ell)$ は消すべきものを消してない、よくない表現である。

この $U_全$ の全微分を求めると

$$
dU_全 = \overbrace{-\frac{\varepsilon S}{2\ell}2V\,dV + \frac{\varepsilon S}{2\ell^2}V^2\,d\ell}^{d\left(-\frac{\varepsilon S}{2\ell}V^2\right)} + Q_全\,dV
$$

$$
= \underbrace{\left(-\frac{\varepsilon S}{\ell}V + Q_全\right)}_{Q_全 - Q}dV + \frac{\varepsilon S V^2}{2\ell^2}\,d\ell \tag{2.36}
$$

となって、ℓ を $d\ell$ だけ変化させるのに必要な仕事は $\dfrac{\varepsilon S V^2}{2\ell^2}d\ell$ となり、その係数は正であるからちゃんと引力になっているし、その力の大きさは

$$
\frac{\varepsilon S V^2}{2\ell^2} = \frac{Q^2}{2\varepsilon S} \tag{2.37}
$$

となって、電池がない場合と同じになる。そもそもこの力は「極板に溜まった電荷によるクーロン力に逆らうための力」だから、極板に溜まっている電荷が同じなら同じになることは、物理的にみて全く正しい。

こうして、状況が違えば考えるエネルギーが違う（U ではなく $U_全$ になる）が、それによって計算される一般化力については、

$$
\left(\frac{\partial U(Q,\ell)}{\partial \ell}\right)_Q = \underbrace{\left(\frac{\partial U_全(V,\ell)}{\partial \ell}\right)_V}_{V=V(Q,\ell)} \tag{2.38}
$$

が成り立つようになった（U を使っても $U_全$ を使っても同じ結果が出た）。

次の図に示すように、(2.38) の左辺と右辺の示す物理現象は違う。

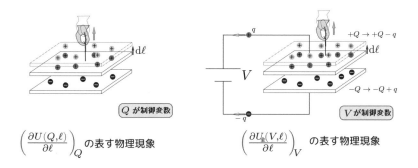

$$
\left(\frac{\partial U(Q,\ell)}{\partial \ell}\right)_Q \text{ の表す物理現象}
\qquad
\left(\frac{\partial U_全(V,\ell)}{\partial \ell}\right)_V \text{ の表す物理現象}
$$

しかし、(2.38) の左辺と右辺は「極板間の引力」[†38]という同じ物理量だから等式が成立するのは当然（そうあるべき）である。

[†38] 正確には、「極板間を広げるために必要な仕事÷（極板間距離の増加量）」だが、それはつまり極板間の引力である。

　コンデンサだけがあるとき、電荷の移動する場所がないから Q が制御変数である。一方電池をつないだ場合は電池が電位差を決めるから、V が制御変数になる（電池を取り替えたり、電圧可変の電源装置を使うなどすれば V を制御することができる）。

　「エネルギーの微分はエネルギーを変化させるのに必要な仕事である」というのが前項の結果であるが、この項でわかったことは、

> 独立変数や制御変数を変えてしまうとポテンシャルエネルギーの方も変更しないと正しい一般化力が計算できない

という事実である。力学的に考えると「電池とつながっていてエネルギーのやりとりをしているんだから、電池のエネルギーとの和を考えなきゃ！」という、あたりまえのことである。

　熱力学では様々な「ポテンシャルエネルギー」に対応する量が出現するが、「どの量を使うべきか」は独立変数の選択で決まる。使うべき状況が物理的に違うためである。上の枠内の考え方に今から慣れておこう。

2.4　Legendre 変換とその物理的意味

　前節で考えたことから以下の教訓を得る[†39]。

> 系（前節の例ではコンデンサ）が外界（前節の例では電池）となんらかの意味でつながっている場合とつながっていない場合では、状況に応じて考えるエネルギーを変更しなければいけない。

この「エネルギーの変更」を、一般的な数学的手順としてまとめておこう。

2.4.1　独立変数を変更しても情報を失わない変換

　ある物理量 $f(x, y)$ が表す物理現象を考えるときに、「独立変数を (x, y) から (p_x, y) に変えたい（ただし、$p_x = \left(\dfrac{\partial f(x, y)}{\partial x} \right)_y$ ）」という状況がよくある。前

[†39] 前節を飛ばしてここに来た人は、「系がなんらかの形で外部と相互作用しているときは、エネルギーの定義を変更しなくてはいけない」という点だけ抑えておこう。まぁそんなこともあるんだろうな、ぐらいの感覚でいい。

節で行った $Q \to V$ の変換も、$\boxed{V = \left(\dfrac{\partial U(Q, \ell)}{\partial Q}\right)_\ell}$ と考えるとまさにこの状況である。この後もそういう変数の取り換えをすることが多々ある、と予告しておく[40]。

　しかし、単に変数を書き換えるだけでは、その関数から得られる情報が失われてしまう。そうならないよう関数の形を調整しつつ独立変数を変える方法を「**Legendre 変換**」と呼ぶ[41]。Legendre 変換がどのような計算であるかを以下で説明していこう。

　$f(x, y)$ という関数の偏微分係数 $\boxed{p_x = \left(\dfrac{\partial f(x, y)}{\partial x}\right)_y}$ と $\boxed{p_y = \left(\dfrac{\partial f(x, y)}{\partial y}\right)_x}$ にはそれぞれに物理的意味があって、計算できるようにしておきたい（計算する手段が失われると困る）量であるとする[42]。

　計算をやっていくうちに、x を変数にするよりも p_x を変数に使った方が扱い易いことが判明し、(x, y) から (p_x, y) に変数を変えたいという事態が発生したとする（コンデンサの話で、Q じゃなく V を変数にしたくなったときと同様である）。

　しかし、単に $\boxed{p_x = \left(\dfrac{\partial f(x, y)}{\partial x}\right)_y}$ を解いて $\boxed{x = x(p_x, y)}$ と求めて、それを代入しただけの $f(x(p_x, y), y)$ を[43]使うことにすると、少し困った状況が生じる。この関数 $f(x(p_x, y), y)$ を $\boxed{p_x \text{ を一定として } y \text{ で偏微分}}$ した量は、元々の $f(x, y)$ を y で偏微分した量と違うものになってしまう。そうなる理由は、$f(x(p_x, y), y)$ は $f(x, y)$ が持っていなかった $\boxed{x(p_x, y) \text{ を通じての } y \text{ 依存性}}$ を持ってしまうからである。

$$\left(\frac{\partial}{\partial y}\right)_x \quad f(x, y) \qquad\qquad \left(\frac{\partial}{\partial y}\right)_{p_x} \quad f(x(p_x, y), y)$$

---

[40] $p_x \leftrightarrow x,\, V \leftrightarrow Q$ は、後で出てくる「共役な変数」のペアの例である。
→ p199

[41] Adrien-Marie Legendre はフランス人数学者。Legendre 変換の他にも、Legendre 多項式でも物理屋にはおなじみの人。日本語読みは「ルジャンドル」。

[42] $f(x, y)$ がエネルギーだと思えば、$-p_x$ は x の変化に対応する一般化力、$-p_y$ は y の変化に対応する一般化力である。

[43] この、$f(x(p_x, y), y)$ は、丁寧に書けば $\underset{x = x(p_x, y)}{f(x, y)}$ （この書き方は「$f(x, y)$ の x に $x(p_x, y)$ を代入した結果」という意味）である。

そこで、

$$\tilde{f}(p_x, y) = f(x(p_x, y), y) - x(p_x, y)p_x \tag{2.39}$$

で p_x, y の新しい関数を定義するとよい（理由はこの後で説明する）。ただし、右辺の $f(x(p_x, y), y)$ は「$f(x, y)$ の x に p_x と y の関数である $x(p_x, y)$ を代入したもので、$\underbrace{f(x, y)}_{x=x(p_x, y)}$ と書いてもよい。

上の (2.39) では x は $x(p_x, y)$ という「p_x と y の関数」であって、もはや独立変数ではない（別の言い方をすれば、「x」は「関数の名前」で変数ではない）ことに注意しよう。

同じ式を（すべての p_x に $p_x(x, y)$ を代入することによって）x, y を独立変数として書くならば（その場合は p_x が独立変数ではなくなる）、

$$\tilde{f}(p_x(x, y), y) = f(x, y) - xp_x(x, y) \tag{2.40}$$

となる[†44]。しばしば (2.39) と (2.40) は引数を省略した形を使って

$$\tilde{f}(p_x, y) = f(x, y) - xp_x \tag{2.41}$$

のように書かれるが、「この式は何を独立変数として書いた式なのか」を忘れてしまうと、(2.41) が (2.39) の意味なのか (2.40) の意味なのかわからなくなる。だから、慣れていない間は関数の引数は省略しないで、かつ左辺と右辺の独立変数の選択を揃えた形で書いた方がいい[†45]。

(2.39) を p_x を一定にして y で微分すると、

$$\left(\frac{\partial \tilde{f}(p_x, y)}{\partial y}\right)_{p_x} = \underbrace{\left(\frac{\partial f(x, y)}{\partial x}\right)_y}_{x=x(p_x, y)}\left(\frac{\partial x(p_x, y)}{\partial y}\right)_{p_x} + \underbrace{\left(\frac{\partial f(x, y)}{\partial y}\right)_x}_{x=x(p_x, y)} - \left(\frac{\partial x(p_x, y)}{\partial y}\right)_{p_x}p_x \tag{2.42}$$

となるが、第1項の $\underbrace{\left(\dfrac{\partial f(x, y)}{\partial x}\right)_y}_{x=x(p_x, y)}$ は p_x そのものだから、第1項と第3項は相殺して、

$$\left(\frac{\partial \tilde{f}(p_x, y)}{\partial y}\right)_{p_x} = \underbrace{\left(\frac{\partial f(x, y)}{\partial y}\right)_x}_{x=x(p_x, y)} \tag{2.43}$$

[†44] 左辺の $\tilde{f}(p_x(x, y), y)$ は $\underbrace{\tilde{f}(p_x, y)}_{p_x=p_x(x, y)}$ の略記である。

[†45] 慣れるといちいち書くのが億劫になるもので、(2.41) のように書いて「文脈で判断して」と言いたくなってしまう。慣れていくしかない。

となる。つまり、$\begin{cases} \boxed{f(x,y)\text{の}x\text{を一定とした}y\text{による偏微分}} \\ \boxed{\tilde{f}(p_x,y)\text{の}p_x\text{を一定とした}y\text{による偏微分}} \end{cases}$　が等しく

なる。

なお、$\boxed{(2.39)}$の両辺を$\boxed{y\text{を一定にして}p_x\text{で偏微分}}$すると、
→ p36

$$\left(\frac{\partial \tilde{f}(p_x,y)}{\partial p_x}\right)_y = \underbrace{\left(\frac{\partial f(x,y)}{\partial x}\right)_y}_{\underbrace{x=x(p_x,y)}_{p_x}}\left(\frac{\partial x(p_x,y)}{\partial p_x}\right)_y - \left(\frac{\partial x(p_x,y)}{\partial p_x}\right)_y p_x - x(p_x,y)$$

$$= -x(p_x,y) \tag{2.44}$$

となる。つまり、$\begin{cases} f(x,y)\text{を}x\text{で偏微分すると}p_x(x,y) \\ \tilde{f}(p_x,y)\text{を}p_x\text{で偏微分すると}-x(p_x,y) \end{cases}$　という（符号が

違うが）対称な関係になっている。

まとめて表にすると、以下のようになる。

	$f(x,y)$	$\tilde{f}(p_x,y)$
x で微分	$\left(\dfrac{\partial f(x,y)}{\partial x}\right)_y = p_x(x,y)$	✕
p_x で微分	✕	$\left(\dfrac{\partial \tilde{f}(p_x,y)}{\partial p_x}\right)_y = -x(p_x,y)$
y で微分	$\left(\dfrac{\partial f(x,y)}{\partial y}\right)_x$ $=$	$\left(\dfrac{\partial \tilde{f}(p_x,y)}{\partial y}\right)_{p_x}$

このようにして、「偏微分の"何を固定するか"という条件が変化するのに対応して、関数の方を変えて偏微分の結果が変わらないようにする変換」を作ることができた。これが「Legendre変換」の意義である。

なぜLegendre変換でうまく独立変数の変換ができるのかは、以下のように全微分の式を書くとわかる。

xが$\mathrm{d}x$、yが$\mathrm{d}y$ 変化した時の$f(x,y)$の変化量は

$$\mathrm{d}f = \left(\frac{\partial f(x,y)}{\partial x}\right)_y \mathrm{d}x + \left(\frac{\partial f(x,y)}{\partial y}\right)_x \mathrm{d}y \tag{2.45}$$

と書ける。一方、$\boxed{\tilde{f} = f - p_x x}$ の微分を考えると、

$$\mathrm{d}\tilde{f} = \overbrace{\left(\frac{\partial f(x,y)}{\partial x}\right)_y \mathrm{d}x + \left(\frac{\partial f(x,y)}{\partial y}\right)_x \mathrm{d}y}^{\mathrm{d}f} - \overbrace{(\mathrm{d}p_x x + p_x\,\mathrm{d}x)}^{\mathrm{d}(p_x x)}$$

$$= \underbrace{\left(\frac{\partial f(x,y)}{\partial x}\right)_y}_{p_x} \mathrm{d}x + \left(\frac{\partial f(x,y)}{\partial y}\right)_x \mathrm{d}y - \mathrm{d}p_x x - p_x\,\mathrm{d}x \qquad (2.46)$$

となって、第1項 $\left(\dfrac{\partial f(x,y)}{\partial x}\right)_y \mathrm{d}x$ と第4項 $-p_x\,\mathrm{d}x$ がちょうど消えて、

$$\mathrm{d}\tilde{f} = \left(\frac{\partial f(x,y)}{\partial y}\right)_x \mathrm{d}y - \mathrm{d}p_x x \qquad (2.47)$$

となる。これと、

$$\mathrm{d}\tilde{f} = \left(\frac{\partial \tilde{f}(p_x,y)}{\partial y}\right)_{p_x} \mathrm{d}y + \left(\frac{\partial \tilde{f}(p_x,y)}{\partial p_x}\right)_y \mathrm{d}p_x \qquad (2.48)$$

を見比べれば、$\boxed{\left(\dfrac{\partial f(x,y)}{\partial y}\right)_x = \left(\dfrac{\partial \tilde{f}(p_x,y)}{\partial y}\right)_{p_x}}$ が確認できる[†46]し、これからも、

$\boxed{\left(\dfrac{\partial \tilde{f}(p_x,y)}{\partial p_x}\right)_y = -x}$ となっていることがわかる。

　コンデンサの場合で $(Q,\ell) \to (V,\ell)$ と変数を変える Legendre 変換を実行すると、

$$\tilde{U}(V,\ell) = \underbrace{U(Q,\ell) - \left(\frac{\partial U(Q,\ell)}{\partial Q}\right)_\ell Q}_{Q=Q(V,\ell)} = \underbrace{\frac{Q^2\ell}{2\varepsilon S} - \frac{Q^2\ell}{\varepsilon S}}_{Q=\frac{\varepsilon S V}{\ell}} = -\frac{\varepsilon S V^2}{2\ell} \qquad (2.49)$$

となる。$\tilde{U}(V,\ell)$ は (2.35) の $U_\text{全}$ とは $Q_\text{全}V$ の違いがあるが、これは定数項であ
→ p32
り、位置エネルギーは定数項を付加しても物理的内容は変わらない。

[†46] この式を見て、「左辺が x, y の関数なのに右辺が p_x, y の関数？？」と戸惑ってしまう人がいるかもしれないので書いておくが、この等式は $\begin{cases} \text{左辺の } x \text{ に } x(p_x,y) \text{ を代入} \\ \text{右辺の } p_x \text{ に } p_x(x,y) \text{ を代入} \end{cases}$ のどちらかを行うと、同じになる、という意味である。

2.4.2　Legendre 変換の図形的意味

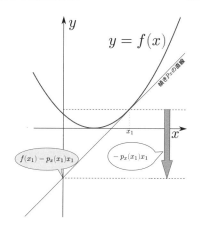

少し y を忘れて 1 変数関数 $f(x)$ を考えることにして、Legendre 変換はグラフの上の図形的操作としてはどのようなものになるのかを確認しておこう。1 変数の場合の Legendre 変換は $\boxed{p_x = \dfrac{\mathrm{d}f}{\mathrm{d}x}}$ として $\boxed{\tilde{f} = f - p_x x}$ であるが、p_x の意味は「グラフの傾き」だから、f から $p_x x$ を引算することは、右の図のようにその点で接線（傾きが p_x の線）を引いて、その y 切片を求めることに対応する。

Legendre 変換は「$x \to f(x)$ の対応関係」から

「$\boxed{x \text{ における接線の傾き}} \to \boxed{x \text{ における接線の切片}}$ の対応関係」への変換と見ることもできる。

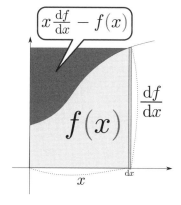

p23 に「x を横軸、$\dfrac{\mathrm{d}U}{\mathrm{d}x}$ を縦軸」としたグラフで、x 軸との間の面積が $U(x)$ になる、と書いたが、上で求めた Legendre 変換の結果というのは右のグラフに示した $x\dfrac{\mathrm{d}f}{\mathrm{d}x} - f(x)$ の符号を反転させた関数である。Legendre 変換は「グラフと x 軸の間の面積」を考えるか「グラフと $\dfrac{\mathrm{d}f}{\mathrm{d}x}$ 軸との間の面積」を考えるかを取り替える変換だとも言える。$f(x)$ を使っても $f(x) - x\dfrac{\mathrm{d}f}{\mathrm{d}x}$ を使っても、現象を記述することができる。

Legendre 変換は「情報を失わない変換」なので、

$$\underbrace{\tilde{f}(p_x) = f(x) - x\frac{\mathrm{d}f}{\mathrm{d}x} \quad \left(p_x = \frac{\mathrm{d}f}{\mathrm{d}x}\right),}_{\text{Legendre 変換}} \quad \underbrace{f(x) = \tilde{f}(p_x) - p_x\frac{\mathrm{d}\tilde{f}}{\mathrm{d}p_x} \quad \left(x = -\frac{\mathrm{d}\tilde{f}}{\mathrm{d}p_x}\right)}_{\text{逆 Legendre 変換}}$$

$$(2.50)$$

と同じ形（$x \leftrightarrow p_x, f \leftrightarrow \tilde{f}$ と取り替えた形）の変換を2回やると元に戻る。

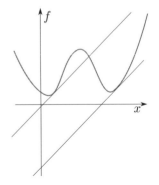

　ここまでではある意味「危なくない状況」を選んで考えたが、目ざとい人ならば「同じ p_x に対して二つ以上 $\tilde{f}$ の値があったら？」という点が心配になるのではないかと思う（たとえば右のような状況では、$\tilde{f}$ が一つに決まらない）。こうならないためには、グラフは常に「凸関数」[†47]でなくてはならない。

　関数が下に凸であるとは、任意の点 x_0, x_1、任意の0から1までの実数 λ に対して

$$f((1-\lambda)x_0 + \lambda x_1) < (1-\lambda)f(x_0) + \lambda f(x_1) \tag{2.51}$$

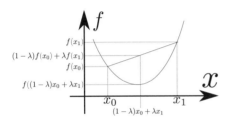

が成り立つことである（不等号の向きがひっくり返ると「上に凸」）。図に示すと左のようになるが、つまりはグラフ上の2点を選んで線分でつないだとき、その線分が必ずグラフより上にある、というのが「下に凸（⊔）」の意味である。⊔な場合、x が増加するに従い傾き p_x が増加していることになるので、常に $\dfrac{\mathrm{d}p_x}{\mathrm{d}x} > 0$ である（上に凸なら不等号が逆）。

　「上に凸」であれ「下に凸（⊔）」であれ、$\dfrac{\mathrm{d}^2 f}{\mathrm{d}x^2} = \dfrac{\mathrm{d}p_x}{\mathrm{d}x}$ が符号を変えてはいけない（これが0になるのは直線になるときである）。

　凸関数であれば、グラフの傾きは常に増加もしくは減少し続けるので、ある傾き p_x を持つのは一度しかない。そのため、p_x を決めれば x が決まり、ひいては f も $\tilde{f}$ も一つに決まる。

　凸関数であっても、微分が連続ではない場合はある。

　その場合は微分が連続でない点で傾きが定義できず、結果として変数 p_x すなわち傾きが変化しても f が変化しない領域ができる。次図において接線が灰色に

[†47] グラフの状況は「下に凸」なので「⊔関数」に近いが、この場合でも凸関数と呼ぶ。本書では「下に凸」を「⊔」という創作漢字で表すことにする（他の本では使われてない独自記号である）。読み方は「つと」を推奨する。

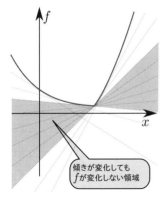

傾きが変化しても
f が変化しない領域

塗りつぶされた部分を動いている間は、p_x が変化しても f が変化しない。Legendre 変換後は、「x が変化しないのに $\tilde{f}$ が変化する」という現象が起こることになる。

Legendre 変換の定義を以下のように修正すれば、凸関数でなかったり微分が不連続だったりするときでも使える操作になる（下の定義は下に凸な場合。上に凸な時は上下関係をひっくり返す）。

――― Legendre 変換のより一般的な定義 ―――

傾き p_x の直線 $\boxed{y = p_x x + C}$ と考えている関数 $\boxed{y = f(x)}$ が共有点を持つ、最小の C が $f(x)$ の Legendre 変換 $\tilde{f}(p_x)$ である。

図形的に表現すれば、下の図のように、傾き p_x の直線を下の方から近づけていき、考えている関数に接触した時点での切片を $\tilde{f}(p_x)$ にすることである。

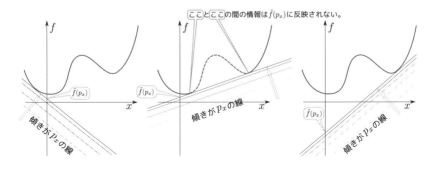

このような手順で $\tilde{f}(p_x)$ を決めると、真ん中の図に破線で示した領域の $f(x)$ の形の情報は $\tilde{f}(p_x)$ には伝わらない。凸でない関数を Legendre 変換した場合は情報が伝わりきれない点ができる。

なお、解析力学で使ったラグランジアンとハミルトニアンを相互に変換するときの Legendre 変換は、

── 符号が反転する Legendre 変換 ──

Legendre 変換　　　$\tilde{f}(p_x) = xp_x - f(x)$　　ただし、$p_x = \dfrac{\partial f(x)}{\partial x}$
(2.52)

逆 Legendre 変換　　　$f(x) = xp_x - \tilde{f}(p_x)$　　ただし、$x = \dfrac{\partial \tilde{f}(p_x)}{\partial p_x}$
(2.53)

のように、上とは符号を変えた定義になっている（解析力学のときは、$x \to \dot{q},\, p_x \to p$）。

　コンデンサの場合に電池を考えたときのように「外部につながっている何か」の詳細を考えることをしなくても、Legendre 変換という計算は実行できる。すなわち、「独立変数（制御変数）が変わった場合のエネルギーに対応するもの」を求めるには、外部につながっている「制御変数を一定にしようとしてくれるもの」（コンデンサの場合、電池が V を一定にしてくれるので V が制御変数になった）の詳細は必要ない（もちろん知っていた方がわかりやすいだろうけど、知らなくても問題はない）。

　熱力学では「何を固定して変化させるか（制御変数に何を選ぶか）」を状況により変化させる（あるときは体積固定、あるときは圧力固定、あるときは温度固定…など）。そのために Legendre 変換が各所で活躍する。

　　💻　さて、これで「（熱力学に入る前の）力学の復習」は終わった。準備は整ったので、次の章から熱力学に進もう。

2.5　章末演習問題

★【演習問題 2-1】

1次元調和振動子の位置エネルギーは $U(x) = \dfrac{1}{2}kx^2$ である。これから

$$\vec{F} = -\mathrm{grad}\left(\frac{1}{2}kx^2\right) = -kx\vec{\mathbf{e}}_x \tag{2.54}$$

である（grad の中の y 微分と z 微分の結果は 0 になる）。または

$$\mathrm{d}U = kx\,\mathrm{d}x = -\underbrace{(-kx)}_{F_x}\,\mathrm{d}x \tag{2.55}$$

となる。一方、3次元調和振動子の位置エネルギーは直交座標を使って書くと

$$U(x, y, z) = \frac{1}{2}k\left(x^2 + y^2 + z^2\right) \tag{2.56}$$

である。

(1)　$\boxed{\vec{F} = -\mathrm{grad}\,U}$ を求めよ。

(2)　U の微分を求めて、上の答えと比較せよ。

(3)　同じ位置エネルギーを極座標を用いて書き、$-\mathrm{grad}\,U$ と微分を求めよ。出てきた結果は直交座標と同じであることを確認せよ。

ヒント → p1w へ　　解答 → p7w へ

★【演習問題 2-2】
　天井から長さ ℓ の糸をつないで質量 m の質点を吊るす。糸はたるんだりしないとすると、この質点の位置エネルギーを（基準点を天井として）求め、これを θ で微分することで力のモーメントを計算せよ。

　θ で微分することによって出るのは「力」ではなく「力のモーメント（角度に対する一般化力）」であることに注意。

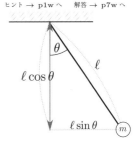

ヒント → p1w へ　　解答 → p8w へ

★【演習問題 2-3】
　図のように長さ ℓ で軽くて硬い棒[48]の一端を天井に固定する（棒は天井の固定点を中心として回転できるものとする）。もう一端に質量 m の質点を取り付け、それに長さ L_0 の糸をつないでその先に質量 M の物体を二つの定滑車（間の距離は a）を通してつなげる。

(1)　位置エネルギーを表す式を作れ。

(2)　つりあいの条件を求めよ。

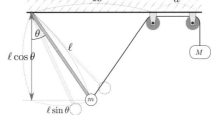

ヒント → p2w へ　　解答 → p8w へ

★【演習問題 2-4】
　この章では「運動エネルギー」は考えなかった。運動エネルギーは位置の関数ではなく、$U(\vec{x})$ とは書けない。しかし $\boxed{K = \dfrac{1}{2}m|\vec{v}|^2}$ とすると $\boxed{\mathrm{d}K = \vec{F}\cdot\mathrm{d}\vec{x}}$ が成り立つ。このことを示せ。これから、力 $\vec{F}$ が保存力であるときには $\boxed{\mathrm{d}(K + U) = 0}$ が言える。

ヒント → p2w へ　　解答 → p8w へ

---

[48]　「軽くて硬い」は「質量と変形が無視できる」を表す符牒である。

★【演習問題 2-5】

静電容量が C_1, C_2 である二つのコンデンサを並列につないでみよう。それぞれに Q_1, Q_2 の電荷が溜まったとすると、コンデンサのエネルギーの和は

$$U = \frac{(Q_1)^2}{2C_1} + \frac{(Q_2)^2}{2C_2} \tag{2.57}$$

である。$\boxed{Q_1 + Q_2 = Q_全}$ が一定であるという条件をつけたのち、U を微分して 0 と置くとある条件が得られるが、その条件の物理的意味は何か？　　ヒント → p2w へ　　解答 → p8w へ

★【演習問題 2-6】

x 方向の長さが L_x、y 方向の長さが L_y の長方形膜を考える。この膜を x, y それぞれの方向に伸ばすときの張力が $K_x(L_x, L_y), K_y(L_x, L_y)$ のように L_x, L_y の関数として表せるとすると、膜の位置エネルギー $U(L_x, L_y)$ の微分が

$$dU = K_x(L_x, L_y)\,dL_x + K_y(L_x, L_y)\,dL_y \tag{2.58}$$

となる。この式が積分可能条件を満たす例として、
→ p329

(A)　　　　$K_x(L_x, L_y) = \sigma L_y,$ 　　　　　$K_y(L_x, L_y) = \sigma L_x$ 　　　(2.59)

(B)　　　　$K_x(L_x, L_y) = f(L_x),$ 　　　　　$K_y(L_x, L_y) = g(L_y)$ 　　　(2.60)

というシンプルな例を考えよう（σ は定数、f, g は任意の関数）これはあくまで例であり、もっと複雑な状況も考えられる。(A) の場合、位置エネルギー U は実は 1 変数の関数であることを、(B) の場合はこの系が二つに分離することを示せ。後の【演習問題 10-6】で、この系を熱力学的にも考える。
→ p225

解答 → p9w へ

★【演習問題 2-7】

以下の関数を Legendre 変換（x から $\boxed{p_x = \dfrac{\partial f(x, y)}{\partial x}}$ へと独立変数を変える）し、変換の前後で「y で偏微分した結果」が変わってないことと「p_x で偏微分すると $-x$ になること」を確認せよ。

(1)　$f(x, y) = x^2 y$

(2)　$f(x, y) = e^x y$

ヒント → p1w へ　　解答 → p9w へ

★【演習問題 2-8】

$\boxed{\dfrac{d^2 f(x)}{dx^2} \geq 0}$ を満たす関数（凸な関数）を Legendre 変換した結果の関数 $\tilde{f}(p_x)$（ただし $\boxed{p_x = \dfrac{df(x)}{dx}}$）は $\boxed{\dfrac{d^2 \tilde{f}(p_x)}{dp_x^2} \leq 0}$ を満たす（凸な関数である）ことを示せ。

ヒント → p1w へ　　解答 → p9w へ

第 3 章

熱力学の状態と操作

いよいよこの章から熱力学に入っていく。まず、「熱力学ではどのような『状態』と『操作』を扱うのか」からはじめよう。

3.1 状態の記述

物理では物体のひとつのまとまりを「系」と呼ぶ[†1]。系に含まれる複数の物体[†2]は、互いに相互作用を及ぼしあっていることが多い[†3]。

系の状態をどのように記述すべきかをまずまとめておこう。まず簡単のために1成分の系を考える（頭の中には、箱に入れられた気体を思い浮かべておこう）と、状態を指定する変数（状態変数）として温度 T、圧力 P、体積 V、物質量 N などが思い浮かぶ。温度や圧力は気体に限らず液体や固体[†4]でも、さらには電磁場などでも存在する[†5]。

熱力学は「力学」の続き と最初に述べたが、熱力学では純粋に力学的な系
→ piv

[†1] もっともよく使われる「系」が含まれる言葉は「太陽系」であろう。太陽系は「太陽を中心として万有引力で相互作用しているひとつのまとまり」である。

[†2] この「物体」は「相互作用が可能なものならなんでもよい」という、広い意味でとらえて欲しい。液体や固体も物体だし、「電磁場」のような「場」も「エネルギーや運動量を持って他と相互作用できる」という意味で、「物体」とする。

[†3] 系内の相互作用がない場合もあってよいが、本書では相互作用を及ぼし合ってる場合を主に扱う。

[†4] 固体では、体積だけでなく「ひずみ」（変形を表現するパラメータ）と、それを起こす作用（応力）も状態を表す変数なので、もっと変数が増える。

[†5] 実は電磁場には物質量 N が存在しない。5.4.4項を参照。
→ p110

に比べて、状態を表す変数がいくつか増えることになる（特に温度が大事である）。ただし、このように（追加された温度などを含めても）少数の変数だけで状態が記述できるのは、状態のうちの一部、「平衡状態」と呼ばれるものだけである。平衡状態については3.3節で説明する。
→ p51

温度は絶対温度を使用し、単位 K（ケルビン）で測る[†6]。K は日常で使われる摂氏温度の単位である「°C（セルシウス度）」と目盛り間隔は同じだが、原点が273.15°C ずれている（0 K が −273.15 °C）。

物質量 N は単位を mol（モル）[†7]にして測ることが多いが、粒子数を使ってもよい。その場合は単位は「個」[†8]になる[†9]。

【補足】 ＋＋＋＋＋＋＋＋＋＋＋＋＋＋＋＋＋＋＋＋＋＋＋＋＋＋＋＋＋＋＋＋＋＋＋

熱力学は分子の存在を仮定しなくても成り立つので、これも一種のカンニングなのだが、mol という単位で測っている物質量はすなわち $\dfrac{粒子数}{\text{Avogadro 数}}$ であるから、物質量 N は $\dfrac{1}{\text{Avogadro 数}}$ を単位とする離散的な量である。この後（だいぶ先ではあるが）「関数を N で微分する（N を微小量 dN だけ変化させる）」という計算をしばしば行うので、「離散的な数値で表現されるものにそんなことをしていいのか？」という疑問が湧く人も中にはいるかもしれないが、微分という操作は微小量が十分に微小なら実用上問題がないものであり、今の場合（数式上では → 0 とする）dN は $\dfrac{1}{6 \times 10^{23}}$ というスケールまでは小さくできるので、N の離散的な性質は効いてこない。熱力学は N が離散的か連続的かということには関係なく成立しているので安心してよい。

＋＋＋＋＋＋＋＋＋＋＋＋＋＋＋＋＋＋＋＋＋＋＋＋＋＋＋＋＋＋＋　【補足終わり】

[†6] K（ケルビン）という単位をどう決めるか——というよりは温度の測り方をどのように決めるかは実際のところ熱力学のかなり先にいかないと決まらない。

[†7] $6.02214076 \times 10^{23}$ 個の粒子を含む物質を「1 mol の物質」と決める。

この数字 $\boxed{6.02214076 \times 10^{23} = 602214076000000000000000}$ は Avogadro 数と呼ばれ、2019 年の改訂以後の国際単位系 (SI) では定義値である。

[†8] 物質量の単位が「個」である場合は、後で出てくる気体定数 R は Boltzmann 定数 k_B である。なお、
→ p103
Boltzmann はドイツ人物理学者で日本語読みは「ボルツマン」。

[†9] 文字通りの「物質の量」を測る目的ならば kg（キログラム）などの質量を使えばいいのだが、その方法が理論的考察に向かない状況もある。たとえば、後で出てくる気体の状態方程式が（高温とか低密度な
→ p62
どの状況においては）近似として同じ式 $\boxed{PV = NRT}$ になるという普遍性は、右辺を質量で表したのでは損なわれてしまう（水素と酸素で別の状態方程式が必要となる）。物質種類に依らない普遍性を持つ物質の量の測り方が「物質量」であり、分子の個数、または mol はそういう量になっている。状態方程式は一例だが、多くの現象が自然には R が物質の種類に依らなくなるような決め方で物質の量を測る目安が存在することを示している。特に化学反応を起こす物質の物質量比が整数になることも物質量の存在意義として大きい（これが原子・分子の存在につながる）。

体積はSIでは m³（立方メートル）で測る。圧力 P の単位は Pa（パスカル）[†10] だが、パスカルは N/m²（ニュートン毎平方メートル）でもある。

系によっては面積や長さを使って「広がりの大きさ」を表現した方がよいこともある（長方形状の物体の横幅と縦幅に別の変数を使う場合もあるかもしれない）。以下の一般論では、V と書いてあっても体積そのものとは限らず、面積や長さのような量も含めた「一般化体積」であると考えて欲しい。

さて、この「系」が内外と相互作用を行うわけであるが、この後で考えていく「系の外との相互作用（p45 の図を参照）」には

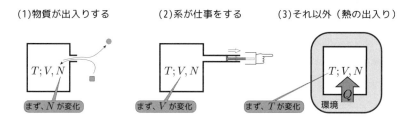

(1)物質が出入りする　　(2)系が仕事をする　　(3)それ以外（熱の出入り）

まず、N が変化　　まず、V が変化　　まず、T が変化

の三種類がある。(1) がある系を「開放系 (open system)」、ない系を「閉鎖系 (closed system)」と呼ぶ。また、(3) がない系を「断熱系 (adiabatic system)」、(1) から (3) の全てがない系を「孤立系 (isolated system)」と呼ぶこともある。上の図は先走った情報を含んでいる（温度はまだ導入してない）ので、この段階では雰囲気だけわかってくれればよい[†11]。「熱」については、上の図の (1)(2) 以外で起こる内部エネルギー（これの定義も後で）の出入りを「熱」と呼ぶのだな、とこの段階では理解しておいて欲しい。

ここで考えた V と N は次の節で説明する「示量変数」である。これらに、後で導入する「温度」という示強変数 T も含めると、状態が $T; \{V\}, \{N\}$ のように[†12]状態変数を使って記述することができるとして話を進めていく。このように状態が表現できるのは、後で説明する「平衡状態」の場合だけであるので「こう記述できるのは限定された状況だ」と認識しておこう。
→ p51

[†10] 天気予報の「hPa（ヘクトパスカル）」は 100 Pa のこと。1 気圧（1 atm）は 101325 Pa であり、1 m² につき約 10 万 N（1 cm² あたり約 10 N）というかなり強い力が掛かっている状況を意味する。
[†11] 図に「まず、〜が変化」と書いてあるが、その後いろんな変化が連動して起こり、最初に変化させた以外の変数が影響を受けることももちろんあるので、「〜」だけ変化するという意味ではない。
[†12] $\{\ \}$ という記号の意味は「はじめに」で書いた通り。体積や物質量などの変数が複数個ある可能性も
→ pvi
あるのでこう書いておく。一般的な話をしたいときにはこのような書き方を使うが、1 成分のときなら「$\{V\}, \{N\}$ は V, N と同じ」と思いながら読んでくれればよい。; の意味は後で説明する。
→ p49

3.2 変数の示量性・示強性

3.2.1 示量変数と示強変数

先に挙げた変数のうち体積 V と物質量 N は相加的 (additive) であるという性質を持っている（たとえば体積 V' の系と体積 V'' の系を合わせると $V' + V''$ の系になる）[13]。あたりまえと思うかもしれないが、たとえば温度にはそんな性質はなく、300 K の水と 300 K の水が存在している状態は「600 K の状態」ではない[14]。状態を指定する変数の中で、

> 系全体の大きさを λ 倍した時に同じように λ 倍になる変数

を「示量変数 (extensive variable)」[15]と呼ぶ。

ある変数が示量変数であることを「この変数は示量的である」あるいは「この変数は示量性を持つ」などと表現する。ここで言う「系全体の大きさを λ 倍にする」という操作は、「同じ状態の系を λ 個持ってくる」という操作である（無理やり力で引き伸ばすような操作を意味しない）。

【補足】 ＋＋＋＋＋＋＋＋＋＋＋＋＋＋＋＋＋＋＋＋＋＋＋＋＋＋＋＋＋＋＋＋＋＋＋
「相加的」と「示量的」の違いについて。示量的は「同じものが λ 個ある」という状況で使われる概念であるのに対し、相加的の方は違う性質のものであっても足算可能な量に対しても使われる（鉄1トンと綿1トンは足したら2トン、となるのは質量が相加的だからである）[16]。相加的の方が意味が広い。
＋＋＋＋＋＋＋＋＋＋＋＋＋＋＋＋＋＋＋＋＋＋＋＋＋＋＋＋＋＋＋＋　【補足終わり】

上に挙げた T, P, V, N の中では、体積 V と物質量 N が示量変数である[17]。

一方、 系全体を大きくしても変化しない変数 は「示強変数 (intensive variable)」[18]と呼ぶ。

---

[13] なお、体積が相加的であるという議論は、「混ぜる」とか「合体」などの操作（これは状態変化を伴う）の話をしているのではない。たとえば『水1リットルとアルコール1リットルを混ぜると2リットルにならない』のような現象もあるが、ここで言う相加的であるとは「水1リットルとアルコール1リットルは（何の操作も行わず並べてあるところを思い浮かべて欲しい）合わせて2リットルである」というシンプルな話で、「混ぜたら、あるいは合体させたらどうなるか」と関係ない話なのである。

[14] 「温度」の明確な定義はずっと後で行うことになるが、経験的に知っている事実としてこれは正しいので、とりあえず認めておこう。

[15] 読み方は「しりょうへんすう」なのだが、「じりょうへんすう」と読む人もいる。

[16] 「鉄1トンと綿1トンは足せない！」とか屁理屈を言われそうだが、もちろんそんなことはなく、質量は「物質の種類が違っていても足し算できる属性」である。それが「相加的だ」ということ。

[17] 系によっては面積 S や長さ ℓ が示量変数として使われることもあるだろう。

[18] こちらも読み方は「しきょうへんすう」なのだが、「じきょうへんすう」と呼ぶ人もいる。

　圧力 P や温度 T は示強変数に属し[19]、これらの変数は「示強的である」とか「示強性を持つ」と言う。あるいは、示強変数は「系のサイズに関係なく、系の一部の狭い領域の測定だけで決まる量（局所的な状況を表現する量）」と考えてもよい。ただし「狭い領域の測定で決まる」ためには、系が一様な状態になっている[20]必要がある（でないと場所により圧力や温度が変わる）。

　右の図では三つの同一の系を合体させるという形で系全体を3倍にする例を表現した[21]。

　図中でも使っているが、状態を表現する変数を並べるときには $(T;V,N)$ のように[22]、示強変数と示量変数の境目だけ ; にして

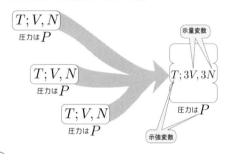

$(\text{示強変数の並び};\text{示量変数の並び})$ という形式で並べる。

------------------------------ 練習問題 ------------------------------

【問い 3-1】

(1) 2.3節の変数 U, Q, ℓ, S, V のうち示量変数はどれで示強変数はどれか。
→ p29

(2) 示量変数を全て λ 倍すると2.3.1項で考えた式 $\boxed{U = \dfrac{Q^2 \ell}{2\varepsilon S}}$ はどう変わるか。
→ p29

(3) (2.35) $\boxed{U_{\text{全}}(V,\ell) = -\dfrac{\varepsilon S}{2\ell}V^2 + Q_{\text{全}}V}$ ではどうか。
→ p32

解答 → p343 へ

---

[19] この定義だけからすると物質量の密度 $\boxed{\rho = \dfrac{N}{V}}$ なども示強変数になる。ただし、後で示量変数と示強
→ p199
変数が「共役な変数のペア」として出てくるが、ρ にはそういうペアはいない。熱力学では示量変数とペアになっている示強変数が重要である。

[20] これが実現しているのが、後で考える「平衡状態」である。
→ p51

[21] このように表現したが、示量性や示強性を議論するときに、「合体する」という操作が必要なのではないことに注意しよう（合体の手順や、合体後に壁は取り除くのだろうかとかを心配する必要もない）。系の局所的状況は変わらないようにしてサイズを3倍にする、という'仮想的'操作によって変数がどう変化するかで示量性・示強性は判断される。示強変数の方は「局所的状況」に依存するものだからこの操作では変化せず、示量変数の方はサイズ変化に連動する。

[22] 後で説明する状態方程式があるので、$P, T; V, N$ と表現するのは冗長である。後で述べるように、温
→ p62
度と示量変数を決めると状態は決まるので、P を消して $(T;V,N)$ と表す（$(P;V,N)$ を指定しても状態が決まらない場合があるので、このような表し方は避ける）。

3.2.2　Euler の関係式　+++++++++++++++++++++++++　【補足】

> 🖐　示量変数と示強変数に関する便利な式をここで導入しておく。「使うときに
> なってから勉強すればいいや」と思う人はとりあえずこの項を飛ばすこと。

　ある関数 f が示強変数 a, b と示量変数 x, y を持っているとする。この関数 $f(a, b; x, y)$ そのものが示量的ならば、系の全体を λ 倍に変更すると、

$$f(a, b; x, y) \rightarrow f(a, b; \lambda x, \lambda y) = \lambda f(a, b; x, y) \tag{3.1}$$

のように変数の値が変化することになる。示強変数 $f_\text{強}$ なら、$f_\text{強}$ は変化しないので

$$f_\text{強}(a, b; x, y) \rightarrow f_\text{強}(a, b; \lambda x, \lambda y) = f_\text{強}(a, b; x, y) \tag{3.2}$$

となる。示量変数の場合で、$\boxed{\lambda \rightarrow 1}$ の極限を考えてみよう。$\boxed{\lambda = 1 + \epsilon}$ と置くと (3.1) は

$$f(a, b; x + \epsilon x, y + \epsilon y) = (1 + \epsilon) f(a, b; x, y)$$

$$f(a, b; x + \epsilon x, y + \epsilon y) - f(a, b; x, y) = \epsilon f(a, b; x, y)$$

$$\frac{f(a, b; x + \epsilon x, y + \epsilon y) - f(a, b; x, y)}{\epsilon} = f(a, b; x, y) \tag{3.3}$$

となるが、左辺は $\boxed{\epsilon \rightarrow 0}$ の極限で

$$\lim_{\epsilon \rightarrow 0} \frac{f(a, b; x + \epsilon x, y + \epsilon y) - f(a, b; x, y)}{\epsilon} = x \left(\frac{\partial f(a, b; x, y)}{\partial x} \right)_{a, b; y} + y \left(\frac{\partial f(a, b; x, y)}{\partial y} \right)_{a, b; x} \tag{3.4}$$

のように偏微分[23]を使って表現できるから、以下の式が出る。

$$x \left(\frac{\partial f(a, b; x, y)}{\partial x} \right)_{a, b; y} + y \left(\frac{\partial f(a, b; x, y)}{\partial y} \right)_{a, b; x} = f(a, b; x, y) \tag{3.5}$$

-------------------------------- 練習問題 --------------------------------

【問い 3-2】　上の式 (3.5) を、$\boxed{f(a, b; \lambda x, \lambda y) = \lambda f(a, b; x, y)}$ (3.1) を λ で微分してから $\boxed{\lambda = 1}$ と置くことにより導け。　　　　　　ヒント → p337 へ　　解答 → p344 へ

　式 (3.5) に現れた $x\dfrac{\partial}{\partial x}$ は、$\boxed{x\dfrac{\partial}{\partial x}(x^m) = mx^m}$ を満たすので、x^m の形の式にかかる場合は、「x の次数を数える演算子」[24]と考えることができる。式 (3.5)（短く書くと

---

[23] 偏微分の定義から、$\boxed{\left(\dfrac{\partial f(a, b; x, y)}{\partial x} \right)_{a, b; y} = \lim_{\Delta x \rightarrow 0} \dfrac{f(a, b; x + \Delta x, y) - f(a, b; x, y)}{\Delta x}}$ であり、(3.3) の場合は $\boxed{\Delta x = \epsilon x}$ である。(3.3) では y の方も $\Delta y = \epsilon y$ だけ変化しているから、そちらも微分に置き換える。

[24] 別の言い方をすれば、$x\dfrac{\partial}{\partial x}$ という演算子の、固有関数 x^m に対する固有値が m である。つまり $\boxed{x\dfrac{\partial}{\partial x} \rightarrow \text{次数} \, m}$ という置き換えが可能になる。

$$\boxed{x\frac{\partial f}{\partial x} + y\frac{\partial f}{\partial y} = f}$$) の $x\frac{\partial}{\partial x}$ と $y\frac{\partial}{\partial y}$ がそれぞれ x, y の次数に置き換わると

$\boxed{(x\text{の次数})f + (y\text{の次数})f = f}$ となり、「x の次数 $+y$ の次数 $= 1$」を表している。

以上と同様に考えると、示強変数 $X_1, X_2, \cdots$ と示量変数 $Y_1, Y_2, \cdots$ を引数として持ち、それ自身は示量変数である関数 $f(X_1, X_2, \cdots ; Y_1, Y_2, \cdots)$（ここでも最初に書いた約束の通り、引数をまとめて $f(\{X\}; \{Y\})$ と書く）があれば

→ pvi

$$\sum_i Y_i \frac{\partial}{\partial Y_i} f(\{X\}; \{Y\}) = f(\{X\}; \{Y\}) \tag{3.6}$$

が成り立つ（これを「**Euler** の関係式」と言う）[†25]。f が示量変数であるなら、f に含まれる示量変数の次数は足して 1 になる。

------------------------- 練習問題 -------------------------

【**問い 3-3**】 上で考えた $f(\{X\}; \{Y\})$ が示強変数なら、どんな式が出るだろう？

ヒント → p337 へ 解答 → p344 へ

【**問い 3-4**】 以下の式の x, y, f は示量変数である。f が Euler の関係式を満たすことを確認せよ。

(1) $f(x, y) = \sqrt{xy}$ (2) $f(x, y) = x\log\left(\dfrac{x}{y}\right)$ (3) $f(x, y) = \dfrac{x^2}{\sqrt{x^2 + y^2}}$

解答 → p344 へ

【**問い 3-5**】 コンデンサのエネルギーの式 $\boxed{U = \dfrac{Q^2\ell}{2\varepsilon S}}$ と $\boxed{U_{\text{全}} = -\dfrac{\varepsilon S}{2\ell}V^2}$ に関して Euler の関係式を作り、成立を確認せよ。

解答 → p344 へ

3.3 平衡と非平衡

3.3.1 平衡状態・非平衡状態とは

P, V, N, T などの少数のマクロ変数で系を表現できるためには、状態が「平衡状態 (**equilibrium state**)」でなくてはいけない。この点が今後重要になってくるので、まず「平衡状態」とは何で、平衡状態でない状態（非平衡状態）はどんなものなのかについて説明しておこう。

一つの例から説明を始める[†26]。気体をシリンダーに閉じ込め、さっとピスト

[†25] ここでは登場する変数は示量変数と示強変数しかないが、より一般的な場合は「系を λ 倍すると λ^N 倍になる変数」が一般の N で存在してもよいし、べきでないもっと複雑な変化をする変数も存在していい。そのような場合は Euler の関係式は別の形になるだろう。熱力学ではほぼ、示強変数（$N = 0$）と示量変数（$N = 1$）しか現れないと思っていい。

[†26] サポートページ（「目次」の最後を見よ）に「PV グラフ（等温／断熱切り替え）」というピストンを引き押ししたときに何が起こるかのアニメーションがあるので、ぜひやってみて欲しい。

ンを引いた状況を考える。特に（気体の移動速度に比べて）十分速くピストンを引いたとすると、引いた直後は気体はピストンの動きについていけない（極端な場合、そこに真空状態が発生する）。

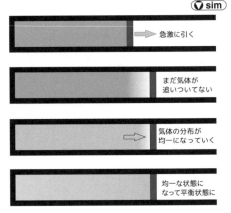

しかしその状態は長く続かない。気体の密度が小さく圧力が小さい状態にある右側（ピストン付近）に、密度が高く圧力の大きい状態にある左側から気体が流れ込み、全体が均等な密度・圧力・温度になるように変化が起こるだろう。

「均一になる方向に変化が起こる」[27]ことは日常生活でよく経験することで、「そんなことはない」と思う人はあまりいないだろう（自然現象をいろいろ観察してみて欲しい）。そして、一旦「均一な状態」に達してしまえば、それ以上は何も起きない（すくなくとも、目に見える変化は現れない）のも、我々の経験する事実である。

上で行った「押したり引いたり」という操作は、示量変数（体積）などを変更するという操作だが、その操作をしないでいれば、状態は均一な状態へと落ち着いていくだろう、と経験は告げる。そうやって状態変化が落ち着いて、変化がなくなった状態を「平衡状態」と呼ぶことにしよう[28]。平衡状態になるとそれまでの経過の影響は（どっちに動いていたかなども）消え去っている。

少数の状態変数で表現できる状態は、現実に存在する状態の中では少ない、いわばマイナーな存在である平衡状態だけである。マイナーな存在であるはずの平衡状態について考えるだけでも、驚くべきほどにたくさんの物理がわかる、というのが熱力学の利点である。

---

[27] 上で述べた変化のとき、温度も不均一になっていて、その部分も均一化へと向かう。

[28] 以後、本書で登場する「状態」は、ほぼすべてが平衡状態と考えていい。特に、$\boxed{T; \boxed{V}, \boxed{N}}$ のように少数のマクロ変数で記述できているのは平衡状態である。

3.3.2 準静的操作と平衡状態

3.3.1項で考えた操作では急
→ p51
激な変化を行ったがゆえに右
図のような「平衡状態でない

状態」を経由したが、変化が十分ゆっくりなら「平衡状態」を保ったままで状態
変化を行うことができると考えよう。その操作を「準静的 (**quasistatic**)」な操
作である、と言う。以下のことが言える。

┌─────── 準静的操作の中間状態は平衡状態 ───────┐

十分ゆっくり（つまり準静的に）変化するのであれば、途中の状態も全て
平衡状態を保ったまま変化していくと考えてよい。

└──────────────────────────────────┘

準静的操作は実現できない仮想的操作であるが熱力学を考える手がかりとし
て重要である。この後出てくる「変化に関係する量」に、

(1) 始状態と終状態を決めれば途中経過に依らずに決定される量

(2) 始状態と終状態を決めて、かつ途中経過が準静的操作であるならば決定
される（準静的でない途中経過では決まらない）量

(3) 始状態と終状態を決めて、かつ準静的操作であっても、途中経過によっ
て変わる量

の3種類がある。平衡状態のマクロな状態だけで決定できる量を「状態量」と呼
ぶ。以下で登場する、内部エネルギーなどの状態量はstockでもある。stock は
「stock であるための条件」──flow が途中経過に依らず、始状態と終状態だけで
→ p13
決まる──を満たさなくてはいけない。ゆえに、ある量が「どのような条件下で
あれば始状態と終状態だけで決まるか」の区別が重要となる。

【FAQ】「十分にゆっくり」の「十分」とはどういう意味？
•••

　当たり前というか、定義そのままなのだが、「平衡状態を保っているとみなして
いいほどにゆっくり」というのが「十分にゆっくり」の意味である。「十分ゆっく
りでない」場合は系が平衡状態ではない「乱された状態」になっている。その乱
され具合が平衡状態と近似していい程度に小さいなら「十分ゆっくり」と言って
いい。

3.3.3　単純系

　自然を観察するとわかるが、この世界に存在する系は、必ずしも「均一」ではない。大きなスケールの話をすると、「地球の温度は？」「地球大気の圧力は？」と聞かれても「地球のどの辺りの？」と聞き返さなくてはいけない。そこまで大きいスケールでなくても、一つの系が均質でない可能性は十分にある。この世界の「系」の多くが均一でない理由は「まだ平衡状態に達してないから」なのだが、その他に 様々な、系内を均一でなくする外的メカニズムがあるから が考えられる。まずはそうではない、「系内を均一でなくする外的メカニズム」のない[†29]シンプルな系を相手にしよう。そのような系を「単純系 (simple system)」と呼ぶことにする。なお、上に挙げたような外的な要因なしに自発的に均一でなくなっている系[†30]は、単純系に含める。

単純系でない系

　単純系でない系の簡単な例は、系の一部が系の他の部分から完全に切り離されてしまっている状況である。この場合、その一部（図の「部分系1」）の状況（温度や圧力など）はそれ以外の部分とは関係なく、別に決まり、均一ではなくなる。この場合は部分系1の部分とそれ以外を切り離してそれぞれを単純系として扱う。この場合は図に描かれた「断熱壁」[†31]が「系内を均一でなくする外的メカニズム」[†32]になっている。

　他にも地球上の大気のように、重力の影響によって高度により密度が（圧力も）違っている気体の系は単純系とは言えない。この場合の「外的メカニズム」は地球の重力である。この系は10.7.2項で具体的に考察するが、高度ごとに切り出して小さな
→ p221
単純系に分けて考えることはできる。

単純系でない系

重力⇓

[†29] サイズが大きく、いろんなメカニズムを擁している系は（少なくとも最初は）相手にしないということと。一方、あまりにサイズが小さい（原子スケールの）系は、やはり熱力学の相手にならない。

[†30] 後で出てくるので今はとりあえず「そんなのもあるのか」程度に心に留めておいてくれればよいが、互いに混じり合わない物質の例、相転移により複数の相が共存する場合などがある。平衡状態はマクロな
→ p245　　　　　　　→ p269
変数に変化がなくなった状態であり、均一である必要はない。

[†31] 「断熱」の意味は次節を見よ。本書では断熱壁は金属っぽく描くことにする。魔法瓶のイメージで見て欲しい。

[†32] 断熱壁は内側にあるので「外的メカニズム」に分類するのは変だ、と思うかもしれないが、今は部分系1やそのほか、系内に入っている気体などの物質が「系」に属していて、壁などの「舞台設定」は「系」に入れてない、と解釈する。

> 次の3.4節から、単純系に対して、どのような現象が起こるのかを考察した
> → p55
> 上で、いくつかの要請をしていくことにする。

3.4 平衡状態と温度

3.4.1 平衡状態と環境

単純系に起こり得る変化として、p47の図に描いた(1)〜(3)を考える。(1)と
(2)が（マクロな意味で）外から見える変化なのに対し、(3)の「熱の移動」は
マクロな観測がしにくい（温度やその他の変数が変化していることによって伺
い知ることはできる）。そこで熱力学的現象を調べるために、「(3)を行う系」と
「行わない系」（断熱系）を用意する。
→ p47

「p47の図の(1)(2)で表される状態変化だけが可能な状況」である

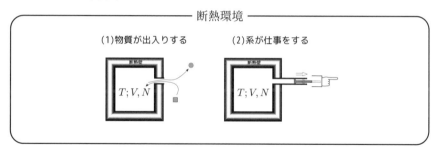

と、「周囲をある温度の環境に囲まれて、(3)の変化も起こる状況」である

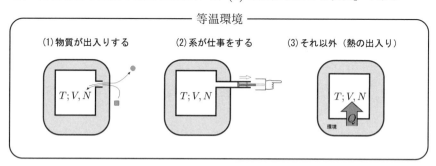

を別々に考えていくことにする。

【補足】 ✝✝✝✝✝✝✝✝✝✝✝✝✝✝✝✝✝✝✝✝✝✝✝✝✝✝✝✝✝✝✝✝✝✝✝

　ここで「断熱」という言葉を使った（我々はまだ「熱」を定義していない段階である
にもかかわらず）。「断熱」は「adiabatic」の和訳であるが、「adiabatic」自体は「渡っ
て行かない」という意味のギリシャ語が語源で、「断」の意味は入っている[†33]が「熱」
という意味は入ってない。英語で熱力学を勉強している人にとっては「熱」を定義す
るまえに「断熱」が定義されるのは不思議なことではない。日本語で勉強している人
は損しているかというと、ある程度勉強が進んだあとなら「断熱」という言葉を見れ
ば「ああ熱を断つのだな」と連想できるというのはメリットであるから、どっちが得
とも言い切れまい。

✝✝✝✝✝✝✝✝✝✝✝✝✝✝✝✝✝✝✝✝✝✝✝✝✝✝✝✝✝✝✝✝✝✝✝✝　【補足終わり】

　「熱」のみならず、我々はまだ「温度」が何なのかという点も明確にはしてい
ないが、とりあえずしばらくの間、温度というパラメータは平衡状態に付随する
状態変数（示強変数）で、等温環境内にいれば環境と一致するという性質を持っ
ていると考えていこう。

　ここで、温度以外の「操作する変数」であ
る、V と N について注意をしておく。系に対
して仕事をすることは、系が持っている「体
積に対応する変数 V（体積そのものとは限ら
ず長さや面積であることもあるし、一つの系で複数の「体積」変数がある可能性
もある[†34]）」を外力を使って変更するという操作である。図の V_i のどれかを外
から操作して変更すると、それに応じて系が仕事をし、結果として系の状態が変
化する。

　先に行くと系が二種類以上の物質を含む場合[†35]も考えるので、そのような場
合の状態の表記方法を確認しておこう。系が複数種類の物質を含む場合、それ
ぞれの物質について $N_1, N_2, \cdots$ のように物質量の変数を用意する。一つの体積
V の中に2成分が共存している（混合気体など）場合は $\boxed{T; V, N_1, N_2}$ のように

[†33] 解析力学で「断熱不変量」という言葉があり、量子力学でも「断熱過程」という言葉があるが、ど
ちらも「状態が飛び移らない」という意味に使われている。というわけで解析力学や量子力学の場合で
「adiabatic」を「断熱」と訳すのは少し筋が悪い（でも使われている）。同じ「adiabatic」を状況に応
じて訳し分けるというのも面倒だし、今や定着しているからこれでいいのだろう。

[†34] 気体や液体の系は体積1変数で状態を表しきれているが、そうでない系も考えられる。たとえばゴム膜
の縦の長さ L_x と横の長さ L_y は、それぞれ別々に変化させることができる「体積に対応する変数」とな
る（【演習問題2-6】参照）。
　　→ p44

[†35] たとえば空気は窒素と酸素とその他の気体の混合である。

表す。それぞれの成分が存在している空間がなんらかの理由で分離している場合は $T; V_1, N_1, V_2, N_2, \cdots$ のように体積を表す変数も増やす。

$V_1, V_2, \cdots$ はまとめて $\{V\}$ と、$N_1, N_2, \cdots$ はまとめて $\{N\}$ と表記する。

二つの環境（断熱環境と等温環境）で起こる現象の違いを観察し考えることで「熱」の正体に迫っていきたい——というのがこの後の戦略である。

断熱環境では（p55 の図では「断熱壁」と書いている）「熱を通さない壁」で周りを覆う。具体的には、魔法瓶のような状況を考える[36]。

等温環境における周囲の「環境」は十分に大きくて、今考えている系の状況が変化した程度では温度変化を起こすことはないことを仮定する。このような性質を持つ環境を「熱浴 (heat bath)」と呼ぶ。

ここでも p55 の図には描いたが「熱」という量の定義はまだ行っていない。今の段階では、「周囲の環境（熱浴）と接しているかどうかで系に起こる状態変化は違う」ことだけを把握しておいて話を進めよう。

これまた自然の観察からわかることであるが、断熱環境内であろうが等温環境内であろうが、平衡状態でない状態から出発しても、時間が経過するとともに平衡状態に達する。そして、平衡に達した単純系の状態は $T; \{V\}, \{N\}$ だけで指定される一つの状態となる。これを後で要請 (postulate)[37] とする。

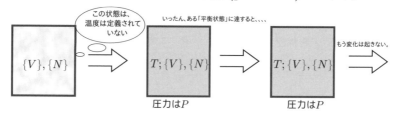

---

[36] 魔法瓶——あるいは現実にある類似の実験器具——は実際には完全な断熱を実現していないが、近似的な状況として実現できると考えよう。

[37] 今考えている体系（つまり熱力学）の中では証明できないので「これは成り立つことにして話を始めよう」と置かれる仮定を「要請」と呼ぶ。数学で言う「公理」に相当する。ニュートン力学においては「運動の三法則」が要請になる（解析力学なら最小作用の原理の方を要請にする場合もあるだろう）。どのような物理理論にも要請は必要である。熱力学での要請は力学などに比べ文章で表現されることが多くて、飲み込みにくいかもしれない。

　熱力学は本来 Avogadro 数ぐらいの自由度のある系の状態を、（平衡状態に限れば）少数のマクロな示量変数と温度だけで指定できると考える。ミクロな目で（原子一個一個の運動を追いかけるような目で）見ればもちろん平衡状態は「一つ」などではない。しかしそれは熱力学で扱わない部分なのだ。

　断熱環境下でも等温環境下でも平衡状態に達するが、等温環境下の平衡状態では系の温度と環境（熱浴）の温度が一致する。これもまた、経験から得られる法則として妥当だから、要請としよう（次の項でまとめる）。

　「平衡状態」とは「系の置かれる状況を変えずに放っておくと最終的に到達する状態」である。こう書くと「最終的に到達する状態を平衡状態と呼ぶのなら、当たり前のことを言っているのではないか」と誤解する人もいるかもしれないが、 この要請は「必ず平衡状態に達する」と言っているのであり、平衡に達しないままいつまでも変化し続ける（状態が振動や周回を続ける）ようなことはないことをも主張している。

　平衡状態 $\boxed{T;(V),(N)}$ は「温度は T です」と語ることができるが、平衡でない状態 $\boxed{(V),(N)}$ では状態が温度で表現しきれない[38]。つまり、平衡状態の方が使う変数が少なくて済む。よって熱力学では最初の状態（始状態）と最後の状態（終状態）は平衡状態に限って考えることが多い[39]。

　こう言うと、楽だからとズルをしているように思えるかもしれない。しかし大事なことは、「考える始状態と終状態を平衡状態に限る」という（「ズル」に見えかねない）簡単化をしてもなお、熱力学という学問はとても役に立つことだ。たとえば力学における「摩擦がないとする」も、「ズル」っぽいと言えば「ズル」だが、摩擦がないという簡単化をしてもなお、力学は豊富な内容と実用性を持っている。「始状態・終状態は平衡状態」と考える熱力学も、十分に豊富な内容と実用性を持っている。

---

[38] 場所の関数である温度変数 $T(\vec{x})$ を使えば？ と思うかもしれない。温度が場所により激しく変化していても、「その領域内では温度が一定とみなしてよいほどに狭い領域」を切り出すことができたならば、その領域の場所 $\vec{x}$ の温度を $T(\vec{x})$ と書いていいだろう。しかし場所による変化が激しすぎてそんな領域が切り出せないならば、$T(\vec{x})$ を考えることすらできなくなるので、そういう考えもあきらめておこう。なお、平衡状態でない場合、圧力も一つの変数では表せない。

[39] 中間状態も平衡状態とするのが準静的操作だが、準静的でない操作を考える場合は、「途中で平衡状態 → p53 ではない状態を通過している」と考える。「熱力学は平衡状態しか考えない」というわけではないので注意しよう。

3.4.2　温度の導入と平衡状態に対する要請

以上のような自然に対する観察から、単純系が平衡状態に達すること、その状態が温度と示量変数で指定されることが推測されるので、これらを

要請 1: 温度の存在と平衡状態の唯一性

単純系の状態を指定する示強変数として、「温度」という実数パラメータがある。温度 T と示量変数 $\{V\}, \{N\}$ を指定すると、平衡状態はただ一つに決まる[†40]。

のように要請とする。この要請は同時に とりあえずの 温度の定義でもあるが、まだ定義としては全く足りない。まだ実数のパラメータであるとしか指定していない[†41]。議論が進むにつれて、温度が正の実数でなくてはいけないことも、その目盛りをどのように取るべきかについてもわかってくる。

続けて、断熱環境下と等温環境下における平衡状態に関する要請をする。

要請 2: 断熱環境下の平衡

示量変数 $\{V\}, \{N\}$ を固定し、周りからの影響を受けない状態にした（断熱環境にした）単純系は十分な時間がたてば平衡状態に達し、そのまま変化することはない。

要請 3: 等温環境下の平衡

一様で一定の温度にある環境の中で示量変数 $\{V\}, \{N\}$ を固定した単純系は十分な時間がたてば平衡に達し、そのまま変化することはない。そのときの単純系の温度は環境温度と同じになる。

どちらの場合も終状態は $\boxed{T; \{V\}, \{N\}}$ と指定される一つの平衡状態になる[†42]。

[†40] この後何度か注意することになるが、第 13 章で考える相転移と呼ばれる現象が起こると、「変数を指定
　　→ p269
したのに状態が一つに決まらない」という状況が現れる。三 重 点と呼ばれる状況では温度と示量変数を
　　　　　　　　　　　　　　　　　　　　　→ p284
指定しても状態が決まらない。その場合は 要請 1 の「温度」を「内部エネルギー」に変更するとよいのだが、内部エネルギーはまだ定義を行っていないのでここの要請はこの形にしておく。

[†41] 「実数」と断る理由は、離散的でないことと、大小関係はあるがベクトルのような向きのある量でない
　　　　　　　　　　　　　　　　　　　　　　　→ p90
ことが重要だからである。

[†42] 一つの等温環境内に二つの系を置いたとき、どちらの系の状態も変化しなかったならば、その二つの系の温度は等しいと判断できる。

　上の二つの要請で述べている示量変数は、p47 の図に記した V, N である。複数個の V, N がある可能性を考えて $\{V\}, \{N\}$ と書く。これらが固定されるということは、物質が出入りしたり、系が仕事をしたりすることはないようにする、ということである。

【FAQ】示強変数──たとえば圧力を指定しては駄目ですか？？

· ·

　実は、体積の代わりに圧力を指定する（ $\boxed{T, P; N}$ という指定の仕方）と、状態が一つに決まらない場合が、後で出てくる[†43]。それは「相転移」という興味深い現象が起こるときである（第13章をお楽しみに）。$\boxed{T; V, N}$ なら、相転移の中でもさらに特殊なケースである三重点の場合を除けば（p59 の脚注 †40 を参照）一つに決まるので、それを要請としている。

→ p269

　$\boxed{要請2}$ で考えたのは「系を周りからの影響を受けない状態にして（断熱状態
→ p59
にして）」の平衡であったが、$\boxed{要請3}$ では、周りから「熱が出入りする」という形の影響を受けている場合の平衡を考えた。この状況では考えている系は
→ p59
「物質の出入りと仕事以外でのエネルギーのやりとり」ができる（このことを $\boxed{熱的に接触している}$ と表現する）。

　「温度って何？」と小学生に聞いたら「温度計で測るもの」と返事が来るかもしれない。実は温度計で温度を測ることができるのは、この世界において上の要請が成り立っているからである。温度計が実際に「測って」いるのは自分自身の温度で、それが周り（空気だったり人間の身体だったり）の温度と等しいのは、上の $\boxed{要請3}$ の通り、周りと温度計が平衡状態に達して[†44]温度が等しい状態
→ p59
になっているおかげである[†45]。よく使われる温度計は液体（アルコールや石油など）が温度によって膨張・収縮することを利用している[†46]。

[†43] 後で出てくるのを先取りして要請を決めるのを変に思う人もいるかもしれないが、どういう原理・法則を要請として選ぶかは自然の観察の結果により決まるものであり、自然現象にそぐわない要請を置くわけにはいかない。力学の例で言うと「慣性の法則」という要請を置くべきであると人類が理解するには、長い時間と自然に対する慎重な観察が必要だった。様々な物理における要請は、物理の先人たちがどのような状況でも使える原理・法則を（注意深く自然を観察することにより）選んでくれた結果なのである。

[†44] だから体温計が体温を示すまではしばらく待たなくてはいけない。

[†45] 理想的な温度計は、自身の温度変化が周りに影響を及ぼさないような系、つまり、後で説明する「熱容量」が非常に小さい系である。
→ p102

[†46] 後で定義する理想気体は $\boxed{PV = NRT}$ が成り立ち、$P; V, N$ を測れば温度がわかるので、温度計に
→ p103

等温環境では環境の温度は変わらないが、途中の系の温度は一定ではない（そもそも途中は平衡状態でない場合が多い）。ただ、始状態と終状態は平衡状態で系の温度は環境の温度に等しい。一方、要請2 で要請した断熱環境下での単純
→ p59
系の平衡状態では、温度も一つに決まるが、その温度に関して

┌─────── 要請 4: 断熱平衡状態での温度 ───────┐

単純系の示量変数 $\{V\}, \{N\}$ を固定して周囲の環境の影響を受けない状態
で平衡に達したとき、系の温度は系の最初の状態にのみ依存する。

└──────────────────────────────────────┘

のように要請を置く。最初どんな（温度も定義できないようなぐちゃぐちゃな状態も含めて[47]）状態から変化しても最後は平衡状態に落ち着くが、どんな温度で平衡に落ち着くかは、始状態だけで決まっているとするのである。

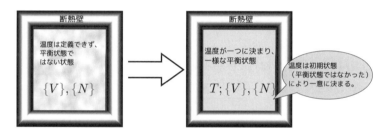

断熱環境下であれ等温環境下であれ、平衡状態は「十分な時間[48]がたった後」に実現することに注意しよう。

3.5　熱力学で扱う変数と状態方程式

ここまでで説明したように、熱力学では状態が平衡状態であるという制約を置くことで変数の数を減らしている。ミクロな視点で見れば気体は 6×10^{23} 個ぐらいの分子の集まりだから、状態を完全に指定するには分子一個一個の運動を指定しなくてはいけない。そんなことは誰にもできないのだから、実用を考える限りこのような'簡単化'を行う必要がある。熱力学は、「6×10^{23} 程度の自

使うこともできる。

[47] なお、このような「平衡状態でない状態」はマクロな変数では指定できないので、「最初の状態」を指定することは難しい。

[48] その「十分な時間」がどれくらいか、ということを考えるのは、残念ながら熱力学の範疇外である。

由度がある系をまじめに考える」という方向の学問ではなく、むしろ、「外部からする操作の種類程度の数の変数だけで系を代表させて」考えていく学問である。このような簡単化を行うことが可能なのは、非常に不思議というか、幸運なことであると言えるだろう。

　1成分系の状態を考えよう。変数の $T, P; V, N$ の四つは独立ではなく、状態方程式と呼ばれる方程式（たとえば、$\boxed{f(T, P; V, N) = 0}$）で関係付けられている。我々は特定の物質をある物質量だけ取り出し、温度、圧力、体積を測ってその関係を知るという作業を行うことで実験的に状態方程式を得る。状態方程式は、この後で出てくる内部エネルギーやエントロピーに関する式と比べると、より我々が直接「見る」ことができる関係式であると言える。熱力学現象を知るための最初の実験的手がかりと言ってもいい。

　状態方程式により、四つの変数のうち一つが従属変数となる（残る三つが独立変数になる）。どの変数を独立にするかによって、体積を $\boxed{V = V(T, P; N)}$ と[49]表したり、圧力を $\boxed{P = P(T; V, N)}$ と表したりもできそうである[50]。本書では圧力 P を消去して独立変数から外す立場で考え、状態を $\boxed{T; V, N}$ のように三つの独立変数[51]で表す（$\boxed{\text{要請1}}$参照）。
→ p59

　以下は簡単な場合として、1成分で、N は変化しない定数扱い[52]して考えよう。その場合独立変数は $T; V$ となるから自由度は2である。つまり系の取り得る状態は面で表現できる。

　右の立体グラフの面は、(V, T, P) の3次元空間の中である状態方程式が成立する状態を示している。$T; V$ を指定（N は最初から指定済みと考える）すると圧力が決まる。

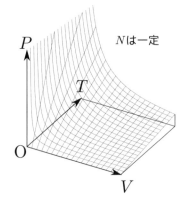

Nは一定

---

[49] この書き方では、「$T, P; N$ を決めると V が決まる」ことを表している。

[50] ここで「状態方程式を解いたら、圧力が決まっても体積が一つに決まらないなんてことはないのだろうか？」と思った人は、p60のFAQを見ること。「相転移」という現象（→第13章）が起こる場合はある
→ p269
圧力に対し体積が一意に決まらない。だから「できそうである」という書き方をしたが、できないこともある。たとえば、この後出てくる理想気体は相転移を起こさない。
→ p103

[51] ただし、変数は他の選び方をしてもよかったことが後になってわかる。
→ p200

[52] 本書ではだいぶ後にならないと物質量が変化する過程を扱わない。

別の言い方をすれば、ここでは$T;V$が独立変数でPが従属変数である（Nは定数）。物質の種類により曲面の形は変わる（たとえば固体など、あまり体積が変化しない物質ならVが変化したときの傾きが大きくなるだろう）が、「状態方程式が成り立つ状態」が面で表現できるのは同じである。ここで描いている立体グラフは理想気体の場合であるが、ここでは詳細を気にしなくていいので、「温度が上がると圧力が上がる」「体積を増やすと圧力が減る」のような傾向があるのだな、程度の感想だけを持って進んで欲しい。

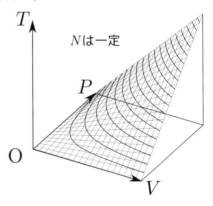

　上では$T;V$を指定して状態を決めたが、右のグラフは、$P;V$を指定し、Tを従属変数として表現した立体グラフである[53]。このグラフは上に書いた「$T;V$を決めればPが決まるグラフ」のT軸とP軸を入れ替えたもの（スケールは変わっている）になっていて、「$P;V$を決めればTが決まるグラフ」になっている。温度Tを高さとした等高線にあたる線も立体グラフに描き込んである。「任意の状態」を考えるときはこれらグラフの曲面上を（$T;V$ともに正の範囲であれば）自由に動き回れるが、操作を限定すると特定の曲線群の上にしか動けなくなる（自由度が1減る）。たとえば等温準静的操作に限ればTが一定の方向（ある等高線上）しか動けない。

　その「等高線」を示した、言わば「上の立体グラフを上から見た図」が右のグラフである。この等高線は「温度一定の変化を起こしたときに理想気体がたどる経路」であり、「等温線」と呼ぶ。等温線の一本一本に「この線上なら温度は$T = T_1$」のような条件がついている。別の言い方をすれば、この曲線を分類する「ラベル」が温度になっている[54]。

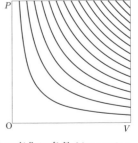

　変数が三つあるように見えて自由度が2なので、変数の変化に条件がついてい

---

[53] 脚注[50]で述べた、「$P;V$を決めてもTが一つに決まらない」が起きてない例である。

[54] 後で、等温線同様に重要な線として「断熱線」が出てくる。断熱線につけるべきラベルとなる物理量は何
→ p113
なのか？ ——が、この後の問題になるだろう。

る[55]。状態方程式が $\boxed{f(T, P; V, N) = 0}$ という式ならば、その微分から、

$$\left(\frac{\partial f(T, P; V, N)}{\partial T}\right)_{P; V, N} dT + \left(\frac{\partial f(T, P; V, N)}{\partial P}\right)_{T; V, N} dP + \left(\frac{\partial f(T, P; V, N)}{\partial V}\right)_{T, P; N} dV = 0 \tag{3.7}$$

が成り立つ（dN の項はないとした）。三つの変数の間に一個の関係があるので、それぞれの変化（dT, dP, dV）は独立ではない。

　たとえば、温度一定で圧力を微小変化させたときの体積の変化は上の式で $\boxed{dT = 0}$ にすることで、

$$dV = -\frac{\left(\frac{\partial f(T, P; V, N)}{\partial P}\right)_{T; V, N}}{\left(\frac{\partial f(T, P; V, N)}{\partial V}\right)_{T, P; N}} dP \tag{3.8}$$

のように求めることができる[56]。右辺の dP の係数 $-\dfrac{\left(\frac{\partial f(T, P; V, N)}{\partial P}\right)_{T; V, N}}{\left(\frac{\partial f(T, P; V, N)}{\partial V}\right)_{T, P; N}}$ は

「$T; N$ を一定にして P を変化させたときの V の変化の割合」、すなわち、$\left(\dfrac{\partial V(T, P; N)}{\partial P}\right)_{T; N}$ である。

---------------------------------練習問題---------------------------------

【問い3-6】以下の三つの量にどのような関係があるかを求めよ。

等温圧縮率　$-\dfrac{1}{V}\left(\dfrac{\partial V(T, P; N)}{\partial P}\right)_{T; N}$（温度一定で圧力を変えたときの圧縮の割合）

体膨張率　$\dfrac{1}{V}\left(\dfrac{\partial V(T, P; N)}{\partial T}\right)_{P; N}$（圧力一定で温度を変えたときの膨張の割合[57]）

圧力係数　$\left(\dfrac{\partial P(T; V, N)}{\partial T}\right)_{V, N}$（体積一定で温度を変えたときの圧力変化）

ヒント → p337 へ　　解答 → p344 へ

---

[55] 後で、状態を表す変数がもう一個加わるが、その場合でも自由度が2であることは変わらない。
→ p169

[56] ここでの計算は付録の (A.43) の導出と同じ。
→ p323

[57] この量は常に正だと思っている人がいるかもしれないが、温度が上がると体積が減る物質の例の身近なものとして、「0°C から 4°C までの水」がある。

3.6 示量変数を変化させる操作

> 系が温度と示量変数で指定できることを見てきたので、次に「示量変数を変化させる」という操作を行うとどうなるかについて考えよう。この「変化」のさせ方として「断熱操作」と「等温操作」という二つの状況を考えることにする。

3.6.1 断熱操作

周りとの接触を断って「熱（その定義はまだ説明していない）」が出入りしないという「断熱された系」（たとえば魔法瓶では壁の中に真空を作ることでそれに似た状況を作っている）に対する操作を考えよう。この状況で系の変数を変化させることを「断熱操作 (adiabatic operation)」と呼ぼう。

周りの環境から影響を受けないようにして、系を体積 V の状態から、体積 V' の状態に変化させる状態変化を

$$\boxed{T;\, V,\, N} \xrightarrow{\text{断熱}} \boxed{T';\, V',\, N} \tag{3.9}$$

のように書こう。特にこれが準静的操作であった場合は、

$$\boxed{T;\, V,\, N} \xrightarrow{\text{断熱準静}} \boxed{T';\, V',\, N} \tag{3.10}$$

と書くことにする[†58]（矢印が実線なのが準静的な操作である）。後で示すが、断熱準静的操作は双方向に可能なので $\xrightarrow{\text{断熱準静}}$ という記号で表現することもある。

この断熱操作では体積を変化させるという操作を行っているのだが、結果として温度 T も T' に変化してしまうことに注意しよう。この場合温度は操作する側が決めることができる量(制御変数)ではない。次で出てくる等温操作とは、温度 T の「変数としての意味」が違うことに注意しよう。

3.6.2 等温操作

もう一つの操作は、周りにある「熱浴」と接触している操作である。この状況で系に対して行う操作を「等温操作 (isothermal operation)」と呼ぼう。温度 T の環境内に置かれた物質量 N の物質を含む体積 V の系が、最初に平衡状態 $\boxed{T;\, V,\, N}$ にあったとする。そこから等温環境の中で $V \to V'$ と体積を変える操作を行い、平衡状態 $\boxed{T;\, V',\, N}$ に達した。これを

[†58] ここでは物質量は変わらないとしたが、化学変化を起こして変わる場合もいずれ考える。

$$\boxed{T;\{V\},\{N\}} \cdots\overset{\text{等温}}{\cdots}\blacktriangleright\boxed{T;\{V'\},\{N\}} \tag{3.11}$$

のように書くことにする。

　我々のこの先の目標は「等温操作におけるポテンシャルエネルギーとして使える物理量を定義すること」である[†59]。

　上で書いた $\boxed{\text{等温操作}}$ は平衡状態に始まり平衡状態に終わるが、途中の状態は平衡状態でなくてもよい。「等温操作」と呼ぶが操作の途中の温度は一般に T ではない（どころか、温度も圧力も一様ですらない）。ゆえに、途中の状態は $P\text{-}V$ グラフには（あるいは $T\text{-}V$ グラフにも）描けない[†60]。

　等温でかつ準静的操作ならば途中の段階も全て平衡状態だから、それぞれの温度はちゃんと定義でき、かつ常に環境の温度 T に等しい（よって、この操作の過程は $P\text{-}V$ グラフに書ける！）。

　このような状態変化を

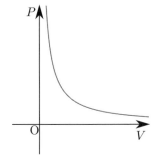

$$\boxed{T;\{V\},\{N\}} \overset{\text{等温準静}}{\longrightarrow}\boxed{T;\{V'\},\{N\}} \tag{3.12}$$

と書くことにする（等温準静的操作も双方向が可能なので記号を $\overset{\text{等温準静}}{\longleftrightarrow}$ にすることもある）。上の図は1成分の理想気体（定義は5.4.1項を見よ[†61]）の場合の $P\text{-}V$ グラフで、このグラフの一点一点をたどって変化していくのが「等温準静的操作」である。準静的操作は実現できない理想的なものであるが、これを手がかりとして熱力学的現象を考えていくことにする。
→ p103

　断熱操作では T は操作のしかたによって変わる量であり、人間の手で直接操作できない「従属変数」であった（人間は体積 V を操作し、結果として T が変わる）が、等温操作では T は環境の温度、つまり「これから実験を始めようというときの実験室の温度」であり、実験を始める時に人間が手で（エアコンの調節をして）制御できる「制御変数」である。
→ p30

　熱力学における「断熱」とは外部の系と力学的な仕事以外の相互作用をしてい

[†59] これは文字通りには実行できず、目標を「等温準静的操作におけるポテンシャルエネルギーとして使える物量を定義すること」に下方修正することになる。

[†60] 平衡状態でない状態は $\boxed{T;\{V\}}$ のように表せないから、途中の状態はグラフ上にない（非平衡状態を通過するときにグラフで考えること自体が無意味）。

[†61] ここではとりあえず、平衡状態においては温度と圧力と体積の間にこのグラフで表されるような関係がある気体を考えているのだと思っておこう。

ないことを意味する。後で行う「熱」の明確な定義は「力学的な仕事 以外 による
$\underset{\to\ p141}{}$
るエネルギーの移動」なので、「外部の系と【力学的な仕事以外で】エネルギー
のやりとりをしていない」というのが「断熱されている」という言葉の意味で
ある[†62]。等温操作では、環境との間に「仕事以外の形でのエネルギーのやりと
り」が発生する。なお、電気的なエネルギーの flow（2.3節で $V\,\mathrm{d}Q$ と表された
$\underset{\to\ p29}{}$
量[†63]など）や、化学変化などによって物質量が変化することによるエネルギー
の flow（後で $\mu\,\mathrm{d}N$ という形で出てくる）は「仕事」の方に入れる（「一般仕事」
と呼ぶべきかもしれない）。機械的に測定したり計算したりできるエネルギーの
flow は仕事の方に入れると思えばよい。

　以上のように断熱操作と等温操作という二つの性格の違う操作を定義した。
この後、この二つの操作それぞれに対応して、二種類のポテンシャルエネルギー
に対応するもの（熱力学関数）を定義する。最初に述べた熱力学の難所その2は
$\underset{\to\ p9}{}$
ポテンシャルエネルギーに対応するものが二種類出てくることであったが、こ
こまでの説明でその必要性が理解できたかと思う。

3.6.3　体積変化と仕事

　たとえば V を変化させると（体積変化を起こすと）それによって系の持つ位
置エネルギーが変化する。力学的エネルギー $U(\vec{x})$ と力 $\vec{F}(\vec{x})$ の間に

$$\mathrm{d}U(\vec{x}) = -\vec{F}(\vec{x}) \cdot \mathrm{d}\vec{x} \quad \text{または} \quad \vec{F}(\vec{x}) = -\mathrm{grad}\ U(\vec{x}) \tag{3.13}$$

あるいはベクトル記号を使わずに書けば

$$\mathrm{d}U(\vec{x}) = -F_x(\vec{x})\,\mathrm{d}x - F_y(\vec{x})\,\mathrm{d}y - F_z(\vec{x})\,\mathrm{d}z \tag{3.14}$$

または

$$\vec{F}(\vec{x}) = -\frac{\partial U(\vec{x})}{\partial x}\vec{e}_x - \frac{\partial U(\vec{x})}{\partial y}\vec{e}_y - \frac{\partial U(\vec{x})}{\partial z}\vec{e}_z \tag{3.15}$$

という関係があったように、内部エネルギー U と圧力 P の間に
$\underset{\to\ p18}{}$

$$\mathrm{d}U = -P\,\mathrm{d}V \quad \text{または} \quad P = -\frac{\partial U}{\partial V} \tag{3.16}$$

[†62] さらに力学的な仕事という形のエネルギーのやりとりもない状態は「孤立している」と表現する。

[†63] この $V\,\mathrm{d}Q$ の V が「抵抗器の両端の電圧」であった場合はこのエネルギーは最終的に熱になる（ひら
たく言えば、何かを温める）。電流 I が $I\,\mathrm{d}t = \mathrm{d}Q$ で定義されていると思えば $V\,\mathrm{d}Q = VI\,\mathrm{d}t$ であり、
これは「$\mathrm{d}t$ 間に発生する Joule 熱」[†64]の式となる。

のような関係がある[65]。ただし、操作の状況により、U ではなく Helmholtz 自由エネルギー F の微分を考えることもある。ここではまだ U がどんな変数の関数であるかを決めてないので、U の引数と、偏微分の際に何を固定したかは書いていない（ので、この式はあくまで雰囲気である）。

気体がピストンを押す力 f は $\boxed{\text{圧力} \times \text{面積} = PS}$ であり、断面積 S のピストンなら体積変化は $\boxed{dV = S\,dx}$（dx はピストンの移動距離）であると考えられる。よって、

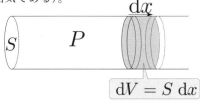

$\boxed{dU = -P\,dV}$ という式は $\boxed{dU = -f\,dx}$ と同じ式である。ここでは図のようなピストンを使って説明したが、任意の形状の領域が変形する場合（たとえばゴム風船を指で押して凹ませるなど）でも、まず境界を微小部分に分けてからその部分のする仕事を考えて積分するという方法で仕事が $P\,dV$ であることは示せる。

(3.16) の $\boxed{P = -\dfrac{\partial U}{\partial V}}$ の「微分」は $\boxed{\text{ある条件のもとでの}}$ 微分であるが、どんな
→ p67
条件なのかについてはだいぶ後でわかる（上にも書いたように、そもそも U が
→ p179
何の関数かもまだ指定してない）。

解析力学で我々が得た教訓として「何を座標とすべきか、を堅苦しく考える必要はない」がある。x 座標、y 座標のような「位置を表す変数」だけが座標ではなく、系の状況を表現する量なら「一般化座標」として扱ってよい。ここでは V が一般化座標（体積だって座標にしてよい[66]）、P がそれに対応する一般化
→ p22
力になっている（V を操作するときの「手応え」が P である）[67]。
→ p22

熱力学では「示量変数（上の例では V）」と「示強変数（上の例では P）」が上のような形でペアになって現れることが多い。

この他に熱力学で考える操作としては、（上で示量変数の説明のところでも使ったように）二つ以上の系を合わせることや、仕切りを挿入して系を二つ（あ

---

[65] 2.1.3項で考えたような摩擦などによる仕事のロスについては、今は考えない。
→ p16
[66] 状況によっては面積や長さだって座標扱いしてもいいのだ。
[67] N もいずれ一般化座標として扱うことになる。「N を変化させる」というのは、気体が空気なら、容器に空気を吹き込むこと。それに応じてもちろん系のエネルギーは変化する。しかし偏微分という計算の中で「N を変化させる」ときは他の変数（V や T）が変化しないので、V の変化に比べると少し現実の操作との関連がつきにくい。

るいは三つ以上）に分ける操作もある。

系が二つ以上の「区画」を持っているような、単純系でない場合

熱を通すピストンで隔てられた2気体

$T; V_1, N_1$ $T; V_2, N_2$

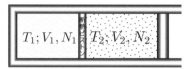

熱を通さないピストンで隔てられた2気体

$T_1; V_1, N_1$ $T_2; V_2, N_2$

は $V_1, V_2, \cdots$ のように体積を表す変数を複数個用意する（区画は図に示したように何らかの種類の壁で区切られているとする）。圧力や温度も物質ごとに用意するかどうかは状況によるだろう。

これらの区画を分けるために仕切りを挿入するという操作が

$$P, T; \begin{matrix} V, \\ N \end{matrix} \quad \begin{matrix} x \\ \\ 1-x \end{matrix} \quad \xrightarrow{\text{仕切りを挿入}} \quad \begin{matrix} P, T; \begin{matrix} xV, \\ xN \end{matrix} & x \\ P, T; \begin{matrix} (1-x)V, \\ (1-x)N \end{matrix} & 1-x \end{matrix}$$

である。系を $x : (1-x)$ に分ける操作（$0 < x < 1$）を行うと、示量変数も同じ比で分けられる（体積 V は xV と $(1-x)V$ へ、物質量 N は xN と $(1-x)N$ へ）。示強変数の方は変化しない[68]。

仕切りは二種類を考える。一方は「断熱壁」で、熱を通さない（熱の定義や「熱を通す」という言葉の意味はあとで）。もう一方の「透熱壁」は熱を通す（物質は通さない）。系を壁で仕切る操作は系に影響を与えることなく行える（つまり、仕切りを入れただけでは上に書いたような示量変数の変化は起こるが、示強変数に変化は生じない）とする。これは「虫のいい仮定」と思うかもしれないが、上に書いた「仕切りを挿入」の場合、仕切りとなる壁が薄い（壁に比べて分けられる区画の大きさが十分に大きい）と考えれば、その操作の間に（温度が上がったり圧力が上がったりというような）示強変数を変えてしまうような現象は起きないだろうと考えておく。この操作は準静的操作である。

逆に「仕切りを取り払う」操作をしたときにどうなるかは状況により違う。特に仕切りの両側で温度や圧力が違っていた場合、非常に複雑な現象が起きるであろう。最初から壁の両側で示強変数 (T, P) が等しい場合については、取り

---

[68] 「100°Cの水を二つに分けたら50°Cの水が二つになったりはしないよね」という話はもうしなくても大丈夫だよね？

払っても（示量変数が足算されるという以外の）変化は起きない。

3.6.4　等温準静的操作における仕事についての予想

　準静的な等温操作とそうでない等温操作で、特にそのときに系のする仕事に関して、どのような違いがあるかを、気体を閉じ込めた熱を通すシリンダーのピストンを動かす例について、考えておく。準静的でない操作を行っているときにシリンダー内で何が起こっているかを考えよう[†69]。

　ピストンを急に引いたときには温度や圧力は全体が一斉に変化するのではなく、ピストンに近い部分でまず「気体が膨張する」「気体の温度が下がる」という変化が起こる。膨張による圧力変化は伝わっていくし、温度は環境の温度に戻っていく。しかし、それには時間がかかる。

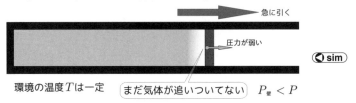

　準静的でない操作の途中では気体の圧力・温度は一様ではないので、途中の状態では圧力も温度も P, T という変数では表せない。実は仕事に関係するのは「ピストンに接している部分の気体の圧力」[†70]だから、これを $P_壁$ と書くことにしよう。微小な体積変化 dV による微小仕事は $dW = P_壁 dV$ である。

【補足】＋＋＋＋＋＋＋＋＋＋＋＋＋＋＋＋＋＋＋＋＋＋＋＋＋＋＋＋＋＋＋＋＋

　p18 の脚注†11 に書いたように、この dW が何かの微分（dW）ではないことに注意。$dW = P_壁 dV$ という式を見てもらえば、dW が何かの微分として書かれていないことがわかる。「$W = P_壁 V$ では駄目ですか？」と思う人もいるかもしれないが、そうなら、$dW = dP_壁 V + P_壁 dV$ となるので、駄目である。$P_壁$ が定数だったり、V のみの関数であった場合は別だが、一般にそうではない。

＋＋＋＋＋＋＋＋＋＋＋＋＋＋＋＋＋＋＋＋＋＋＋＋＋＋＋＋＋＋＋　【補足終わり】

　上の例では「まだ気体が追いついていない」影響で、準静的で動かした場合の

[†69] これもサポートページのアニメーションが理解に役立つと思われる。p51 の脚注†26 を参照。
[†70] 厳密に言えばピストンの壁の表面ですら圧力は一様ではないかもしれないが、そこは壁に接している部分の平均を取っているものとしよう。

圧力を P とすれば $\boxed{P_壁 < P}$ になる。そのため、以下の式が成り立つ。

$$\dBar W = P_壁\,\dBar V < P\,\dBar V \qquad (P_壁 < P \quad で \quad \dBar V > 0) \tag{3.17}$$

環境の温度 T は一定 ｜ ピストン付近の気体が混雑状態 ｜ $P_壁 > P$

急に押す ｜ 圧力が強い ｜ sim

　元に戻すときは、急に戻すとピストンに近い部分で気体が圧縮されるため、この付近の温度と圧力があがり、ピストンに対して及ぼす力が大きくなる。

　力が強くなるから仕事は大きくなるかというと、この場合気体のする仕事は負（力の向きと移動距離が逆）であり、力が強くなることで負の値の絶対値が大きくなるのだから、やはり「仕事は準静的な場合と比べて小さくなる」のである。この場合、「混雑状態」の影響で $\boxed{P_壁 > P}$ で、$\boxed{\dBar V < 0}$ なので

$$\dBar W = P_壁\,\dBar V < P\,\dBar V \qquad (P_壁 > P \quad で \quad \dBar V < 0) \tag{3.18}$$

となっている。

　以上から、準静的でない（平衡状態を崩すような）操作をしたときにする仕事は、準静的操作のときに系のする仕事より（体積変化を同じにして比較すると）小さくなりそうだ[†71]。そして、準静的操作を行った場合に限っては膨張時（$\dBar V > 0$）でも収縮時（$\dBar V < 0$）でも、同じ体積のときは同じ状態になる（準静的な操作であるからこれらの状態は平衡状態であり、平衡状態では $\boxed{要請1}$ → p59 により、$T; V$ を指定すれば状態は一つである）。よって圧力も一致する。結果として、仕事 $\dBar W$ の絶対値が一致して二つの $\dBar W$ の和は 0 になる（「行き」の仕事が「帰り」の仕事と相殺する）。

　上で考えたのは等温操作であるが、断熱操作の場合も同様に、準静的でない場合には「行き」と「帰り」に仕事の差が出ることが予想される。断熱操作の場合は温度が変化する（上の等温操作では系の熱浴の温度で決まる）ので、元の温度に戻ってこない。断熱操作がさらに準静的であった場合、系が「行き」の状態

[†71] この時点ではまだ「なりそうだ」という予想でしかないことに注意せよ。

にあるか「帰り」の状態にあるかで系の圧力に差がない[72]なら、仕事は「行き」「帰り」で消し合うことになり、温度変化も消し合って元と同じ状態に戻る。

【補足】 ＋＋＋＋＋＋＋＋＋＋＋＋＋＋＋＋＋＋＋＋＋＋＋＋＋＋＋＋＋＋＋＋＋

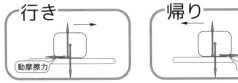

通常の力学でも動摩擦力や空気抵抗が働くときなどには上と同様に「行きと帰りで働く力が違う」という現象が起こる。摩擦が働く場合、逆の現象を起こしたつもりでも状態は元に戻らない。力学において「動摩擦力があること」は、熱力学において「準静的でない操作をすること」に対応している。

＋＋＋＋＋＋＋＋＋＋＋＋＋＋＋＋＋＋＋＋＋＋＋＋＋＋＋＋＋＋＋ 【補足終わり】

3.6.5 熱伝導現象は準静的に行えるか

前項は動きのある場合であったが、マクロな物体は動かずに熱が伝わっていく現象（熱伝導）でも、準静的でない変化が起こる。下のように熱を通す壁（透熱壁）で隔てて温度の違う系1（温度T_1）と系2（温度T_2）を接触させる。

$\boxed{T_1 < T_2}$だとすれば、T_1の方は「温まり」、T_2の方が「冷める」。このとき、透熱壁との接触面に近いところから温度変化が起こる。こうして「平衡でない状態（一つの系の中で温度が場所により違う）」を通過する状態変化（準静的でない変化）が起こる。

透熱壁の熱を伝える速度が非常に遅いならば、以下の図のように途中の系1および系2の状態（温度がそれぞれT_1'とT_2'になり$T_1 \leq T_1' \leq T_2' \leq T_2$を満たす状態）は均一な状態となり中間状態も系1と系2は平衡状態とみてよい（この中間状態でさっと透熱壁を断熱壁に取り替えると系1は温度T_1'の状態を、系2は温度T_2'の状態を保つ）。

---

[72] 準静的というのは状態が速度に依存しないぐらいに速度が遅いということだから、こうなることを期待していいであろう。

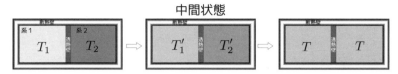

このとき系1と系2に起こる変化は、準静的と考えることができる[73]。

ただし、ここで考えている「透熱壁」を（単なる舞台設定ではなく）「系の一部」と考えると話が違ってくる。上の図の中間状態では、壁の左側は温度 T_1'、右は T_2' になっており、平衡状態ではない。「準静的」という言葉の意味を厳密に捉えて「透熱壁も平衡状態でなくては準静的とは呼べない」と考えるなら[74]、この操作は準静的操作ではない[75]。

3.7 章末演習問題

★【演習問題3-1】

閉曲面に圧力 P の気体が閉じ込められているという状況を考える。閉曲面の表面のある微小領域の面積ベクトルを $\mathrm{d}\vec{S}$ とする。この微小面積が $\mathrm{d}\vec{x}$ だけ移動したとき、する仕事が $P\,\mathrm{d}V$ になること（$\mathrm{d}V$ は体積の微小変化である）を示せ。

ヒント → p2w へ　　解答 → p10w へ

★【演習問題3-2】

以下のようなことを主張する人がいる。

> 断熱された冷たい真空の箱（温度 T）の中に熱い物体（温度 T'）が箱と接触しないように置いてあるとする（無重力の空間内にあるので、物体は落ちない）。熱伝導がないからいつまでも冷めない。これは 要請4 に反する（温度が一 → p61 定にならないから）。

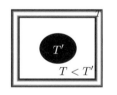

要請4 は現実には成り立たない（自然に反する要請を採用してしまった）と判断してい → p61
いのか、それともこんな現象は実は起こらないのか、判定せよ。

ヒント → p2w へ　　解答 → p10w へ

---

[73] この変化は理想的なものであり、実現しないが、準静的な操作というのはそういうものだ。

[74] 曖昧さを避けるためには「透熱壁の状態も含めて準静的な操作は存在しない」「系1と系2の変化に着目すれば準静的に変化している」のように、対象を明示的にすべき。「準静的」という言葉は、透熱壁などの「部分系と部分系の境界部分」を「系」に含めるかという点に注意して使うようにしよう。

[75] 透熱壁の両側で温度が等しいなら、壁の内部も含めた全系で「準静的に熱を移動する」ことはできる。たとえば【問い7-2】を参照。 → p144

第 *4* 章

二つの操作と熱力学第二法則

等温操作と断熱操作の不可逆性から、熱力学第二法則を要請しよう。

4.1 示量変数が変化しない操作

　　この章では熱力学第二法則という物理法則について説明していきたい。熱力学第二法則を理解するためのキーワードは「元に戻らない」なので、「始状態と終状態で示量変数 $\{V\}, \{N\}$ が同じになる操作」を考察することから始める。
　　この4.1節では、シリンダーに入った気体という一つのモデルを考えて、この操作に関する一つの「予想」を立てる。一般論は次の4.2節から始める。
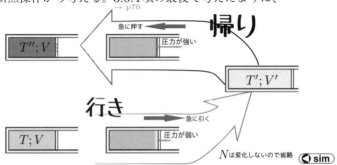

→ p79

4.1.1 示量変数が変化しない断熱操作で系のする仕事と不可逆性

まず断熱操作から考える。3.6.4項の最後で考えたように、
→ p70

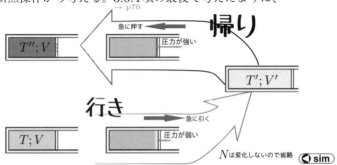

のように準静的でない操作をして系の示量変数 $\{V\}, \{N\}$ を元の状態に戻したときは、行きと帰りの仕事が一致しない。この一連の操作の始状態と終状態では

体積という示量変数は一致しているが温度は一致していない（断熱操作だけを行った場合、完全に元には戻せない）[†1]。

【補足】＋＋＋＋＋＋＋＋＋＋＋＋＋＋＋＋＋＋＋＋＋＋＋＋＋＋＋＋＋＋＋＋＋＋＋

　我々はまだ温度を明確に定義してない。実際の歴史において最初の頃に定義された「温度」は物体（多くは液体）の膨張を使って測られていた。「この液体がこの体積になる温度はこれ」という対照表を作ることで「温度」が定義されていたのである。液体の種類が変われば体積変化の仕方も違うから、各物質の対照表をつきあわせて較正しなくてはいけない[†2]。このような温度を「経験温度」と呼ぶ。後で別の方法で温度を定義するが、それまではこの経験温度を使って議論を進める。
　→ p161

＋＋＋＋＋＋＋＋＋＋＋＋＋＋＋＋＋＋＋＋＋＋＋＋＋＋＋＋＋＋＋＋　【補足終わり】

　準静的な場合ならば、行き帰りの仕事の絶対値が一致して「元の状態に戻るまでの仕事は0」と結論できるが、仕事は常にそれより小さくなるので、

> 準静的に行わない限り、ピストンを引いて今度は押して元の体積に戻したとき、全操作において気体が外に対してする仕事の総量は負である。

ことがわかる。このように負の仕事をした結果、気体の持つエネルギーは大きくなると考えられる[†3]。「（示量変数が）元に戻った」と言いながらも、温度が元に戻ってない（上がっている）ので状態は完全に元には戻っていない。

　準静的に操作した場合は

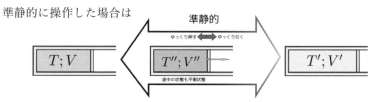

のように途中も平衡状態で、同じ体積のときに壁にかかる圧力は「行き」でも「帰り」で等しい（平衡状態での圧力はそのときの$T; V, N$のみで決まる）。ゆえに仕事の絶対値が一致し、「行き」の状態を逆にたどって、温度も含めて状態が元に戻る。

[†1] 「断熱」という条件がないなら、元に戻すことはできる。

[†2] 違う種類の物質の温度が同じかどうかは「熱的に接触させても双方の状態が変わらないなら同じ温度」という手段で判断できる。

[†3] 気体のエネルギーが（力学的エネルギーと同様に）仕事をするとその分減るかという点についてはまだ確認してないのだが、とりあえずそうなると考えておこう（後で熱力学の要請から導かれることを示す）。「系のエネルギーが増えた」を「得した」と考えてはいけない。系のエネルギーを増やしたのは外界である。つまり、「外界からエネルギーが奪われた（外界が損した）」と考えるべきである。

【FAQ】準静的でなくても、ピストンを引いた後押していって、温度が同じになるところでピタッと止めれば、温度は同じになりませんか？

‥‥‥‥‥‥‥‥‥‥‥‥‥‥‥‥‥‥‥‥‥‥‥‥

その操作は $\boxed{T;\ V\ ,\ N}$ $\xrightarrow{\text{断熱}}$ $\boxed{T;\ V'\ ,\ N}$ であり、体積が同じになってないから、やっぱり元には戻ってない（全ての変数が元の状態に戻ってない）。

このように元の平衡状態に戻せるとき、「この断熱操作は可逆 (reversible) である」と言う。否定語は「不可逆 (irreversible)」である。

操作が準静的かどうかと、可逆か不可逆かは、それぞれ別に定義された概念であるが、ここで考えたような単純系の体積を変化させる断熱操作については、準静的であれば可逆であり、準静的でなければ不可逆となる。

4.1.2　示量変数が変化しない等温操作で系のする仕事

等温操作の場合では準静的な操作と準静的でない操作にはどのような違いがあるのか？ ——「等温操作」という名前だが、準静的でない操作の間ずっと等温とはいかない。前にも示した図のように、準静的でない操作でピストンを引いたときにはピストンに近い部分の空気はついていけない。この部分の温度が下がると同時に密度が小さくなり、シリンダーの気体内に温度と密度の勾配ができる。その温度と密度の変化は

(1)　膨張して気圧が下がったので、隣の気体がこちらに移動してくる（「高気圧から低気圧へ風が吹く」のと同じ現象）。

(2)　ピストン付近の気体の温度が下がるが、隣の気体（まだ温度が下がってない）および環境に温められて温度が上がる。

という二つの理由で伝わっていき、平衡へと向かう。温度 T の環境に接しているから、最終的には温度が T で一様、かつ密度や圧力も一様である平衡状態に落ち着くだろう。

前に考えたように、準静的でない場合の仕事は $\boxed{dW = P_\text{壁}\, dV}$ のように、「ピストンに接している部分の気体の圧力 $P_\text{壁}$」で決まる[†4]。

[†4] ピストンに接していない部分の気体の圧力は $P_\text{壁}$ とは違うが、実際に気体がする仕事はそれと関係なく $P_\text{壁}$ にのみ依存する。より厳密には、準静的でない状況では、ピストンの壁のどの場所かによって圧力が決まらないことも大いに有り得るから、$P_\text{壁}$ という一つの圧力で表現することすらできない。

準静的でない場合の $P_壁$（圧力）-V（体積）のグラフを考えてみよう。準静的ならば全体の状態が一様だから気体全体の圧力とピストンに接している部分の圧力は同じになる。

右の図の破線は、等温準静的操作で、気体全体が常に等温を保った場合（準静的な場合）の $P_壁$-V の線である。準静的でない膨張を行うと、壁付近の温度が下がってしまう[†5]。温度が下がるので圧力も下がり、$P_壁$は温度が変わらない場合にくらべて小さく（弱く）なる。準静的ならば $\boxed{dW = P\,dV}$、

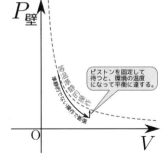

準静的でない場合は $\boxed{dW = P_壁\,dV}$ であるが、$\boxed{P\,dV > P_壁\,dV}$ となるので、系（気体）ができる仕事は準静的である場合、そうでない場合に比べて大きい。

逆に、準静的でない収縮を行う。今度は準静的な等温操作とは違って温度が上がってしまうから、圧力が大きく（強く）なる。そして、系のできる仕事は準静的な場合に比べて小さくなる。「圧力が強くなるなら仕事も大きいのでは？」と思ってはいけない。力の方向と移動方向が逆なので仕事は負である。負で絶対値が大きくなれば「小

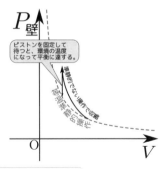

さく」なる。$\boxed{P < P_壁}$ だが、$\boxed{dV < 0}$ なので $\boxed{P\,dV > P_壁\,dV}$ と考えてもよい。

4.1.3 示量変数が変化しない等温操作と最大仕事

以上のように等温操作では「準静的なときが最大の仕事になりそうだ」と予想[†6]される。この仕事を「最大仕事」と呼ぶことにしよう。

準静的に動かしたときの微小仕事は $P\,dV$ と書ける。一般の微小な仕事（最大とは限らない）dW は $\boxed{dW \leq P\,dV}$ を満たす。上で考えたように $\boxed{dW = P_壁\,dV}$

[†5] 「等温環境だから下がらないはず」と思ってはいけない（等温環境で「等温」なのは環境であって系ではなく、平衡でない途中の状態では環境と系の温度は一致しない）。
[†6] 現段階では気体を使った例を示したのみであり、単に「予想」である。ここで考えたような「準静的な仕事が最大になる」という現象がこの場合に限らず普遍的に起こっていることが確認されたので、それを「要請」とする。後で、その要請を使って準静的なときに仕事が最大であることを導く。

→ p124

とすれば、$\boxed{P_{壁}\,\mathrm{d}V \leq P\,\mathrm{d}V}$ となるが、これは

$$\begin{cases} \mathrm{d}V > 0 & (膨張時)\ なら\ P_{壁} \leq P \\ \mathrm{d}V < 0 & (収縮時)\ なら\ P_{壁} \geq P \end{cases}$$

であることを示している（ここまでで考察した通りである）。「ピストンを引く／押す」といういっけん「逆」に見える現象は、細かく見ると「逆」になっていない（初等力学で摩擦がある場合に同様のことが起こることについてはp72の補足を参照）。

p74の断熱操作の「行き帰り」の図に対応する図を等温操作で描くと、

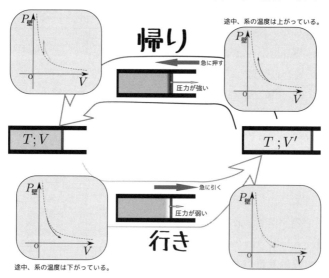

となる。等温操作では戻ってきたとき、温度も戻る（熱浴が温度を決めるから）。温度も同じになる点は断熱操作とは違うが、このときに気体のした仕事が負になると予想される点は同じである。

　力学でエネルギー保存則が成立しているときは「元の状態に戻ってきたのだから、エネルギーも元に戻っている。だから仕事は0」と考える。しかし、この場合の気体のする仕事の和は明らかに0ではない。つまり、

> 一般の等温操作において、通常の力学と同じように「仕事の分だけ変化する物理量」としてエネルギーを定義することには無理がある

ことに注意が必要である。

　準静的な等温操作だと、次の図のようになる。

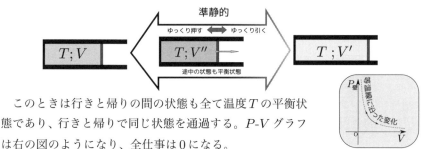

　このときは行きと帰りの間の状態も全て温度 T の平衡状態であり、行きと帰りで同じ状態を通過する。P-V グラフは右の図のようになり、全仕事は 0 になる。

【補足】　＋＋＋＋＋＋＋＋＋＋＋＋＋＋＋＋＋＋＋＋＋＋＋＋＋＋＋＋＋＋＋＋＋＋

　今考えている等温操作では（準静的であろうがなかろうが）「系の状態が元に戻る」という意味での可逆性は満たされている（等温操作なので、最終的に系の温度が環境に一致する）。だから等温操作では「系の状態は元に戻っているか？」という意味での「可逆／不可逆」は問わない（問えない）[7]。

　ただしこのときも、環境は元には戻っていない（系＋環境は一つの「断熱された系」である）。「環境（熱浴）は十分大きくて系の状態変化による影響を受けないとみなしてよい」と考えているがゆえにその部分が見えにくくなっている。

＋＋＋＋＋＋＋＋＋＋＋＋＋＋＋＋＋＋＋＋＋＋＋＋＋＋＋＋＋＋＋＋＋　【補足終わり】

　　　　　　ここまで上記を気体を想定して立てた「予想」として扱ったが、人類の持っている膨大な実験事実という経験が、上で述べたことが一般的に成り立つ法則であろうことを示している。そこで以上のことは熱力学を構築するための「要請」と考え、これらが成り立つものとして今後の話を進めていくことにしたい。

4.2　熱力学第二法則

ここまでで、気体を例に取った考察から、以下の予想ができる。

―――――――――― 成立するのではないかという予想 ――――――――――

(1)　断熱操作で「示量変数（主に体積）が元に戻るような操作」を行ったとき、準静的でない場合温度が上がってしまって状態が完全には元に戻らない。さらに、このときにする仕事は負である（準静的な場合に限り温度も元に戻るが、このときの仕事は 0 である）。

(2)　等温操作で「示量変数（主に体積）が元に戻るような操作」を行ったとき、状態は元に戻るが、やはり仕事は 0 以下である。

――――――――――――――――――――――――――――――――――――

[7] 断熱操作では「体積が戻ったときに温度が戻る／戻らない」という点で「可逆／不可逆」が問える。

　　上の予想はどちらも「元に戻る」（ただし、元に戻るの意味が少し違う）操作
では系のする仕事が 0 以下であることを示している。

4.2.1　Kelvin の原理

　　上の予想のうち、等温操作に関する予想 (2) を「要請」としよう[8]。

　　我々の御先祖様であるところの物理の先人たちは、状況証拠から、

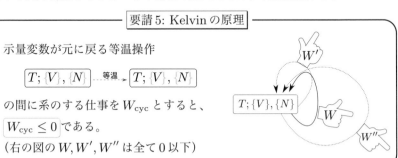

要請 5: Kelvin の原理

示量変数が元に戻る等温操作

$$\boxed{T; \{V\}, \{N\}} \xrightarrow{\text{等温}} \boxed{T; \{V\}, \{N\}}$$

の間に系のする仕事を W_{cyc} とすると、

$\boxed{W_{\mathrm{cyc}} \leq 0}$ である。

（右の図の W, W', W'' は全て 0 以下）

が成り立っていればこの世界のいろいろな熱の関与する現象を説明できるとい
う理解にいたった。この「**Kelvin の原理**」[9]は証明できないので、「要請」とす
る。上で考えた「示量変数が元に戻る等温操作」を「等温サイクル」と呼ぶ（仕
事 W_{cyc} につけた「cyc」は「サイクル」の意味である）。

　　4.1.3 項ではシリンダーに入れた気体がピストンを押すという例で「元に戻す
　→ p77
と系のする仕事は負になる」ことを説明したが、その例に限らず一般的に、どん
な物質をどんなふうに操作したとしてもそうなる、と Kelvin の原理は主張して
いる[10]。Kelvin の原理があるため、等温環境内で自分の状態を変えることなく
仕事を生み出すことは誰にも（何にも）できない。他の要請同様 Kelvin の原理
は（少なくとも熱力学の範囲では）何かによって証明されたりはしないが、反例
は見つかってない。

---

[8] 4.1.2 項で、「等温操作では準静的なときが最大仕事となるのがもっともらしい」と説明したが、任意
　→ p76
の状況において示したわけではない。このことは Kelvin の原理を認めれば示すことができる。結果 10
を参照。　　→ p124

[9] Kelvin（カタカナ表記は「ケルビン」または「ケルヴィン」）は 19 世紀に活躍したイギリスの物理
学者。本名は William Thomson（ウィリアム・トムソン）であるが、1892 年に爵位をおくられて以
後は「Kelvin 卿」と呼ばれている。というわけで同じ原理や法則が「Thomson の〜〜」と呼ばれたり
「Kelvin の〜〜」と呼ばれたり。熱力学以外にも電磁気などの物理全般に業績を残す。絶対温度の単
位である K（ケルビン）も彼の名に因む。

[10] このとき、体積が元に戻らなくていいのなら、等温膨張で仕事はもちろんできる。

この「系」がたとえば車のエンジンだとしたら、「元に戻る等温操作」とはすなわち、「車のエンジンが元の状態に戻る[†11]」ことで、その結果として『車を走らせる』という正の仕事を行うことはありえないというのが Kelvin の原理の主張である。

【FAQ】これってエネルギー保存則ですよね？

· ·

違う。エネルギー保存則とは別の、新しい法則である。

なぜなら（仮想的にであれば）「エネルギー保存則を満たしているが Kelvin の原理を満たしてない現象」を作ることができる。その仮想的な機械が、次に説明する「第二種永久機関」である。

「たとえエネルギー保存則を満たしていようと、等温環境からエネルギーを取り出してくることはできないのだ」という主張が Kelvin の原理である。

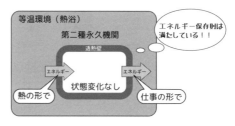

エネルギー保存則を満たさない機関を「第一種永久機関」と呼ぶが、エネルギー保存則を満たしていても Kelvin の原理（熱力学第二法則）を満たさない機関は「第二種永久機関」と呼ばれる。どちらも実在しない[†12]。

今考えているのは等温環境の中に置かれた系なので、周囲と熱のやりとりはできる。系が仕事 W をしても、熱 Q を吸収して、その吸収した熱 Q を仕事にしていると考えれば、エネルギーは保存していることに注意。つまりエネルギーが保存するだけでなく、Kelvin の原理が成り立つという法則も要求しないと、この世界の記述としては不十分である。

[†11] この「元に戻る」はガソリンタンクの状態も含めて「元に戻る」。「ガソリンが減ってエンジンが正の仕事をする」という当たり前の現象は、もちろん Kelvin の原理によって否定されない。そして「等温でない環境下で、エンジンが正の仕事をして元の状態に戻る（後で出てくる Carnot サイクルはその例である）」ことも否定されない。
→ p148

[†12] 正確に述べれば「存在は確認されてない」。ときどき、「永久機関を作った！」と主張する人が現れるが、そのためにはエネルギー保存則または Kelvin の原理を破っているような「未知のメカニズム」がなくてはいけない。

　地球上で、「仕事をし続ける」という現象が起きているときは、なんらかの形でKelvinの原理の前提が成り立っていない。植物は光合成をしてエネルギーを（ブドウ糖や澱粉を合成するという形で）作り出し続けているが、これがなぜ許されるかというと、太陽という地球（常温は約300 K）よりも高温の熱源があるからである（太陽の表面温度は約6000 K）。Kelvinの原理は等温環境に対する法則だから、6000 Kの物体と300 Kの物体が共存しているところで仕事をし続けることを禁じない[13]。そこに温度差があるか？は重要である。

4.2.2　平和鳥はKelvinの原理を破る？

　平和鳥[14]というおもちゃがある。以下のように動作する。

(1)　まず最初に鳥のくちばしを水につける。

(2)　しばらくすると鳥のおしりの部分にある液体が上昇するため重心が上に移動し、鳥がおじぎをしていく。

(3)　鳥が完全におじぎした状態まで倒れる（このときに、くちばしがまた水

---

[13] たとえば水力発電は、太陽が水を温めて蒸発させ、高いところに雨として降らせる（つまり「太陽が水を持ち上げてくれる」）から可能になる。
[14] 「水飲み鳥」「ドリンキングバード」などの名前もある。

につく）と、頭の部分の液体が尻の方に流れ落ちる。

これで最初に戻り、以下は繰り返し

(4) 液体が流れ落ちたためにまた頭が軽くなり（尻が重くなり）、倒れた状態
から鳥が立ち上がり、最初の状態に戻る。

という動きを繰り返す。

　この鳥、周囲からエネルギーを取り出してサイクル運動をしているように見
える。では Kelvin の原理はどうなったのか？

　この鳥のおもちゃは、

(1) 頭部が湿っていて、水の蒸発により温度が下がる。
(2) 温度が下がると内部の頭部付近に閉じ込められた気体（ジクロロメタン
など が使われる）が液化する。
(3) 内部の液体が頭部に向かって登り、頭部が重くなり、倒れる。
(4) 倒れたことでくちばしが水につかり、頭部が湿る。
(5) 倒れた状態では液体がおしりに戻るようになっているので、最初の状態
に戻る。

というサイクルで動作する。

　うっかりすると、エネルギーを外界から得て動いているという意味で平和鳥は
第二種の永久機関であるように思えるかもしれない。本当にそうだろうか？ ──
このおもちゃは Kelvin の原理を破っているのか？

ぼく、動いても
いいですか？？

答えは次のページだが、めくる前にちゃんと「平和鳥
は Kelvin の原理を破っているのか？」について、「自
分の答え」を見つけること！

ここで大事なのは「温度が下がる」という過程が入っていることである。

このおもちゃの鳥を「系」として考えたとき、「系」の頭部（低温）と胴体部（比較的高温）に温度差がある（温度差がないと動かない）。この点でKelvinの原理の「等温操作」という条件に当てはまっていない。よってこのおもちゃが動き続けても、Kelvinの原理には反しない。

ここで、もう一つの考え方として「周囲の環境が同じ温度なのに動き続けているのだから、やはりこのおもちゃはKelvinの原理に反しているのでは？」という反論があるかもしれない。その場合、「系」として鳥だけではなくコップやコップに入った水の部分も含めて考えていることになる。すると今度は「水がどんどん蒸発していく」という点で「元に戻る操作」になっていない。よってやはり、平和鳥が動いてもKelvinの原理に反しない（コップの水がなくなると鳥の頭を冷やすものがなくなって平衡状態に達し、鳥は動きを止める）。

ここで教訓として覚えておいて欲しいのは、正の仕事ができるかどうかにとって大事なのは「温度差」だということである。熱機関というと（ガソリンを燃やすなどで）高温部分を作って動くものを思い浮かべてしまいがちだが、このおもちゃの場合は水の蒸発で低温を作ることで動く。

4.2.3 Planckの原理

p79に書いた予想の(1)を、以下のように一般化した法則と考えよう。

━━━━━━━ 結果1: Planckの原理 ━━━━━━━

示量変数を変化させない断熱操作 $\boxed{T; \{V\}, \{N\}}$ ⋯⋯断熱➤ $\boxed{T'; \{V\}, \{N\}}$ を行うと、その間に系は0以下の仕事をする。

この原理は、仕事が0になるとき[15]を除き、上の操作の逆操作の存在を否定する。この「**Planckの原理**」は $\boxed{要請5}$ 「Kelvinの原理」から導くことができ→ p80
る（証明はすぐ後の4.2.4項で行う）。本書ではKelvinの原理を「要請」とし、
→ p85
Planckの原理はKelvinの原理から導かれる「結果」とする。この二つの原理は

―――――――――――――――――――――――――――
[15] 仕事が0で $T \neq T'$ であるときは、比熱が0の物質を考えていることに対応する。

どちらも「熱力学第二法則」の表現である[16]。

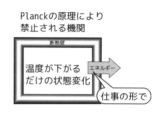

Kelvin の原理が成り立たないと「等温環境から熱をもらって仕事をする第二種永久機関」を作ることができるのであったが、Planck の原理が成り立たないと「系の温度を下げることによって仕事をする機関」[17]を作ることができる（もちろん、どっちの機関も実現不可能である）。
→ p81

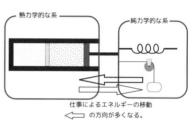

熱力学的な系と純力学的な系[18]が互いに仕事をしあうと、全体のエネルギーが保存していたとしても、熱力学的系が常に負の仕事をするのでは、純力学的系のエネルギーは必ず減ってしまう（図のおもりが下がる）。つまり、エネルギーの移動は「純力学的な系→熱力学的な系」という方向に偏る（逆はない）。

これが我々が普段の生活において「どんどんエネルギーを投入しないと運動は続かない」という概念[19]を持ってしまう理由である。純力学系のエネルギーが減った分、熱力学的系のエネルギーが増えるという形でエネルギーは保存している[20]のだが、それが「運動」という目に見える形でなくなってしまい、「エネルギーが保存する」ことが見えにくくなっている。

4.2.4 Kelvin の原理から Planck の原理を導く

Planck の原理が Kelvin の原理から導かれることを示すために、

――― Planck の原理を破る操作（実在しない）―――

操作 $T; \{V\}, \{N\}$ ····断熱···▶ $T'; \{V\}, \{N\}$ において系が正の仕事をする。

---

[16] 熱力学第二法則には他にもClausiusの原理、Carathéodoryの原理などの表現がある。
→ p166　　→ p333

[17] 温度はいくらでも下げるわけにはいかないだろうから、これは「永久」機関ではないが、熱力学第二法則で禁じられた機関なのは同じである。

[18] ここでは、熱という形のエネルギーのflowがない系を「純力学系」と呼んでおくことにする。

[19] 誤概念である。慣性の法則（外部から影響を受けないなら等速直線運動が続く）のように、「熱力学的な系」への散逸がない場合は外部からエネルギーを投入しなくても運動が続くのが正しい物理。

[20] より正確には「保存するようにエネルギーを定義することができる」である。

が存在したと 仮定 し、「Planck の原理が破れる ⇒Kelvin の原理が破れる」を
示そう（対偶である「Kelvin の原理 ⇒Planck の原理」を示したことになる）。

　上の（存在しない）操作の後、断熱状態にあった系を温度 T の環境（熱浴）に
接触させると、再び温度が T に戻る（この段階では接触させただけだから、系
は仕事を一切しない）。

　以上の全操作は、

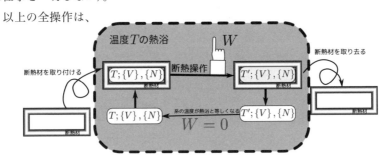

のように前半の操作の間は系を断熱材でできた壁で覆っていたと考えると、

$$\underbrace{\boxed{T;\{V\},\{N\}} \dashrightarrow^{\text{断熱}} \boxed{T';\{V\},\{N\}}}_{\text{断熱壁で覆って操作}} \dashrightarrow^{\text{温度 } T \text{ の熱浴と接触}} \boxed{T;\{V\},\{N\}} \qquad (4.1)$$

という操作が等温環境の中で行われたと考えていい。これは等温サイクルで
あり、正の仕事をしているにもかかわらず元の状態に戻ってきたこと（つまり
$W_{\mathrm{cyc}} > 0$）を意味するから、Kelvin の原理を破ってしまう。

　よって Kelvin の原理を要請するならば Planck の原理の方は「結果」となり、
要請として置く必要はない。

　Planck の原理と Kelvin の原理はどちらも、「状態を元に戻す」（ただし、Planck
の原理の方は温度は元に戻っていない）間に、「系が 0 以下の仕事しかできない」
と規定している。熱力学第二法則は「系の状態を変えずに正の仕事は取り出せ
ない」ことを決めている原理となっている[21]。

　では Planck の原理から Kelvin の原理を導く（つまり Planck の原理の方を要
請にして、Kelvin の原理の方を結果とする）ことは可能だろうか？ —以下のよ
うに考えると、可能なように思われる。

　系と、周りの（温度一定とみなせる）熱浴を考える。さらに熱浴はこの系以外
とは断熱されていると考える。ここで系にある操作を行うと、この操作は 系 に

---

[21]　「状態を変えずに」の意味が Kelvin の原理と Planck の原理では少し、違っている。

注目すれば等温操作であり、$\boxed{\text{系＋熱浴}}$に注目すれば断熱操作である。

$\boxed{\text{系＋熱浴}}$に「示量変数が元に戻る」操作を行い、系がある仕事 W を外界に対して行ったとする。Planck の原理により、このとき $\boxed{W \leq 0}$ である。

これで一見「Planck → Kelvin」ができたように思えるが、ここで実は$\boxed{\text{系＋熱浴}}$の温度は上昇している。つまり厳密な意味での「等温」操作になっていない。ただ熱浴は非常に「サイズの大きい系」であると考えたために、その温度上昇が無視できる（近似的な等温操作である）。ここで述べた証明は、その「熱浴のサイズ → ∞」という極限に依存していることには注意が必要である。【演習問題5-8】
→ p121
を参照せよ。

4.3 二種の「ポテンシャルエネルギー」

4.3.1 二種の操作それぞれの「ポテンシャルエネルギー」

断熱操作と等温操作について考えてきたが、それぞれに対応する「ポテンシャルエネルギー」について考えてみたい。二つの操作で仕事に応じて変化する量として、以下[22]に示す2種類の『ポテンシャルエネルギー』を定義することができそうである。

断熱操作に対して　　　　　　　　等温操作に対して

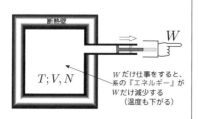
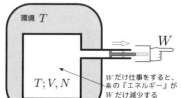

系の内部エネルギーは
$U \to U - W$ と変化する。

系の Helmholtz 自由エネルギーは
$F \to F - W$ と変化する。

ポテンシャルエネルギーが明確に矛盾なく定義されるためには、それに対応する「仕事」がいろんな条件を満たしていなければいけない。その条件が満たされていることは実験的に確認されており、そのことが原理（要請）としてまと

---

[22] 1.3 節で予告として出しておいた図が、ここで正式に登場した。
→ p8

められている。それらの原理については後で説明しよう（U に関しては 要請7 → p94 が、F に関しては 要請5 → p80 から導かれる 結果9 → p123 が関係する）。

　U と F の定義の相違点は、その定義に用いた操作のときに、系が外部の環境とつながっているとしたかどうかである。この違いは、コンデンサの話の、

$$\begin{cases} \text{電池とつながっていない場合（2.3.1項）} \quad {}_{\to\ \text{p29}} \\ \text{電池とつながっている場合（2.3.2項）} \quad {}_{\to\ \text{p30}} \end{cases}$$
の違いに似ている（p33の図と比較せよ）。等温操作の場合、『系』は『環境』と（熱という形で）エネルギーの出入りを行いつつ変化している。よってこの『エネルギー』（Helmholtz 自由エネルギー）は『系』と『環境』が分かち持っていると考えるべきだ[23]。等温操作の方では環境から「熱」という形でエネルギーが流れ込む（コンデンサの話で電池から流れ込んだように[24]）。→ p30 この流れを考慮して、Helmholtz 自由エネルギーを定義する。

4.3.2　ポテンシャルエネルギーが定義できる条件

$$\begin{cases} \text{次の章で断熱操作で系のする仕事} \quad {}_{\to\ \text{p90}} \\ \text{その次の章で等温準静的操作で系のする仕事} \quad {}_{\to\ \text{p122}} \end{cases}$$
を使ってそれぞれに操作でのポテンシャルエネルギーに対応する物理量（U と F）を定義する[25]。

　そのためには、

(1)　状態 A から状態 B への操作が実行できる。

(2)　操作の途中経過に依らず、始状態と終状態だけで一意的に仕事の量が決定できる。

という、二つの条件が必要である。

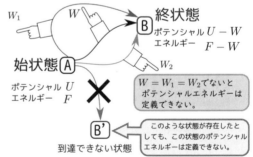

---

[23] これは電池につながれたコンデンサを考えたとき（2.3.2項）に「電池の持つエネルギー」を忘れてはいけなかったことと同様である。→ p30

[24] 熱という流れは「電流」という流れに比べて見えにくい。

[25] ポテンシャルエネルギーは力学同様、基準点となる状態を決めて、その基準状態からポテンシャルエネルギーを求めたい状態に変化させたとき、系がした仕事の分だけ変化するように決める。

　これらの条件について明確にしておきたい理由は、熱力学における操作には（たとえば力学で位置エネルギーを考える場合[26]に比べ）少し不自由な点があるからである。

　温度と体積だけで状態 $\boxed{T; V, N}$ を指定しているとする。体積 V は正の値であればいくらにでも変更できるとする[27]。問題は温度の方である。

　等温操作 $\boxed{T; V, N} \dashrightarrow^{等温} \boxed{T; V', N}$ では温度は変化しない（途中で変化してもいいが、始状態と終状態は同じ温度である）から、温度が変化する場合の仕事は計算できない。

　断熱操作 $\boxed{T; V, N} \dashrightarrow^{断熱} \boxed{T'; V', N}$ では温度は変化するが、自由な変化ができるかどうかには疑問符が付く。また、どちらの操作でも仕事が操作の途中経過に依らないかどうかを明確にしていない。

　これらの点について、次の章とその次の章で考えていく。

4.4　章末演習問題

★【演習問題 4-1】
　怪しいおっさんが

> 宇宙に 3K の黒体輻射が満ちているという話を知ってますか。これはその輻射からエネルギーを取り出して携帯の電池を充電してくれる機械です。永久機関みたいな詐欺じゃありませんよ。エネルギーは宇宙から取り出しているんですから。

と言って怪しい機械を売っている。このおっさんを論破せよ。

ヒント → p2w へ　　解答 → p10w へ

---

[26] バネの弾性エネルギーを考えるときも、「x が大きくなりすぎるとバネが切れる」という状況から $U = \frac{1}{2}kx^2$ という式の適用範囲が限られる、というような状況はある。

[27] 体積だから 0 または負にはできない。上限があってある体積以上の状態が存在しない場合もあるだろうが、その実現しない状態はエネルギーを定義する必要もない。実現できる体積の範囲が不連続（たとえば $V_1 < V_2$ で $0 < V < V_1$ と $V_2 < V < \infty$ しか実現できないという状況など）だと、不連続な領域を飛び移るときのエネルギーは計算できない。とりあえずそんなことはないとして話を進める。

第 5 章

断熱操作と内部エネルギー

断熱操作における仕事を使って、内部エネルギーを定義しよう。

5.1 可能な断熱操作

内部エネルギーを定義するため、4.3.2 項にあげた条件の (1) が満たされてい
るかを考える。まず、どのような断熱操作が可能かを考えよう。
→ p88

5.1.1 温度を上げる断熱操作の存在

断熱操作によって温度をどのように変化させることができるだろうか？ ──日
常の経験を思い出そう。我々は、寒い時に手をこすると手を温めることができ
る──その一方で、暑い日に何をしても身体を冷やすことはできない（むしろ動
けばもっと暑い）[†1]。これに限らず様々な実験事実から

> 　一連の断熱操作をした後に体積が（より一般的には、温度以外の系の状態
> が）元に戻ったとき、温度は元に戻らず、上昇する[†2]。

が知られている。このような経験的事実が後で熱力学第二法則を考えるための

[†1] 水をかぶる、など自分の身体以外の物体を使えば別だが、今は「自分の身体」だけが独立して存在して
いる場合を考えている。ここで「じゃあクーラーってのは何をしているの？」と感じた人もいるかもしれ
ない。それはこの後でまた話題になるが、クーラーは断熱操作だけでは動かないことをとりあえず指摘し
ておく。　→ p165
[†2] 体積を変化させていいなら、断熱状態で体積を増加させる（膨張させる）と温度が下がるという現象は
もちろんある。また、実現不可能な理想的操作である断熱準静的操作なら、体積が元に戻れば温度も元に
戻る。

材料となる。4.1.1項で考えた「ピストンを引いて戻す」操作は、示量変数を変
_{→ p74}
えずに温度を上げる操作の具体的な例である。

【補足】 ＋＋＋＋＋＋＋＋＋＋＋＋＋＋＋＋＋＋＋＋＋＋＋＋＋＋＋＋＋＋＋＋
　　この「手をこすって温度を上げる」という操作は「摩擦熱を発する」と表現される。
日常用語では「結果として温度が上がる操作」を「熱が出る操作」とみなすことが多
い。本書ではここまで「仕事以外でのエネルギーの flow」があったとき「熱」の出入
りがあると表現してきた。よって「手をこすって温度を上げる」という操作で移動し
たエネルギーは厳密には「熱」に該当しない。潔癖に考えるならば、物理用語として
正しい表現は「仕事に損失があり、その分のエネルギーが力学的エネルギーにならず、
温度上昇という内部エネルギーの増加に使われた」となる。このような「仕事の損失の
_{→ p16}
結果としての内部エネルギー増加」も含めて『熱』と呼ぶことにすれば、（日常で使っ
ているように）「摩擦熱が発生する」という言葉も使ってよい。
＋＋＋＋＋＋＋＋＋＋＋＋＋＋＋＋＋＋＋＋＋＋＋＋＋＋＋＋＋＋　【補足終わり】

　　まず上に述べたことのうちの半分である「寒い時に手をこすると手を温める
ことができる」を一般化して、一つの要請としよう[†3]。具体的な系で示量変数
を変えずに温度を上げる操作の例は、5.4.5項で述べる。
_{→ p111}

> **要請6: 温度を上げる断熱操作の存在**
>
> 　示量変数 $\{V\}, \{N\}$ を変化させず[†4]に、温度を上げる断熱操作は常に可能
> である。すなわち、任意の温度 $T, T'\ (T < T')$ で、任意の示量変数の状
> 態に対し、断熱操作 $T; \{V\}, \{N\}$ $\cdots\cdots^{断熱}\rightarrow$ $T'; \{V\}, \{N\}$ が存在する。

　　この要請は「温めることができる」と述べたが「冷やせない」とまでは述べて
いない。冷やせないことは、Planck の原理と、後で出てくる「断熱仕事の一価
_{→ p84}
性」の要請7によって導かれるので、その後で述べよう。
_{→ p94}　　　　　　　　　　　　　　　　　　　　　　　　_{→ p98}
　　温度の存在の要請1と等温環境下の平衡状態に関する要請3を行った時点で
_{→ p59}　　　　　　　　　　　　　　　　　　　　　　_{→ p59}
は温度は「平衡に達すると等しくなる量」でしかなかったが、この要請によって

[†3] この要請を満たさない系として「温度が下げられる系」があったとすると、その系は後で出てくる
比熱が負の系になる（通常は比熱は正である）。そんなものはないだろうと言いたくなるのだが、重力相互
_{→ p101}
作用する天体の系（極端な例ではブラックホール）は比熱が負の系の例となる。そういう特異なものを考
えるとき以外は安心して要請してよい。本書では比熱は正とする（0 も考えない）。
[†4] この「示量変数を変化させない操作」には、いったん膨張させてから元に戻すような操作も含める。

温度の大小関係が決められたことになる。

【補足】 ＋＋＋＋＋＋＋＋＋＋＋＋＋＋＋＋＋＋＋＋＋＋＋＋＋＋＋＋＋＋＋＋＋＋

　　ここで温度の大小関係が決められたが、温度が正の実数か負の実数か（そもそも原点に意味があるかすら）は、まだわかっていない[5]。

　　ここでは「手をこすると温度が上がる」のような日常的経験での温度の感覚を使って説明したが、日常的経験での温度の大小関係はもちろん、「経験温度」のそれに一致
$\to$ p75
するし、この後定義していく「熱力学的温度」の大小関係とも一致する。
$\to$ p161

＋＋＋＋＋＋＋＋＋＋＋＋＋＋＋＋＋＋＋＋＋＋＋＋＋＋＋＋＋＋＋　【補足終わり】

5.1.2　断熱操作の存在

　　任意の状態から任意の状態への断熱操作は常に存在できるわけではないが、

┌─── 結果2: 任意の状態間の断熱操作のどちらかが存在 ───┐

$\begin{cases} \boxed{T;\{V\},\{N\}} &\xrightarrow{\text{断熱}} \boxed{T';\{V'\},\{N\}} \\ \boxed{T;\{V\},\{N\}} &\xleftarrow{\text{断熱}} \boxed{T';\{V'\},\{N\}} \end{cases}$ 　のどちらかは実現できる。

は言える。このことは後で内部エネルギー U を定義する時に重要であるので、以下で示す。

　　まず、$\boxed{T;\{V\},\{N\}}$ から、ある一つの断熱準静的操作で体積を $\{V'\}$ に変える[6]。このときの終状態の温度を T'' とする。T'' は断熱準静的操作のやり方と始状態と $\{V'\}$ を決めれば一つに決まるので自由に選べる量ではない。

　　もし $T'' < T'$ なら、あとは温度を上げるだけなので、$\boxed{\text{要請6}}$ で存在を要請さ
$\to$ p91
れた温度を上げる断熱操作をすれば

$$\boxed{T;\{V\},\{N\}} \xrightarrow{\text{断熱準静}} \boxed{T'';\{V'\},\{N\}} \dashrightarrow[\text{断熱}] \boxed{T';\{V'\},\{N\}} \tag{5.1}$$

として $\boxed{T';\{V'\},\{N\}}$ に到着する。

　　$T' < T''$ なら、$\boxed{\text{要請6}}$ により $\boxed{T';\{V'\},\{N\}} \dashrightarrow[\text{断熱}] \boxed{T'';\{V'\},\{N\}}$ は必ず存
$\to$ p91
在する。そして $\boxed{T;\{V\},\{N\}} \xrightarrow{\text{断熱準静}} \boxed{T'';\{V'\},\{N\}}$ という断熱準静的操作は逆が存在するから、その逆 $\boxed{T'';\{V'\},\{N\}} \xrightarrow{\text{断熱準静}} \boxed{T;\{V\},\{N\}}$ を使うと、

---

[5] 後でわかることだが、温度の原点には大きな意味があり、$\boxed{T=0}$ は超えられない壁となる。よって温度は常に正か常に負なのだが、通常は正になるように定義する。
[6] もちろん、体積を $\{V\}$ から $\{V'\}$ に変えることができるのは暗黙の了解とする。

$$\boxed{T';\{V'\},\{N\}} \xrightarrow{\text{断熱}} \boxed{T'';\{V'\},\{N\}} \xrightarrow{\text{断熱準静}} \boxed{T;\{V\},\{N\}} \tag{5.2}$$

という操作ができる。こうして、どちらかの操作は可能になる。最初から断熱準静的操作でつながっていた場合は双方向に可能である（双方向に可能なのは断熱準静的操作の場合のみであることが後でわかる）。

以上をグラフで表現すると下のようになる（下図は $V < V'$ の場合を描いているが、$V' < V$ でも同様のグラフが描ける）。断熱準静的操作による移動は、このグラフ上では一本の線になることに注意しよう（この線の意味については、5.5.1 項でも説明する）。
→ p113

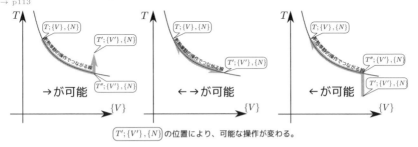

$\boxed{T';\{V'\},\{N\}}$ の位置により、可能な操作が変わる。

5.2 断熱仕事と内部エネルギー

前節で $\boxed{\text{任意の状態が断熱操作でつながる}}$ ことが確認できたので、次に 4.3.2 項にあげた条件の (2) について考えよう。
→ p88

5.2.1 断熱仕事の一価性

力学でやったのと同様に、断熱操作におけるエネルギーを「系がした仕事の量だけ減少する物理量」と定義したい。そのためには力学のときと同様に

―― エネルギーが定義できる条件 ――
始状態と終状態が決まればその間に系のする仕事は一つに決まる。

が成り立っていなくてはいけない。

力学の場合、系が質点や剛体でできていて保存力しか働かないなら、上の条件は導くことができる「結果」である（重力場の例は(2.1)）。
→ p14

熱力学でも、始状態と終状態を決めても断熱操作の方法は一つとは限らない。前節の最後で考えた $\boxed{T;\{V\},\{N\}}$ から $\boxed{T';\{V'\},\{N\}}$ の操作にしても、

右の図のように複数の方法で同じ終状態
に到着できるが、このときの仕事が経路に
よって違うと、エネルギーを定義すること
ができなくなる。上の条件の成立を熱力学
が扱う全ての系（さまざまな複雑な系を含
む）に関して一般的に証明することはでき
ないが、様々な実験から、

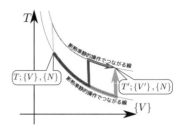

要請 7: 断熱仕事の一価性

　　断熱操作で系が行う仕事は、最初の平衡状態（始状態）と最後の平衡状
態（終状態）を決めれば決定し、途中経過に依らない。

が経験的に成り立つことがわかっている（多成分系でも成り立つ[7]）。これを
「エネルギー保存則から当たり前」と思ってはいけない。我々は今、「エネルギー
保存則を作っている」段階にいる。断熱仕事の一価性が実験で確かめられて初
めて、我々はエネルギー保存則の構築へと進むことができる。この要請が力学
でのエネルギー保存則に対応する、熱力学第一法則[8]を導く。

> 　　ここまでで、本書における熱力学の「要請」は出し終わった。「熱力学は要請
> が多い」という感想を持たれることが多いが、ここまでの要請のほとんどは経験から
> 照らして「あたりまえ」のことを確認しているに過ぎない[9]。
> 　　大事なことは、これだけの要請からいろんなことがわかってくることである。

【補足】＋＋＋＋＋＋＋＋＋＋＋＋＋＋＋＋＋＋＋＋＋＋＋＋＋＋＋＋＋＋＋＋＋＋
　　「力学の要請（Newton の運動の 3 法則）や電磁気学の要請（Maxwell 方程式）に
比べ、熱力学の要請は捉えにくい」という声が多く、熱力学の習得のバリアになって
いる。捉えにくさの理由として、熱力学の要請が微分方程式のような「局所的（ローカ
ル）な法則」になっていないことが挙げられる[10]。このあたりの違いに戸惑うかもし
れないが、「少ない原理でできる限り多くの現象を説明できるようにする」という方針
に関しては、熱力学も他の物理分野となんら違うところはない。
＋＋＋＋＋＋＋＋＋＋＋＋＋＋＋＋＋＋＋＋＋＋＋＋＋＋＋＋＋＋＋　【補足終わり】

---

[7] たとえば体積が V_1 の気体と V_2 の気体を含む系の場合、「まず V_1 を膨張させてから次に V_2 を膨張さ
せる」か、逆に V_2 の方を先に膨張させるかが違っても出発点と到着点が同じなら問題ない。
[8] ここでは断熱操作のみに関する要請だから、等温操作については別の考察が必要になる。
[9] 「あたりまえ」だが、だからこの法則を見つけるのは簡単だった、というわけではない。
[10] とはいえ、量子力学の要請の一つの「射影仮説」はまったくのところ「微分方程式で表現できるローカ
ルな法則」ではないので、熱力学だけがそうだというわけでもない。要請をローカルな法則にしたければ、
ずっと後になって出てくる「エントロピーの増大則」を要請にして、「局所的なエントロピー密度」のよう
な量を基本に考えるという方法もあるかもしれないが、その方向は難しそうである。

この一価性を持つ「断熱操作で系が行う仕事」を「断熱仕事」と呼ぶ。「断熱仕事」は p53 の「変化に関係する量」の分類では

(1) 始状態と終状態を決めれば途中経過に依らずに決定される量 である。

―――――― 断熱仕事 ――――――

始状態 $T; \{V\}, \{N\}$ から終状態 $T'; \{V'\}, \{N\}$ への断熱操作の間に系のする仕事は、その途中経過に依存せずに決まり、

$$W_{断熱}(T; \{V\} \to T'; \{V'\}, \{N\}) \tag{5.3}$$

のように、$T, \{V\}, T', \{V'\}, \{N\}$ の関数となる[†11]。

同じ体積変化を起こす場合でも操作の仕方（準静的でない操作も含む）で終状態の温度は違うので、上の「一価性」の意味は「結果として（温度も含めて）同じ状態に到達したならば、その間に系の行った仕事は同じになる」という意味である。「どんな仕事を行っても同じ温度の状態にたどりつく」わけではないことに注意しよう。右の図の仕事 W', W'', W'''

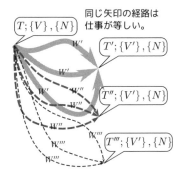

は（T', T'', T''' が異なるならば）それぞれ異なる値を持つ[†12]。

ちょっとよくない書き方なのだがあえて数式で表現するならば、$\displaystyle\int_{始状態}^{終状態} \mathrm{d}W$ という積分の値は始状態と終状態のみで決まる、ということを意味している。

[†11] $T, \{V\}, T', \{V'\}, \{N\}$ の関数であって、それ以外の変数にはよらないことが大事。

[†12] 5.1.1 項の最後で述べたように、実は我々はまだ温度を定義し終えていない。それなのに「終状態の温度が同じ」と述べられるのか？ — と疑問を感じる人もいるかもしれない。我々は 要請3 で要請したように）等温環境内の系は環境の温度と同じ温度になって平衡に達することを知っている。よって「温度が少しずつ違うたくさんの環境」を用意して、「どの環境に入れたときに系に変化が生じないか」を調べれば、測り方を決めてなくても「系の温度はどの環境と一致しているか」を知ることができる。そのようにして「同じ温度の終状態」について調べると、仕事も一致しているのである。実用的な温度の決定にはとりあえず経験温度を使っていい。
→ p92
→ p59
→ p75

【補足】 ✚✚✚✚✚✚✚✚✚✚✚✚✚✚✚✚✚✚✚✚✚✚✚✚✚✚✚✚✚✚✚✚✚✚✚✚✚✚

$\int_{始状態}^{終状態} dW$ と書いたが、普段よく目にする積分 $\int_a^b f(x)\,dx$ のようにちゃんと定義

された量ではない。というのは今考えているのは始状態と終状態以外の途中の状態は

平衡状態ではない。つまり通常の積分が、$\int_a^b f(x)\,dx$ のようなパラメータ x を

変化させながら足していくという形だったのに対し、$\int_{始状態}^{終状態} dW$ を「状態を少しずつ

変化させて、微小量を足していく」と計算することは、途中の状態が平衡状態として

記述できるものではないのだから、無理なのである。そういう「本当は表現できない

もの」を大雑把に（シンボリックに）表現したものと解釈して欲しい。

✚✚✚✚✚✚✚✚✚✚✚✚✚✚✚✚✚✚✚✚✚✚✚✚✚✚✚✚✚✚✚✚✚✚✚✚　【補足終わり】

5.2.2　内部エネルギーの定義

断熱仕事は「途中経過に依らず、始状態と終状態だけで決まる」ので、

━━━━ 内部エネルギー U の定義 ━━━━

（準静的とは限らない）断熱操作 $\boxed{T;\{V\},\{N\}}$ ━**断熱**➤ $\boxed{T_{準};\{V_{準}\},\{N\}}$ を行っ

たとき、系のした仕事を $W_{断熱}(T;\{V\} \to T_{準};\{V_{準}\},\{N\})$ とすると、

$$U(T;\{V\},\{N\}) = U(T_{準};\{V_{準}\},\{N\}) + W_{断熱}(T;\{V\} \to T_{準};\{V_{準}\},\{N\})$$
(5.4)

となる。または、逆操作 $\boxed{T_{準};\{V_{準}\},\{N\}}$ ┈**断熱**➤ $\boxed{T;\{V\},\{N\}}$ に対して

$$U(T;\{V\},\{N\}) = U(T_{準};\{V_{準}\},\{N\}) - W_{断熱}(T_{準};\{V_{準}\} \to T;\{V\},\{N\})$$
(5.5)

となる。$\boxed{T_{準};\{V_{準}\},\{N\}}$ は U の基準点である[13]。

のように「内部エネルギー $U(T;\{V\},\{N\})$」を定義できる[14]。定義が二つある

のは、断熱操作が常に可能とは限らないからで、(5.4) が不可能な場合は逆向き

の操作を使って (5.5) で定義する。

---

[13] 基準点 $\boxed{T_{準};\{V_{準}\},\{N\}}$ での U の値は別に 0 でなくても、ちゃんと決まってさえいればよい。また、
$\boxed{T_{準};\{V_{準}\},\{N\}}$ は実現が難しいような仮想的な状態でも別に構わない。万有引力の位置エネルギーの基
準が「無限遠」であったのと同様である。

[14] 力学では「系が外部に仕事をするとその分だけ減少する量」がエネルギーなのだから、「断熱操作で」
という条件がついただけの違いである。

こうして、取り得る $\boxed{T; \{V\}, \{N\}}$ 全ての状態に対して $U(T; \{V\}, \{N\})$ を決める（いわば「状態 → U」の換算表を実験結果から作る）ことができる。

状態変化が微小で、内部エネルギーの変化も微小量 dU で書ける場合

―――――― 内部エネルギーの定義（微分形）――――――

任意の微小な断熱操作[†15] において、

$$\mathrm{d}U = -\mathrm{d}W \tag{5.6}$$

が成り立つ。操作が準静的ならば $\boxed{\mathrm{d}W = P\,\mathrm{d}V}$ となる。

のように、微小な断熱仕事 $\mathrm{d}W$ だけ U が減少する（「減少」はマイナス符号に入っている）という形[†16]で U を定義することもできる（この式は U に対する微分方程式となる。p107 の脚注 †43 を参照せよ）。

仕事 $\mathrm{d}W$ という量は、「状態量の微小変化」ではない。上の式は、「断熱操作という条件をつけた場合には、$\mathrm{d}W$ は状態量である $(-U)$ の微小変化に等しい」と述べているに過ぎない。

この章では仕事以外には内部エネルギーの flow がない場合のみを扱っている。そのような状況を（近似的にでも）実験的に実現できれば、U が決まる。「熱」が関与する場合は、仕事以外の「内部エネルギーの flow」が存在することになり、$\mathrm{d}U$ の式は上とは違ってくる。そのように修正された $\mathrm{d}U$ は全微分になっている。

[†15] この微小な断熱操作は、準静的とは限らないことに注意。とはいえ、操作の始状態と終状態は平衡状態である（途中が平衡状態とは限らない）。そして、その二つの状態の状態変数の差は微小である。

[†16] 実際には、$U \to U + \mathrm{d}U$ という方向の変化が可能な場合と、$U + \mathrm{d}U \to U$ という方向の変化が可能な場合がある（両方が可能なのは準静的な操作である場合のみ）。後者の場合は仕事の符号もひっくり返して考える。

5.3 内部エネルギーと温度の関係

5.3.1 Planckの原理と温度

☝ 前に、「示量変数を変えずに温度は上げることは可能」という 要請6 をした。
→ p91

Planckの原理と温度の関係を考えよう。

示量変数が等しい二つの状態 $T_\text{低}; \{V\}, \{N\}$ と $T_\text{高}; \{V\}, \{N\}$ をつなぐ断熱操作（右の図に示した[17]）を考えてみる。添字に示したように、$T_\text{低} < T_\text{高}$ とすると、二つの操作のうち

$$T_\text{低}; \{V\}, \{N\} \xrightarrow{\text{断熱}} T_\text{高}; \{V\}, \{N\} \qquad (5.7)$$

は「示量変数を変えずに温度を上げる」という操作であるから、要請6 により、実現可能な操作である。Planckの原理 結果1 により、
→ p91　　　　　　　　　　　　　　　　　　　　　　　　　　　　　　→ p84

このとき系のする仕事は負である（Planckの原理だけでは仕事が0である可能性は排除されないがそれは比熱が0の物質を認めることになるので省く）。

もしも (5.7) の逆の操作

$$T_\text{高}; \{V\}, \{N\} \xrightarrow{\text{断熱}} T_\text{低}; \{V\}, \{N\}$$
$$(5.8)$$

が存在したら、そのときに系のする仕事は正になってしまう。なぜなら、断熱仕事の一価性 要請7 から、(5.7) と
→ p94

(5.8) を合わせた操作（元に戻ってくる操作）である

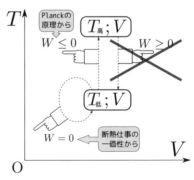

$$T_\text{低}; \{V\}, \{N\} \xrightarrow{\text{断熱}} T_\text{高}; \{V\}, \{N\} \xrightarrow{\text{断熱}} T_\text{低}; \{V\}, \{N\} \qquad (5.9)$$

で系のする仕事は何もしない操作 $T_\text{低}; \{V\}, \{N\} \xrightarrow{\text{断熱}} T_\text{低}; \{V\}, \{N\}$ で系のする仕事と同じ値（つまり0）にならなくてはいけない。そして、(5.8) の操作で正の仕事がされることはPlanckの原理に反する。

こうして、Planckの原理 結果1 を以下のように書き直すことができる。
→ p84

---

[17] 図は体積が全く変わっていないように描いているが、途中経過で体積が変化する過程も含めて考えている。

結果3: Planck の原理（温度で表現）

$$\boxed{T; \{V\}, \{N\}} \xrightarrow{\text{断熱}} \boxed{T'; \{V\}, \{N\}} \tag{5.10}$$

という操作が行われたならば、常に $\boxed{T \leq T'}$ である。

　系を断熱状態にしていろいろな操作を行うと、元に戻ったときにはかならず系が負の仕事をしてしまう。そのとき、系の内部エネルギーは増えている（負の仕事をすればエネルギーは増える）。このとき、必ず温度が上がる[†18]。

　つまり、前に示した「Planck の原理を破る機関」の逆現象なら起きる。
→ p85

Planckの原理により禁止される機関　　**現実に存在できる機関**

 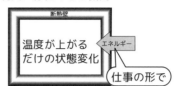

5.3.2　内部エネルギーの温度依存性

　前項で考えたことから、「系が示量変数（体積）を変えずに負の仕事をする（自分の内部エネルギーを上げる）」と「温度が上がる」ことがわかったので、

結果4: 内部エネルギーは温度の増加関数

　示量変数が同じならば、内部エネルギーは温度が高いほど大きい。

$$T < T' \quad \text{ならば} \quad U(T; \{V\}, \{N\}) < U(T'; \{V\}, \{N\}) \tag{5.11}$$

微分を使って表現すれば、$\left(\dfrac{\partial U(T; \{V\}, \{N\})}{\partial T} \right)_{\{V\}, \{N\}} > 0$ である。

が言える[†19]。「内部エネルギーは温度の増加関数」と言えるのは、「内部エネルギー U を $T; \{V\}, \{N\}$ の関数として表したとき」という注釈付きなことに注意し

[†18] p91 の脚注 †3 で示した「比熱が負の系」に対しては「必ず温度が下がる」ことになる。そのような系が存在するなら、$\boxed{要請6}$ を緩めねばならない。
→ p91

[†19]「U は微分できるんだろうか？」という疑問を持つ人もいるかもしれない。状態が $T; \{V\}, \{N\}$ で表せている（$\boxed{要請1}$ で仮定した）と、$\boxed{\text{ある平衡状態からそれとは少しだけ違う平衡状態への微小変化}}$ に対
→ p59
して微小な仕事が行われるなら、U は少なくともその条件が成り立つ領域で区分的に微分可能である。ただし、一階微分が連続でない（二階微分が存在しない）可能性はある。

よう[20]。以上から、$\{V\}, \{N\}$ を固定したときに U と T は1対1対応している。ゆえに最初に考えた 要請1 は、以下のように言い換えてもいい。
$\xrightarrow{}$ p59

> 結果5: 要請1の言い換え
>
> 単純系の $U, \{V\}, \{N\}$ を指定すると、平衡状態はただ一つに決まる。

「U が T の増加関数である」は別の言い方では「後で出てくる定積熱容量（または定積比熱）が正である」になる。比熱が負または0であるような変な物質を
$\xrightarrow{}$ p102

考えるときには 結果4 はもちろん成り立たない。これは、比熱が負の物質があ
$\xrightarrow{}$ p99

ると 要請6 （温度を上げる断熱操作があること）が成り立たないことを示して
$\xrightarrow{}$ p91

いる（むしろそんな物質では温度を下げられる）[21]。

内部エネルギーが増えて温度も上がる状況として4.1.1項で考えた例よりも
$\xrightarrow{}$ p74

ずっと単純なものを考えよう。

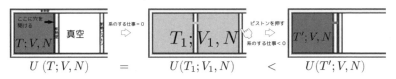

$$U\,(T;V,N) \quad = \quad U(T_1;V_1,N) \quad < \quad U(T';V,N)$$

まず気体を断熱されたシリンダーとピストンのうち、体積 V の領域に閉じ込める。領域の壁を壊すと気体の体積は V_1 へと膨張し、状態は $\boxed{T_1;V_1,N}$ になる。このとき、箱の外には何の影響も及ばないのだから、気体のする仕事は0である。よって内部エネルギーは変化せず、$\boxed{U(T;V,N) = U(T_1;V_1,N)}$ が言える。真空への膨張を「自由膨張」と呼ぶ。今の場合は断熱操作で自由膨張なので「断熱自由膨張」である。

次にこれを断熱準静的に押していって体積を V に戻す。このときは系は負の仕事をする（外界は気体に正の仕事をする）。よって結果である $\boxed{T';V,N}$ の持っているエネルギー $U(T';V,N)$ は $U(T_1;V_1,N)$ より大きい（あるいは $U(T;V,N)$ より大きいと言ってもよい）[22]。V, N を変えずに温度を上げる操作なので、この操作は不可逆である（逆ができたら Planck の原理に反する）。操作の中で不

---

[20] わざわざ注意するのは、U を $T; \{V\}, \{N\}$ の関数として表さないことも、よくあるからである。

[21] p91の脚注[3]を参照。本書では比熱が負または0の物質については考えないことにしておく。

[22] 圧力が負の物質があるとこの考えは成り立たないと思うかもしれないが、そのような系は自発的に収縮する。ゴム紐などがこれに該当する。

可逆操作になっているのは断熱自由膨張の部分である。

【FAQ】穴を開けると気体が穴を通って噴出するので、そのときの運動エネルギーの分 U が減りませんか？

··

　まさに気体が「しゅーーっ」と噴出している状況では、気体は運動エネルギーを持っているだろう。そして運動エネルギーが増えた分、それ以外のエネルギー（U に対応するもの）が減っている。ミクロな眼でならばそれを「見る」ことができるだろう。だがその「U に対応するもの」は $U(T; V, N)$ のようには書けない。この「途中の状況（しゅーーっと噴出）」はもちろん平衡状態ではなく、この状態での U は定義されていない。本書の範囲の熱力学では途中の非平衡状態については考えない[†23]。終状態 $\boxed{T_1; V_1, N}$ は、そういう状況が終了して平衡に達した後の、もはや気体が（全体として）運動してない状況で、「平衡状態から平衡状態への移り変わり」を考えるのが熱力学なのである。$\boxed{T; V, N} \rightarrow \boxed{T_1; V_1, N}$ は準静的ではない（可逆でもない）ことにも注意しよう（途中が準静的操作でなくても $\boxed{要請7}$ はもちろん成立している）。
→ p94

5.3.3　定積熱容量とエネルギー保存則

　断熱操作で温度を変える場合の $U(T; \{V\}, \{N\})$ の変化を考える。断熱操作で温度が上がるなら、外部から仕事の形でエネルギーが入ってきたことになる。温度変化を $\boxed{T \rightarrow T + \Delta T}$ とすれば、

$$U(T; \{V\}, \{N\}) \rightarrow U(T + \Delta T; \{V\}, \{N\}) \tag{5.12}$$

というエネルギーの変化が起こる。エネルギーの変化量は

$$U(T + \Delta T; \{V\}, \{N\}) - U(T; \{V\}, \{N\}) \simeq \left(\frac{\partial U(T; \{V\}, \{N\})}{\partial T}\right)_{\{V\}, \{N\}} \Delta T \tag{5.13}$$

と書くことができる。この $\left(\dfrac{\partial U(T; \{V\}, \{N\})}{\partial T}\right)_{\{V\}, \{N\}}$ すなわち「体積を変化させずに温度を単位温度[†24]だけ上げるために必要なエネルギー」を「定積熱容量」[†25]

[†23] 「途中が非平衡になったら熱力学は使えない」という意味ではないので誤解しないように。平衡状態から非平衡状態を経由して別の平衡状態に移ったという状況なら、安心して熱力学は使える。

[†24] 我々はまだ温度の目盛りの決め方を決定してないので、この「単位」も決まってないが、最終的には K（ケルビン）になるので、この単位温度は「1 K」と思ってくれていい。

[†25] 「熱容量」と呼んだが、本書は現段階ではまだ「熱」を定義してない。ここでの「熱容量」の意味す

と呼ぶことにする。1成分系の単位物質量あたり[†26]の定積熱容量をその物質の「定積比熱」と呼び、それを $C_V(T; V, N)$ と表すならば、

$$NC_V(T; V, N) = \left(\frac{\partial U(T; V, N)}{\partial T}\right)_{V,N} \tag{5.14}$$

である（NC_V が物質量 N の物体の定積熱容量）。C_V は後でやる理想気体など
→ p106
では一定値になるが、一般に $T; V, N$ の関数で有り得る[†27]。

　歴史的には、「熱」と「エネルギー」は別々の量だと考えられていたが、「Joule熱」に名を残す Joule たちが「仕事をされること（別の言い方をすれば力学的エネルギーが外部から投入されること）」が「温度上昇」を起こすという現象（Joule熱が出るのもまさにこの現象だ）を詳しくしらべ、熱がエネルギーの移動そのものにほかならないことに気づいて今日の熱力学の基礎ができあがる（Joule は新婚旅行に温度計を持って行って滝の上と下で mgh の分水温が上がることを確かめようとしたという）。

　また、エネルギー保存則は熱という形のエネルギーの移動（flow）を含めて考えないと一般的に成立しないから、これがわかって初めて「エネルギーは保存量だ」と考えることができるようになった。

　現代において多くの人がたどる物理の勉強手順では、まず力学で「運動の法則からエネルギー保存則を導出（ただしこのときに力は保存力に限るなどの限定条件が必要）」した後で熱力学に入ることが多いだろう。だから、エネルギー保存則は「証明できるもの」というイメージを持ってしまう人もいる。しかし、実際に人類がエネルギー保存則を認めるには、「熱」というエネルギーの流れ（flow）の存在をちゃんと把握する必要があったわけである。だから熱力学におけるエネルギー保存則は、何かから導くものではなく、要請されるものになっている
→ p94
（エネルギー保存則を確立したのは後で出てくる Helmholtz や Kelvin など、熱力学にその名を残す物理学者たちである）。

るところは「温度を 1K 上げるために必要なエネルギーの flow」であると考えておいてよい。そのエネルギーの flow は仕事の形でも熱の形でもいい（電力量＝電気的な仕事でもいい）。そういう意味では「熱容量」という名前だからといって、常に「熱」に関連しているとは限らない。

[†26]　「単位物質量あたり」を「1 mol あたり」とする場合もあれば「1粒子あたり」とする場合もある。多くの場合は mol を使い、その場合は「モル比熱」などと呼んで区別する。

[†27]　たとえば「密度 $\frac{N}{V}$ が高いときには比熱も高い」という物質は存在し得る。

5.4 系の具体例

🖥 このあたりで、一般的な事実を述べるだけではなく、いろいろな操作によって系がどのように変化するかの具体例を示していくことにしよう。「はじめに」で書いておいたように、具体例のところは<具体例>と書いた後、左に線を引いておく。

5.4.1 理想気体

<具体例> ....

最も簡単で計算しやすい系の例として「理想気体」を考える。理想気体とは、以下の条件を満たす気体であるとしよう。

━━━━━ 理想気体の条件 ━━━━━

(1) 内部エネルギーが温度と物質量に比例し、$\boxed{U = cNRT}$ と表せる（c は無次元の定数）。

(2) 状態方程式 $\boxed{PV = NRT}$ を満たす[†28]。

ただし、R は気体定数[†29]である。

【補足】＋＋＋＋＋＋＋＋＋＋＋＋＋＋＋＋＋＋＋＋＋＋＋＋＋＋＋＋＋＋＋＋＋＋＋

ここで温度の決め方に関し補足しておく。気体や液体の膨張を利用する温度計を作って経験温度を測るとき、物質によって温度と体積の関係は違うから、それぞれの温度計のデータを突き合わせて較正して「温度の基準を合わせる」必要がある。我々はもっとしっかりした（どんな物体を使って温度計を作るかに依存しない）温度の定義が欲しいのであるが、本書のこの段階では、まだその域には達していない。今の段階では、「平衡状態に達すると環境と系の温度が一致する」という 要請3（→ p59）と「温度を上げることは可能」という 要請6（→ p91）（5.1.1 項の最後も参照）と、「上昇すると内部エネルギー U が増加する量」（結果4（→ p99）であるというところまでわかっている。そして U は断熱仕事を使って温度とは無関係に定義されている。

問題を簡単にするために、内部エネルギーの変化 dU と温度変化 dT に単純な比例

[†28] p46 の脚注 †8 で書いたように物質量を分子数で測るなら気体定数 R は Boltzmann 定数 k_B となる。

[†29] 国際単位系 (SI) では気体定数は $\boxed{R = 8.31446261815324\,\text{J}/(\text{mol} \cdot \text{K})}$ となる。これは 2019 年の改訂以後、ともに SI での定義値となった Boltzmann 定数 $\boxed{k_B = 1.380649 \times 10^{-23}\ \text{J/K}}$ と Avogadro 数 $\boxed{N_A = 6.02214076 \times 10^{23}\text{mol}^{-1}}$ の積である。

関係があり、dU が dT だけで決まり体積変化 dV に依らない架空物質を設定しよう（理想気体はここで考える架空物質の一種となる）。大胆な考えと思えるかもしれないが、現実にある物質のよい近似になっていることをすぐ後で述べる[†30]。この仮想物質の dU と dT が比例するように温度を決めるというのが一つの温度の決め方である（温度という物理量の測り方を、架空の物質を頼りに決めたことになる）。

　U は示量変数であるから V に依存しないなら N に比例するだろうと考えれば、その仮想物質の従うべき式として (1) の条件 $\boxed{U = cNRT}$ が出る[†31]。

　後で理由がわかるが、（当然ながら）U と P には関係があり、U が V に依存しな
→ p212
い場合、P は T に比例しなくてはいけない。つまり $\boxed{P = f\left(\dfrac{V}{N}\right) T}$ を満たさなくては

いけない[†32]。もっとも単純な例として、$\boxed{f\left(\dfrac{V}{N}\right) = \dfrac{NR}{V}}$ と選べば、この仮想物質は
(2) の状態方程式を満たすことになる。こうしてできあがるのが「理想気体」という架空の存在である[†33]。

　これで、温度 T の決め方を一つ（あくまでも一つ）決めたことになる。これを「理想気体温度」と呼んでおこう[†34]。仮想的存在を頼りに温度という物理量を決めていいのか？ ──と不安になると思うので、次に理想気体と現実に存在する気体との関係（もちろん関係がある）を述べよう。

＋＋＋＋＋＋＋＋＋＋＋＋＋＋＋＋＋＋＋＋＋＋＋＋＋＋＋＋＋＋＋＋　【補足終わり】

　上の補足で説明したように、ここで考えた「理想気体」は計算を楽にするために存在している仮想的な存在である。しかし、実際に自然界に存在している気体（以下、実在気体）は近似としてなら理想気体の条件を満たす。ただし、物理の先人たちが使っていた「温度」は上で述べた「理想気体温度」[†35]ではなく、前に述べた経験温度である。
→ p75

[†30] そんなことをしていいのは、「慣習的に使われていた経験温度が、こうやって決めた温度と近い」おか
→ p75
げである。

[†31] この段階では定数 cR はある意味「適当」に決めている。実は定数を足してもいいので、
$\boxed{U = cNRT + Nu}$ としてもよい（後でこのように修正する）。
→ p227

[†32] $f\left(\dfrac{V}{N}\right)$ はまだ決めてない関数。これが単位物質あたりの体積 $\dfrac{V}{N}$ の関数となることは P と T がともに示強変数であり、f も示強性を持たねばならぬことから決まる。

[†33] この補足は「架空の物理学史」を語っている。実際の歴史において最初に現れた温度は「液体などの膨張→温度の換算表」で定義されているところの経験温度である。
→ p75

[†34] しばらく後で「熱力学的温度」を定義する。それぞれ文字を変えるべきであるが、この節では理想気体温度を T と書いておく。

[†35] 実は理想気体温度を決めるには条件 (1) だけでよく、条件 (2) は寄与してない。

<具体例> ....

歴史的には、17世紀に Boyle[36] が気体が $PV = $ 一定 を満たすことを、18世紀に Charles[37] が $\dfrac{V}{T} = $ 一定 を満たす[38] ことを発見する。さらに 19 世紀に入って Avogadro が「P, T, V が同じ気体は同じ数の分子が含まれる」という法則を唱えたことにより、$\dfrac{PV}{NT}$ が気体の種類に依らない定数（気体定数）であるとされ、理想気体の状態方程式が出来上がった。

上の条件 (1) の前提の「U は体積に依らない」が実在気体で近似的に成り立つことを確認したのが以下に示す **Gay-Lussac** と **Joule** の実験である[39]。

上の図のように、断熱壁で隔てられた気体と真空の間の壁に穴を開け、気体が全体に広がるようにする（自由膨張させる）。$T; V, N$ --断熱--> $T_1; V_1, N$ の間
_{→ p100}
に、気体は仕事をしない（何も押したり引いたりしてない）[40]。ということは、先に定義した内部エネルギー U は変化せず、$U(T; V, N) = U(T_1; V_1, N)$ が成
_{→ p96}
り立つ。

この実験をさまざまな実在気体に対して行った結果、「温度がほとんど変化しない（$T \simeq T_1$）」という結果が得られた。つまり、「実在気体の内部エネルギーは、ほとんど体積によらない」という結論が導かれた。さらに、経験温度で計算した定積比熱がほとんど定数であることも実験結果として得られる。
_{→ p102}

そこでその「ほとんど」の部分を理想化して作った「仮想的存在」が「理想気体」である。だから、$U = cNRT$ が理想気体の条件となる（もう一つの条件はすでに述べた状態方程式）。

---

[36] Robert Boyle（日本語読みは「ボイル」）はイギリスの物理学者・化学者。

[37] Jacques Charles（日本語読みは「シャルル」）はフランスの発明家・物理学者。世界初の水素気球を飛ばした人として知られる。

[38] 最初に Charles が出した式はこうではない。実験の結果から「$-273°C$ 付近で体積が 0 になる」と外挿が行われ、その温度を原点とするように温度目盛りを取り直した結果、$\dfrac{V}{T} = $ 一定 に至る。

[39] Joseph Louis Gay-Lussac はフランスの化学者。日本語では「ゲイ・リュサック」または「ゲイ＝リュサック」あるいは「ゲイリュサック」と表記される。

[40] 気体が仕事をする場合については、【演習問題5-7】を参照。
_{→ p121}

＜具体例＞・・・

　比例定数 c は、単原子分子気体の理想気体では $\dfrac{3}{2}$、二原子分子気体の理想気体では $\dfrac{5}{2}$ となる。理想気体の定積比熱は定数であり、$\boxed{C_V = cR}$ となる。
→ p102

【補足】 ＋＋＋＋＋＋＋＋＋＋＋＋＋＋＋＋＋＋＋＋＋＋＋＋＋＋＋＋＋＋＋＋＋＋＋＋＋

　偏微分を使って、内部エネルギーが体積に依存しないことと自由膨張で温度が変わらないことの関係を表現しておこう。N は定数だから忘れることにして、T, U, V の三つの量が、$\boxed{U(T;V), T(U,V), V(T;U)}$ のように「他の二つを決めれば最後の一つが決まる」関係になっている。これらの関数を含む三つの偏微分係数の間には

$$\left(\frac{\partial T(U,V)}{\partial V}\right)_U \left(\frac{\partial V(T;U)}{\partial U}\right)_T \left(\frac{\partial U(T;V)}{\partial T}\right)_V = -1 \tag{5.15}$$

という関係（付録の(A.43)を参照）がある。すなわち
→ p323

$$\left(\frac{\partial T(U,V)}{\partial V}\right)_U \left(\frac{\partial U(T;V)}{\partial T}\right)_V = -\left(\frac{\partial U(T;V)}{\partial V}\right)_T \tag{5.16}$$

が成り立つ。$\boxed{\left(\dfrac{\partial U(T;V)}{\partial T}\right)_V}$ は定積熱容量であり 0 ではないから、$\boxed{\left(\dfrac{\partial T(U,V)}{\partial V}\right)_U = 0}$
→ p102

（U が一定で V が変化しても温度が変化しない）ならば $\boxed{\left(\dfrac{\partial U(T;V)}{\partial V}\right)_T = 0}$ である。

＋＋＋＋＋＋＋＋＋＋＋＋＋＋＋＋＋＋＋＋＋＋＋＋＋＋＋＋＋＋＋＋ 【補足終わり】

　実在の気体で起こる少しだけの温度変化は、内部エネルギーが実は体積にも依存していることからくる[41]。

- 練習問題 - - - - - - - - - - - - - - - - - - -

【問い 5-1】 定積熱容量が $\left(\dfrac{\partial U(T;V,N)}{\partial T}\right)_{V,N}$、圧力が $P(T;V,N)$ である系（理想気体ではない）がある。この系を膨張させたときの温度変化 dT と体積変化 dV の関係は

$$\begin{cases} 断熱自由膨張ならば & \boxed{dT = f(T;V,N)\,dV} \\ 断熱準静的膨張ならば & \boxed{dT = g(T;V,N)\,dV} \end{cases}$$

であると、実験から得られた。それぞれの場合のこの系の $\left(\dfrac{\partial U(T;V,N)}{\partial V}\right)_{T;N}$ を求めよ。

ヒント → p338 へ　　解答 → p344 へ

---

[41] 実在の気体は分子間に引力があるため、体積が大きくなると（分子間の距離が広くなることで）位置エネルギーが上がる。

実験結果の示すところによれば、密度が小さい気体は理想気体に近づく。そこで理想気体の場合では1になる $\dfrac{PV}{NRT}$ という量は物質量の体積密度 $\dfrac{N}{V}$ が0になる極限で1に近づき、

$$\frac{PV}{NRT} = 1 + B\frac{N}{V} + C\frac{N^2}{V^2} + \cdots \tag{5.17}$$

のように $\dfrac{N}{V}$ で展開して表現できる(これを「ビリアル展開」[†42]と呼ぶ)。$B, C, \cdots$ はビリアル係数と呼ばれ、温度に依存する。

5.4.2 理想気体の断熱準静的操作

<具体例>..

理想気体を断熱準静的操作したときの U の変化を $\boxed{U = cNRT}$ から考え、そのときする仕事は準静的であるので $P\,dV$ と書けることを使うと、

$$cNR\,dT = -\frac{NRT}{V}\,dV \tag{5.18}$$

となる。この微分方程式を解く[†43]。両辺を NR で割ってから変数分離すると $\boxed{c\dfrac{dT}{T} = -\dfrac{dV}{V}}$ となるからこれを積分して

$$c\log T = -\log V + A \quad (A \text{ は積分定数}) \tag{5.19}$$

より、$\boxed{\log T^c + \log V = A}$ すなわち $\boxed{T^c V = (\text{一定})}$ という答が出る[†44]。

-------------------------------- 練習問題 --------------------------------

【問い 5-2】 上では T, V の関係を求めたが、P, V の関係はどうなるか。

ヒント → p338 へ　　解答 → p345 へ

上の問題の答えは $\boxed{PV^{1+(1/c)} = \text{一定}}$ となる。$\boxed{\gamma = 1 + (1/c)}$ と[†45]置いて $\boxed{PV^\gamma = \text{一定}}$ とも書く(γ のことを「比熱比」と呼ぶこともある(比熱比と呼

[†42] 「ビリアル」はラテン語の「力」を意味する言葉から。人名ではない。

[†43] ここでは $\boxed{U = cNRT}$ を既知として始めたが、我々が内部エネルギーを知らず、状態方程式 $\boxed{P = \dfrac{NRT}{V}}$ と $\boxed{c\dfrac{dT}{T} = -\dfrac{dV}{V}}$ を実験により知っていたとすると、これらを使って $\boxed{dU = -P\,dV}$ を $\boxed{dU = cNR\,dT}$ という微分方程式に変形でき、これから $\boxed{U = cNRT}$ がわかる。

[†44] (5.19) を見て、「log の引数に次元の入っている量があるのは気持ち悪い」という人が多い。そういう人はA.1 節を読んで気持ち悪さを軽減して欲しい。
→ p315

ぶ理由は12.2.2項を見よ）。$T^c V = $一定 または $PV^\gamma = $一定 は「**Poisson の**
→ p252
関係式」と呼ばれ、理想気体の場合に成り立つ式としてよく使われる。

【補足】＋＋＋＋＋＋＋＋＋＋＋＋＋＋＋＋＋＋＋＋＋＋＋＋＋＋＋＋＋＋＋＋＋＋＋
　上の話（たとえば $T^c V$ が一定であること）を理想気体でない場合に濫用してはなら
ない。わざわざこれを書くのは、

───── 駄目な勉強 ─────
「公式」が出てきたら、それをとにかく覚えて、使える状況かどうかも確認せず
に闇雲に使ってしまう。

という人が後を絶たないからである（熱力学に限った話ではなく）。この $T^c V = $一定
と $PV^\gamma = $一定 は理想気体だからこそ出てきた式なので、「なんか式があったな、使お
う」とばかりに理想気体でない場合に使ってはいけない。どういう条件から出てきた
式なのかを含めて頭の中で整理するようにしよう。
＋＋＋＋＋＋＋＋＋＋＋＋＋＋＋＋＋＋＋＋＋＋＋＋＋＋＋＋＋＋＋　【補足終わり】

－－－－－－－－－－－－－－－－ 練習問題 －－－－－－－－－－－－－－－－
【問い5-3】　理想気体を状態 $\boxed{T_1; V_1, N}$ から状態 $\boxed{T_2; V_2, N}$ へと断熱準静的に膨張
させる。このときの仕事 $W = \int_{V_1}^{V_2} P\,dV$ を以下の二つの方法で計算し、内部エ
ネルギーの減少 $cNR(T_1 - T_2)$ に等しいことを確認せよ[46]。

(1)　$PV^\gamma = $一定 を使って積分 $\int P\,dV$ を具体的に実行する。

(2)　理想気体の状態方程式と $PV^\gamma = $一定 から、$P\,dV$ を dT を使って表現した
のち、T で積分する。
ヒント → p338 へ　　解答 → p345 へ

【問い5-4】　p104で考えた、「内部エネルギーが $\boxed{U = cNRT}$ で、状態方程式が
$P = f\left(\dfrac{V}{N}\right) T$ となる系」を断熱準静的操作するときの不変量を求めよ。ただし、
$f(x)$ の原始関数を $\mathcal{F}(x)$ とする。
ヒント → p338 へ　　解答 → p345 へ

　🚅　先を急ぐ人は、次の「van der Waals 気体」と「光子気体」はとりあえず飛
ばしておいてもかまわない。

─────────────────

[45] 単原子分子理想気体の場合は $c = \dfrac{3}{2}$ なので、$\gamma = \dfrac{5}{3}$ となる。

[46] Poisson の関係式は内部エネルギーの式を使って求めたのだから、その式が成り立つ場合、仕事が内
部エネルギーの増加になるのは当たり前であるが、計算によって確認しておく。

5.4.3　van der Waals 気体　✛✛✛✛✛✛✛✛✛✛✛✛✛✛✛✛✛✛✛【補足】

<具体例> ....

　理想気体より少し実在の気体に近いのが「van der Waals 気体」で、以下の
「**van der Waals の状態方程式**」[47] を満たす。

$$
\boxed{
\begin{array}{c}
\text{—— van der Waals の状態方程式 ——} \\[4pt]
\left(P + \dfrac{aN^2}{V^2} \right)(V - bN) = NRT \qquad (5.20)
\end{array}
}
$$

この式の定数 a は分子間に働く引力による効果（圧力を下げる）を、定数 b は
分子の体積による効果（実効的体積を狭くする）を表現している。a, b を両方 0
とおくと理想気体となる。この気体の内部エネルギーは

$$
U = cNRT - \frac{aN^2}{V} \qquad (5.21)
$$

でないと矛盾することが後でわかる（10.5 節を見よ。【問い 10-6】も参照）。こ
→ p211　→ p214
こではこの式を使うことにすると、断熱準静的操作では

$$
\overbrace{cNR\,\mathrm{d}T + \frac{aN^2}{V^2}\,\mathrm{d}V}^{\mathrm{d}U} = -\overbrace{\left(\frac{NRT}{V - bN} - \frac{aN^2}{V^2} \right)}^{P}\,\mathrm{d}V \qquad (5.22)
$$

が成り立つ。左辺と右辺の共通部分を消して

$$
cNR\,\mathrm{d}T = -\frac{NRT}{V - bN}\,\mathrm{d}V
$$

（変数分離）

$$
c\frac{\mathrm{d}T}{T} = -\frac{\mathrm{d}V}{V - bN} \qquad (5.23)
$$

のように計算してこれを積分することで

$$
c\log T + \log (V - bN) = 定数 \qquad (5.24)
$$

すなわち [48]、以下が成り立つことがわかる。

$$
T^c(V - bN) = 一定 \qquad (5.25)
$$

---

[47] van der Waals（カタカナ表記は「ファンデルワールス」または「ファン・デル・ワールス」）。オラ
ンダの物理学者で、この方程式を発見した業績で 1910 年のノーベル物理学賞受賞。

[48] (5.24) の log の引数に絶対値が必要と思うかもしれないが、T も $V - bN$ も正なので不要である。そ
れに log の引数の正負は、右辺の定数に $\pm i\pi$ を足す程度の違いでしかない。

----------------------------練習問題----------------------------

【問い5-5】 van der Waals気体に対して Gay-Lussac と Joule の実験を行う。

(1) $\boxed{T;V}$ から真空に向けて膨張させて体積が V_1 になると、温度はいくらか。

(2) $\left(\dfrac{\partial T}{\partial V}\right)_U$ を求めよ。

ヒント → p338へ　　解答 → p346へ

5.4.4 　光子気体 ++++++++++++++++++++++++++++++++ 【補足】

＜具体例＞ ....

　体積 V の真空の内部の電磁場を一つの系として考える。電磁場は量子化すると「光子」という粒子の集団と考えることもできるので、これを「光子気体」と呼ぶ。

　光子気体は、状態を表すのに「物質量 N」が必要ない。なぜなら、周囲の環境（熱浴）の温度と、箱の体積が決まれば、熱浴と平衡に達している箱内の電磁場のエネルギーは一つに決まってしまう（もし電磁場のエネルギーが少なければ、熱浴からの「輻射」で電磁場が発生する。逆に電磁場のエネルギーが多ければ、「熱浴を温める」のに電磁場のエネルギーが使われる）からである。「光子気体」なのだから、「箱に入れられている光子の数」を N で表現したくなる人もいるかもしれないが、それは T と V で決まってしまう従属変数なので、独立変数のリストにいれる必要はない。

　電磁気学から、電磁場の圧力はエネルギー密度の $\dfrac{1}{3}$ であることが知られている。

　たとえば真空中の電場のエネルギー密度は $\dfrac{\varepsilon_0}{2}\left|\vec{E}\right|^2$、圧力は電場に垂直な方向には $\dfrac{\varepsilon_0}{2}\left|\vec{E}\right|^2$、電場と平行な方向には $-\dfrac{\varepsilon_0}{2}\left|\vec{E}\right|^2$（引力なのでマイナス）である。箱に入れられた電磁場の電場はさまざまな方向を向いているので、1方向は引き残りの2方向には押すと考えると圧力の平均は

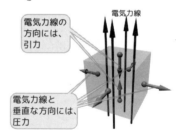

電気力線の方向には、引力
電気力線
電気力線と垂直な方向には、圧力

$$\left(\underbrace{\dfrac{\varepsilon_0}{2}\left|\vec{E}\right|^2}_{\text{圧力}} + \underbrace{\dfrac{\varepsilon_0}{2}\left|\vec{E}\right|^2}_{\text{圧力}} \underbrace{- \dfrac{\varepsilon_0}{2}\left|\vec{E}\right|^2}_{\text{引力}}\right) \div 3 = \dfrac{1}{3} \times \dfrac{\varepsilon_0}{2}\left|\vec{E}\right|^2 \tag{5.26}$$

となり、エネルギー密度の $\dfrac{1}{3}$ になる（磁場も同様）エネルギー密度が温度の4乗に比例することが後でわかる[49]ので、$\boxed{U(T;V) = \alpha T^4 V}$ という式も出る[50]。α は、量子力学と統計力学を使うと、$\boxed{\alpha = \dfrac{\pi^2 k^4}{15 c^3 \hbar^3}}$ と値が決まる比例定数である。

---

[49] 面白いことには、量子力学や統計力学を使わなくても、熱力学から「エネルギー密度は温度の4乗に比例する」ことはわかる。後でわかるので、【問い10-7】を参照。
→ p214

[50] 状態方程式は $\boxed{P = \dfrac{\alpha}{3} T^4}$ となってしまう。よって光子気体では、体積は状態方程式からは決まらない。光子気体の状態を示す変数として、P, T を選ぶことはできない。

光子気体は状態方程式 $PV = \dfrac{\alpha}{3}T^4 V$ と、内部エネルギーの式 $U = \alpha T^4 V$ が成り立つ系である。この系を断熱準静的操作すると、

$$\overbrace{4\alpha T^3 V\, dT + \alpha T^4\, dV}^{dU} = -\overbrace{\frac{\alpha}{3}T^4}^{P}\, dV$$

$$3\frac{dT}{T} = -\frac{dV}{V} \tag{5.27}$$

という式が成立することがわかる。積分すると以下の式を得る。

$$3\log T + \log V = 積分定数 \quad ゆえに、\quad T^3 V = 一定 \tag{5.28}$$

---------------------------------練習問題---------------------------------

【問い 5-6】 光子気体に対して、【問い 5-5】と同じ計算を行え。　　　解答 → p346 へ
→ p110

5.4.5　元に戻る操作の例と **Planck** の原理　＋＋＋＋＋＋＋＋＋＋＋　【補足】

＜具体例＞...

以下の操作において、Planck の原理が成り立っていることを確認しよう。

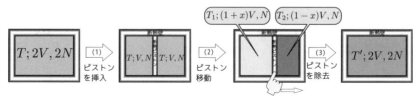

(1) 断熱容器に入れられた温度 T、体積 $2V$ で物質量 $2N$ の理想気体（始状態は平衡状態 $\boxed{T; 2V, 2N}$）に、断熱壁となるピストンを挿入してともに $\boxed{T; V, N}$ で表される二つの状態に分割する。

(2) 状態が $\boxed{T_1; (1+x)V, N}$ と $\boxed{T_2; (1-x)V, N}$ となるまで、ピストンを準静的に動かす。x は $\boxed{0 < x < 1}$ を満たす実数である。

(3) ピストンを取り去って、平衡状態 $\boxed{T'; 2V, 2N}$ になるのを待つ。

(1)〜(3) は「体積を変えない断熱操作」なので、系の温度は上昇している（$T < T'$）はずである。これを確認していこう。

　系が仕事をするのは (2) の段階のみである。体積変化から $T^c V = 一定$ を使えば温度変化がわかる。ピストンの左側の体積が $V \to (1+x)V$ と変化すると、Poisson の式 $T^c V = (T_1)^c (1+x)V$ から、温度は $T_1 = T(1+x)^{-\frac{1}{c}}$ に変化する。同様に右側の $V \to (1-x)V$ の変化で温度は $T_2 = T(1-x)^{-\frac{1}{c}}$ と変化する。よって (2) 段階が終わったときの内部エネルギーは

$$cNRT_1 + cNRT_2 = cNRT \left((1-x)^{-\frac{1}{c}} + (1+x)^{-\frac{1}{c}} \right) \tag{5.29}$$

となる。 括弧内の $(1-x)^{-\frac{1}{c}} + (1-x)^{-\frac{1}{c}}$ を $c = \dfrac{3}{2}$ としたグラフが右である[51]。 $x = 0$ での内部エネルギー（最小値）はちょうど $U = 2cNRT$ である（当然ながら、このときは温度が変わらない）。

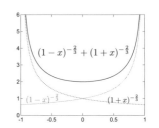

　次に (3) の操作を行うが、このとき系全体は断熱されており、系全体の体積は変化しないから仕事をすることはなく、内部エネルギーは変化しないはずである。ゆえに、終状態の温度を T' とすると、(5.29)の左辺は $2cNRT'$ に等しく、$T' = T \times \dfrac{1}{2} \left((1-x)^{-\frac{1}{c}} + (1+x)^{-\frac{1}{c}} \right)$ が
→ p112
わかる。以上から、$x = 0$ でない限り、(1)〜(3) の「体積を変えない断熱操作」によって、温度は上がる。しかも、いくらでも上げられる（任意の温度にできることは、要請6 に沿っている）。
→ p91

　ここで操作 (1) と (2) は準静的に元に戻せるので、不可逆な操作は (3) のみであることにも注意しておこう。(3) では、二つの領域の温度が違う状態（圧力も違う）から、温度が等しい平衡状態へと変化している。このように不均一だった温度が均一になるという、「状態の平均化」が起こるときは不可逆な操作になる（これについてはこの後もじっくり考えていこう）。

---

[51] まずグラフに $(1+x)^{-\frac{2}{3}}$ を描いてからそれを $x = 0$ を対称軸に反転した $(1-x)^{-\frac{2}{3}}$ を描いて足し算すると概形がわかる。あるいは、微分して増減表を書くと $x = 0$ が最小値となることがわかる。

--------------------------------練習問題--------------------------------

【問い5-7】 光子気体の場合について、上の操作 (1)〜(3) を行うと、やはり温度が上がることを確認せよ。

解答 → p346 へ

5.5 Planck の原理と断熱操作の不可逆性

5.5.1 断熱操作による到達可能性

Planck の原理の一般論に戻ろう。断熱準静的操作を行うと状態の体積と温度は (T, V) の二次元面の上で一本の曲線上を動く。要請6 → p91 の「体積を変えずに温度を上げる断熱操作（準静的ではない）」を使うと、その曲線上から温度を上げる方向への変化（操作）ができる。

右のグラフで、状態 $T; V$ から、「断熱準静的操作で到達可能な状態（図の $T_1; V_1$、$T_2; V_2$ など）」を結ぶ線上には断熱準静的操作で到達でき、その場所よりも温度が高い状態（グラフで灰色に塗った部分）には準静的ではない断熱操作で到達可能である。

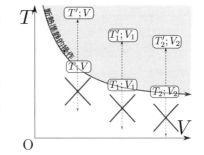

┌─── 結果6: 状態は断熱操作での到達可能性で分類される ───┐

　系の全状態は、ある状態 $T; \{V\}, \{N\}$ から断熱操作で到達できる状態と、断熱操作では到達できない状態の二つに分けることができる。$T; \{V\}, \{N\}$ から断熱準静的操作で到達できる状態の集合 が上の二つの状態群を分ける『境界』になる。

結果は上のようにまとめることができるが、これが後に、熱力学にとって重要な物理量である「エントロピー」の導入へとつながる。

上で述べた『境界』となる「断熱準静的操作で到達できる状態の集合」は1成分系では線になるので、これを「断熱線」と呼ぼう[52]。

---

[52] 断熱準静的操作で移動可能な場所なのだから「断熱準静的線」なのでは、と思う人もいるかもしれないが、そもそも準静的操作でない場合は状態は V-T グラフから一旦外れてしまう（非平衡状態はグラフ上の点として表現できないから）。「線」となってつながっている以上、準静的操作であることは「明記してなくても当然のこと」と読み取って欲しい。

＜具体例＞ ･･

断熱線の例として、理想気体の断熱準静的操作で成り立つPoisson の関係式 $T^c V = (一定)$ を T-V グ
$\underset{\to \text{ p108}}{}$
ラフに描くと右のようになる。van der Waals 気体な
$\underset{\to \text{ p109}}{}$
ら(5.25)より $T^c(V - bN)$ が一定の線が、光子気体なら
$\underset{\to \text{ p109}}{}$ $\underset{\to \text{ p110}}{}$
(5.28)から $T^3 V$ が一定の線[53] が断熱線になる。
$\underset{\to \text{ p111}}{}$

断熱線には Planck の原理 結果3 から導かれる以下の性質がある。
$\underset{\to \text{ p99}}{}$

── 結果 7: 断熱線は同じ示量変数を二回通過しない ──

　示量変数が同じで温度が違う状態が断熱線でつながれることはない。

　上の結果を示そう。断熱準静的操作は可逆だから、たとえば断熱線が右の図のような曲線を描くことがあったとすると、「体積が同じで温度を下げる」操作が可能になってしまうが、Planck の原理によりそれは不可能である（断熱操作で V-T グラフで「真下」にはいけない）。当然、断熱線がループをなすことも、2 本の断熱線が交差したり共有点を持ったりすることも有り得ない。

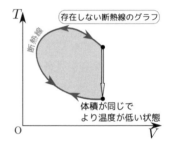

　2 本の断熱線が交差すると、右の図に示したように、一旦交差点（図の X）まで行ってから戻ってくる操作（断熱準静的操作なのでどちらの方向も可能であることに注意）で、状態 A から出発して、同じ体積で温度が低い状態 B に到着することが可能になる。これも Planck の原理に反する。

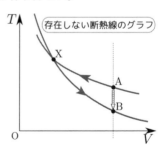

── 結果 8: 断熱線は共有点を持たない ──

　2 本の断熱線は共有点を持たない（交わることもない）。

　断熱線が上に述べた「交わらない」「同じ V を一回しか通らない」という性質

────────────

[53] これら三つの系は全て、断熱線が「V が増えると T が減る（右下がり）線」になっているという点は
共通。これは圧力が正である系の特徴である。

を持っているので、V-Tグラフ上に断熱線を引くと、断熱線は縦（T軸方向）に（互いに触れずに）重なっていく。結果6で述べた「状態は断熱操作での到達可能性で分類される」ことは断熱線の性質からも理解できる。
→ p113

右のグラフに「実現できる変化の方向」と「実現できない変化の方向」を示した。

P→A が実現できないのは、示量変数 V を変えずに温度を下げる変化だからである。

P→B は温度が上がっている点だけを見ると実現できるように思えるかもしれないが、もし P→B が実現できるとすると、断熱準静的操作によって B→A が可能なので、P→B→A と経過することで

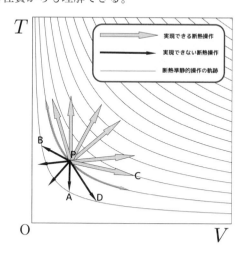

P→A が実現してしまう。よってこれも実現しない[†54]。

P→C は温度を下げているが、体積を変化させているから Planck の原理には反しておらず、実際右の図のような経路をたどれば断熱準静的操作と温度を上昇させる操作で到達できる。

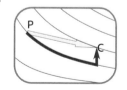

P→D が実現するとすると、D→A が断熱準静的操作により実現してしまうので、結果として P→A が実現することになる。よって P→D は実現しない。

このように、断熱準静的操作により到達できる場所を表す線が「実現できるかできないか」の境界線となる。

断熱線によって状態が分類されていく状況について、ここで図示したような2次元 (V, T) で考えていると「そんなものかな」という感想を持つかもしれないが、示量変数が1変数ではなく $\{V\} = V_1, V_2, \cdots$ のように多変数な場合でも同様に「断熱準静的操作」で結ばれる状態が「境界」となるという状況が出現する

[†54] Planck の原理は経験則から得られているので、正確に述べるなら「実現するような状況を人類は（直接的にも間接的にも）一度も観測してない」ということである。そういうと「じゃあ明日観測されるかもしれないではないか」と不安になる人もいるかもしれないが、そんなことを言い出したら全ての物理法則は明日成り立つ絶対の保証などない。逆に、この宇宙でこれまで起きなかったことが明日になって急に起こるなんてことを期待するのは無理な話（ほぼ妄想）だ。

（《V》が2次元なら、境界は「断熱線」ではなく「断熱面」となる）ということを思うと、それほど単純な話ではないことがわかるだろう。示量変数が多変数でも断熱操作が実現できるかどうかの境界面ができる理由は、Planckの原理である。

　断熱線を一種の「地図に描かれた等高線」のように考える。そして（同じ体積で）温度が増える方向を「等高線」が表す高さが 高くなる 方向だとしよう。すると、ある断熱線の一点から、 高くなる 方向にある別の断熱線上の一点へと移動することはPlanckの原理から許されるが、逆の「 低くなる 方向にある別の断熱線上の一点」には決して移動できない。

<具体例>‥‥‥‥‥‥‥‥‥‥‥‥‥‥‥‥‥‥‥‥‥‥‥‥‥‥

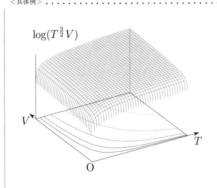

このように「断熱線」を等高線のように考えたときの、対応する「山」の形を理想気体の場合で描いたのが左のグラフである（理想気体でない場合も、似たようなグラフを描くことができる）。縦軸を $T^{\frac{3}{2}}V$ ではなくその対数 $\log\left(T^{\frac{3}{2}}V\right)$ にしている理由は後で出てくる実際の式が $\log V$ を含む　→ p174　からである（ここではとりあえず「グラフが描きやすかったんだな」という程度に思っていてもらえばよい）。

　この事実を知るとますます、断熱線を等高線とみなせるときの「高さ」に対応する変数、つまり「断熱線が縦線となる座標変数」が欲しくならないだろうか？ ―その変数をとりあえず S とする[55] ことにすると、 この S が減る方向への変化は禁止される。つまり S は変化しないか増えるかどちらかである（たいていの場合、増える）。後でこの変数 S は「エントロピー」と名付けられ、S という文字で表される。

5.5.2　新しい変数（予告のみ）　＋＋＋＋＋＋＋＋＋＋＋＋＋＋＋＋＋【補足】

　　✈　S の形はどうなるべきか、ここまででわかることを考えておこう（現段階では完全な解は出ないので、「完全な答えが出てから知ればいいや」と思う人はこの項を飛ばしてよい）。

---

[55] ちゃんと S が定義されるのは少し後なので、それまでは S と手書き風の文字で表現しておく。

$\boxed{T; \{V\}, \{N\}} \xrightarrow{\text{断熱準静}} \boxed{T'; \{V'\}, \{N\}}$ という操作において、到着点の温度 T' は途中経路に依らず一つに決まる [†56]。そして、この操作において「断熱線を等高線と考えたときの『高さ』」は変化しない。すなわち、$\boxed{T; \{V\}, \{N\}} \xrightarrow{\text{断熱準静}} \boxed{T'; \{V'\}, \{N\}}$ ならば、

$$S(T; \{V\}, \{N\}) = S(T'; \{V'\}, \{N\}) \tag{5.30}$$

となるような変数 S があったとすると、U の微小変化は

$$dU = \mathcal{T} dS - P \, dV \tag{5.31}$$

のように書ける。dS の係数である $\mathcal{T}$ は、まだ何だかわからない物理量（定数ではない）である [†57]。S も $\mathcal{T}$ も全く決めていないから、これは単に、「S が変化しないときは $\boxed{dU = -P \, dV}$ である」と言っているに過ぎない。

<具体例> ....

　理想気体の場合、S の形はここまでの情報でもある程度絞れている。まず、Poisson の式
$\xrightarrow{}$ p108
から $T^c V$ が変化しないときには S は変化しない。よって $S(T^c V, N)$ という形の式になっていることがわかる。次に示量変数であるためには、

$$\left(V \frac{\partial}{\partial V} + N \frac{\partial}{\partial N} \right) S(T; V, N) = S(T; V, N) \tag{5.32}$$

でなくてはいけない（これは S の $\boxed{V \text{ の次数} + N \text{ の次数} = 1}$ を意味する）。これから、

$$S(T; V, N) = N f\left(\frac{T^c V}{N} \right) \tag{5.33}$$

という形になる。S は示量変数なので、全体に N が掛かっている。

　次で考える「最大仕事」の情報を得ないと、これ以上に未知関数 f の追求はできない。少しだけ先を見ておくと、後で出てくる【問い7-2】の答えで、透熱壁に接している二つの
$\xrightarrow{}$ p144　$\xrightarrow{}$ p348
理想気体の系の断熱準静的操作では $N_1 \log V_1 + N_2 \log V_2$ が不変であることがわかる。この情報も使うなら、$\boxed{f(x) = \log x}$ とすれば関数がこの形になるから、

$$S(T; V, N) = N \left(\log\left(\frac{T^c V}{N} \right) + \text{定数} \right) \tag{5.34}$$

という形まで予想ができる。

[†56] $\boxed{T' \neq T''}$ である状態 $\boxed{T''; \{V'\}, \{N\}}$ への断熱準静的操作が存在したら、

$\boxed{T'; \{V'\}, \{N\}} \xrightarrow{\text{断熱準静}} \boxed{T; \{V\}, \{N\}} \xrightarrow{\text{断熱準静}} \boxed{T''; \{V'\}, \{N\}}$ およびこの逆操作がともに可能になってしまうが、どちらかの操作は「示量変数が同じで温度を下げる操作」になってしまい、Planck の原理からありえない。

[†57] 勘のいい人はおわかりだろうが、これが温度 T そのものだと後でわかる。
$\xrightarrow{}$ p179

5.5.3　複合系内部の、仕事以外のエネルギーの flow ✛✛✛✛✛ 【補足】

> 🐟 この項では、先の章で考える「熱」について少し先取り解説をしておく。「先取り解説」なので、読まずに先へ進んでもよい。

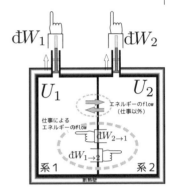

式 $\boxed{dU = -\dbar W}$ は「断熱された系」に対して成り立つ。「断熱されてない」という状況を考えるための簡単な例として、ここで二つの系（系1と系2）の複合系を考えよう。我々はそれぞれの系がどのような内部エネルギーを持っているかを（U_1 と U_2 を）すでに知っているとする [58]。$\boxed{系1+系2}$ は断熱された系であるが、系1と系2は互いに断熱されていないとする。「断熱されていない」という意味は「仕事以外のエネルギーの flow が存在する」ことである。すなわち、$\boxed{系1+系2}$ の内部エネルギーは仕事を通じてのみ増減するが、系1と系2それぞれのエネルギーは仕事以外の原因で増減しうる。

$$\begin{cases} 系1は外部に \dbar W_1 だけ、系2に \dbar W_{1\to2} だけ仕事をした \\ 系2は外部に \dbar W_2 だけ、系1に \dbar W_{2\to1} だけ仕事をした \end{cases}$$

という場合について考えてみよう [59]。それぞれの系が断熱されていれば、

$$\begin{cases} dU_1 = -\dbar W_{1\to2} - \dbar W_1 \\ dU_2 = -\dbar W_{2\to1} - \dbar W_2 \end{cases}$$

が成り立つのだが、断熱されていない状況ではこれらは一般に成立しない。

この場合、系1と系2の間には「仕事ではないエネルギーの flow」が存在したことになる。そこで系に生じた「仕事による以外のエネルギーの増加」を $\dbar Q$ と書くことにしよう。$\dbar Q$ は微小量だがなにかの微分かどうかはまだわからないので、$\dbar$ をつけて書く。

つまりエネルギーは「した仕事 $\dbar W$」の分減少し、「仕事以外のエネルギー flow の流れ込み $\dbar Q$」の分だけ増加する。すなわち、

$$dU = \dbar Q - \dbar W \tag{5.35}$$

という式が成立する [60]。系1に入ってきた仕事以外のエネルギー flow を $\dbar Q_1$ とする（$\dbar Q_2$ も同様に定義する）。すると

$$dU_1 = \dbar Q_1 - \dbar W_{1\to2} - \dbar W_1 \tag{5.36}$$

---

[58] それぞれの系を別々に断熱して、「断熱操作でどれだけ仕事をすればどのような状態になるか」を実験すれば、内部エネルギー U が系の状態変数のどのような関数になっているかを定められる。その段階が終わったあとで、二つの系を接触させたとしよう。

[59] $\boxed{\dbar W_{1\to2} = -\dbar W_{2\to1}}$ とは限らないことに注意したい。二つの系が「相互にする仕事」は絶対値が同じで符号が逆である場合もあるが、そうでない場合もある（2.1.2項を参照せよ）。
→ p15

[60] この $\dbar Q$ こそが「熱」である。

$$dU_2 = đQ_2 - đW_{2\rightarrow1} - đW_2 \tag{5.37}$$

と書くことができる（この式が成立するように、$đQ_1$ と $đQ_2$ が決定される）。

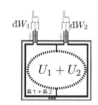

$\boxed{系1+系2}$ を、左図のように一つの系と考えてしまえば、この系は断熱されているから

$$d(U_1 + U_2) = -đW_1 - đW_2 \tag{5.38}$$

は成立する。この式が成り立つことから、

$$đQ_1 + đQ_2 - đW_{1\rightarrow2} - đW_{2\rightarrow1} = 0 \tag{5.39}$$

がわかる。つまり、$\boxed{系1+系2}$ の内部を流れるエネルギーのflowは合計が0になる（系1から出た分だけ、系2に入る）。特に、仕事の損失がない場合、すなわち $\boxed{đW_{1\rightarrow2} + đW_{2\rightarrow1} = 0}$ である場合、$\boxed{đQ_1 = -đQ_2}$ が成り立つ。この場合、系1から系2へは仕事の形で $đW_{1\rightarrow2}$ のエネルギーが流れ込み、仕事以外の形では $đQ_2$ のエネルギーが流れ込む。

> この新しいエネルギーのflowである $đQ$ について考えるのはここまでにして、次の章で、等温操作を考えて、さらに「熱」について考えていくことにしよう。等温操作は、ここで考えた二つの系のうち片方が「熱浴」（温度変化を起こさないほどに大きな系）であると考える場合に対応する。

5.6 章末演習問題

★【演習問題5-1】

van der Waals方程式に従う気体のビリアル係数を求めよ。
→ p109　　→ p107

ヒント → p2w へ　　解答 → p10w へ

★【演習問題5-2】

内部エネルギーが $\boxed{U = c'N\mathcal{R}T^\alpha}$（$\alpha$ は 1 ではない正の定数、$c', \mathcal{R}$ は c, R とは別の定数）、状態方程式が $\boxed{PV = N\mathcal{R}T^\beta}$（$\beta$ は α とは一致しない正の定数）であるような気体があったとする。この気体の、断熱準静的操作での一定量はどんなものか[61]。

ヒント → p2w へ　　解答 → p10w へ

★【演習問題5-3】

状態方程式 $\boxed{PV^\alpha = NRT}$ を満たし、内部エネルギーが $\boxed{U = cNRT}$ である架空の気体を考える。この気体に関する「理想気体における $\boxed{T^c V = 一定}$（Poisson の関係式）」にあたる式を導け。
→ p108

ヒント → p2w へ　　解答 → p10w へ

---

[61] 後でわかることだが（今はわからなくてよい）、このような気体は存在できない。エネルギー方程式 (10.30)に反する。
→ p212

★【演習問題 5-4】

A 君は以下のように考えたが、これは間違っている。

> 断熱操作において系がする仕事は系の内部エネルギー U の減少であるから、断熱準静的操作では $\boxed{dU = -PdV}$ と書ける。
>
> よって $\boxed{\left(\dfrac{\partial U(T;V,N)}{\partial V}\right)_{T;N} = -P}$ だ。理想気体では $\boxed{P = \dfrac{NRT}{V}}$ だからこれを積分すると $\boxed{U(T;V,N) = -NRT\log V + f(T;N)}$ となる。

どこが間違いかを指摘せよ。

注意：実際には $\left(\dfrac{\partial U(T;V,N)}{\partial V}\right)_{T;N}$ は $-P$ ではないが P に関係する量にはなる。【問い 5-1】
→ p106
およびエネルギー方程式 (10.30) を見よ。
→ p212
解答 → p11w へ

★【演習問題 5-5】

以下のような二つの方法で、断熱された状態にある温度 T、体積 V、物質量 N の理想気体を膨張させた。

(1) 断熱準静的に、体積が $2V$ になるまで膨張させた。

(2) まず系を断熱壁で体積 xV と $(1-x)V$ に分け、体積 xV の状態を断熱準静的に $(1+x)V$ まで膨張させる（体積を V 増やした）。その後、断熱壁を取り払い、全体が平衡に達するのを待つ。

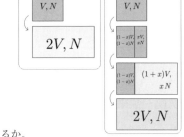

どちらの場合も体積は $2V$ になる。温度はどうなるか。

解答 → p11w へ

★【演習問題 5-6】

前問の (1) をやってから (1) の逆操作を行うと、温度は元に戻る（この場合は全ての操作が準静的）。

$$\begin{cases} (1)\text{ をやってから }(2)\text{ の逆操作} \\ (2)\text{ をやってから }(1)\text{ の逆操作} \end{cases}$$ を行うと、温度が上がっていることを確認せよ。

(2) の逆操作とは、『まず体積 $2V$ を $2xV$ と $2(1-x)V$ に分け、$2xV$ の方を $(2x-1)V$ に断熱準静的に圧縮した（体積を V 減らした）のち、$2(1-x)V$ の方と混合する』という操作である。ただし、$\boxed{\dfrac{1}{2} < x \leq 1}$ である（でないと圧縮ができない）。
解答 → p11w へ

★【演習問題5-7】

断熱壁でできたシリンダーを断熱されたピストンで左右に分け、右側を真空にした。下の図のように3種類の方法で気体を膨張させた。

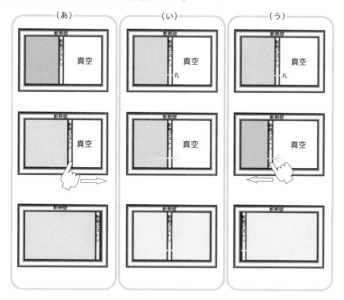

(あ) ピストンを外力を使って右端まで動かす。

(い) ピストンに小さな孔を開けて放置。

(う) ピストンに小さな孔を開けてから、ピストンを外力を使って左端まで動かす。

気体は理想気体であるとする。それぞれ終状態での温度は上がっているか、変化してないか、下がっているか。

★【演習問題5-8】

図のように、温度T、物質量Nの理想気体でできた大きな系Eの中に系A（こちらは理想気体とは限らない）が入っている複合系を考える。この系の一部である系Aに外部から操作を行い、最終的にV_Aを元に戻した。この間に系Aは外部（系Eよりもさらに外）に仕事Wを行ったとする。この「示量変数が元に戻る操作」に対して全体の系（A+E）に対してPlanckの原理を適用したのちに$N_E \to \infty$の極限を取ると、部分系Aに関してKelvinの原理が成り立っていることを示せ。

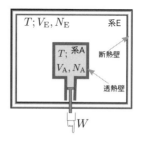

ヒント → p2wへ　解答 → p12wへ

第 6 章

等温準静的操作と
Helmholtz 自由エネルギー

等温準静的操作における仕事を使って、Helmholtz 自由エネル
ギーを定義しよう。

6.1　等温準静的操作における仕事

　　この章では、等温準静的操作における仕事を使って Helmholtz 自由エネル
ギーを定義する。この仕事が4.3.2項の「ポテンシャルエネルギーを定義できる条件」
を満たしているかについて考えていこう。Kelvin の原理が威力を発揮する。
→ p88
→ p80

　ポテンシャルエネルギーが定義できるための条件は4.3.2項に上げた通りであ
る。等温準静的操作を行った場合、温度はそもそも変化しないから体積などの
示量変数のみが変化する。よって「操作が実行できる」という条件については
「温度が等しい」という条件つきで満たされる。もう一つの条件「仕事が始状態
と終状態だけで一意的に決まる」について考えていこう。
→ p88

6.1.1　等温準静的なら仕事は一つに決まる

　出発点（始状態）と到着点（終状態）を指定して等温操作を行ったとき、系が
する仕事の最大値である「最大仕事」は「等温準静的操作における仕事」であ
り、これが出発点と到着点だけで決まることは、Kelvin の原理から示すことが
できる[†1]。

[†1] p53の分類において「等温操作における仕事」は (2) の「始状態と終状態を決めて、かつ途中経過が準
静的操作であるならば決定される（準静的でない途中経過では決まらない）量」になる。「最大仕事」は定
義の中に「準静的」がすでに入っているので、(1) と言っても (2) と言っても同じことである。

というのはもし 状態A から 状態B に等温準静的操作でもっていくときの仕事に二つの値があったとすると、この二つの操作のどちらかを逆操作にしてサイクルを作れば、どちらかで正の仕事ができてしまう。

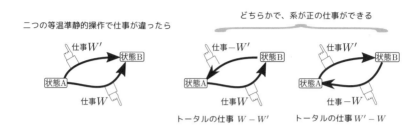

これは Kelvin の原理に反する。よって以下の結果を得る。

$\boxed{\text{結果 9: 等温準静的操作の仕事の一価性}}$

等温準静的操作 $\boxed{T;\{V\},\{N\}}$ $\xrightarrow{\text{等温準静}}$ $\boxed{T;\{V'\},\{N\}}$ において系のする仕事は、始状態と終状態が同じなら一つに決まる（途中経過に依らない）。

1成分の単純系を頭に置いて考えると、「当然そうなるでしょ？」と思えるかもしれない。しかし注意して欲しいのは Kelvin の原理は単一温度の系なら単純系でなくても成立する[†2]ことである。図に示したような二種類の操作（気体1と気体2のどちらを先に膨張させるかが違う）は、途中経過は全く違うがそれでも系のする仕事は（準静的操作ならば）一致する。

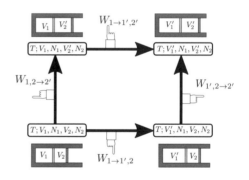

図に示した四つの等温準静的操作における仕事に対して、

$$W_{1\to 1',2} + W_{1',2\to 2'} = W_{1,2\to 2'} + W_{1\to 1',2'} \tag{6.1}$$

が成立する。もっと複雑な操作経路はいくらでも考えられる（V_1 と V_2 を連動して変化させたってよい）が、それでも同様である。これは決して自明なことではない。上の操作は一例だが、Kelvin の原理は簡単なようでいて、実際に起こる

[†2] そのように要請されている、と言ってもいいし、経験則として多成分系でも成り立つことが実験的に確認されているから妥当な要請になっている、と言ってもいい。

物理現象に対して強い制約を与えている。

6.1.2　準静的なときが最大仕事である

　次に、準静的な等温操作で系のする仕事が「最大仕事」であることを、Kelvin
の原理から導出しよう[†3]。

　4.1.2項では「一つの例を示した」だけで、一般的に証明したとは言えない。
→ p76
以下のように考察することで、Kelvin の原理一つから等温準静的操作のときが
最大仕事であると結論できる。　キーポイントは前項と同様、「等温準静的操作は
逆に動かすと仕事の符号が逆になる」ことである[†4]。

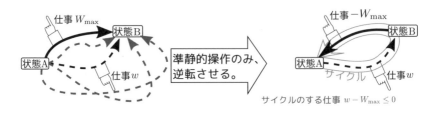

　上の図の経路のうち準静的操作のとき系のする仕事を $W_{\max}$ としよう（すぐ
後で最大だとわかるので先に $_{\max}$ と付けておく）。準静的操作を逆にした操作と
準静的でない操作（このとき系のする仕事を w とする）を一つ選んで作った「サ
イクル」（上の図の右側）に Kelvin の原理を適用すると、$\boxed{w - W_{\max} \le 0}$ がわ
かる。つまり、Kelvin の原理が成り立つならば、$\boxed{W_{\max} \ge w}$ である。

> ── 結果10: 最大仕事の原理 ──
>
> 　始状態と終状態が同じ等温操作の中では、準静的に操作した場合が最大
> 仕事である。

　「準静的」で、かつ「等温操作」であれば、系のする仕事は経路に依らなくな
る[†5]ので、等温準静的操作での最大仕事を使って新しいポテンシャルエネルギー
を定義することができる。

[†3] 4.1.3項では、これは予想として示したのみであった。導出はここで行う。
→ p77
[†4] 準静的操作では、途中は全て平衡状態なので、ある状態 $\boxed{T; V, N}$ での圧力は膨張時でも圧縮時でも同
じである。ゆえに「行き」と「帰り」の仕事はちょうど消し合う。
[†5] このことは Kelvin の原理という要請から導くことができた。Kelvin の原理を保証するのは実験なの
で、等温準静的操作におけるエネルギーの存在も、やはり実験により保証されていることになる。

6.2 Helmholtz 自由エネルギー

6.2.1 Helmholtz 自由エネルギーの定義

前節までの結果を踏まえて、新しいポテンシャルエネルギーに対応する物理量である「**Helmholtz 自由エネルギー**」F を定義しよう。力学的エネルギーを決めるとき「基準点」を考えて「その基準点に持っていくまでにできる仕事」でエネルギーを決めた。同様に、「等温操作をしつつある基準点まで変化させるときの最大仕事」で「Helmholtz 自由エネルギー」F を定義する。

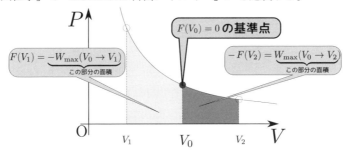

基準点を $\boxed{T;\,\{V_0(T)\}}$ としよう。すると

$$\text{等温準静的操作による } F \text{ の定義}$$

$$F[T;\{V\},\{N\}] = W_{\max}(T;\{V\} \to \{V_0(T,\{N\})\},\{N\}) \tag{6.2}$$

である[6]。上の定義から F は、基準点からエネルギーを求めたい場所までの $P\text{-}V$ グラフの面積（右側ではマイナスにして計算する）で表される（基準点では $\boxed{F[T;\{V_0(T,\{N\})\},\{N\}] = 0}$ で、基準点は温度によって変わっていい）。最大仕事は示量的なので、それを元に定義された F は、示量的でかつ相加的である
→ p48
というエネルギーが持つべき条件を満たしている。微分形では

$$F \text{ の定義（微分形）}$$

$$\text{等温準静的操作において、} \quad dF = -dW = -P\,dV \tag{6.3}$$

となる。$\boxed{\text{断熱操作において、} dU = -dW}$ と同様の（だが、状況は違う）定義
→ p97

---

[6] $F[T;\{V\},\{N\}]$ が $F(T;\{V\},\{N\})$ ではないこと（[ ] と ( ) の違い）には意味がある。「完全な熱力学関数」であるときは [ ] を使う。「完全な熱力学関数」の意味については後で示そう。
→ p200

である。

　仕事 dW という量は、一般には「状態量の微小変化」ではない。しかし、「等温準静的操作である」という条件をつけた場合には、dW は「状態量である $(-F)$ の微小変化」となる[7]。上の式は

$$\left(\frac{\partial F[T;V,N]}{\partial V}\right)_{T;N} = -P(T;V,N) \qquad (6.4)$$

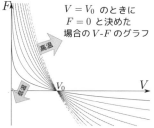

$(P(T;V,N)$ は圧力) と同じである[8]。

$V = V_0$ のときに $F = 0$ と決めた場合の V-F のグラフ

　基準点を「体積が V_0 のときに $F = 0$」のように決めたグラフが左である（高温ほど圧力が高いのが普通なので傾きが急になる）。最終的な Helmholtz 自由エネルギーの基準は、こんなふうにシンプルには決めず、温度ごとに違う基準点 $V_0(T)$ を定めることになる。

　基準点が温度によって変わっていい理由は、ここでは「等温操作」しか考えておらず、温度を一つ決めた時の「最大仕事」を使って F が定義（計算）できただけだからである。だから「温度が変わったときの F の変化（右のグラフの $\frac{\partial F}{\partial T}$）」を決める法則を、我々はまだ持っていない（グラフにも書いたが、高温の線の方が下に来るのが正しかったことが後でわかる）。

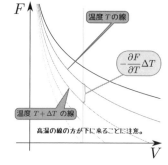

　$F[T;V,N]$ が示量変数であるためには、

$$F[T;\lambda V,\lambda N] = \lambda F[T;V,N] \qquad (6.5)$$

でなくてはいけない。つまり「V と N をともに λ 倍したときに、F も元の λ 倍にならなくてはいけない。この条件も F の形を決める材料になる。

　前に述べたように、等温操作では温度 T は「環境の温度」に等しく、環境を決めれば決まる変数（そして操作を行っている間は動かさない変数）である（つま

---

[7] (5.6) の説明で書いたように、「断熱操作である」という条件をつけた場合には、dW は「状態量である $(-U)$ の微小変化」となった。これと同様で、条件をつけることで微小な仕事 dW が $(-F)$ の微小変化で表せる。

[8] グラフで F が右側の面積なのは「V が増えると F が減る」という方向性であるため。

り制御変数)。一方、断熱操作では（ピストンを動かすという）操作によって変化する従属変数になっている[9]。T が（独立変数の一つである）制御変数なのか、それとも従属変数なのかは状況によって違う。

「どの変数が独立に動かせるか」が状況によって違うため、今後の計算で偏微分を行う時は、「何を一定とした偏微分を行ったか」に注意する必要がある。等温操作での仕事を使って定義される「Helmholtz自由エネルギー」は独立変数が温度 T、体積 V、物質量 N[10]の3変数関数になる[11]。断熱操作での仕事を使って定義される「内部エネルギー」は、独立変数 V, N にまだ登場してない変数 (S) 一つを加えて、三つの独立変数によって決まる[12]。

6.2.2 理想気体の場合

＜具体例＞ ....

ここで理想気体の Helmholtz 自由エネルギーを求めよう。理想気体では $\boxed{P = \dfrac{NRT}{V}}$ で、仕事は $\int P\,dV$ であるから、体積 V から基準の体積 V_0 まで変化させるときの仕事は

$$W(T; V \to V_0, N) = NRT \int_V^{V_0} \frac{dV}{V} = NRT \log\left(\frac{V_0}{V}\right) \tag{6.6}$$

となる[13]。これが(6.2) で定義された $F[T; V, N]$ である。
→ p125

同じ式は $\boxed{\left(\dfrac{\partial F[T; V, N]}{\partial V}\right)_{T;N} = -P = -\dfrac{NRT}{V}}$ を積分して、

$$F[T; V, N] = -NRT \log V + (V \text{ に依らない部分}) \tag{6.7}$$

としても得られる。偏微分方程式を解いた結果であるから V に依らない部分はこれだけでは決まらない。この部分は $T; N$ の関数となり、N 依存性はこの F

---

[9] ここで $\boxed{\text{断熱操作のときに制御変数となるような変数はないのか？}}$ という疑問が当然湧くだろう。それがまさに5.5.2項で考えた S である。
→ p116
[10] 物質量はしばらく変えないので、$T; V, N$ のうち、温度 T と物質量 N を途中で変わらない制御変数と考える。
[11] 考えている物質が単一成分でできていないなら、物質量は $N_1, N_2, \cdots$ のように複数個必要になる（もし系がいくつかの区画に分かれているなら、体積も $V_1, V_2, \cdots$ のように複数個必要になる）。F や U が3変数関数なのは、単に「今は一番簡単な状況を考えているから」というだけの理由である。
[12] 内部エネルギー U を $T; V, N$ で表すことができない、という意味ではない。その表し方は「断熱操作」を考えるときに使いにくいというだけのことである。どう変数を選ぶかは大事なのだ。
[13] この式は $\boxed{V_0 > V}$ のときに $\boxed{W > 0}$ となっていることに注意（膨張すれば正の仕事をする）。

が示量性を持つべきことから決まる。その条件(6.5) が成り立つようにしよう。
→ p126

(6.7) で V に依らない部分がないと、

$$
F[T; \lambda V, \lambda N] = -\lambda NRT \log(\lambda V) = \underbrace{-\lambda NRT \log V - \lambda NRT \log \lambda}_{\lambda F}
$$

(6.8)

となってしまい、示量性がないことになる。これを防ぐには、V が現れるときには N が逆べきで現れるようになっていれば[†14] よい。つまり、

$$
F[T; V, N] = -NRT \log \left(\frac{V}{N} \right) + N \times f(T)
$$

(6.9)

としておけばよい。T の関数である $(V, N$ に依らない$)$ 部分である $f(T)$ は今は決まらない[†15]。後で決めよう。
→ p174

【FAQ】 N が有限なのに、無限の仕事ができるように見えますが？

・・・・・・・・・・・・・・・・・・・・・・・・・・・

　確かに、$V \to \infty$ にすると $F \to -\infty$ なので、有限の物質（N は ∞ ではない）が無限の仕事をできることになり、これを不思議に思う人もいるだろう。この疑問に二つの方向から答えておこう。

　まず「本当に無限の仕事ができるのか？」という点について。そのためにはもちろん無限に長いシリンダー（系の体積が無限に大きくなれる）がなくてはいけないし、外気圧が 0 でなくてはいけない。つまり、現実的には有り得ない。少し設定を現実的にした【問い6-2】の場合でも、無限の仕事はできない。
→ p129

　次に「有限の物質に無限の仕事ができるのは変ではないか？」という点について。F が、この系だけが持っているポテンシャルエネルギーだとすれば、確かに変だ。しかし F は等温準静的操作という「周囲の環境（熱浴）からエネルギーをもらえる環境」でのポテンシャルエネルギーなので、「環境としての熱浴（無限に大きい）」の部分のエネルギーが入っていると思うなら、そう不思議でもない。F に熱浴のエネルギーが含まれているという点については、後で10.3節でも解説する。
→ p208

[†14] $\dfrac{V}{N}$ の形になっていれば、$\begin{cases} V \to \lambda V \\ N \to \lambda N \end{cases}$ で $\dfrac{V}{N} \to \dfrac{\lambda V}{\lambda N}$ となって変化しない。

[†15] ここで、log の引数が $\dfrac{V}{N}$ という次元のある量であることが心配な人は、A.1 節を見よ。エネルギーのような量は、定数を加算しても物理的意味はない（差だけが重要である）。
→ p315

右のグラフは横軸をV、縦軸をPとFにして三つの温度の場合の線を描いたものである。グラフにもあるように、Fの三つの線に関しては原点には意味がない（Fの原点はまだ選び方を決めていない）し、三つの線の相互の関係も意味がない（まだFの温度依存性は決めていないか

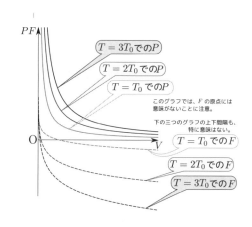

PF

$T = 3T_0$でのP

$T = 2T_0$でのP

$T = T_0$でのP

このグラフでは、Fの原点には意味がないことに注意。

下の三つのグラフの上下間隔も、特に意味はない。

$T = T_0$でのF

$T = 2T_0$でのF

$T = 3T_0$でのF

O

V

ら）ので、このグラフはあくまで参考というつもりで見ること。FのT依存性（$\dfrac{\partial F}{\partial T}$ がどうなるべきか）→ p173 は後から決める。ここでは、$\boxed{P = -\left(\dfrac{\partial F}{\partial V}\right)_N}$、すなわち$F$の傾き$\times(-1)$が$P$になっていること（$V$が増えると$F$の傾きは平坦に近づき、$P$も減る）を感じてくれれば十分である。

-------------------- 練習問題 --------------------

【問い6-1】 上では、$F[T; V, N]$ が示量変数となるようにN依存性を決めた。(6.7) まで戻って、$F[T; V, N]$ が示量変数であるなら成立しなければならない → p127 Eulerの関係式を使ってN依存性を決める過程を示せ。
→ p50

ヒント → p338へ　解答 → p347へ

【問い6-2】 図に示すように、シリンダーをピストンで二つの領域に分け、左右にそれぞれ物質量N_1とN_2の理想気体を入れた。

$T; V_1, N_1$　　　　　$T; V_2, N_2$

現在左の領域は体積V_1、右の領域は体積V_2であったとしよう。シリンダーは熱を通し、等温環境の中に置かれているとする。中央のピストンの移動を通じてこの系がすることができる仕事はどれだけか。ヒント → p338へ　解答 → p347へ

以下のvan der Waals気体と光子気体については、先を急ぐ人は飛ばしてもよい。

6.2.3 van der Waals 気体の場合 ✛✛✛✛✛✛✛✛✛✛✛✛✛✛ 【補足】

＜具体例＞..

状態方程式(5.20)に従う気体の圧力は $\boxed{P = \dfrac{NRT}{V - bN} - \dfrac{aN^2}{V^2}}$ であるから、
→ p109

Helmholtz 自由エネルギーは、$\boxed{\mathrm{d}F = -P\,\mathrm{d}V}$ を積分することにより

$$F[T; V, N] = -NRT \log{(V - bN)} - \frac{aN^2}{V} + (V \text{ に依らない部分}) \quad (6.10)$$

となる。理想気体のときと同様に F が示量性を持つためには、

$$F[T; V, N] = -NRT \log{\left(\frac{V - bN}{N}\right)} - \frac{aN^2}{V} + Nf(T) \quad (6.11)$$

という形になる。T の関数 $f(T)$ は、この段階では決まらない。

6.2.4 光子気体の場合 ✛✛✛✛✛✛✛✛✛✛✛✛✛✛✛✛✛✛✛✛✛ 【補足】

＜具体例＞..

光子気体の Helmholtz 自由エネルギーは、$\boxed{P = \dfrac{\alpha}{3}T^4}$ から

$$F(T; V) = -\frac{\alpha}{3}T^4 V + \underbrace{f(T)}_{\text{実は }0} \quad (6.12)$$

となる。光子気体には、物質量 N がないので、示量変数は体積だけであり、体積が 1 次式で入らないと示量性を満たさないので、$\boxed{f(T) = 0}$ である。

6.3 元に戻る操作の例と Kelvin の原理

＜具体例＞..

5.4.5 項と同様のことを、理想気体に対する等温操作で行ってみよう。等温環
→ p111
境の中で行うこと以外は同じ操作（次の図に示した）を行ったとする（5.4.5 項
→ p111
の操作では温度が変化したが、ここでは過渡的な状態を除けば温度は常に T で
あることに注意）。

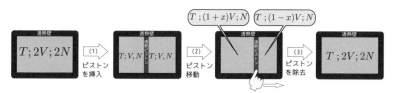

以上の操作は等温サイクルなので、系は負の仕事をする。これを確認していこう。

系が仕事をするのは (2) の段階のみである。等温準静的操作なので、体積が $V \to V'$ と変化したときの仕事は $NRT \log\left(\dfrac{V'}{V}\right)$ である（この仕事は、先に求めた Helmholtz 自由エネルギー(6.9) の変化量を使っても計算できる）。
$\to$ p128

左側の系は、体積が $V \to (1+x)V$ と変化すると $NRT \log(1+x)$ の仕事を、右側の系は体積が $V \to (1-x)V$ と変化するから $NRT \log(1-x)$ の仕事をする。(1) と (3) では仕事をしないから、系のする全仕事は

$$NRT\left(\log(1+x) + \log(1-x)\right) = NRT \log\left((1+x)(1-x)\right) \qquad (6.13)$$

となる。log の引数は $1 - x^2$ になるから 1 以下（$\boxed{x=0}$ で 1 だが、これは何も操作しない場合）となり、系のする仕事は 0 以下となる[16]。

操作 (2) が終了したときは左右の気体の温度は等しいが体積が違うので、圧力は異なる状態である。ピストンを取り去ると気体が準静的でない移動を行うことになる（高圧部から低圧部へと風が吹く）。5.4.5 項の最後でも述べたように、ここでも状態を平均化しようという操作が起きていることになる。Planck
$\to$ p111
の原理でも Kelvin の原理でも、エネルギーを損する（仕事が負になる）状況では何らかの「平均化」が起きている。この世界で起きる物理現象には、「系が平均化されると仕事ができなくなる」という傾向がある。その「平均化」の度合いを表現する変数を、この後で考えていくことになる。

-------------------------- 練習問題 --------------------------

【問い 6-3】 光子気体について、上の操作 (1)〜(3) を行うと、やはり仕事が 0 以下であることを確認せよ。

解答 → p348 へ

---

[16] 操作 (2) が終わった後で操作 (2) の逆操作をやれば、ちょうど反対符号の仕事をするので、元に戻ると系のした仕事の総和が 0 になる。つまり、仕事が失われる（全仕事が 0 以下であることが確定する）のは操作 (3) の段階である。

6.4　F が凸関数であること

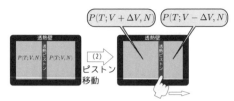

前項では理想気体の場合につ
いて考えたところ確かに Kelvin
の原理が成り立っていた。もっ
と一般的に、系が負の仕事をするために必要な条件を考えてみよう。このこと
が「F が V に関して凸」という重要な条件を導く。

　系が仕事を行うのは操作 (2) だから、ピストンを右に動かしたときに「右側の
圧力が上がり、左側の圧力が下がる」すなわち、

$$P(T; V - \Delta V, N) \geq P(T; V, N) \geq P(T; V + \Delta V, N) \tag{6.14}$$

が成り立っていれば、系は負の仕事をする。

　これはつまり、$\left(\dfrac{\partial P(T; V, N)}{\partial V} \right)_{T;N} \leq 0$ を意味する（この式は「圧縮すれば圧力

が上がる」というあたりまえの式である）。$P(T, V, N) = -\left(\dfrac{\partial F(T; V, N)}{\partial V} \right)_{T;N}$

であるから、Kelvin の原理が満たされる条件は $\left(\dfrac{\partial^2 F(T; V, N)}{\partial V^2} \right)_{T;N} \geq 0$、つま

り F が V に関して下に凸（凸）な関数であることである。

　この条件は系が安定な条件だと思ってもよい（ピストンを手で動かすと、元に
→ p26
戻ろうとする条件なのだ）。

------------------------------練習問題------------------------------
【問い 6-4】理想気体の Helmholtz 自由エネルギー(6.9)と光子気体の Helmholtz
→ p128
自由エネルギー(6.12)の V に関する凸性を確認せよ[17]。　　　解答 → p348 へ
→ p130

　ここでは微分を使って凸であることを表現したが、より一般的に[18]以下のこ
とを示すことができる。

---

[17] van der Waals 気体の Helmholtz 自由エネルギー(6.11) は、凸でない領域があるが、それについ
→ p130
ては 13.2 節で考える。
→ p275
[18] 微分を使わないで示したということは、F が微分ができない点を持つ関数でもこの結果は使えるとい
うことである。

> **結果11: F は V に関して凸な関数である**
>
> Helmholtz自由エネルギー $F[T;V,N]$ は、任意の V_0, V_1 と $0 \le \lambda \le 1$ を満たす実数 λ に対し、以下の式を満たす。
>
> $$F[T;(1-\lambda)V_0 + \lambda V_1, N] \le (1-\lambda)F[T;V_0,N] + \lambda F[T;V_1,N] \quad (6.15)$$

(6.15)の右辺は状態 $\boxed{T;(1-\lambda)V_0,(1-\lambda)N}$ の F と状態 $\boxed{T;\lambda V_1, \lambda N}$ の F の
→ p133
和[19]である。

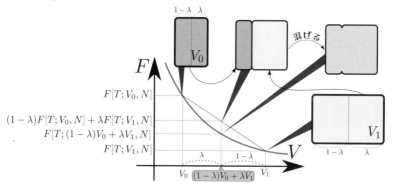

(6.15) の意味するところは「2点を選んで直線を引くと、関数のグラフはその直線より下に来る（グラフを参照）」である。グラフに示した二つの状態 $\boxed{T;(1-\lambda)V_0,(1-\lambda)N}$ と $\boxed{T;\lambda V_1, \lambda N}$ を単に「混ぜる」操作を行えば $\boxed{T;(1-\lambda)V_0 + \lambda V_1; N}$ ができるが、この操作のとき、系は仕事をしない。

「仕事をしないから F は変化しない」かというとそうではない[20]。うまくやれば（準静的に変化を起こせば）系に0以上の仕事をさせることは可能であったことを思い出そう（【演習問題6-1】も参照せよ）。F は最大仕事の分だけ減る
→ p134
が、最大仕事は名前の通り「最大」であるから、仕事が0である例があるなら、最大仕事は0以上である（つまり F は変化しないか、減る）。その条件がこの不等式 (6.15) である。「等温準静的操作のときが最大仕事である $\boxed{結果10}$」ことも
→ p124
Kelvin の原理の帰結なので、$\boxed{結果11}$ は Kelvin の原理から保証される。これは強力、かつ有用な結果である（今後もよく使う）。

---

[19] 状態「$\boxed{T;V_0,N}$ の F の $(1-\lambda)$ 倍と状態 $\boxed{T;V_1,N}$ の F の λ 倍の和」と言っても同じことだ。

[20] F は等温準静的操作のときに系がする仕事の分減少するが、今起こった変化は準静的ではない。

------------------------------練習問題------------------------------

【問い6-5】 Helmholtz自由エネルギーが N に関しても凸である、すなわち

$$F[T; V, (1-\lambda)N_0 + \lambda N_1] \leq (1-\lambda)F[T; V, N_0] + \lambda F[T; V, N_1] \quad (6.16)$$

であることを、Kelvin の原理から示せ。 ヒント → p338へ 解答→ p348へ

V, N の両方が違う場合の F の凸性である

$$F[T; (1-\lambda)V_0 + \lambda V_1, (1-\lambda)N_0 + \lambda N_1] \leq (1-\lambda)F[T; V_0, N_0] + \lambda F[T; V_1, N_1]$$
$$(6.17)$$

もほぼ同様に示すことができる。

6.5 章末演習問題

★【演習問題6-1】
温度 T の等温環境下で、透熱壁でできた隣りあう区画に入れられた同種の理想気体が $\boxed{T; V_1, N_1}$ の状態と $\boxed{T; V_2, N_2}$ にある。区画の隔壁に穴を開けると気体は混ざって $\boxed{T; V_1 + V_2, N_1 + N_2}$ の状態になった。始状態から終状態までの間に、最大でどれだけの仕事をさせられるか（たとえばその穴で発生する「風」で風車を回せば仕事をさせられる）。
　どんなに工夫をしても仕事ができないのは始状態がどうであったときか。その物理的意味を述べよ。
ヒント → p3wへ 解答→ p12wへ

★【演習問題6-2】
【問い5-4】で考えた系の Helmholtz 自由エネルギーを求めよ（温度依存性は決めなくてよい）。
→ p108
解答→ p12wへ

★【演習問題6-3】
Euler の関係式 $F = V\dfrac{\partial F}{\partial V} + N\dfrac{\partial F}{\partial N}$ から、Helmholtz 自由エネルギー $F[T; V, N]$ の
→ p50
凸性に関する式 $\boxed{\dfrac{\partial^2 F}{\partial V^2} > 0}$ と $\boxed{\dfrac{\partial^2 F}{\partial N^2} > 0}$ が同値であることを示せ。ただし、F は V, N に関して二階微分可能で、$\boxed{V > 0, N > 0}$ とする。 ヒント → p3wへ 解答→ p13wへ

第 *7* 章

熱

U と F、二つの「エネルギー」を使って、等温準静的操作における「熱」を定義しよう。

📖 この章の計算では、1 成分系のみを考え、かつ物質量 N は変化させないことにする。よって N は変数扱いしない。

7.1 二つのエネルギー

U と F という二つのエネルギーの定義をまとめておく。まず、

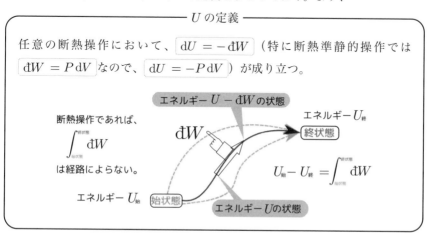

——— U の定義 ———

任意の断熱操作において、$\boxed{dU = -dW}$ （特に断熱準静的操作では $\boxed{dW = P\,dV}$ なので、$\boxed{dU = -P\,dV}$ ）が成り立つ。

断熱操作であれば、
$$\int_{始状態}^{終状態} dW$$
は経路によらない。

エネルギー $U_{始}$ 始状態

dW

エネルギー $U - dW$ の状態

エネルギー U の状態

エネルギー $U_{終}$ 終状態

$$U_{始} - U_{終} = \int_{始状態}^{終状態} dW$$

である。「U の基準となる状態を決めて、基準状態から U を求めたい状態まで断熱操作で変化させた（あるいはこの逆の変化をさせた）ときに系がどれだけ仕事

をするかを知る[†1]」という作業を行えばその状態の U が求められる（U は状態量なのだから、「U を知る」という意味ではこれで十分である）。

F の方はどうだろうか。今のところ、

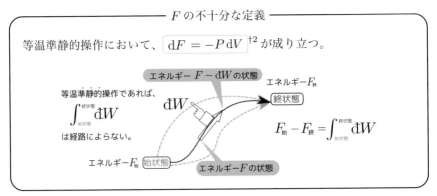

—— F の不十分な定義 ——

等温準静的操作において、　$\boxed{\mathrm{d}F = -P\,\mathrm{d}V}$ [†2] が成り立つ。

等温準静的操作であれば、
$\int_{始状態}^{終状態} \mathrm{d}W$
は経路によらない。

エネルギー $F - \mathrm{d}W$ の状態　　　エネルギー $F_{終}$
[終状態]

$\mathrm{d}W$

$F_{始} - F_{終} = \int_{始状態}^{終状態} \mathrm{d}W$

エネルギー $F_{始}$ [始状態]

エネルギー F の状態

のように、等温準静的操作に対してのみ $\mathrm{d}F$ が定義されている[†3]。上の図で仕事を $\mathrm{d}W$ を使って書いているが、準静的ならば $\boxed{\mathrm{d}W = P\,\mathrm{d}V}$ であるので $\int_{始状態}^{終状態} P\,\mathrm{d}V$ と書いても同じことである。

熱力学で現れる物理量は「現在の（平衡）状態だけに依存する量（状態量）」、
→ p53
「始状態と終状態だけに依存する量」と「始状態、終状態だけを決めても経路に依存して変わる量」に分類することができる。U, F は状態量であり、断熱仕事および最大仕事は「断熱的」もしくは「等温準静的」という条件を加えれば「始状態と終状態だけに依存する量」である。

上で、$\mathrm{d}U, \mathrm{d}F$ と書いているが、現段階ではこれらは全微分ではないことに
→ p329
注意しよう（「断熱」または「等温準静的」という条件付きの変化でしかない）。

　　　　我々は一つの状態 $\boxed{T; V, N}$ に対し二つの状態量 U と F を定義した。実験などの方法で、状態→U, F という対応関係を表にする（あるいは U や F を関数で表現する）ことができる。この二つの状態量を使って、「熱」という flow を定義したい。

[†1] 「知る」は計算により求める場合もあろうし、実験的に測定する場合もあろう。

[†2] 準静的な操作に限っているので、仕事は $\mathrm{d}W$ でなく $P\,\mathrm{d}V$ で表すことができる。

[†3] ある状態 $\boxed{T; V, N}$ での F を決めると同じ温度の状態 $\boxed{T; V', N}$ での F は求めることができる（$\boxed{\mathrm{d}F = -P\,\mathrm{d}V}$ を積分すればよい）。ところが、温度が違う状態 $\boxed{T'; V', N}$（$T' \neq T$）の F はこれでは決まらない（$\mathrm{d}F$ をベクトルのように考えたときの $\mathrm{d}T$ 成分がわかってない）。よって、もっと一般
→ p319
的な操作に関して $\mathrm{d}F$ を定義していかなくてはいけない。これが「不十分な定義」と書いた理由である。

7.2 熱

7.2.1 着目する系と等温操作と断熱操作

等温環境というのは、系の周りを熱浴が取り巻いている状況である。この系が熱浴のさらに外側のなにかに対してする仕事（図の W）を考えよう。どこまでを「仕事をした系」と捉えるかで同じ仕事 W を、

$$\left\{\begin{array}{l} \boxed{系} \text{が等温操作でした仕事} \\ \boxed{系＋熱浴} \text{が断熱操作でした仕事} \end{array}\right.$$ の二通りの解釈で考えることができる

（どちらも正しい）。準静的な操作であれば、$\left\{\begin{array}{l} \boxed{系} \text{が } W \text{ の最大仕事をした} \\ \boxed{系＋熱浴} \text{が } W \text{ の断熱仕事をした} \end{array}\right.$

と言ってもよい。

二つの見方でそれぞれ $\left\{\begin{array}{l} \boxed{系} \text{の Helmholtz 自由エネルギー } F_系 \text{ が } W \text{ 減る} \\ \boxed{系＋熱浴} \text{の内部エネルギー } U_系 + U_{熱浴} \text{ が } W \text{ 減る} \end{array}\right.$

ということになる。$\boxed{系＋熱浴}$ の内部エネルギー（$U_系 + U_{熱浴}$）の減少は W に等しいが、$\boxed{系}$ の内部エネルギー $U_系$ の減少は W とは一致しない。その差の分だけ、系と熱浴の間にエネルギーの flow が存在している[†4]。

このエネルギーの flow である「熱」を定義していこう。

7.2.2 同じ結果をもたらす等温操作と断熱操作

前項では「一つの操作を断熱操作と見るか、等温操作と見るか」という捉え方の違いの話をしてきたが、この項では設定を変えて考える。始状態と終状態は同じだが、変化を $\left\{\begin{array}{l} \text{断熱操作で行うか} \\ \text{等温準静的操作で行うか} \end{array}\right.$ という、全く違う二つの操作の差を見ていくことにする（これが熱の定義につながる）。

系をある状態 A から別の状態 A′ へと変化させる操作を、

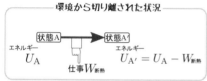

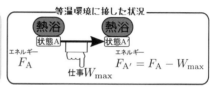

のような別々の状況で行う。左図と右図の状態 A と状態 A′ は、それぞれ同じ状

[†4] 5.5.3項で考えた二つの系のうち片方が「熱浴」になっているのがこの状況である。
→ p118

態とする。この二つの操作では始状態と終状態は等しいが、系のする仕事である $W_{断熱}$ と $W_{\max}$ は一致しない。一致しないのは当然で、左の状況では系が自分自身の U だけを使って仕事をなす。右の状況では熱浴からの支援を受けつつ、$\boxed{系＋熱浴}$ の持つ F を使って仕事ができるのである[†5]。支援を受けられる方が仕事は大きくなる（この二つは別々の物理現象である）。

　「等温環境に接した状況」の図を、「熱浴から支援が得られている」ということがわかるように書き直すと、以下の図の右側のようになる。

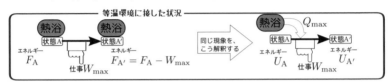

　熱浴とつながってなければ $\boxed{W_{断熱} = U_A - U_{A'}}$ の仕事しかできなかったが、「等温環境に接した状況」では、$\boxed{W_{\max} = F_A - F_{A'}}$ の仕事ができる。できた仕事の差 $W_{\max} - W_{断熱}$ の分だけの $\boxed{環境からのエネルギーの流れ込み}$ があったとしなくてはいけない。この、「仕事以外の形でのエネルギーの flow」が「熱」$Q_{\max}$ なのである[†6]。

　環境と接触しているときは、系のエネルギーは「環境からの仕事とは別のエネルギーの流れ込み（入ってきた熱）」$Q_{\max}$ だけ増加し、「環境への外部にした仕事」$W_{\max}$ の分だけ減少する。左のように変化が起こると、

$$U_{A'} = U_A + Q_{\max} - W_{\max} \tag{7.1}$$

が成り立つ。より一般的には断熱操作でも等温操作でもない操作というのがあるのだが、そのときもやはり熱と仕事は「エネルギーの流れ込み／流れ出し」として定義されることになり、$\boxed{U_{A'} = U_A + Q - W}$ が成り立つ。状態 A と状態 A' の変化が微小である場合、熱と仕事も微小量になる。その微小量であるところの熱を ${\rm d}Q$ という記号で表す（前に使った ${\rm d}W$ と
$\rightarrow$ p18

[†5] 例によってお金に例えれば、「環境から切り離された状況」は「自分の財布だけから代金を支払う」に、「等温環境に接した状況」は「貯金を下ろしてきて財布の中のお金を合わせて代金を支払う」に対応する。自分の状態変化（財布のお金の減少）は同じでも、後者の方がたくさんの代金を支払える。熱浴が「貯金」の役割を果たしている。この例は10.3 節でもう一度使う（そのときこの貯金の正体を話そう）。
$\rightarrow$ p208

[†6] 図には熱を $Q_{\max}$ と書いたが、これが max である意味も後で説明する。
$\rightarrow$ p141

いう記号と同様である[†7]）。その場合は $\boxed{\mathrm{d}U = \mathrm{d}Q - \mathrm{d}W}$ が成り立つ。

7.3 等温操作における吸熱

前節の考えを進めるため、断熱操作と等温準静的操作の関係を整理する。

<具体例>...

右に、理想気体の場合の等温準静的操作による変化の過程（実線で示した）と、断熱準静的操作による変化の過程（破線で示した）を表すグラフを重ねて描いた。等温準静的操作を表す線の方は隣り合う線の温度差が等しくなるように（均等な温度差となるように）引いている。

一方断熱操作を表す線については（まだこれを表すためのパラメータがどんな量であるかを決めていないので）、適当に引いている[†8]。

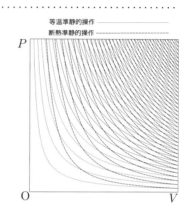

上は理想気体の例だが、一般の系でも、この2種類の操作は「体積を変えたときの圧力（および温度）の変化が断熱準静的操作か等温準静的操作かで違う」という性質を持ち、図に示したようにグラフが交差していく。

操作によって気体の状態を変化させるとグラフの上ではどちらかへ進むことになる。等温準静的操作では、実線の上しか進めない。断熱準静的操作では、破線上しか進めない。準静的とは限らない断熱操作では、上の方にある破線に移る方向にのみ、進むことができる。

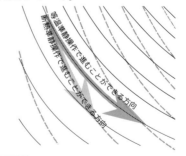

任意の等温準静的操作 $\boxed{T; V, N}$ ^{等温準静} $\boxed{T; V', N}$ に対し、我々は

[†7] この記号が微分っぽく見えることは、はっきり言って「混乱の元」であるが、単に Q, W と書いたのでは微小量であることがわかりにくい。また、これを $\mathrm{d}Q, \mathrm{d}W$ と書いてしまうと微分のように見えてしまってもっと混乱を起こす。「微小量だが、何かの微分ではない」ことを心に刻み込んでおこう。

[†8] 具体的には、グラフの右端で等温操作の線と断熱操作の線がちょうど出会うように引いてある。

「同じ結果となる断熱操作 $\boxed{T;V,N}$ ⋯⋯断熱⋯⋯➤ $\boxed{T;V',N}$ 」か、

「逆の結果となる断熱操作 $\boxed{T;V',N}$ ⋯⋯断熱⋯⋯➤ $\boxed{T;V,N}$ 」のどちらかを持ってくる

ことができる[†9]。これで「等温準静的操作」と「断熱操作」を始状態と終状態を

共通にして比較することができる。

【FAQ】 $V < V'$ の場合、断熱膨張したら温度が下がるんだから、$\boxed{T;V',N}$ に到着しないのでは？

$\cdots\cdots\cdots\cdots\cdots\cdots\cdots\cdots\cdots\cdots\cdots\cdots\cdots\cdots\cdots\cdots\cdots$

　　断熱準静的操作ならそうだが、ここ
で考えている断熱操作は準静的とは限
らない断熱操作である。$\boxed{\text{要請 6}}$ により
→ p91
準静的ではない断熱操作で「体積を変
えずに温度を上げる」操作が可能（実例
は5.4.5項を参照）だから、その操作を
→ p111
使って温度を調整すれば $\boxed{T;V',N}$ に到
着する。

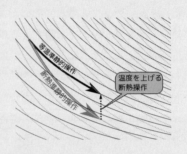

　　今考えている状況とは合致しないが、断熱操作で温度が変わらない例としては
以下のようなものもある。体積の違う二つの領域（それぞれに物質量 N_1, N_2 が
入っている）があって、

$$\boxed{T;V_1,V_2,N_1,N_2}\ \cdots\cdots\text{断熱}\cdots\cdots\blacktriangleright\ \boxed{T';V_1',V_2',N_1,N_2} \tag{7.2}$$

のようになる場合、V_1', V_2' をうまく調整すれば（一方が膨張しつつもう一方が収
縮することで）温度が変化しないようにする、という操作ができる。

可能なのは $\boxed{T;V,N}$ ⋯⋯断熱⋯⋯➤ $\boxed{T;V',N}$ の方だったとして[†10]、

$\boxed{T;V,N}$ ⸺等温準静⟶ $\boxed{T;V',N}$ で系のする仕事：

$$W_{\max} = -\Delta F = F[T;V,N] - F[T;V',N] \tag{7.3}$$

$\boxed{T;V,N}$ ⋯⋯断熱⋯⋯➤ $\boxed{T;V',N}$ で系のする仕事：

[†9] $\boxed{\text{結果 2}}$ で $T = T'$ にした場合である。これらの断熱操作は準静的とは限らない。
→ p92
[†10] これが可能でなかった場合は $\boxed{T;V',N}$ ⋯⋯断熱⋯⋯➤ $\boxed{T;V,N}$ が可能になるから全での順番をひっくり返
してから考えれば以下と同様の議論が成り立つ。

$$W_{断熱} = -\Delta U = U(T; V, N) - U(T; V', N) \quad (7.4)$$

の二つの操作における仕事を比較しよう。

$$\begin{cases} (7.3) \ \text{の} -\Delta F \ \text{は} \ \boxed{環境からエネルギーの供給を受けながらした仕事} \\ \to \text{p140} \\ (7.4) \ \text{の} -\Delta U \ \text{は} \ \boxed{環境からエネルギーの供給を受けることなくした仕事} \end{cases}$$

である[11]。7.2.2項で説明したように、この二つの仕事の差、つまり「仕事の形
で出ていったエネルギーの flow」の差が、「仕事とは別の形で、系にエネルギー
が流入した」結果生じたのだと解釈することにして、その「仕事ではない形態で
流入するエネルギー」のことを「系がもらった熱」と表現することにしよう。こ
うして、測定しがたい「熱」という flow を、測定が比較的容易な「仕事」を元に
して作った U と F から知ることができるようになった。

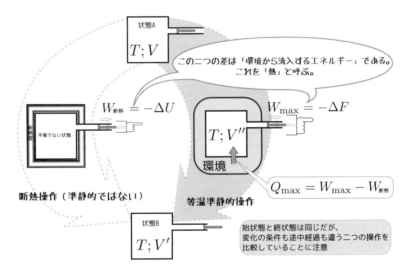

$\boxed{T; V, N} \xrightarrow{等温準静} \boxed{T; V', N}$ で系が吸収する熱 $Q_{max}(T; V \to V', N)$ （「最大仕
事をするときに吸収する熱」を意味する「最大吸熱」[12]と呼ぶ）は

$$Q_{max} = \underbrace{F[T; V, N] - F[T; V', N]}_{-\Delta F} - \underbrace{\left(U(T; V, N) - U(T; V', N) \right)}_{-\Delta U} \quad (7.5)$$

（上段左：熱をもらえる状況でした仕事　上段右：熱をもらえない状況でした仕事）

---

[11] 環境と系を一つの複合系とみなすと、この複合系は断熱されているから、環境と系の内部エネルギーの
和は保存しなくてはいけないことに注意せよ。

[12] Q_{max} に「max」と付けたのは、最大仕事のときが「最大吸熱」になるからである。(7.7) から、ΔU
$\to$ p142
が同じなら「した仕事」が大きいほど「もらった熱」も大きくなるとわかる。

と表せる。(7.5) の一行目では「(熱をもらってした仕事) − (熱をもらわずした仕事)」という書き方がされているが、引算の順番を変えてあげると、

$$Q_{\max} = \underbrace{F[T; V, N] - U(T; V, N)}_{T;V,N \text{ での値}} - \underbrace{\left(F[T; V', N] - U(T; V', N) \right)}_{T;V',N \text{ での値}} \quad (7.6)$$

のように、始状態での値と終状態での値の引算の形に直すことができる。

この式は等温準静的操作において成り立つ式であることに注意。この式をさらに、U が左辺に集まるように書き直すと、

$$\underbrace{U(T; V', N) - U(T; V, N)}_{\Delta U} = \underbrace{Q_{\max}(T; V \to V', N)}_{\text{もらった熱}} - \underbrace{(F[T; V, N] - F[T; V', N])}_{\text{した仕事}}$$

$$(7.7)$$

すなわち $\boxed{\Delta U = Q - W}$ となる。この式は「もらった熱」の分エネルギーが増え、「した仕事」の分エネルギーが減る、という意味を持つ式である。

(7.7) では等温準静的操作を考えたので仕事は最大仕事 $-\Delta F$ になっているが、一般の等温操作では最大仕事とは限らない。その場合でも、$\boxed{\Delta U = Q - W}$ は成り立つ（W は最大仕事より小さく、Q は最大吸熱より小さい）。

始状態と終状態の違いが微小であったと考えて（ただし、どちらの状態も平衡状態である）、同じ式を微分形を使って表現しよう。U の変化を微小量 dU で表して、

$$\underbrace{dU}_{U \text{ の変化}} = \underbrace{\mathrm{d}Q}_{\text{等温操作でもらった熱}} - \underbrace{\mathrm{d}W}_{\text{等温操作でした仕事}} \quad (7.8)$$

となる。もらった熱（微小量）は何かの全微分という形にはなっていないので、（前にでてきた $\mathrm{d}W$ と同様に）、dQ ではなく[13] （p118で導入した d を使って） $\mathrm{d}Q$ という記号で表す。熱 $\mathrm{d}Q$ と仕事 $\mathrm{d}W$ は全微分ではないが、その引算である $\boxed{dU = \mathrm{d}Q - \mathrm{d}W}$ は U の全微分であることに注意しよう。

→ p329
→ p18

準静的操作を考えたときは $\boxed{\mathrm{d}W = P\,dV}$ になるので、$\boxed{\mathrm{d}Q = dU + P\,dV}$ となる。後で、準静的な場合であれば $\boxed{\mathrm{d}Q = T\,dS}$ と書ける[14]ことがわかる（まだ S について説明してないので、今はわからなくてよい）。

→ p182

---

[13] Q という状態量はないので、「Q の微小変化」であることころの dQ などという量は、そもそも存在しない。

[14] この形でも全微分ではないことに注意。

<具体例> ....

理想気体が $\boxed{T; V_0, N}$ $\xrightarrow{\text{等温準静}}$ $\boxed{T; V_1, N}$ と変化するとき、内部エネルギーは $\boxed{U(T; N) = cNRT}$ だから変化しない。このときした仕事は Helmholtz 自由エネルギー $\boxed{F[T; V, N] = -NRT \log \left(\dfrac{V}{N} \right) + Nf(T)}$ (6.9) $\underset{\to \text{p128}}{}$ の差になり、

$$\overbrace{-NRT \log \left(\frac{V_0}{N} \right) + Nf(T)}^{\text{始状態の } F} - \overbrace{\left(-NRT \log \left(\frac{V_1}{N} \right) + Nf(T) \right)}^{\text{終状態の } F} = -NRT \log \left(\frac{V_0}{V_1} \right)$$

(7.9)

である。(7.7) で左辺の ΔU が 0（これは理想気体だからである）だから、この場合の「もらった熱」は「した仕事」に等しく、

$$Q_{\max} = NRT \log \left(\frac{V_1}{V_0} \right)$$

(7.10)

である（最大仕事＝最大吸熱）。結果は同じだが、微分形から Q を求めておこう。今考えているのは等温準静的操作だから (7.8) で $\boxed{\mathrm{d}T = 0 \, (\mathrm{d}U = 0)}$ にして、

$$\mathrm{d}Q = \mathrm{d}W = \overbrace{\frac{NRT}{V}}^{P} \mathrm{d}V = NRT \frac{\mathrm{d}V}{V}$$

(7.11)

を V_0 から V_1 まで積分すれば (7.10) が出る[15]。

-------------------- 練習問題 --------------------

【問い 7-1】 van der Waals の状態方程式 (5.20) に従う気体が状態変化 $\underset{\to \text{p109}}{}$ $\boxed{T; V_0, N}$ $\xrightarrow{\text{等温準静}}$ $\boxed{T; V_1, N}$ をするときに吸収する熱量を計算せよ。ただし、内部エネルギーは $\boxed{U = cNRT - \dfrac{aN^2}{V}}$ であるとする。

ヒント → p339 へ　　解答 → p348 へ

---

[15] (7.11) を見て、「$\mathrm{d}Q$ は全微分で書けているじゃないか」と思ってはいけない。そう思う人は「$NRT \log V$ を全微分すれば $NRT \dfrac{\mathrm{d}V}{V}$ になる」と勘違いしているのではないかと思うが、ここでの独立変数は $T; V$ だから、$\boxed{\mathrm{d}(NRT \log V) = NR \log V \, \mathrm{d}T + NRT \dfrac{\mathrm{d}V}{V}}$ であり、$\boxed{\mathrm{d}T = 0}$ という条件がないと $\mathrm{d}Q$ に一致しない（そういう条件を置いたらそれは全微分ではない）。

【問い 7-2】 状態が $\boxed{T; V_1, N_1}$ である理想気体 1 と $\boxed{T; V_2, N_2}$ である理想気体 2 が動かない透熱壁で隔てられて接している。

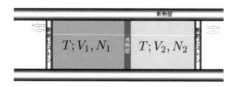

周りの壁とピストンは断熱されており、外には熱は出ない[16]。外部から準静的に仕事をして V_1 と V_2 をそれぞれ V_1' と V_2' に変化させた。このとき、温度が変化しなかったとする。それぞれの気体の U の変化、F の変化はどれだけで、そのことからどれだけの熱が移動したと考えられるか。外部とは断熱されているから、理想気体 1 から理想気体 2 へと熱が移動したことになる。そのことから、どのような条件が成立しなくてはいけないか。

ヒント → p339 へ　　解答 → p348 へ

以上で示した「もらった熱の分内部エネルギーが増え、した仕事の分内部エネルギーが減る」というのが熱力学第一法則の表現の一つである。上では等温準静的操作において成り立つ式として導入したが、熱力学第一法則は系のエネルギー収支の式であり、どのような操作においても成立し、

熱力学第一法則の微分形

$$\mathrm{d}U = \mathrm{d}Q - \mathrm{d}W \tag{7.12}$$

が、準静的でない場合も含め成立する[17]。

積分[18] $\int_{始状態}^{終状態} \mathrm{d}Q$ と $\int_{始状態}^{終状態} \mathrm{d}W$ は始状態と終状態が決まっても、途中の経路によって変わる。ところが、$\int_{始状態}^{終状態} (\mathrm{d}Q - \mathrm{d}W)$、すなわち $\int_{始状態}^{終状態} \mathrm{d}U$ は経路によって変わらない（始状態と終状態を決めれば決まる）。

---

[16] つまり、理想気体 1 と理想気体 2 それぞれは断熱されていないが、この二つの合成系は断熱されている。この問題の答えで、理想気体の合成系において、断熱操作で不変な量を見つけることができる。

[17] 準静的なら、$\boxed{\mathrm{d}W = P\,\mathrm{d}V}$ となる。準静的なときは $\mathrm{d}Q$ の方も $T\,\mathrm{d}S$ となるが、それは後で説明する。

[18] この「積分」の意味するところは p96 の補足で説明したのと同じで、以下の $\int_{始状態}^{終状態}$ は、シンボリックに書いてあるものと解釈せよ。

【補足】 ＋＋＋＋＋＋＋＋＋＋＋＋＋＋＋＋＋＋＋＋＋＋＋＋＋＋＋＋＋＋＋＋＋

(7.6) の右辺 $\underbrace{F[T;V,N] - U(T;V,N)}_{T;V,N \text{ での値}} - \underbrace{(F[T;V',N] - U(T;V',N))}_{T;V',N \text{ での値}}$ を見ると、
→ p142

$(F[T;V,N] - U(T;V,N))$ を一つの状態量と考えて、その状態量の変化（移動）を「熱」と呼べばいいのでは？——と思ってしまう人もいるかもしれない。話を「等温準静的操作」に限るのならばそれでもよい。しかし、一般の変化で $F - U$ がどう変化するか、我々はまだ知らない。

というのも、まだ我々は「温度 T が違う場合の Helmholtz 自由エネルギー $F[T;V,N]$」について何も言っていない（決めていない）[†19]。よって現時点では温度が変化する操作における $F - U$ の変化については、何も言えない。別の言い方をすれば我々はまだ $\left(\dfrac{\partial F[T;V,N]}{\partial T}\right)_{V,N}$ を知らない。この後で F の T 依存性を決定したのち、改めて状態量
→ p173
を探そう。

＋＋＋＋＋＋＋＋＋＋＋＋＋＋＋＋＋＋＋＋＋＋＋＋＋＋＋＋＋＋＋ 【補足終わり】

7.4 等温線と断熱線

＜具体例＞ ....

理想気体の場合で、二つの操作（等温準静的操作と断熱準静的操作）を比較しておこう。P-V のグラフを考えると、理想気体の場合、等温線は $\boxed{PV = \text{一定}}$、断熱線は $\boxed{PV^\gamma = \text{一定}}$ である（γ は単原子分子なら $\dfrac{5}{3}$）。

右の図は、$\boxed{PV = nP_0V_0}$ のグラフと $\boxed{PV^\gamma = nP_0V_0^\gamma}$ のグラフ（n は自然数、$\boxed{\gamma = \dfrac{5}{3}}$ とした）を重ねて描いたものである。

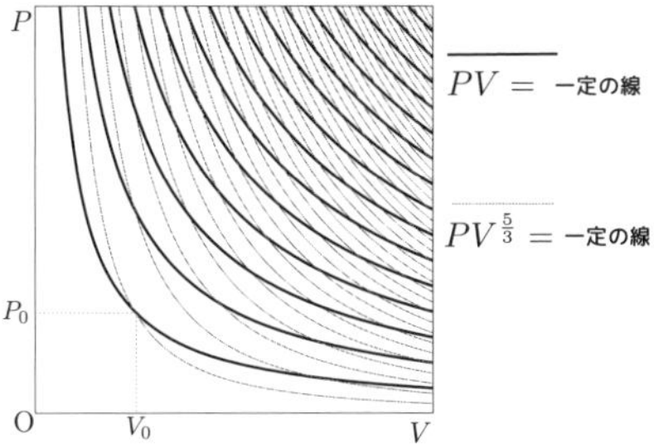

これを見ると、この2種類の線が「歪んだ碁盤の目」を形成していることがわかる。

x-y 平面のグラフにおいて $\begin{cases} \boxed{x = \text{一定}} \text{ の線が } \boxed{y \text{軸と平行な線（鉛直線）}} \\ \boxed{y = \text{一定}} \text{ の線が } \boxed{x \text{軸と平行な線（水平線）}} \end{cases}$

[†19] 決めてないのは落ち度でもなんでもない。そもそも「等温環境下でのエネルギー」として定義しているのだから温度が変わった場合に F がどうなるかは定義できなくて当たり前。

であることを思い出すと、グラフが $\begin{cases} \boxed{PV^{\frac{5}{3}}=\text{一定の線}}\text{が鉛直線} \\ \boxed{PV=\text{一定の線}}\text{が水平線} \end{cases}$ になる

ような「座標」はないかな？？ ——と思えてくる。

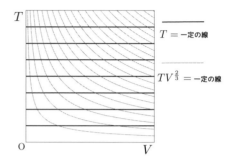

$\boxed{PV=\text{一定の線}}$ が水平線に

なるのは $\boxed{T=\text{一定の線}}$ だから、

縦軸を T にすればよい。そのグラ

フは右のようになる。

上で考えたのは理想気体の場合であるが、そうでない場合も上で考えたような「1成分の系の P-V グラフまたは T-V グラフ」に等温線と断熱線を引くと、「歪んだ碁盤の目」のようになる。これは以下のようにして示すことができる。

まず、等温線どうしが交わることがないのは、温度というパラメータが存在することから明らかである（等温線に交点があったら、その点が示す状態では温度が一つに決まらないことになる）。断熱線どうしが交わらないことはすでに述べた。
→ p114

ここで、断熱準静的操作によって温度を任意の温度に調整することが必ずできる[20]。よって1本の断熱線と1本の等温線を考えると、かならず1回は交わる。

ある1本の等温線とある1本の断熱線は、1回は交わるが、決して2回交わることはない。そんなことがあるとすると、その二つの交点を結ぶ操作である

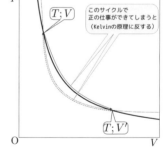

$\begin{cases} \boxed{T;V,N}\xrightarrow{\text{断熱準静}}\boxed{T;V',N} \\ \boxed{T;V,N}\xrightarrow{\text{等温準静}}\boxed{T;V',N} \end{cases}$ の両方が可能

になるが、この操作はどちらも可逆だから、

$$\boxed{T;V,N}\xrightarrow{\text{断熱準静}}\boxed{T;V',N}\xrightarrow{\text{等温準静}}\boxed{T;V,N} \tag{7.13}$$

---

[20] 例外は $\boxed{T=0}$ の場合で、それは p308 で述べる。

という可逆なサイクルを作ることができてしまう。このサイクルは等温環境の中で動かせる[†21]から、Kelvinの原理によりこの操作の間に系がする仕事は0である（可逆なサイクルなので正でも負でもKelvinの原理に反する）が、P-Vグラフで2回交わっていたらこのサイクルで仕事が0はありえない[†22]。

　上のT-Vグラフを見ていると、「断熱線」が鉛直線になるような座標（その候補は5.5.2項で考えたSである）が欲しくなる。そのような「座標」となる変数
→ p116
を見つけるための手がかりが次の章で考える「Carnotの定理」である。

7.5　章末演習問題

★【演習問題7-1】

　【演習問題5-7】と同じ操作を、壁を透熱壁に変えてから行う。この場合は等温操作なので、
→ p121
終状態の温度は全て同じ（環境の温度）である。三つの操作で違うのは何か？ 解答 → p13wへ

★【演習問題7-2】

　物質は圧力が高くなると体積が小さくなる。その割合を $-\dfrac{1}{V}\dfrac{\partial V}{\partial P}$ のように表現したものを圧縮率と呼ぶ。理想気体の等温操作での圧縮率と断熱操作での圧縮率を求めよ。

ヒント → p3wへ　　解答 → p13wへ

★【演習問題7-3】

　光子気体を等温準静的操作で$V \to V'$と膨張させたとき、気体が吸収する熱を求めよ。
Helmholtz自由エネルギーの式(6.12)と内部エネルギーの式 $\boxed{U(T;V) = \alpha T^4 V}$ を使え。
→ p130

解答 → p13wへ

★【演習問題7-4】

　【問い5-4】の系を等温準静的操作で$V \to V'$と膨張させたとき、気体が吸収する熱を求め
→ p108
よ。【演習問題6-2】の答えと内部エネルギーの式 $\boxed{U(T;N) = cNRT}$ を使え。解答 → p13wへ
→ p134

[†21] まず断熱壁を立てて環境と切り離した状態で $\boxed{T;V,N}$ $\xrightarrow{\text{断熱準静}}$ $\boxed{T;V',N}$ を行い、次に壁を取り払って環境と接触させて $\boxed{T;V',N}$ $\xrightarrow{\text{等温準静}}$ $\boxed{T;V,N}$ を行えばよい。

[†22] もっと複雑な系で、等温準静的操作と断熱準静的操作の場合の二つの仕事がちょうどうまく相殺していればそんなことは起こってもよい。

第 8 章

Carnot の定理と Carnot サイクル

断熱操作と等温操作を組み合わせた Carnot サイクルの考察を
使って、Carnot の定理を示そう。

8.1 Carnot サイクルとは

「**Carnot サイクル**」[†1] とは、先に考えた「歪んだ碁盤の目」（S-T のグラフだ
→ p145
けは歪んでいない[†2]）の升にあたる部分（歪んだ四角形）の周囲を回るような一
連の周回操作を指す。下の図にその碁盤の目を示した[†3]。

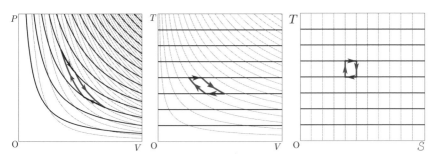

すなわち、断熱準静的操作と等温準静的操作だけを使ってサイクルを為すよ
うな操作を行う。このような考察を行う動機は二つある。

どちらかというと理論的な動機は、ポテンシャルエネルギーに対応する U, F
などの状態量（5.5.2 項で予告した S すなわちこの後定義するエントロピー S も
→ p116

[†1] Nicolas Léonard Sadi Carnot（カタカナ表記は「カルノー」）は 19 世紀フランスの物理学者。

[†2] S は「断熱準静的操作で変化しない量」なので断熱線が鉛直線になる。

[†3] 前の章に続き、この章でも物質量 N は変化させないことにし、N は変数扱いしない。

含む）が「状態量」として定義できる条件を見たいということである。

　力学で、ある力 $\vec{F}$ に対応する位置エネル
ギーが定義できるためには、$\boxed{\text{rot}\,\vec{F} = 0}$ また
は $\boxed{\oint \vec{F} \cdot d\vec{x} = 0}$ という条件（積分可能条件）
が満たされる必要があった。この式は「閉曲
線で力の線積分（仕事）を計算すると 0 にな
る」を表す式であり [†4]、すなわち $\boxed{\vec{F} \text{ の積分}}$

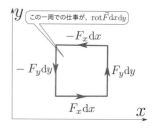

で定義されるところの仕事が一意的であるための条件である。このときに限り
「位置エネルギー」が状態量として定義できる [†5]。

　積分可能条件が満たされているなら仕事が一意的になることは以下のような
図を書いて積分の意味を考えると理解できる。

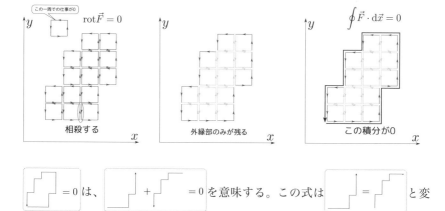

形でき、$\boxed{\text{rot}\,\vec{F} = 0}$ は「仕事が経路に依らない」を示す。

　熱力学においても、ポテンシャルエネルギーに対応する U や F（そしてこの
後定義するエントロピー S）の変化は（始状態と終状態には依存してよいが）経
路に依存してはいけない。この条件の成立を考えるための経路として、「等温準
静的操作の線」と「断熱準静的操作の線」で囲まれた「歪んだ長方形」を採用す

[†4] 平たく言えば「状態量は、くるっと一周回ったら元に戻るべし」という条件である。

[†5] dU が積分可能条件を満たすことは、$\boxed{\text{要請7}}$ と U の定義から来ているので、示すことではなく経験事
$\rightarrow$ p94
実として認めるべきことである。F に関してはまだ F の温度依存性を決めてないから積分可能条件につい
て考えることができてない。

ることにする。

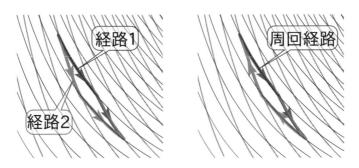

　上の図は7.3節で示したV-Pグラフの一部を切り取って経路を描き込んだも
$\xrightarrow{\to \text{p139}}$のである。この経路1と経路2に沿った状態変化を考えたときに、Sの変化量が
二つの経路で変わらないようにしたい。それはつまり、図の周回経路を一周し
たときにSの変化が0になるようにしたい（そうなるように、「Sを作る」ので
ある）。

　Carnotサイクルを考えるもう一つの動機は「温度の違う環境から熱を取り込
んで仕事に変えるシステムを作りたい」という物理的かつ実用的な動機である
（これは歴史的動機でもある）。Kelvinの原理は「等温サイクルは正の仕事がで
きない」という原理であったが、Carnotサイクルは異なる二つの温度の環境と
熱をやりとりしながら動くので、うまくやれば正の仕事ができる。

　断熱準静的操作と等温
準静的操作だけを使って
「サイクル」になるものを
考えよう。等温操作と断
熱操作を組み合わせて右
の図のような四つの状態
$\boxed{\text{高小}} \to \boxed{\text{高大}} \to \boxed{\text{低大}} \to \boxed{\text{低小}}$
を経る状態変化をさせる
（四つの状態の「高」「低」

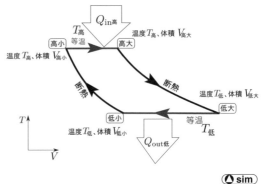

の字はそれぞれ温度が高い方と低い方を、「小」と「大」の字はそれぞれ体積の

小さい方と大きい方を意味している[†6]。

高小 等温準静 高大	等温準静的に、温度を $T_高$ に保ちつつ、体積を $V_{高小} \to V_{高大}$ と膨張させる。	
高大 断熱準静 低大	断熱準静的に、周りとの接触を断って体積を $V_{高大} \to V_{低大}$ と膨張させる（このあいだに、温度は $T_高 \to T_低$ に変化する）。	
低大 等温準静 低小	等温準静的に、温度を $T_低$ に保ちつつ、体積を $V_{低大} \to V_{低小}$ と収縮させる。	
低小 断熱準静 高小	断熱準静的に、周りとの接触を断って体積を $V_{低小} \to V_{高小}$ と収縮させる（このあいだに、温度は $T_低 \to T_高$ に変化する）。	

Carnot サイクルを考える実用的動機を思い出し、「一周して元の状態に戻す間にこの気体ができる最大の仕事」を考える。

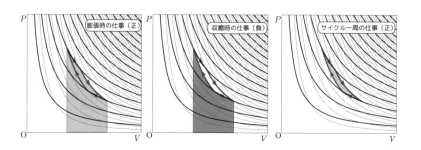

図のように状態変化すると、膨張しているときの方が収縮しているときより

圧力が高いから、仕事が 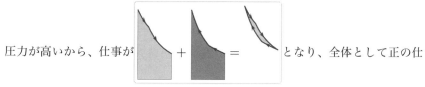 となり、全体として正の仕

事をしていることになる。

エネルギー収支の式（熱力学第一法則）$\Delta U = Q - W$ を考えると、一周回って元に戻るから $\Delta U = 0$ となり、このとき $Q = W$ である。内部エネルギーが増えてないということは、熱という形でもらったエネルギーを使って仕事をしたことになる。

[†6] 実は、この「大」「小」は体積の大小というよりは「エントロピーの大小」を表す文字であった——と後でわかる。

断熱操作では熱の出入りがない。図で温度 $T_高$ の等温操作（$\boxed{高小}\to\boxed{高大}$）で入ってくる熱を $Q_{\mathrm{in}高}$、温度 $T_低$ の等温操作（$\boxed{低大}\to\boxed{低小}$）で出ていく熱を $Q_{\mathrm{out}低}$ とすると、全体で熱は $Q_{\mathrm{in}高}-Q_{\mathrm{out}低}$ だけ入ってきたことになり、これが仕事になるから、$\boxed{Q_{\mathrm{in}高}-Q_{\mathrm{out}低}=W}$ である（右図参照）。サイクルが P-V グラフ上で時計回りではなく反時計回りになったとき（膨張するときの方が圧力が低くなる）は仕事が負になる。

Q_{in}

Carnot サイクル

Q_{out}　W

Carnot はこのサイクルを内燃機関のモデルと考えた[†7]。ガソリンで動く車のエンジンであれば、$Q_{\mathrm{in}高}$ はガソリンにより生まれる熱量であり、それを（車のラジエータなど）で冷やす過程が $\boxed{低大}\to\boxed{低小}$ である。投入するエネルギーが $Q_{\mathrm{in}高}$、結果として得られる仕事が W とすると、その比

$$\eta=\frac{W}{Q_{\mathrm{in}高}}=\frac{Q_{\mathrm{in}高}-Q_{\mathrm{out}低}}{Q_{\mathrm{in}高}}=1-\frac{Q_{\mathrm{out}低}}{Q_{\mathrm{in}高}}\tag{8.1}$$

を「Carnot サイクルの熱効率 (**thermal efficiency**)」と呼ぶ。吸熱比 $\dfrac{Q_{\mathrm{out}低}}{Q_{\mathrm{in}高}}$ が小さいほど、η が大きい。その方が、同じ投入エネルギーに対する仕事が大きい（良い熱機関である）。

$Q_{\mathrm{out}低}$ はどうやったら小さくできるか、と考えているうちに Carnot は

結果 12: Carnot の定理（前半）

Carnot サイクルの吸熱比 $\dfrac{Q_{\mathrm{out}低}}{Q_{\mathrm{in}高}}$ は Carnot サイクルを構成する系の物質に依らず、二つの熱浴の温度だけで決まる。

結果 13: Carnot の定理（後半）

Carnot サイクルの吸熱比は以下の式で熱浴の温度だけで決まる[†8]。

$$\frac{Q_{\mathrm{out}低}}{Q_{\mathrm{in}高}}=\frac{T_低}{T_高}\tag{8.2}$$

という「**Carnot の定理**」を見つけてしまった。「見つけてしまった」と書いた

[†7] Carnot は、この Carnot サイクルを「高いところにある物体が低いところに落ちてくることによって仕事ができる（水車など）」という現象と同様のものと考えていた。水車が仕事をなすには「高いところ」と「低いところ」が必要であるように、Carnot サイクルが仕事をなすには「高温」と「低温」が必要である。

[†8] この後半は「温度の定義」だと考えることもできる。

理由は、「サイクルにどんどん仕事をして欲しい」という望みを打ち砕く定理だからである。$\boxed{T_低 < T_高}$ で $T_低$ は常に正とすれば[†9]、$Q_{out低}$ を 0 にすることはできない[†10]。これを言い換えると「熱をもらって、全てを仕事にすることはできない」ことになる。これにより、効率は $\boxed{\eta = 1 - \dfrac{T_低}{T_高} = \dfrac{T_高 - T_低}{T_高}}$ となり、0 より大きく 1 より小さくなる。

【補足】 ✛✛✛✛✛✛✛✛✛✛✛✛✛✛✛✛✛✛✛✛✛✛✛✛✛✛✛✛✛✛✛✛✛✛✛✛✛
　　熱力学第二法則は「一定温度の熱源から熱を吸収して仕事に変えることができる機関は存在しない」と表現することもできる（Kelvin の原理 $\boxed{要請5}$ の表現を少し変えた ${}_{\to\,p80}$ ものだとも言える）。これは「Carnot サイクルで $\boxed{Q_{out低} = 0}$ にならない」と言っているのと同じである。「冷却機能のないエンジンはない」」（現実のエンジンでも冷却は重要だ！）とも言える。
✛✛✛✛✛✛✛✛✛✛✛✛✛✛✛✛✛✛✛✛✛✛✛✛✛✛✛✛✛✛✛✛✛✛✛　【補足終わり】

　一般的な法則である Kelvin の原理から導かれることからわかるように、Carnot の定理は一般的に証明できる（使われている物質が何かには依らない）。

8.2　Carnot の定理の前半の一般的証明

8.2.1　吸熱比が普遍的であること

　まず $\boxed{結果12}$ を示そう。証明には、Kelvin の原理 $\boxed{要請5}$ を使うのだが、Carnot ${}_{\to\,p152}$ ${}_{\to\,p80}$ サイクルは二つの温度 ($T_高, T_低$) の熱源と相互作用するサイクルだから、そのままでは Kelvin の原理[†11]の適用範囲外である。
　そこで、$\boxed{T_低 の熱源の効果を打ち消す}$ メカニズムを持ってくる[†12]。
　もう一度 Carnot サイクルの図を見ると吸収放出されている熱は

$$Q_{in高} = Q(T_高; V_{高小} \to V_{高大}), \quad Q_{out低} = Q(T_低; V_{低小} \to V_{低大}) \tag{8.3}$$

[†9] まだ温度という変数の定義域は決めていなかった。ここで $T > 0$ でなくては Kelvin の原理が破れてしまう、という論理で定義域が決まった。

[†10] たとえば 6000K の高温熱源（これはだいたい太陽の表面温度）が用意できて、常温 300K を「排熱先」として使うと、$\dfrac{Q_{out低}}{Q_{in高}} = \dfrac{T_低}{T_高} = \dfrac{300}{6000} = 0.05$ となる。つまりこんな高温熱源が用意できても、5 ％分は避けられないエネルギー損失となる（現実はもっと厳しいのはもちろんのこと）。

[†11] Kelvin の原理は「一つの温度を持つ環境」内に置かれた系で成り立つ。よって、Kelvin の原理が適用されるためには、系は一つの温度を持つ環境とのみ相互作用するようでなくてはいけない。

[†12] この考え方は今後もよく使う。

と書かれている[†13]。もう一つ、逆向きに操作する（元の Carnot サイクルが時計回りなのに対して反時計回りな）「逆 Carnot サイクル」[†14]を動かそう。

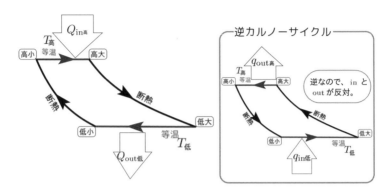

この逆 Carnot サイクルの吸収、放出する熱は

$$q_{\text{in低}} = Q(T_\text{低}; v_\text{低小} \to v_\text{低大}) \qquad (8.4)$$

$$q_{\text{out高}} = Q(T_\text{高}; v_\text{高小} \to v_\text{高大}) \qquad (8.5)$$

となる（体積は V ではなく v で表現している）。逆回転なので in と out の位置が違う（低温で熱が in して、高温で熱が out する）ことに注意せよ。

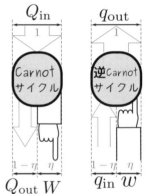

ここで Carnot サイクルが放出する熱 $Q_\text{out低}$ と逆 Carnot サイクルが吸収する熱 $q_\text{in低}$ が α 倍違う（ $Q_\text{out低} = \alpha q_\text{in低}$ ）とする。そこで逆 Carnot サイクルを α 個用意する[†15]。

たとえば $\alpha = 3$ だとしたら次の図のように三つの Carnot サイクルを組み合わせ、温度 $T_\text{低}$ の状況の中で Carnot サイクルが放出する熱が三つの逆 Carnot サイクルが吸収する熱とつりあうようにする。

[†13] $Q_\text{out低}$ の方、図で起こる変化は $V_\text{低大} \to V_\text{低小}$ なのに式では $V_\text{低小} \to V_\text{低大}$ となっていて「逆では？」と思うかもしれないが、この $Q(T_\text{低}; V_\text{低小} \to V_\text{低大})$ の定義は体積 $V_\text{低小}$ から体積 $V_\text{低大}$ に行くときに吸収する熱量で、$Q_\text{out低}$ は放出する熱量という定義なので、二回符号がひっくり返ってこれでよい。

[†14] 逆 Carnot サイクルは低温環境から熱を奪って高温環境に熱を放出するので、クーラーのような役割をしていると思えばよい（クーラーは室内から熱を奪って室外に放出する）。

[†15] 文字通り「α 個」用意する必要はなく、効果が α 倍になるように示量変数全てを α 倍した系を作ればよい。よって α は正の実数であればよい（整数でなくてもよい）。

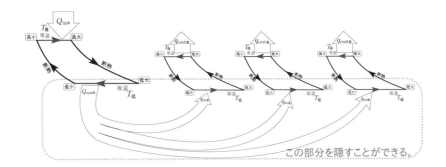

このCarnotサイクルの組み合わせが吸収した熱は

$$Q_{\mathrm{in}高} - \alpha q_{\mathrm{out}高} = Q(T_高; V_{高小} \to V_{高大}) + \alpha \underbrace{Q(T_高; v_{高大} \to v_{高小})}_{-Q\left(T_高; v_{高小} \to v_{高大}\right)} \tag{8.6}$$

となる（$Q_{\mathrm{out}低}$ と $\alpha q_{\mathrm{in}低}$ は消し合うのだからこの式には現れない）。(8.6) の熱の
やりとりは温度 $T_高$ の環境とのみ行われる。そこで「実質熱のやりとりがない」
$T_低$ の部分を「ブラックボックスに入れて隠してしまう」ことにしよう。

破線枠の中で起こっている

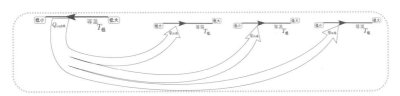

という「等温操作の集まり」は、状態 $\boxed{T_低; V_{低大}, \alpha v_{低小}}$ から状態 $\boxed{T_低; V_{低小}, \alpha v_{低大}}$ へ
の等温準静的操作（図は $\boxed{\alpha = 3}$ で描いている）と考えることができる。

　この段階ではCarnotサイクルから出た熱を逆Carnotサイクル $\times \alpha$ が吸収す
るという形になっている。よって環境との熱のやりとりの総和が0になってい
る。しかしこれだけでは熱の出入りが全くないとは限らない。もちろん全体で
相殺して0にはなっているが、それは常にどの場所でも0であることを意味しな
い[16]。

　次の項で一般的に

---

[16] 時間的に「あるときは発熱し、またあるときは吸熱」する場合もあるし、空間的に「こちら側では放熱
し、反対側では吸熱」することもあるかもしれない。トータルの発熱量が0だが時間的空間的に不均一に
なる場合、いわば「熱の保管場所」として温度 $T_低$ の熱浴が必要になってしまうが、そうなってしまうと
Kelvin の原理が使える状況ではない。

> **結果14: 正味の吸熱がない等温準静的操作は断熱準静的操作に置換可**
>
> 等温準静的操作 $\boxed{T; \{V\}, \{N\}}$ $\xrightarrow{\text{等温準静}}$ $\boxed{T; \{V'\}, \{N\}}$ において外部と熱の出入りの総和が0ならば[†17]、始状態と終状態が同じ断熱準静的操作、すなわち $\boxed{T; \{V\}, \{N\}}$ $\xrightarrow{\text{断熱準静}}$ $\boxed{T; \{V'\}, \{N\}}$ が存在する。

が、Kelvinの原理から導けることを示そう。 $\boxed{\text{結果14}}$ の $\{V\}$ が $V_{低大}, \alpha v_{低小}$ で $\{V'\}$ が $V_{低小}, \alpha v_{低大}$ だと思えば、 $\boxed{T; \{V\}, \{N\}}$ $\xrightarrow{\text{等温準静}}$ $\boxed{T; \{V'\}, \{N\}}$ はまさに上で「隠してしまう」ことにしたいと思った操作(破線枠内の操作)である。
→ p155

これにより問題となる部分を一つの断熱操作で置き換えて考えると、

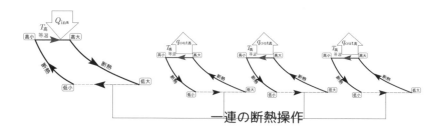

のようになって $T_低$ の環境は不要となり、 $T_高$ の環境とだけ熱のやり取りをしつつ動くサイクル(これならKelvinの原理が適用できる)になる。

Kelvinの原理により、系がサイクル中にした仕事は0以下である。それは吸収した正味の熱が0以下であることも意味するので、

$$Q_{\text{in}高} - \alpha q_{\text{out}高} \leq 0 \quad \text{すなわち、} Q_{\text{in}高} \leq \alpha q_{\text{out}高} \tag{8.7}$$

が成り立つ。

一方、全サイクルを逆回転させると以上の計算の全てが逆になるから、

$$Q_{\text{in}高} - \alpha q_{\text{out}高} \geq 0 \quad \text{すなわち、} Q_{\text{in}高} \geq \alpha q_{\text{out}高} \tag{8.8}$$

[†17] 「体積が変化(たとえば膨張)しているならかならず熱を吸収するのでは?」と不安になる人がいるかもしれないが、ここでは区画が一つでなく、 $\boxed{V_1, V_2, \cdots}$ (これを $\{V\}$ と書いた)のように複数の体積を変数として持つ場合を考えている。つまり「区画1が膨張して区画2が収縮する」というような現象が起きて、結果として熱の出入りが0になるという状況である。もうひとつ注意しておくと、 $\boxed{T; \{V\}, \{N\}}$ $\xrightarrow{\text{等温準静}}$ $\boxed{T; \{V'\}, \{N\}}$ と $\boxed{T; \{V\}, \{N\}}$ $\xrightarrow{\text{断熱準静}}$ $\boxed{T; \{V'\}, \{N\}}$ が両方存在することは、p146で述べた「等温線と断熱線が2回交わることはない」には抵触しない。あれは1成分の場合であって、ここで考えている区画がたくさんある(体積が $\{V\}$ のように一つの V で表せてない)状況には関係ない。

も言える。結局、

$$Q_{\text{in高}} = \alpha q_{\text{out高}} \tag{8.9}$$

であり、α の定義を思い出せば、

$$Q_{\text{in高}} = \frac{Q_{\text{out低}}}{q_{\text{in低}}} \times q_{\text{out高}} \quad \text{すなわち} \quad \frac{Q_{\text{out低}}}{Q_{\text{in高}}} = \frac{q_{\text{in低}}}{q_{\text{out高}}} \tag{8.10}$$

となる。この式の左辺は $\boxed{\dfrac{Q_{\text{out低}}}{Q_{\text{in高}}} = \dfrac{放出熱}{吸収熱}}$ である。一方、右辺の $q_{\text{in低}}, q_{\text{out高}}$ の方は逆 Carnot サイクルの吸収・放出する熱であるから、この逆 Carnot サイクルを普通の方向に運転すれば、$\boxed{\dfrac{q_{\text{in低}}}{q_{\text{out高}}} = \dfrac{放出熱}{吸収熱}}$ である。

吸収熱と放出熱の比はこの二つの Carnot サイクルで同じ値を取る。つまり、系が変わっても変わらないことになる。

これは Kelvin の原理と Carnot サイクルの性質から導かれる結果（要請ではない）であり、二つの Carnot サイクルがどんな物質によってできているかとは、全く関係ない。関係するのは温度（$T_{低}$ と $T_{高}$）だけである。温度が「仕事がどれだけできるか」を判断するときに（どんな物質を使うかよりもずっと）重要なパラメータであることがわかる。

8.2.2 熱の正味の出入りのない等温準静的操作は断熱準静的操作に置換可能 ＋＋＋＋＋＋＋＋＋＋＋＋＋＋＋＋＋＋＋＋＋＋＋＋＋＋＋【補足】

> 🖥 ここでは、前項で考えた "破線枠の部分を「ないこと」にする" という計算が妥当であることを確認しておきたい。前項の「ブラックボックスに入れて隠してしまう」という理屈で納得できる人はここを後で読んでもよい。
> → p155

ここで $\boxed{結果 14}$ を証明したい。証明を行うために、「外部と熱の出入りの総和が 0 である等
→ p156
温準静的操作」を行った場合、そのあいだにする仕事は内部エネルギー U の変化に等しいことをまず念頭に置こう。我々の「等温準静的操作で系が吸収する熱」の定義は「$\Delta U - \Delta F$」なので、これが 0 ならば ΔF と ΔU が一致している。これはこの経路の全ての段階において $\boxed{\mathrm{d}F = \mathrm{d}U}$ と言っているのでは $\boxed{ない}$。あくまで $\boxed{T;\ \{V\},\ \{N\}}$ $\xrightarrow{\text{等温準静}}$ $\boxed{T;\ \{V'\},\ \{N\}}$ という操作全体で $\boxed{\Delta F = \Delta U}$ と述べている。

今考えている等温準静的操作の始状態 $\boxed{T;\ \{V\},\ \{N\}}$ を状態 A、終状態 $\boxed{T;\ \{V'\},\ \{N\}}$ を状態 B と呼ぶことにする。A $\xrightarrow{\text{等温準静}}$ B の等温準静的操作を断熱操作（準静的とは限らない）

に置き換えた操作か、またはその逆操作、すなわち $\begin{cases} A \xrightarrow{\text{断熱}} B \\ A \xleftarrow{\text{断熱}} B \end{cases}$ のどちらかは必ず存在

する（→ 結果2 _{→ p92}）。まずは B $\xrightarrow{\text{断熱}}$ A という操作が存在すると仮定する（逆操作が存在する場合については【問い8-1】を見よ _{→ p159}）。

次に、状態 B から、状態 A $\boxed{T; \{V\}, \{N\}}$ と同じ示量変数を持つ状態 C $\boxed{T'; \{V\}, \{N\}}$ まで断熱準静的操作で戻したとしよう。そのとき温度も戻っている（$T = T'$、つまり状態 C は状態 A だった）と今から示したい。

あると仮定した二つの操作を組み合わせて（準静的な操作は可逆なことに注意）右の図のような一連の操作を作ることができる。体積の状態が $\{V\}$ に戻っているので、もしも温度が下がっていたら温度で表現された Planck の原理 結果3 _{→ p99} に反する。よって

$\boxed{T \geq T'}$ である[18]。

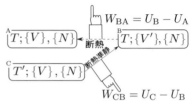

次に、右の図のようなサイクルを考える（ABC の順が上とは逆なことに注意）。このサイクル[19]をなす三つの状態変化で系のする仕事を考えると、

(1) A $\xrightarrow{\text{等温準静}}$ B でする仕事は F の差、つまり $\boxed{W_{AB} = F_A - F_B}$ であるが、すでに述べたように $\boxed{\Delta F = \Delta U}$ だから $\boxed{W_{AB} = U_A - U_B}$ でもある。

(2) B $\xrightarrow{\text{断熱準静}}$ C の段階は、断熱操作だから系のする仕事は内部エネルギーの変化の $\boxed{W_{BC} = U_B - U_C}$ である。

(3) C → A は断熱をやめ温度が T になるのを待っただけだから、この間、系は外部に仕事をしない。

結局このサイクルで系のする仕事は $\boxed{W_{AB} + W_{BC} = U_A - U_C}$ となるが、これは Kelvin の原理から 0 以下でなくてはいけない。

つまり $\boxed{U_A \leq U_C}$ であるが、これは $\boxed{T \leq T'}$ を表す。

$\boxed{T \geq T'}$ と $\boxed{T \leq T'}$ の両方が言えたから、$\boxed{T = T'}$ と結論できる。

---

[18] このとき系のする仕事は図に示した仕事の和で、$U_C - U_A$ である。Planck の原理によればこれは 0 以下でなくてはいけない（$U_C \leq U_A$）。

[19] B → C の間だけ断熱操作だが、これはこの間だけ系の周りを断熱材で覆っていたと考えると、全て等温環境の中で行われた。つまりこのサイクルは等温サイクルである。

-------------------------------練習問題-------------------------------

【問い 8-1】以上では、B `断熱` A という操作が存在すると仮定したが、そうでない場合は A `断熱` B が存在する。このときには、$\boxed{T; \{V\}, \{N\}}$ `断熱準静` $\boxed{T; \{V'\}, \{N\}}$ という操作が可能であることを示せ。

ヒント → p339 へ　　解答 → p349 へ

8.2.3　Carnot サイクルの結合と吸熱比

次の図のような、Carnot サイクルの結合を考えよう。

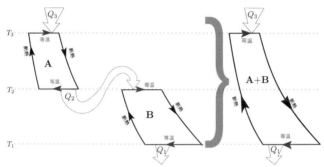

温度 T_2, T_3 の熱源で動く Carnot サイクル **A** と温度 T_1, T_2 の熱源で動く Carnot サイクル **B** を考え、温度 T_2 において Carnot サイクル **A** が出す熱 Q_2 を Carnot サイクル **B** に吸収させることができるようにする。

温度 T_2 の部分をブラックボックス化する（あるいは、8.2.2 項でやったように、断熱準静的操作で置き換える）と、結果として **A+B** が温度 T_1, T_3 の熱源
$\rightarrow$ p157
で動く一つのカルノーサイクルとして働く（これにより温度 T_2 の熱源は不要になる）。

三つの Carnot サイクルそれぞれの吸熱比は $\dfrac{Q_2}{Q_3}, \dfrac{Q_1}{Q_2}, \dfrac{Q_1}{Q_3}$ だから、

$$\overbrace{\frac{Q_2}{Q_3}}^{\text{Aの吸熱比}} \times \overbrace{\frac{Q_1}{Q_2}}^{\text{Bの吸熱比}} = \overbrace{\frac{Q_1}{Q_3}}^{\text{A+Bの吸熱比}} \tag{8.11}$$

が成り立つ。これを、$\boxed{\dfrac{Q_1}{Q_2} = \dfrac{Q_1}{Q_3} \div \dfrac{Q_2}{Q_3}}$ と書き直して

$$\boxed{T_1, T_2 \text{ の熱源で動くときの吸熱比}} = \frac{\boxed{T_1, T_3 \text{ の熱源で動くときの吸熱比}}}{\boxed{T_2, T_3 \text{ の熱源で動くときの吸熱比}}}$$

$$\tag{8.12}$$

とする。T_3 が固定された基準温度とし、T_1, T_2 が変数だと考えることで、 $\boxed{T, T_3 \text{ の熱源で動くときの吸熱比}}$ を関数 $f(T)$ と表現することにすれば、

$$\boxed{T_1, T_2 \text{ の熱源で動くときの吸熱比}} = \frac{f(T_1)}{f(T_2)} \tag{8.13}$$

となる。つまり、吸熱比は温度の関数 $f(T)$ の比で決まらなくてはいけない（後で $\boxed{f(T) = T}$ にする）。ここまでが Carnot の定理の前半である。
→ p162

8.3　Carnot の定理後半と温度の定義

8.3.1　Carnot の定理の普遍性

ここまでで、Carnot サイクルを動かすとどんな物質を使っているかに関係なく、同じ効率で動くこと、そしてその効率は熱浴の温度 $T_{高}, T_{低}$ だけで決まることがわかった（Carnot の定理の前半 $\boxed{結果 12}$）。
→ p152

Carnot の定理の後半を示す前に、前半部分で「物質に依らない」という強力な主張ができる理由を図解しておく。右のように使っている物質の違いにより効率が違うサイクルが二つあったとする[20]と、一方を逆回転させることにより、正の仕事が可能になってしまう。実験的にも支持される Kelvin の原理がそれが不可能であることを告げている。

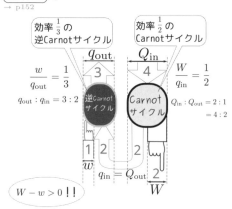

というわけで、どんな物質を使っても結果は同じと確認したので、次の節では理想気体の場合を計算する。他の物質で計算しても、結果が同じになることは実際に計算しても確認できる[21]ので、【演習問題8-2】から【演習問題8-4】およ
→ p167　　　　　→ p168

---

[20] 図では、効率 $\frac{1}{2}$ の Carnot サイクルと効率 $\frac{1}{3}$ の Carnot サイクルを逆に回したものを描いた。Carnot サイクルの排熱を逆 Carnot サイクルに吸わせると、$W - w$ の仕事ができる。

[21] 理想気体を使うのは一番見慣れているだろうからである。計算は【演習問題8-3】の光子気体の方が
→ p168
楽かもしれない。

び【演習問題10-5】をやってみよう（すぐ後の【問い8-2】も参考になる）。
→ p224 → p162

8.3.2　理想気体で動かす Carnot サイクル

＜具体例＞ . . . .

ここまでで考えた Carnot サイクルを、理想気体を使って動かしてみる。

この最大吸熱の比は理想気体では $\dfrac{T_{低}}{T_{高}}$ になることを示そう。理想気体の場合、温度 T で等温準静的に体積が V_0 から V_1 へと変化した時の吸収する熱が $NRT \log\left(\dfrac{V_1}{V_0}\right)$ だというのはすでに計算してあるので、今の場合に当てはめる
→ p143

と $\begin{cases} Q_{\text{out}低} = NRT_{低} \log\left(\dfrac{V_{低大}}{V_{低小}}\right) \\ Q_{\text{in}高} = NRT_{高} \log\left(\dfrac{V_{高大}}{V_{高小}}\right) \end{cases}$ である（$Q_{\text{out}低}$ の方は放出する熱であることに注意）。以上から、

$$\frac{Q_{\text{out}低}}{Q_{\text{in}高}} = \frac{NRT_{低} \log\left(\frac{V_{低大}}{V_{低小}}\right)}{NRT_{高} \log\left(\frac{V_{高大}}{V_{高小}}\right)} = \frac{T_{低}}{T_{高}} \times \underbrace{\frac{\log\left(\frac{V_{低大}}{V_{低小}}\right)}{\log\left(\frac{V_{高大}}{V_{高小}}\right)}}_{1} \tag{8.14}$$

である。この式の × の後（⌣ の部分）が実は 1 であることが以下のようにしてわかる。理想気体の断熱準静的操作において成り立つ式 $\boxed{T^c V = \text{一定}}$

（Poisson の関係式）から出る $\begin{cases} (T_{高})^c V_{高大} = (T_{低})^c V_{低大} \\ (T_{高})^c V_{高小} = (T_{低})^c V_{低小} \end{cases}$ の二つの式を辺々
→ p108

割算して、$\boxed{\dfrac{V_{高大}}{V_{高小}} = \dfrac{V_{低大}}{V_{低小}}}$ となり、$\boxed{\log\left(\dfrac{V_{低大}}{V_{低小}}\right) = \log\left(\dfrac{V_{高大}}{V_{高小}}\right)}$ となる。これで

$\boxed{\dfrac{Q_{\text{out}低}}{Q_{\text{in}高}} = \dfrac{T_{低}}{T_{高}}}$ がわかった。

8.3.3　Carnot の定理の後半と熱力学的温度

前項では理想気体の場合で Carnot サイクルの吸熱比を具体的に計算したが、この値が全ての Carnot サイクルに対して適用される。こうして $\boxed{\text{結果13}}$ が示された（(8.13)の関数 $f(T)$ が T そのものであった、と言ってもよい）。これを変
→ p152
→ p160

形した $\boxed{\dfrac{Q_{\text{out 低}}}{T_{\text{低}}} = \dfrac{Q_{\text{in 高}}}{T_{\text{高}}}}$ という式は次の章で定義するエントロピーという量と関係していて、とても重要である。

上で吸熱比は物質にかかわらず同じ値だと書いた。誤解して欲しくないのだが、この「物質」には「Kelvin の原理を満たさないような架空物質」は含まない。つまりは「現実に存在している物質ならば」という条件付きである。架空の内部エネルギーの式と架空の状態方程式を持つ系で Carnot サイクルを回すと、運がよくない限り Carnot の定理は満たされない。現実世界は物理法則の制約を受けた世界なのだ（当たり前だが）。運がよくない例が次の練習問題である。

---------------------------練習問題---------------------------

【問い 8-2】【演習問題5-2】の架空気体で Carnot サイクルを回したとして、
→ p119

吸熱比 $\dfrac{Q_{\text{out 低}}}{Q_{\text{in 高}}}$ を計算せよ。結果は特別な場合を除いて $\dfrac{T_{\text{低}}}{T_{\text{高}}}$ にはならない。

ヒント → p339 へ　　解答 → p349 へ

「理想気体」に準拠して Carnot の定理（の後半）が証明されたことに対して、「架空の存在である理想気体に物理量の定義を決定されてしまっていいのか？」と思って納得しがたい人もいるかもしれない。そういう人はこう考えよう。Carnot の定理の重要部分は前半の「$\dfrac{Q_{\text{out 低}}}{Q_{\text{in 高}}}$ が二つの熱源を決めれば決まる」こと、さらにいえば $\boxed{\dfrac{Q_{\text{out 低}}}{Q_{\text{in 高}}} = \dfrac{f(T_{\text{低}})}{f(T_{\text{高}})}}$ という式（(8.13)と同じ式）になることにある。この二つの熱源の「温度」というパラメータは「温度の比が $\dfrac{Q_{\text{out 低}}}{Q_{\text{in 高}}}$
→ p160

になる」つまり「$\boxed{f(T) = T}$ になる」ように、たった今決める。

つまり Carnot の定理の後半は定理ではなく、「温度の定義」になっているとも解釈できる。このような温度の決め方を「熱力学的温度」と呼ぶ。温度計で測っている温度は経験温度である [22]。熱力学的温度を定義したらたまたまそれは経
→ p75

験温度と一致していて、結果として理想気体の状態方程式から来る $\boxed{T = \dfrac{PV}{NR}}$

---

[22] p75 の補足に書いたように、経験温度を決めるときは、温度計に使う物質の違いを更正する必要があった。ここにきてやっと我々は「どんな物質を使って測るか」に依らない温度の定義を得ることができたのである。

とも一致していたのである。

　経験温度の原点（たとえば $0°C$ または $0°F$）は熱力学的温度の原点 $\boxed{T=0}$ とはずれている。経験温度の原点には単なる基準（たとえば $0°C$ は水の融点）という意味しかないが、熱力学的温度の原点には「超えられない」（熱力学的温度は常に正）という重要な役割がある[23]。

8.4　少し一般的なサイクルの効率

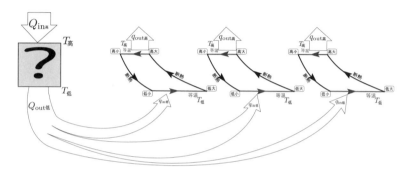

　Carnot サイクル以外の二つの熱源を利用するサイクル[24]（以下「謎のサイクル」）の場合でも同様の議論を繰り返して上の図のように考えればこの全系がする仕事は $\boxed{W=Q_{\text{in高}}-\alpha q_{\text{out高}}}$ となる[25]ので、

$$Q_{\text{in高}} \leq \alpha q_{\text{out高}} \tag{8.15}$$

が言える。「謎のサイクル」は一般に逆操作ができない[26]から、(8.8) のように、

$\boxed{Q_{\text{in高}} \geq \alpha q_{\text{out高}}}$ を出すことができない。このことから「謎のサイクル」の吸熱 → p156
比は等号にならず、

$$\frac{Q_{\text{out低}}}{Q_{\text{in高}}} \geq \frac{q_{\text{in低}}}{q_{\text{out高}}} = \frac{T_{低}}{T_{高}} \tag{8.16}$$

---

[23] 統計力学ではまた別の温度の定義があって、その温度の定義は負にもなる。ところが統計力学的温度でも $\boxed{T=0}$ が「超えられない壁」なのは同じである。

[24] ここで考えるサイクルは熱源を二つしか使用しないという意味でまだまだ一般的なサイクルではない。もっと一般的なサイクルは後で考えよう。→ p181

[25] $\boxed{\Delta U = (もらった熱) - (した仕事)}$ で、サイクルなので元に戻ってくるから $\boxed{\Delta U = 0}$ となり、$\boxed{(した仕事) = (もらった熱)}$。熱は $Q_{\text{in高}}$ もらって $\alpha q_{\text{out高}}$ 出す。

[26] 「謎のサイクル」が逆操作できたとしたら、それは「その謎のサイクルは Carnot サイクルだ」ということである。

となる。よって「謎のサイクル」の吸熱比は、Carnot サイクル以上である（Carnot サイクルよりも多めに排熱しないと謎のサイクルは動かない）。

結果15: Carnot サイクルは効率が最大

　二つの温度 $(T_低, T_高)$ の熱源を利用した熱機関の効率は、Carnot サイクルの効率 $1 - \dfrac{T_低}{T_高}$ を超えることはない。

　「謎のサイクル」が「Kelvin の原理」を満たさないような「謎の物質」でできていれば上の結果は成り立たないが、Kelvin の原理を破るような系は見つかってない。誰かが「ぼくの作った最強のサイクル」を持ってきたとしても、Kelvin の原理に反するサイクルを持ってきてない限り (8.16) が成立し、そのサイクルは
　　　　　　　　　　　　　　　　　　　　　　　$\to$ p163
Carnot サイクルに負ける（Carnot サイクルではないサイクルでは効率が悪くなるという例を、【問い8-4】に示した）。
　　　　　　　　　　$\to$ p165

　理想的なエンジンは、与えられる熱を全て仕事にできる（つまり、$\boxed{Q_{\text{out}低} = 0}$）が、それは $\boxed{T_低 = 0}$ でないと有り得ない。したがって Kelvin の原理を破らない限り、$T_低$ は 0 にはできない（負にもならない）[27]。こうして「効率の良いエンジンを作ろう」としても「投入した熱の $\dfrac{T_低}{T_高}$ 倍の部分は常に無駄になるというある意味残念な結果がわかった。

【補足】＋＋＋＋＋＋＋＋＋＋＋＋＋＋＋＋＋＋＋＋＋＋＋＋＋＋＋＋＋＋＋＋＋＋
　Carnot の定理から「サイクルに仕事をさせるのに大事なのは温度差の存在である」ことがわかる。そこで水飲み鳥（平和鳥）にもう一度登場してもらおう。

　平和鳥が動くのは「濡れたくちばしの温度が下がるから」だった。大事なのは温度差なので、くちばしを冷やすのではなく胴体部を温めても、この鳥は動く。

　具体的には右の図のようにして体温で胴体部を温めると、ちゃんと鳥はお辞儀をする（この場合は体温によりおしりの部分の液体が気化することで運動が起こる）。

＋＋＋＋＋＋＋＋＋＋＋＋＋＋＋＋＋＋＋＋＋＋＋＋＋＋＋＋＋＋＋＋＋　**【補足終わり】**

---

[27] 系の温度をどんどんさげて $\boxed{T = 0}$ に達することは不可能だということは、後で熱力学第三法則からも
　　　　　　　　　　　　　　　　　　　　　　　　　　　$\to$ p307
示される。

------------------------------練習問題------------------------------

【問い 8-3】 Carnot サイクルを逆に動かすと「外部から仕事をしてやること
によって熱を低温部から高温部へ運ぶ」というクーラーの役割をする機関にな
る。$\dfrac{\text{低温部から吸い取れる熱}}{\text{サイクルがされる仕事}}$ というのを「クーラーの効率」（Carnot サイクル
の効率とは別の量である）と考えると、この効率はどのような式で表されるか。

ヒント → p339 へ　　解答 → p349 へ

【問い 8-4】 Stirling サイクルと呼ばれるサイクルを考えてみよう。

それは、Carnot サイクルの断熱操作
の部分を、「体積を固定して熱浴に接
触させて温度が熱浴に等しくなるまで
待つ」という操作（右の図の a → b と
c → d）に変えたものである。この場合
はその操作の間も系は吸熱（負の吸熱
も含む）を行う。このサイクルの効率
$\dfrac{\text{系のする仕事}}{\text{温度 } T_{高} \text{からの吸熱}}$ はどうなるか。理
想気体の場合で考えて、Carnot サイク
ルの場合と比較せよ。

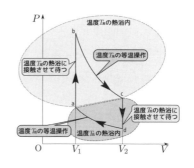

ヒント → p339 へ　　解答 → p350 へ

【問い 8-5】 上の【問い 8-4】の機関を逆回転[28]させてクーラーとして使えるか
どうかを考えてみよう。

温度 $T_{低}$ の熱浴と接触している場所
が、上とは違うことに注意しよう[29]。
体積を V_1 という一定値にして行う過程
において、上の問い（過程 a → b）では
温度 $T_{高}$ の熱浴に接触させることで温度
を上げたが、こちらの場合（過程 b →
a）は温度 $T_{低}$ の熱浴に接触させて温度
を下げなくてはいけない（体積 V_2 に固
定する過程も同様）。

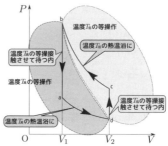

(1) これがクーラーとして機能する（つまり、低温部から熱を奪ってくれる）た
めの条件は何か？
(2) このクーラーの効率（【問い 8-3】で定義した量）を求めよ。効率は逆 Carnot
サイクルをクーラーに使った場合に比べてよくなるか？

ヒント → p339 へ　　解答 → p350 へ

---

[28] 「逆回転」ではあるが、厳密な意味で逆の操作ではないことに注意。図に明示したが、それぞれの操作
をどの温度の熱浴内で実行するかという条件が違っている。
[29] 実際にこのような設定でクーラーを作るとしたら、過程 b → a で出る熱を過程 d → c で（全部は無理に
しても）再利用するなどの方策が取られるだろう。この策を使うことで、効率はよくなる。

8.5　Clausius による熱力学第二法則の表現

熱力学第二法則にはいろいろな表現方法がある。Clausius[†30] による表現が

―――― 結果 16: Clausius の原理 ――――

　他に影響を与えることなく、低温の物体から高温の物体に熱の形でエネルギーを移動することはできない。

である。以下で Clausius の原理と Kelvin の原理 要請5 の同等性を示そう。
　　　　　　　　　　　　　　　　　　　　　　　→ p80

　Clausius の原理が成り立たず、低温の物体から高温の物体に熱の形でエネルギーを移すことができたとすると、その「Clausius の原理を破る機械」と Carnot サイクルを組み合わせることで、Carnot サイクルの低温熱源に捨てられる熱 Q_{out} を高温熱源に戻すことができることになる。

　この低温熱源の部分をブラックボックスに入れてしまえば（あるいは 8.2.2 項の方法で → p157 断熱準静的操作に置き換えてしまえば）、「高温熱源から $Q_{\text{in}} - Q_{\text{out}}$ の熱をもらって[†31] 全て仕事に変える」マシンのできあがりとなる。これは Kelvin の原理を破る（エネルギー保存則は破らない）。

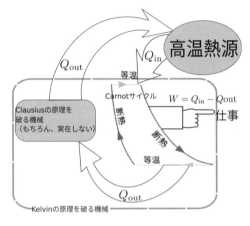

　以上は「Clausius の原理の否定 ⇒ Kelvin の原理の否定」だから、「Kelvin の原理 ⇒ Clausius の原理」が示せた。

　逆に Kelvin の原理が破れていたとすると、高温熱源から熱をもらって全部仕事にすることができる。このような機械が実在していたとしよう。

―――――――――――――――

[†30] Clausius（カタカナ表記は「クラウジウス」）は 19 世紀ドイツの物理学者。「エントロピー」という言葉を作ったのは Clausius である。

[†31] 細かいことを言えば、高温熱源から Q_{in} の熱をもらって、Q_{out} の熱を返す。

その機械が高温熱源から $Q_{in高}$ の熱をもらい、それを仕事にして逆 Carnot サイクルを運転する。逆 Carnot サイクルは低温熱源から $Q_{in低}$ をもらって、高温熱源に $Q_{in高} + Q_{in低}$ の熱を放出する。

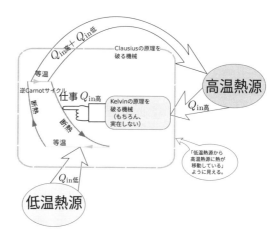

まとめると低温熱源から高温熱源へと $Q_{in低}$ のエネルギーが熱の形で流れたことになる。

つまり Clausius の原理が破れる。これで「Clausius の原理 ⇒ Kelvin の原理」も示せた。

8.6 章末演習問題

★【演習問題 8-1】

以下のように主張する人に、なぜそれでは「いくらでもエネルギーを取り出せる」ことにならないのかを説明してください。

> Carnot サイクルの効率は $1 - \dfrac{T_低}{T_高}$ だというが、$T_低$ で熱を捨てているのはもったいない。この排熱をまた別の Carnot サイクルに入れてあげれば、さらに仕事ができるじゃないか。バンザイ、これでエネルギーはいくらでも取り出せる！！

ヒント → p3w へ　　解答 → p14w へ

★【演習問題 8-2】

van der Waals 状態方程式に従い、内部エネルギーが $U = cNRT - \dfrac{aN^2}{V}$ で表される気体[†32]を使って Carnot サイクルを動かした場合の吸熱比がやはり $\dfrac{T_低}{T_高}$ であることを示せ。なお、この気体が等温準静的操作で吸収する熱は、【問い 7-1】で求めている。
→ p143

解答 → p14w へ

[†32] p106 の脚注 †41 で書いておいたように、この気体は体積が増えると分子間の引力による位置エネルギーの分 U が大きくなる。

★【演習問題8-3】

　光子気体の場合で同様の計算を行え。光子気体が等温準静的操作で吸収する熱は
【演習問題7-3】で、断熱準静的操作で一定な量は(5.28)で求めている。
→ p147　　　　　　　　　　　　　　　　　　　　　　　　　　　　　　　　　　　解答 → p14w へ
　　　　　　　　　　　　　　　　　　　　　　　→ p111

★【演習問題8-4】

　【問い5-4】の系の場合で同様の計算を行え。この系が等温準静的操作で吸収する熱は
　→ p108
【演習問題7-4】で、断熱準静的操作で一定な量は【問い5-4】で求めている。　　解答 → p15w へ
→ p147　　　　　　　　　　　　　　　　　　→ p108

★【演習問題8-5】

　(8.13)に出てきた関数 $f(T)$ は T の単調増加関数でなくてはいけない。$f(T)$ が単調増
　　　→ p160
加関数ではなく、$\boxed{f(T_1) = f(T_2)}$ となるような温度 T_1, T_2（ただし、$\boxed{T_1 \neq T_2}$）があっ
たとすると Clausius の原理に反することを示せ。　　解答 → p15w へ

★【演習問題8-6】

　図のような、圧力一定と体積一定の操作で
作ったサイクルを考える。

　このサイクルは理想気体が使われていると
して、効率 $\dfrac{W}{Q_{\text{in}}}$ を計算せよ。

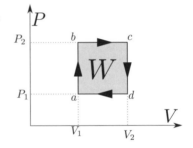

ヒント → p3w へ　　解答 → p15w へ

第 *9* 章

エントロピー

Carnot の定理を使って、いよいよ、「エントロピー」を定義し
よう。

9.1 エントロピーの定義

さて、ここで「断熱線が鉛直線になる座標が欲しい」という野望に戻ろう。
→ p147
その「野望」を実現するのが、すぐ後で定義する「エントロピー S」という物理量な
のだ。S という状態量を作るのに、前章の Carnot の定理が役に立つ。

9.1.1 断熱準静的操作で変化しない物理量

上に書いた野望を実現するには、理想気体なら新しい変数を $x = T^c V$ とすれ
ばよい（断熱準静的操作で $T^c V = 一定$ だから）。しかしこの式は理想気体での
み成り立つ式である。一般の系で「断熱線上で一定となる量」が見つけられる保
証はあるだろうか？ ――我々は熱力学の要請だけから「そういう量は見つかる」
という保証を得たい[†1]。そこで、もう一度 Carnot サイクルの図を見よう。
→ p150
今欲しい状態量は、以下の二つの条件を満たさなくてはいけない。

(1) 高大 —断熱準静→ 低大 と 低小 —断熱準静→ 高小 で「変化量」が 0。

(2) 高小 —等温準静→ 高大 での変化量と 低大 —等温準静→ 低小 での変化量が逆符
号で絶対値が同じ。

[†1] 理想気体の場合でだけ成り立つ式では満足できない。というか実際世界にあるのは理想気体ではないも
のばかりなのだから、そんな法則は役に立たない。

　条件 (1) はこの状態量が「断熱準静操作で一定」であって欲しいということである。さらに条件 (2) が成り立てば、「サイクルを一周する間の変化量」が 0 になる[†2]。

　たとえばその変化量として熱 Q を使う——のはまずいアイデアである。というのは $Q_{\mathrm{in}高}$ と $Q_{\mathrm{out}低}$ は等しくなく、吸熱が逆符号で同じ大きさにはなってないから条件 (2) を満たさない。熱 Q を flow（流れ）と考えたのでは、対応する stock を作ることができない。これは Q が p53 の分類で「(3) 始状態と終状態を決めて、かつ準静的操作であっても、途中経過によって変わる量」にあたるということである。実際、右のように Carnot サイクルの一部の向きを変

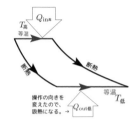

えて作った二つの操作はともに準静的で始状態と終状態は同じだが、吸熱量は $Q_{\mathrm{in}\,高} \neq Q_{\mathrm{out}\,低}$ で一致しない。

　ここでこれらの量の間に他に成り立つ条件はなかったっけ？ ——と思い出す。Carnot の定理により、
→ p159

$$\frac{Q_{\mathrm{out}低}}{Q_{\mathrm{in}高}} = \frac{T_低}{T_高} \qquad (9.1)$$

あるいは、

$$\frac{Q_{\mathrm{out}低}}{T_低} = \frac{Q_{\mathrm{in}高}}{T_高} \qquad (9.2)$$

があるから、$\Delta S = \dfrac{Q}{T}$ の

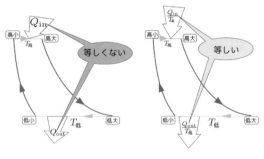

ような変化をする量 S を定義すると、二つの操作での S の変化は逆符号で消し合う。よって、「$\dfrac{Q}{T}$ を flow とするような stock」（吸熱すると S が増えるようにする）を作れそうだ。そこでこの量を T, U, F で表してみる。

　等温準静的操作での吸熱量（最大吸熱量）は U の変化と F の変化の差（変化後から変化前を引く）であるから、

$$Q_{\mathrm{in}高} = (U_{高大} - U_{高小}) - (F_{高大} - F_{高小}) \qquad (9.3)$$

[†2] ここで「一周回って戻ってきたら変化量が 0 になるのは当たり前」と思ってはいけない。今はどういう量を「変化量」とすればそうなるのか、その条件を確認している最中なのだ。

となり、$Q_{\text{out低}}$ の方は放出熱なので変化前から変化後を引いて

$$Q_{\text{out低}} = (U_{低大} - U_{低小}) - (F_{低大} - F_{低小}) \tag{9.4}$$

という式が出る。

--------------------------------------練習問題--------------------------------------

【問い 9-1】 この Carnot サイクルの一周での仕事 W を、U と F を使って表せ。
結果より、$\boxed{W = Q_{\text{in高}} - Q_{\text{out低}}}$ を確認せよ。 ヒント → p339 へ　解答 → p350 へ

(9.3) と (9.4) を、状態量の引き算になるように順番を変えると、
→ p170

$$Q_{\text{in高}} = (U_{高大} - F_{高大}) - (U_{高小} - F_{高小}) \tag{9.5}$$

$$Q_{\text{out低}} = (U_{低大} - F_{低大}) - (U_{低小} - F_{低小}) \tag{9.6}$$

となる。(9.2) に代入すれば、
→ p170

$$\frac{(U_{低大} - F_{低大}) - (U_{低小} - F_{低小})}{T_低} = \frac{(U_{高大} - F_{高大}) - (U_{高小} - F_{高小})}{T_高} \tag{9.7}$$

となる。この式は $\boxed{低小}$ $\overset{\text{等温準静}}{}$ $\boxed{低大}$ と $\boxed{高小}$ $\overset{\text{等温準静}}{}$ $\boxed{高大}$ で $\dfrac{U - F}{T}$ という量の変化が等しい（小→大で同じだけ増える）ことを意味している。条件 (2) は満たされた。条件 (1) は、9.1.3 項で満たすようにする。
→ p173

9.1.2 エントロピーを定義する

エントロピーの定義

新しい状態量を以下で定義する。

$$S = \frac{U - F}{T} \tag{9.8}$$

ただし、この量は断熱準静的操作では変化しないようにする。

この新しい状態量[3]を「エントロピー (entropy)」[4]と名付け、「断熱準静的操作（上の例では $\boxed{高大} \to \boxed{低大}$ と $\boxed{低小} \to \boxed{高小}$）において変化しない量」あるいは「グラフの断熱線上で一定となる量」となるように（$\boxed{S_{低大} = S_{高大}, S_{低小} = S_{高小}}$

---

[3] 「ただし」以下の部分が実現できるまでは、「新しい状態量の候補」と言うべきであろう。
[4] 語源はギリシャ語で、en- が「中に」、trope が「変化」を意味する。Clausius による命名。

となるように）定義する。こう置いたことで、決まってなかった $F_{低大} - F_{高大}$ と $F_{低小} - F_{高小}$（温度の高低変化による F の差）を決めることができる（F の温度依存性が決定される）。

　エネルギーが「摩擦などの非保存力が働かない場合に保存する stock」になるように定義した（人間が作った）物理量であるのと同様に、エントロピーは「断熱準静的操作では保存する状態量」となるように定義した（そうなるように作った）物理量である。状態量であるためには、任意の操作を行って元の状態にもどってきたときに同じ値に復帰しなくてはいけない（これは「積分可能条件を満たす」と一言で表現することもできる）。エントロピーがそのように定義できることを確認していこう。 ^{→ p329}

$\dfrac{U - F}{T}$ という量を S とすれば、

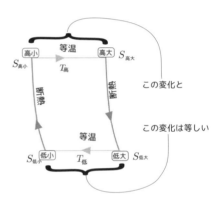

$$\underbrace{S_{低大} - S_{低小}}_{\substack{\boxed{低大}\to\boxed{低小} \\ における\,S\,の減少量}} = \underbrace{S_{高大} - S_{高小}}_{\substack{\boxed{高小}\to\boxed{高大} \\ における\,S\,の増加量}} \qquad (9.9)$$

という式が出てくる[5]。よってグラフの横軸を S にするなら、上の辺と下の辺の長さが等しくなる（図を参照）。順番を少し入れ替えると

$$\underbrace{S_{低大} - S_{高大}}_{\substack{\boxed{高大}\to\boxed{低大} \\ における\,S\,の増加量}} = \underbrace{S_{低小} - S_{高小}}_{\substack{\boxed{低小}\to\boxed{高小} \\ における\,S\,の減少量}} \qquad (9.10)$$

であるが、S は断熱準静的操作で変化しないと定義（p169 に書いた条件 (1)）しているのだから、左辺も右辺も 0 であるべきである。

　この式の左辺も右辺も 0 になるならば Carnot サイクルの過程が S-T グラフ上の長方形（右の図を参照）で表現される。

　そんなうまいことができるのか？——というと、できる。なぜなら、Helmholtz 自由エネルギー

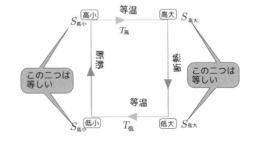

---

[5] 増加と減少の違いに注意。

F を定義したときに、温度が変化したときにどう変化するかについてはまだ決めていなかったからである。

別の言い方をすれば、F は一本の「等温線」の上では値が（正確には、等温線に沿って動くときにどう値が変化するかは）決まっているが、違う等温線に移動したときにどう変化するか（たとえば、断熱線に沿って動いたときにはどう変化するのか？？）は「まだ」決めていない（dF というPfaff形式の dV の係数は $\to$ p329 わかっているが dT の係数はわかってない）。よって、F の温度依存性を調節することで、$\boxed{S_{低大} = S_{高大}, S_{低小} = S_{高小}}$ にすることができる。

9.1.3　F の温度依存性を決定する

「S は断熱準静的操作で不変な量である」が成り立つように F の T 依存性を決めることができることを、まず理想気体の例で確認しよう。

<具体例>..

理想気体の場合で、断熱操作で $\dfrac{U-F}{T}$ が変化しないように F を調整してみよう。ここまででわかっていた理想気体の場合の内部エネルギーとHelmholtz自由エネルギーは、理想気体の条件の (1) と(6.9) より $\to$ p103　$\to$ p128

$$U(T;V,N) = cNRT, \tag{9.11}$$

$$F[T;V,N] = -NRT\log\left(\frac{V}{N}\right) + Nf(T) \tag{9.12}$$

である。これから、

$$S(T;V,N) = \frac{U-F}{T} = cNR + NR\log\left(\frac{V}{N}\right) - N\frac{f(T)}{T} \tag{9.13}$$

である。理想気体の断熱準静的操作では T^cV が一定だったから、この式に V が T^cV という組み合わせで現れるようにすればよい。そのためには、

$$S(T;V,N) = cNR + NR\log\left(\frac{T^cV}{N}\right) - N\times 定数 \tag{9.14}$$

となるように、$\boxed{\dfrac{f(T)}{T} = -R\log(T^c) + 定数}$ とすればよい。

残った未知の「定数」は $T; V, N$ の全てに依存しない。第1項の cNR と最後の $-N \times$ 定数 をまとめて Ns_0（$\boxed{s_0 = cR - 定数}$）にして

$$S(T; V, N) = NR \log \left(\frac{T^c V}{N} \right) + N s_0 \tag{9.15}$$

と書く。これで $\boxed{f(T) = -RT \log (T^c) - s_0 T + cRT}$ と決まったことになる。

積分定数にあたる s_0 はエントロピーの基準を決める初期条件または境界条件を用いて決めるべきだが、その手段は今のところない（単純に $\boxed{s_0 = 0}$ にしてもよい）。

s_0 を使わずエントロピーの基準を「$\boxed{T = T_0, V = V_0, N = N_0}$ で $\boxed{S = 0}$」と決めるのであれば、この式は

$$S(T; V, N) = NR \log \left(\frac{T^c V N_0}{(T_0)^c V_0 N} \right) \tag{9.16}$$

となる [6]。以下では $\boxed{\xi = \dfrac{(T_0)^c V_0}{N_0}}$（あるいは $\boxed{s_0 = R \log \left(\dfrac{1}{\xi} \right)}$）と置いて [7]、

$$S(T; V, N) = NR \log \left(\frac{T^c V}{\xi N} \right) \tag{9.17}$$

とまとめておくことにする [8]（$\boxed{s_0 = 0}$ が $\boxed{\xi = 1}$ に対応する）。 こうして

━━━━━ 理想気体の S, U, F ━━━━━

$$S(T; V, N) = NR \log \left(\frac{T^c V}{\xi N} \right) \tag{9.18}$$

$$U(T; V, N) = cNRT \tag{9.19}$$

$$F[T; V, N] = cNRT - NRT \log \left(\frac{T^c V}{\xi N} \right) \tag{9.20}$$

---

[6] 「S は正であって欲しい」と思うなら、T_0 や V_0 を十分小さく取ればよい（$T \to 0$ や $V \to 0$ の極限で負になってしまうのは避けられないが）。

[7] s_0 も ξ も一種の積分定数である。煩雑になるので s_0 や ξ は無視されていることが多い。

[8] log の引数に次元のあることが気持ち悪いという人は ξ が $\dfrac{T^c V}{N}$ と同じ次元を持っていると思えばよい。もっとも気持ち悪くなる必要はない。その理由は A.1 節に書いた。
→ p315

となった[9]。

【FAQ】等温準静的操作でしか定義されていなかったはずの F に、いったいどこから温度依存性が生まれたのですか？

••••••••••••••••••••••••••••

この節で行ったのは F の定義にもう一つ、

エントロピー $S = \dfrac{U - F}{T}$ が断熱準静操作で変化しないこと

を付け加えるということだった。これが加わったことで温度変化に対して F がどのように変化していくかが決まった。この結果、この後導く(9.27)という微分方程式を満たさなくてはいけなくなったのである。
$\rightarrow$ p177

理想気体に限らない一般的な系ではどのようにすればよいかを見ていこう。そのために断熱準静的操作において $dS = 0$ となることを式で表現する。微分がしやすいように $TS = U - F$ と変形してから

$$dT\,S + T\,dS = dU - dF \tag{9.21}$$

と微分する（ここまでは一般的な式である）。断熱準静的操作では、$dS = 0$ と $dU = -P\,dV$ が成り立つから、

$$\text{断熱準静的操作では} \quad dT\,S = -P\,dV - dF \tag{9.22}$$

すなわち、断熱準静的操作では $dF = -S\,dT - P\,dV$ がわかる。一方、等温準静的操作では、$dF = -P\,dV$ はすでにわかっている。

以上の二つは等温または断熱という「特定の準静的操作」の話であったが、任意の方向への準静的操作に関する式として、

―――― F の全微分 ――――

$$dF = -S\,dT - P\,dV \quad （ただし、N の変化はないものとする） \tag{9.23}$$

が成り立つようにできれば両方が成り立つ（等温準静的操作なら $dT = 0$ であ

---

[9] p116で「断熱線を等高線と考えたときの山の高さに対応する量」として $\log\left(T^{\frac{3}{2}}V\right)$ を考えたが、そこで log を取った理由がここで明らかになった。先立って F の V 依存性が $-NRT\log V$ であることが最大仕事の形から決まっていたことから来ている。

るから $\boxed{\mathrm{d}F = -P\,\mathrm{d}V}$)。N が変化する場合については11.1節で説明する。
→ p226

上の(9.23)と $\mathrm{d}F = \left(\dfrac{\partial F[T;V,N]}{\partial T}\right)_{V,N}\mathrm{d}T + \left(\dfrac{\partial F[T;V,N]}{\partial V}\right)_{T;N}\mathrm{d}V$ を見比べ
→ p175

ることで、すでに知っていた $\boxed{\left(\dfrac{\partial F[T;V,N]}{\partial V}\right)_{T;N} = -P(T;V,N)}$ とともに、

$\boxed{\left(\dfrac{\partial F[T;V,N]}{\partial T}\right)_{V,N} = -S(T;V,N)}$ が読み取れる。6.2.1 項の段階では決まって
→ p125

なかった $\left(\dfrac{\partial F[T;V,N]}{\partial T}\right)_{V,N}$ が、ここで $-S$ という値を持つと決まった。6.2.1 項
→ p125

の最後のグラフで「高温の線の方が下に来るのが正しい」とだけ予告しておいた
→ p126

が、これは $\boxed{S > 0}$ である場合を想定していた。

-------------------------------- 練習問題 --------------------------------

【問い9-2】 上では、断熱準静的操作では $\boxed{S = \dfrac{U-F}{T}}$ が一定となる（$\boxed{\mathrm{d}S = 0}$

となる）ことから断熱準静的操作をしたときの $\mathrm{d}F$ の形を決めた。

同様に、等温準静的操作では $\boxed{\mathrm{d}F = -P\,\mathrm{d}V}$ が成り立ち、温度 $\boxed{T = \dfrac{U-F}{S}}$ が

変化しないことから、等温準静的操作における $\mathrm{d}U$ を求めよ。

解答 → p351 へ

【問い9-3】 (9.23)から F を $T;V,N$ の関数とみたとき、
→ p175

$$\left(\frac{\partial F[T;V,N]}{\partial T}\right)_{V,N} = -S(T;V,N) = \frac{F[T;V,N] - U(T;V,N)}{T} \tag{9.24}$$

であることが言えた。独立変数を S,V,N にして、T と U は S,V,N の関数と考え
る（F は $T;V,N$ の関数だが T が S,V,N の関数と考える）と、$\boxed{TS = U-F}$ と
いう式は

$$T(S,V,N)S = U[S,V,N] - F[T(S,V,N);V,N] \tag{9.25}$$

と書くことができる[†10]。この式を S,N を一定として V で微分することで(9.24)
を導け。

ヒント → p339 へ ・ 解答 → p351 へ

(9.24)を少し変形すると

[†10] $U[S,V,N]$ の括弧が [] である理由は後で説明する（p125 の脚注 †6 も参照せよ）。
→ p200

$$F[T;V,N] - T\frac{\partial}{\partial T}F[T;V,N] = U(T;V,N) \tag{9.26}$$

という $F[T;V,N]$ の温度依存性を示す微分方程式ができあがる。これが成り立つように F の T 依存性を決定すればよい。この式は

$$-T^2\frac{\partial}{\partial T}\left(\frac{F[T;V,N]}{T}\right) = U(T;V,N) \tag{9.27}$$

と変形することができる[11]。この式は後で出てくるもう一つの式と併せて「**Gibbs-Helmholtz の式**」と呼ばれている。

→ p257

この微分方程式の右辺にある $U(T;V,N)$ は全ての $T;V$ の取り得る領域について定義されているから、これを解いて F を（そしてもちろん、S も）定めることができる[12]。

以上から、我々が U, F, S を決定する手順をまとめておくと、

—— U, F, S を決定する手順 ——

(1) さまざまな温度変化と体積変化を起こす断熱操作の実験をして、$U(T;V,N)$ を定める。

(2) さまざまな温度で、体積変化を起こす等温準静的操作の実験をして、$F[T;V,N]$ を定める。N 依存性は F が示量性を持つこと（あるいは Euler の関係式）から定める。ただし、この段階では T 依存性は完全には決められない。

→ p50

(3) $S(T;V,N) = \dfrac{U(T;V,N) - F[T;V,N]}{T}$ が断熱準静操作での不変量となるように、$F[T;V,N]$ の T 依存性を定める。

となる。(1) と (2) では実験[13]から U と F をある程度決定した。

(2) で行う計算は具体的には、実験で測定した（あるいは状態方程式をすでに得ているなら状態方程式から求めた）圧力 $P(T;V,N)$ を微分方程式 $\left(\dfrac{\partial F[T;V,N]}{\partial V}\right)_{T;N} = -P(T;V,N)$ に入れてそれを解くということである。

---

[11] 任意の微分可能な関数 $f(x)$ に対し $\dfrac{\mathrm{d}}{\mathrm{d}x}\left(\dfrac{f(x)}{x}\right) = -\dfrac{f(x)}{x^2} + \dfrac{f'(x)}{x}$ であることから導ける。

[12] ただし、F に $T\times$（定数）の形の式が含まれていたとしたら、この（定数）はこの微分方程式からは決定できない。これは S の定数部分が決まらないということ。

[13] と書いたが、考えている系について仮定を置いて作った何らかのモデルを作って計算する場合もある。

　(3) で行う計算は結局のところ、「(9.27) という微分方程式を解いて、$F[T;V,N]$ の T 依存性を固定する」ということになる。U は「さまざまな断熱操作の実験」の結果から決定できるが、「さまざまな等温操作の実験」をいくらしても、それだけでは F は決まらないことに注意しよう。(3) の段階において、U と F の関係をつけることで、F の T 依存性が決定された。

<具体例>・・・

　理想気体の場合で、まだ $\boxed{F[T;V,N] = -NRT\log\left(\dfrac{V}{N}\right) + Nf(T)}$ までしか

わかってなかったところに戻って、微分方程式(9.27)を解こう。代入すると、
$\rightarrow$ p177

$$-T^2\frac{\partial}{\partial T}\left(\frac{-NRT\log\left(\frac{V}{N}\right) + Nf(T)}{T}\right) = cNRT \qquad \left(\text{両辺を} -T^2 \text{で割る}\right)$$

$$\frac{\partial}{\partial T}\left(-NR\log\left(\frac{V}{N}\right) + \frac{Nf(T)}{T}\right) = -\frac{cNR}{T} \qquad \left(\text{両辺を } N \text{ で割る}\right)$$

$$\frac{\partial}{\partial T}\left(\frac{f(T)}{T}\right) = -\frac{cR}{T} \tag{9.28}$$

となる（残っている変数は T しかないので、これは常微分方程式である）。
　両辺を積分すれば、積分定数を C として

$$\frac{f(T)}{T} = -cR\log T + C \qquad \left(\begin{array}{l} c\log T = \log\left(T^c\right) \text{としつつ} \\ \text{両辺に } T \text{ を掛ける} \end{array}\right)$$

$$f(T) = -RT\log\left(T^c\right) + CT \tag{9.29}$$

となり、これで F が

$$F[T;V,N] = -NRT\log\left(\frac{V}{N}\right) - NRT\log\left(T^c\right) + NCT$$

$$= -NRT\log\left(\frac{T^c V}{N}\right) + NCT \tag{9.30}$$

と決まった。今解いた微分方程式は(9.27)なので、$\dfrac{F}{T}$ の定数部分、すなわち F
$\rightarrow$ p177
の T に関して1次の部分は決まらない。$\boxed{C = -s_0 + cR}$ と置き直せば(9.15)
$\rightarrow$ p174
と、$\boxed{C = R\log\xi + cR}$ と置き直せば(9.17)と同じ結果になる（微分方程式の解
$\rightarrow$ p174
なので、積分定数の調整は必要）。

------------------------------練習問題------------------------------

【問い 9-4】 van der Waals 気体の Helmholtz 自由エネルギー(6.11)において、
→ p130
まだ決まってなかった未知関数 $f(T)$ を求めよ。　　　ヒント → p339へ　解答 → p351へ

【問い 9-5】 光子気体の Helmholtz 自由エネルギーの式(6.12)は、$f(T)$ がなくて
→ p130
も Gibbs-Helmholtz の式(9.27)を満たしていることを確認せよ。　　解答 → p352へ
→ p177

【問い 9-6】 前々問と前問の結果から、van der Waals 気体と光子気体のエント
ロピーを計算せよ。　　　　　　　　　　　　　　　　　　解答 → p352へ

F, U, T の関係から $\boxed{F = U - TS}$ という式を作り両辺を全微分すれば、
→ p329

$$\overbrace{-S\,\mathrm{d}T - P\,\mathrm{d}V}^{\mathrm{d}F} = \mathrm{d}U - \overbrace{(\mathrm{d}T\,S + T\,\mathrm{d}S)}^{\mathrm{d}(TS)}$$

$$-S\,\mathrm{d}T - P\,\mathrm{d}V = \mathrm{d}U - S\,\mathrm{d}T - T\,\mathrm{d}S$$

$$T\,\mathrm{d}S - P\,\mathrm{d}V = \mathrm{d}U \tag{9.31}$$

と U の全微分が決まる[14]。この式はすでに【問い 9-2】の解答で求めていた。
→ p176　　　→ p351
この式から以下の式が導ける。

$$\left(\frac{\partial U[S,V,N]}{\partial S}\right)_{V,N} = T(S,V,N), \quad \left(\frac{\partial U[S,V,N]}{\partial V}\right)_{S,N} = -P(S,V,N) \tag{9.32}$$

(9.31) は、$\boxed{\text{断熱準静的操作では、}\mathrm{d}U = -P\,\mathrm{d}V}$ を含む式にちゃんとなって
いる（断熱準静的操作では $\boxed{\mathrm{d}S = 0}$ になるようにしたことに注意）。この式は U
の全微分の式でもあるが、同時に熱力学第一法則を表す式でもあり、以下のよう
に書ける（下の「物質の流入」の部分は、後で説明する）。
→ p226

結果17: 準静的操作での熱力学第一法則

$$\underbrace{\mathrm{d}U}_{\text{内部エネルギーの変化}} = \underbrace{T\,\mathrm{d}S}_{\text{もらった熱}} - \underbrace{P\,\mathrm{d}V}_{\text{した仕事}} + \underbrace{\mu\,\mathrm{d}N}_{\text{物質の流入}} \tag{9.33}$$

仕事も熱も、エネルギーという stock に対する flow であるには違いない。仕
事が体積 V などの「見える」変数[15]の変化 $\mathrm{d}V$ に比例するエネルギーの flow
であるのに対し、熱はエントロピーという見えにくい変数の変化 $\mathrm{d}S$ に比例す

---
[14] ここで、5.5.2項で考えた $\mathcal{S}$ とプの正体がエントロピー S と温度 T であったことが判明した。
→ p116
[15] 考えている系によっては、変化するのは体積ではない変数である可能性もある。

るエネルギーの flow である。dV の係数が圧力 × (-1) で、dS の係数が温度である。こうして熱と仕事という二種類の flow が（示強変数である係数）×（示量変数の変化）という統一した表現になった。

9.1.4　積分分母としての温度　✚✚✚✚✚✚✚✚✚✚✚✚✚✚✚✚✚　【補足】

> 🔁　等温準静的操作のときの熱の定義の微分形 $\mathrm{d}U = \text{\dj}Q - P\,\mathrm{d}V$（→ p142）に戻って（つまり「まだエントロピーを定義してなかったとき」に戻って）ここでやったことを整理してみる。

準静的な操作に関して、$\boxed{\mathrm{d}U = \text{\dj}Q - P\,\mathrm{d}V}$ という式が成り立つ。ここで、

$$\text{\dj}Q = \mathrm{d}U + P\,\mathrm{d}V \tag{9.34}$$

という量（このような形の微小量を Pfaff 形式と呼ぶ）（→ p329）は積分可能ではない。「積分可能」とは「この微小量をどのような周回積分路で積分しても 0 になる」ことである[†16]。ここで「積分する」という操作ができるということは「途中も全て平衡状態である」と考えていることなので、変化は準静的なものに限られている。微小な Carnot サイクルを取って計算してみれば、$\boxed{\oint \text{\dj}Q \neq 0}$ である[†17]ことをすでに知っている（$\boxed{Q_{\text{in高}} \neq Q_{\text{out低}}}$）。しかし、Carnot の定理から、$\boxed{\oint \frac{1}{T} \text{\dj}Q = 0}$ [†18]（$\text{\dj}Q$ を T で割っておけば周回積分の値が 0 になること）、すなわち

$$\mathrm{d}S = \frac{1}{T} \text{\dj}Q = \frac{1}{T}\mathrm{d}U + \frac{P}{T}\mathrm{d}V \tag{9.35}$$

が積分可能であることも知っているのである[†19]。ここでの T のような「これで割ることで Pfaff 形式が積分可能になる量」を「積分分母」と呼ぶ（付録の A.6.2 項を参照）（→ p331）。温度 T が $\text{\dj}Q$ に対する積分分母になっている。というより、そうなるように S という量を定義し、F の T 依存性を調整したわけである（結果として、S が状態量になった）。

------練習問題------
【問い 9-7】　理想気体、van der Waals 気体、光子気体のそれぞれの場合、

[†16] もしも (9.34) が積分可能なら、$Q(U, V, N)$ のような「U, V, N の関数である状態量」を作ることができることになるが、それはできない。

[†17] これは、dU が積分可能だが $P\,\mathrm{d}V$ はそうではないことからも明らかである。

[†18] T はこの積分の間に変化しているのだから、$\boxed{\oint \frac{1}{T}\text{\dj}Q \neq \frac{1}{T}\oint \text{\dj}Q}$ であることに注意。

[†19] これはつまり、状態量 $S(U, V, N)$ を作ることができるということ。U は $T; V, N$ の関数だから、$S(U, V, N)$ ができれば $S(T; V, N)$ も作ることができる。

$dU + PdV$ では積分可能条件を満たしてないこと、(9.35) ならば積分可能条件を満たしていることを具体的に確認せよ。

解答 → p352 へ

9.1.5 Clausius の不等式

準静的操作で $\dfrac{1}{T}\dd Q = dS$ が成り立つとしてエントロピー S を定義すれば、

式 $dU = T\,dS - P\,dV$ を出すことができる。

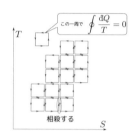
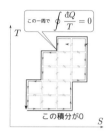

任意の経路は右の図に示したように微小な Carnot サイクルの合成で作られるので $\displaystyle\oint \frac{\dd Q}{T} = 0$ が任意の経路で成立する。上のグラフは $S\text{-}T$ を軸にして書いたので Carnot サイクルが長方形で表現されている。この部品であるサイクルの合成のうち一部を Carnot サイクルではない（可逆でない）サイクルに変えたとする。その部分に対しては $\displaystyle\oint \frac{\dd Q}{T} < 0$ が成立する[20] ことになる。

よって、以下の「**Clausius の不等式**」が成り立つ。

（結果 18: Clausius の不等式）

一般的なサイクルにおける吸熱 $\dd Q$ に関して[21]

$$\oint \frac{\dd Q}{T} \leq 0 \tag{9.36}$$

である。等号成立は、全ての操作が準静的である場合に限る。

---

[20] Carnot サイクルと同じ経路をたどるが準静的でないサイクルを考えると、$\dfrac{Q_{\text{out低}}}{Q_{\text{in高}}}$ が $\dfrac{T_{低}}{T_{高}}$ より大きい。つまり $\dfrac{Q_{\text{out低}}}{T_{低}} > \dfrac{Q_{\text{in高}}}{T_{高}}$ となる。このとき $\displaystyle\oint \frac{\dd Q}{T}$ という積分において、吸熱側（$\dd Q$ が正である側）の寄与の方が小さくなり、積分結果が負になる。

[21] 安易に $\dd Q = T\,dS$ という書き直しをしないように。この式が成立するのは準静的な場合だけである。そして、Clausius の不等式は準静的でなくても成立する。

　一般的なサイクルの例として、状態 A $\boxed{S,V}$ と状態 B $\boxed{S+\mathrm{d}S,V+\mathrm{d}V}$ を行き来するサイクルを考える。まず準静的とは限らない操作で、$\text{đ}Q$ の熱を吸収すると同時に $\text{đ}W$ の仕事をしつつ、状態 A から状態 B に変化させる。次に準静的操作で状態 A に戻る。このとき（準静的操作なので）系は $T\,\mathrm{d}S$ の熱を放出しつつ、$-P\,\mathrm{d}V$ の仕事をする。

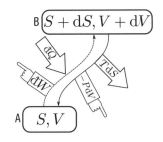

　このサイクルに対して Clausius の不等式を使うと、$\dfrac{\text{đ}Q}{T}-\mathrm{d}S\le 0$ となる。一般的操作では $\boxed{T\,\mathrm{d}S\ge \text{đ}Q}$ であることがわかる。よって、$T\,\mathrm{d}S$ は「最大吸熱」となる。

　「吸熱」という言葉で表現しているが、これは $\boxed{\text{đ}Q>0}$ または $\boxed{\mathrm{d}S>0}$ に限るという意味ではない。$\boxed{T\,\mathrm{d}S\ge \text{đ}Q}$ は $\begin{cases}\mathrm{d}S>0,\ \text{đ}Q>0 \text{ ならば } |T\,\mathrm{d}S|\ge|\text{đ}Q| \\ \mathrm{d}S<0,\ \text{đ}Q<0 \text{ ならば } |T\,\mathrm{d}S|\le|\text{đ}Q|\end{cases}$

となって、負の量どうしの不等式としても成り立つ。

---------------------------------練習問題---------------------------------

【問い 9-8】上で考えた二つの状態 A と B の内部エネルギーの差

$\begin{cases}\text{準静的操作では } \boxed{\mathrm{d}U=T\,\mathrm{d}S-P\,\mathrm{d}V} \\ \text{準静的と限らない一般の操作では、} \boxed{\mathrm{d}U=\text{đ}Q-\text{đ}W}\end{cases}$ である。このことから、$\boxed{\text{đ}W\le P\,\mathrm{d}V}$ を示せ。これは A から A に戻るサイクルのする仕事が 0 以下であることを示している。

解答 → p353 へ

9.2　エントロピーと熱力学第二法則

9.2.1　エントロピーの性質

　このようにして $\boxed{S=\dfrac{U-F}{T}}$ という式で定義された 5.5.2 項 ($\to$ p116) で考えた S がそうだったように、「断熱準静的操作では変わらない」さらには「不可逆な断熱操作では増える」という重要な性質を持つ。その他の性質について考えていこう。

　S が示量変数で相加的であることは、U,F が示量的で相加的である（T は示強変数）ことを考えるとわかる。

次に大事な性質として、以下のことも言える。

結果19: エントロピーは温度の増加関数

示量変数（体積 V など）を固定すると、$T < T'$ を満たす任意の T, T' に対して

$$S(T; \{V\}, \{N\}) < S(T'; \{V\}, \{N\})\qquad(9.37)$$

が成り立つ。よって $\left(\dfrac{\partial S(T, \{V\}, \{N\})}{\partial T}\right)_{\{V\}, \{N\}} > 0$ である。

エントロピーの温度変化を、p100 で考えた図（下に再掲）

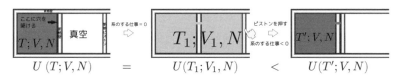

のような操作について考えてみよう。第二段階の変化においてピストンは準静的に押されているので、$S(T_1; V_1, N) = S(T'; V, N)$ である。第一段階と第二段階を合わせると体積一定で温度が上がるという不可逆な操作だから、$S(T; V, N) < S(T'; V, N)$ である。まとめてこの三つの状態のエントロピーの大小関係は

$$S(T; V, N) < S(T_1; V_1, N) = S(T'; V, N)\qquad(9.38)$$

となる。これから、S が T の増加関数であることがわかる。

上の操作において、「U が保存する過程」と「S が保存する過程」は一致しないことに注意せよ。

(9.32) で求めた _{→ p179} $\left(\dfrac{\partial U[S, V, N]}{\partial S}\right)_{V, N} = T(S, V, N)$ からエントロピー S の変化と内部エネルギー U の変化は同符号であること（U が増えると S が増え U が減れば S も減る）がわかる（【演習問題9-1】_{→ p196} も参照せよ）。これにより、Planck の原理 **結果1** _{→ p84} を以下のように書き換えることができる。

> ┌─ 結果20: 示量変数を変えない断熱操作でエントロピーは減らせない ─┐
>
> 他の示量変数 $\{V\}, \{N\}$ を変えずにエントロピーを減らす断熱操作は存在しない。

すなわち、$\boxed{T; \{V\}, \{N\}} \xrightarrow{\text{断熱}} \boxed{T'; \{V\}, \{N\}}$ という操作が行われたならば、常に $\boxed{S(T; \{V\}, \{N\}) \leq S(T'; \{V\}, \{N\})}$ （操作が準静的である場合のみ、等号が成り立つ）である。

9.2.2 エントロピー増大の法則

結果20 の「示量変数を変えずに」という条件はなくてもよく、以下の「エントロピー増大の法則」が一般的に成り立つ。

> ┌─ 結果21: エントロピー増大の法則としての熱力学第二法則 ─┐
>
> 周囲から断熱された系のエントロピーはいかなる操作を行っても減少することはない。

この表現は断熱操作に関するものであるという点で Planck の原理 結果1 に近いが、もちろん他の熱力学第二法則の表現と等価である[22]。
→ p84

結果20 から 結果21 を示そう。もしもエントロピーを減らす操作

$$\begin{array}{ccc} \boxed{T; \{V\}, \{N\}} & \xrightarrow{\text{断熱}} & \boxed{T'; \{V'\}, \{N\}} \\ S(T; \{V\}, \{N\}) & > & S(T'; \{V'\}, \{N\}) \end{array} \tag{9.39}$$

が存在していたとすると、断熱準静的操作を使って体積を $\{V\}$ に戻せば、

$$\begin{array}{ccccc} \boxed{T; \{V\}, \{N\}} & \xrightarrow{\text{断熱}} & \boxed{T'; \{V'\}, \{N\}} & \xrightarrow{\text{断熱準静}} & \boxed{T''; \{V\}, \{N\}} \\ S(T; \{V\}, \{N\}) & > & S(T'; \{V'\}, \{N\}) & = & S(T''; \{V\}, \{N\}) \end{array} \tag{9.40}$$

が実現してしまい、結果20 に反する。これで「温度が一つである系」に対して 結果21 が示せた（温度が複数である場合については次項で考える）。

エントロピー増大の法則は 任意の 断熱操作に対するものだということを強調しておこう。外部から仕事をするような操作であっても、エントロピーを小さくすることはできない。

---

[22] Planck の原理や Kelvin の原理には「示量変数を元に戻す（サイクル）」という条件が付いていたが、この表現にはそんな条件はない。

5.4.2項で、断熱操作で行ける場所と行けない場所があり、その境界が「断熱
→ p107
準静的操作で行ける場所」になるという話をした（さらに5.5.2項でその「行け
→ p116
る場所」を分類する新しい変数を考えた）。エントロピーがまさに「断熱操作で
行ける場所 $\boxed{dS \geq 0}$」と「行けない場所 $\boxed{dS < 0}$」を分類する変数になってい
る（境界は「断熱準静的操作で行ける場所 $\boxed{dS = 0}$」）。

「エントロピーは減らせない（増大する）」と言われると「がんばればなんと
かなりませんか？」という気分になる人が多いが、その「がんばる」の意味が
「外部から仕事をする」という意味なら、「がんばっても無駄だ」というのが答え
である。この点を誤解して「エネルギーを消費すればエントロピーを減らせる」
と考えている人は多い。同様に「クーラーは電力を使って仕事をしているから
室内を冷却する（エントロピーを減らす）ことができる」と単純に考えている
人がいるが、仕事を行っても仕事をされた系のエントロピーは決して減らない。
仕事を行うことにより、「系の一部のエントロピーを下げて別の一部のエントロ
ピーを上げ、かつトータルのエントロピーが減少しないようにする」ことは可能
である。クーラーが行っているのは「室内のエントロピーを下げて室外のエン
トロピーをそれ以上に上げる」ことなのだ。

9.2.3　温度が違う区画を持つ系のエントロピー増大の法則

　クーラーの例を出したので、系が二つの領域（上の例では「室内」と「室
外」）に分かれていて別の温度になっている場合のエントロピーの増大則に
ついて確認しておく。下の図のように、二つの区画があり区画間を断熱壁で
仕切られている系が、ある状態 A$\boxed{(T_{A1}; V_{A1}, N_1)(T_{A2}; V_{A2}, N_2)}$から別の状態
B$\boxed{(T_{B1}; V_{B1}, N_1)(T_{B2}; V_{B2}, N_2)}$に断熱操作で変化できるかどうかを考えてみ
る。エントロピーS、内部エネルギーU、Helmholtz自由エネルギーFは相加的
だからこのような区画を持つ系全体は、各々の区画のそれらの和であるS, U, F
を持っている。

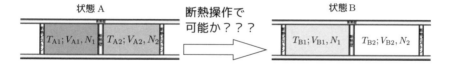

温度が一つ（$\boxed{T_\mathrm{A}; (V_\mathrm{A1}, N_1)(V_\mathrm{A2}, N_2)}$ と $\boxed{T_\mathrm{B}; (V_\mathrm{B1}, N_1)(V_\mathrm{B2}, N_2)}$ ）ならば、すでに説明した通り、$\boxed{S(T_\mathrm{A}; (V_\mathrm{A1}, N_1)(V_\mathrm{A2}, N_2)) \leq S(T_\mathrm{B}; (V_\mathrm{B1}, N_1)(V_\mathrm{B2}, N_2))}$ のときに A $\xrightarrow{\text{断熱}}$ B が 可能である。

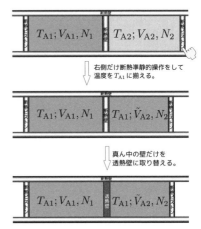

右側だけ断熱準静的操作をして温度を T_A1 に揃える。

真ん中の壁だけを透熱壁に取り替える。

温度を一つにするために、右の図のように、右側の系が左側と同じ温度になるように断熱準静的操作を行い（図には A だけを描いたが B の方も同様の操作を行う）、状態を $\boxed{(T_\mathrm{A1}; V_\mathrm{A1}, N_1)(T_\mathrm{A1}; \tilde{V}_\mathrm{A2}, N_2)}$ と $\boxed{(T_\mathrm{B1}; V_\mathrm{B1}, N_1)(T_\mathrm{B1}; \tilde{V}_\mathrm{B2}, N_2)}$ にする。断熱準静的操作しかしてないから、この段階でエントロピーは変化していない。ここでさっと断熱壁を透熱壁に取り替えると、温度が同じなのだから取り替え操作では状態に何の変化も生じない（エントロピーも変わらない）。

これで状態は状態 A と同じエントロピーを持つ状態 A′ と、状態 B と同じエントロピーを持つ状態 B′ になった。こうして問題は

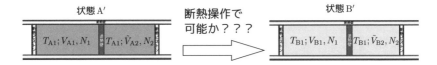

状態 A′　　　断熱操作で可能か？？？　　　状態 B′

に変わった。状態 A′ と状態 B′ はともに平衡状態である。

系の内部に透熱壁があるとはいえ $\boxed{\text{系}1 + \text{系}2}$ と外部は断熱されているのでこの後行う操作は断熱操作である。エントロピーが変化しないように準静的に操作を行って、状態 B′ の二つの体積を状態 A′ の体積に一致させ、状態 B″ $\boxed{(T'_\mathrm{B1}; V_\mathrm{A1}, N_1)(T'_\mathrm{B1}; \tilde{V}_\mathrm{A2}, N_2)}$ に（このとき温度が $T_\mathrm{B1} \to T'_\mathrm{B1}$ に変化）する。さらに問題が

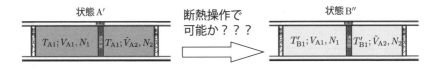

状態 A′　　　断熱操作で可能か？？？　　　状態 B″

に変わったわけである。これで示量変数が一致して温度が違うという状態になったので、A′ $\xrightarrow{\text{断熱}}$ B″ が可能な条件は（Planck の原理により）$\boxed{T_{\text{A1}} \leq T'_{\text{B1}}}$ であり、つまり $\boxed{S_{\text{A}'} \leq S_{\text{B}''}}$ である（断熱操作では示量変数が変化しないで温度を下げることはできない）。A′ $\xrightarrow{\text{断熱}}$ B″ が可能なら、A $\xrightarrow{\text{断熱準静}}$ A′ $\xrightarrow{\text{断熱}}$ B″ $\xrightarrow{\text{断熱準静}}$ B となって A $\xrightarrow{\text{断熱}}$ B が可能となる。その条件は $\boxed{S_{\text{A}} \leq S_{\text{B}}}$ である。二つの系に関する $\boxed{S_{\text{A1}} < S_{\text{B1}}}$ と $\boxed{S_{\text{A2}} < S_{\text{B2}}}$ が両方要求されるのではなく、エントロピーの和が増えていれば実現可能である（左側の系のエントロピーを減らし、右側の系のエントロピーをそれ以上に増やすことは可能）。

これで温度が違う断熱された二つの区画を持つ系についても $\boxed{\text{結果 21}}_{\to \text{p184}}$ が示せた。以上の議論は、区画の数が 3 以上に増えても同様に実行できる。

9.3 熱の移動

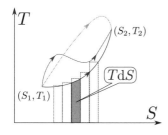

7.3 節では等温準静的操作の場合に限っ$_{\to \text{p139}}$て、系が吸収する熱（最大吸熱）を定義した（→(7.7) または(7.8)）。その段階ではま$_{\to \text{p142}}$ $_{\to \text{p142}}$だ F の T 依存性が決定されていなかったので等温準静的操作に限ったのだが、この章で $F[T; V, N]$ および $S(T; V, N)$ が完全に決定できたので、準静的であれば温度が変化する場合に拡張して熱を定義できる[23]。

系の全ての状態 $\boxed{T; V, N}$ の $S(T; V, N)$ が定義できていれば、等温操作ではない準静的な操作における吸熱は、等温の場合の $T\Delta S$[24] を積分に変えて、

$$Q = \int_{\text{経路}} T \, \mathrm{d}S \tag{9.41}$$

で計算できることになる。積分は考えている経路に沿って行うが、たとえ始状態と終状態が同じでも、経路が違えば積分結果の Q は違う（これは $\boxed{\mathrm{d}Q = T \, \mathrm{d}S}$

---

[23] $F[T; V, N]$ および $S(T; V, N)$ が完全に決定できた時点で熱力学で何かを計算するために必要な道具は完全に得られている。ここで「熱の移動」を定義するのは、一般的に言われる「熱の移動」とは何かをエントロピーを使った文脈で理解したいからである。

[24] そもそもエントロピーは、9.1.1 項で等温の場合に $\boxed{\Delta S = \dfrac{Q}{T}}$ で導入したことを思い出そう。$_{\to \text{p169}}$

が全微分ではないから）[25]。

　こういう計算ができる理由は「S が状態量であるから」である。エントロピーという状態量を見出すために、ここまで苦労してきたが、その苦労が終わったあとでは、熱を（準静的な場合であれば）(9.41) で表すことができるようになった [26]。

　同様に仕事 W

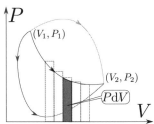

$$W = \int_{経路} P\,dV \qquad (9.42)$$

は始状態と終状態が同じでも経路が違えば違う。dQ と dW は全微分ではないが、その差である $\boxed{dU = T\,dS - P\,dV}$ は全微分なので

$$\Delta U = \int_{経路} (T\,dS - P\,dV) \qquad (9.43)$$

は、始状態と終状態だけで決まり途中の経路に依らない。よってこの積分は、

$$\Delta U = \int_{始状態}^{終状態} (T\,dS - P\,dV) \qquad (9.44)$$

のように書いていい [27]。この式は操作が準静的でありさえすれば成り立つ。

　$\boxed{dU = T\,dS - P\,dV}$ に体積一定という条件をつけると（つまり dW を 0 にすると）$\boxed{dU = T\,dS}$ になる。この式の両辺を dT で割ることにより、V が一定という条件のもとで $\boxed{\dfrac{dU}{dT} = T\dfrac{dS}{dT}}$ が言えるが、この式は

$$\left(\frac{\partial U(T;V,N)}{\partial T}\right)_{V,N} = T\left(\frac{\partial S(T;V,N)}{\partial T}\right)_{V,N} \qquad (9.45)$$

である。左辺は定積熱容量である。

---

[25] こうやって積分で定義するのは、実は「任意の操作」を「等温操作（グラフの水平線）→断熱操作（グラフの鉛直線）→等温操作→断熱操作→・・・」のような（S-T グラフ上で階段状の線になる）操作を考えて、「階段の段数 → ∞」極限と考えているのと同じことである。

[26] 準静的でない場合は途中が平衡状態ではなく、そのあいだ T も S も定義できないので、$T\,dS$ とは書けず、$\boxed{dQ \neq T\,dS}$ である。

[27] ということは積分可能条件が成り立つ。その計算は10.4節で具体的に計算しよう。

Carnotサイクルを縦軸T、横軸Sでグラフに表すと（最初に意図した通り）、右のような長方形のグラフになる。
→ p148

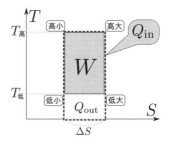

図に示したように、熱は $\boxed{Q_\text{in} = T_\text{高}\Delta S}$ だけ入ってきて、$\boxed{Q_\text{out} = T_\text{低}\Delta S}$ だけ出る。差し引き $(T_\text{高} - T_\text{低})\Delta S$ の熱[28]がサイクルに入ってくることになる。

$\boxed{Q_\text{in} - Q_\text{out} = W}$ が成り立つから、正味の熱を表す長方形の面積は、サイクルのする仕事にも等しい。

9.4 エントロピーが増大する現象

エントロピーという物理量が定義された今となっては、エントロピー増大の法則を使うことでコンパクトに熱力学第二法則を表現できる（→ $\boxed{結果 21}$）。では、エントロピーが増えるのはどういうときなのか？ ——特にこの節では、自発的にエントロピーが増える例を考えていこう。
→ p184

9.4.1 力学的エネルギーの損失とエントロピー

断熱された箱の中に気体と質量 m の質点が入れられているとしよう。質点が速さ v で動き回っていて運動エネルギー $\frac{1}{2}mv^2$ を持っているとすると、系の内部エネルギーは

$$U = U_\text{気体}(T; V, N) + \frac{1}{2}mv^2 \quad (9.46)$$

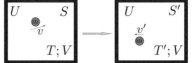

である。系全体の並進の運動エネルギーは「内部」エネルギーには入れないのが普通だが、この $\frac{1}{2}mv^2$ は系の「内部」で動き回る質点の運動エネルギーなので U に入れる[29]。系のエントロピーは $S_\text{気体}(T; V, N)$ であって、「質点のエントロピー」の寄与はない。質点は「内部構造を持たない」のが定義なので、温度という属性も持っていない。故にエントロピーはない（U と F に違いがない、と言ってもよい[30]）。

---

[28] この熱を「サイクルが吸収した正味の熱」と呼ぶこともある。「正味の」がつくと「プラス／マイナス（入る／出る）を考慮して足した」という意味になる。
[29] 厳密に考えると「中で質点が動き回っている」というのは平衡状態ではないのでここで行っている考察は平衡状態の熱力学の考えを逸脱している。この点が気になる人は、「質点を中に入れる」「外に出す」操作を追加して、その前後の（質点がいない）平衡状態を比較すればよい。
[30] 「質点は等温操作しても断熱操作しても、同じ反応しか返ってこない」と考えてもよい。

質点の速さが遅くなると、運動エネルギーも減少する。しかし、合成系は仕事をしてないのだから U は一定に保たれる。質点の速さが v' になったときに温度が T' になったとすると、

$$U = U_{気体}(T;V,N) + \frac{1}{2}mv^2 = U_{気体}(T';V,N) + \frac{1}{2}m(v')^2 \tag{9.47}$$

が成り立つ。このときエントロピーは $\boxed{S = S_{気体}(T;V,N) \rightarrow S' = S_{気体}(T';V)}$ と変化する。準静的でない変化なので系のエントロピーは増加し、$\boxed{S < S'}$ である。これは（エントロピーは温度の増加関数なので）$\boxed{T < T'}$ を意味し、内部エネルギーも温度の増加関数なので、$\boxed{U_{気体}(T;V,N) < U_{気体}(T';V,N)}$ である。ゆえに (9.47) から $\boxed{v > v'}$ となる（速さは減少する）。そして、$\boxed{v' = 0}$ になるとそれ以上エントロピーは増大することができず、質点は静止する。

この状態変化を見ている人が「温度を観測する」ことを失念[31] すると「エネルギーが保存してない」と感じてしまう。

------練習問題------

【問い 9-9】「温度を観測する」ことをやると、どの程度の上昇が観測されるのかを計算してみよう。箱の中に 1 mol で温度 300 K の単原子分子理想気体が入っているとして、中で質量 1 kg の質点が 1 m/s で運動していたとする。物体が静止したときの温度上昇はいくらか。　　　　ヒント → p339 へ　　解答 → p353 へ

我々は力学的現象を見るとき、「エネルギーが低い状態」が実現すると考えてしまう。しかし我々が「エネルギーが減った」と感じる現象が起きている場合も、周囲の物体の内部エネルギーまでちゃんと考慮に入れたエネルギーは保存している。実際に実現しているのは、「エントロピーが高い状態」である。物理法則は「エネルギーは保存する」と告げ、「エントロピーは増大する」と告げる。ゆえに最後に落ち着く「平衡状態」は「エネルギーは最初のままで、エントロピーが最大になった状態」である。

　　以上が質点系のような純力学的な系と熱力学的な系が複合系となっている場合のエントロピーの増加であった。次は熱力学的な系の複合系を考えよう。

[31]「失念」と言うとこの人が間抜けみたいだが、エネルギーやエントロピーの熱力学的概念を持つ前の人間はまさにこの通りに考えてしまっていた。それはこの人が間抜けだからではなく、必要な概念がまだなかったからである。【問い 9-9】をやってみれば、どの程度の温度上昇があるのかがわかる。

9.4.2　熱の移動とエントロピー最大

9.2.3項で考えたことを使って、温度が違う二つの区画に分かれた系の平衡を考

→ p185
えよう。最初二つの状態は動かない断熱壁で隔てられて、$\boxed{T_1; V_1, N_1}$＋$\boxed{T_2; V_2, N_2}$
の平衡状態にあったとする。

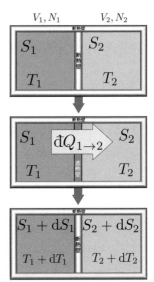

間の断熱壁をさっと透熱壁に取り替える。この
状況では V と N は変化しないから、変化するこ
とができるのは T_1, T_2 のみである。しばらくして
からまた透熱壁を断熱壁に戻すと、状態は平衡状
態に落ち着き、

$\boxed{T_1 + dT_1; V_1, N_1}$＋$\boxed{T_2 + dT_2; V_2, N_2}$になる。壁
が透熱壁だった時間が十分短く、温度変化（dT_1
と dT_2）は微小としよう。この変化は平衡状態の
始状態から、平衡状態の終状態への微小変化で
ある。

準静的な変化を考えるため、この透熱壁は非常
にゆっくりと熱が伝わる材質であったとしよう。
そうであれば、二つの区画それぞれに入っている
気体の状態は平衡状態を保ちつつ準静的に [†32]変
化する。

合成系は外部と断熱されてかつ仕事をしないから、内部エネルギーの和は変
化しない。よって、$\boxed{dU_1 + dU_2 = 0}$がこの合成系に課された拘束条件となる。
この式は

$$\overbrace{T_1\,dS_1}^{dU_1} + \overbrace{T_2\,dS_2}^{dU_2} = 0 \tag{9.48}$$

を書き直せる。必然的に、dS_1 と dS_2 は双方0でない限り、逆符号でなくてはい
けない [†33]。エントロピーは減らないのだから、$\boxed{dS_1 + dS_2 \geq 0}$である（よっ
て dS_1 と dS_2 の絶対値は等しいか、正のものの方が大きい）。

[†32] 「これを準静的と言っていいの?」という問題については、p72を参照。考えている系にどこまでが含
まれているかに注意しなくてはいけない。もちろん、これは理想的な過程で、実現しない。熱がすばやく
伝わってしまうと、平衡状態ではない状態を通じた変化が起こる。

[†33] 「符号は逆」とは言ったが、「消し合う」とは言ってない。「$\boxed{dS_1 = -dS_2}$だな」と早とちりしない
ように。エントロピーは断熱準静的操作の場合以外は保存しない。つまり、エントロピーの flow を考える
ことは（断熱準静的操作以外では）意味がない。

この式に T_1（正だから不等号の向きは変わらない）を掛けた

$$T_1\, dS_1 + T_1\, dS_2 \geq 0 \tag{9.49}$$

から(9.48)を引くことにより
→ p191

$$(T_1 - T_2)\, dS_2 \geq 0 \tag{9.50}$$

を得て、$\begin{cases} T_1 > T_2 \text{ ならば } dS_2 \geq 0 \\ T_1 < T_2 \text{ ならば } dS_2 \leq 0 \end{cases}$ がわかる。すなわち、温度が低い方のエントロピーが増え、温度が高い方のエントロピーが減る。

　系1から $dQ_{1\to 2}$ の熱が出て系2がそれを吸収したと考えると、系1にとっては $-dQ_{1\to 2}$ が吸熱であり、それは最大吸熱 $T_1\, dS_1$ 以下（$-dQ_{1\to 2} \leq T_1\, dS_1$）。また、系2では $dQ_{1\to 2} \leq T_2\, dS_2$ が成り立つ。二つを合わせると

$$-T_1\, dS_1 \leq dQ_{1\to 2} \leq T_2\, dS_2 \tag{9.51}$$

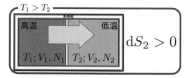

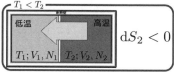

となる。$T_2\, dS_2 > 0$ なら $-T_1\, dS_1 > 0$ となり、間に挟まれた $dQ_{1\to 2}$ も正となる（$T_2\, dS_2 < 0$ ならこの逆で、$dQ_{1\to 2}$ は負）。ゆえに必ず、高温から低温へと熱が移動する（Clausiusの原理）。
→ p166

　状態が変化していくとき、「拘束条件が満たされる範囲でエントロピー最大の状態」に達すれば、もうそれ以上の変化は起こらない。よって上の不等式(9.50)の等号が成り立つときが最終状態であろう。つまり、最終状態では $T_1 = T_2$ である。「エネルギーが一定の状態がたくさんある場合は、エントロピーが最大の状態が実現する」という条件が「二つの系を熱的に接触させると温度が等しいところで平衡に達する」という結論を導くことになる。

【補足】 ＋＋＋＋＋＋＋＋＋＋＋＋＋＋＋＋＋＋＋＋＋＋＋＋＋＋＋＋＋＋＋＋＋＋＋＋＋

　上では変化の方向を考えていったが、単に「エントロピー最大になる条件」を得たいのであれば、以下のように考えればよい。

　内部エネルギーは一定なので $U_1[S_1, V_1, N_1] + U_2[S_2, V_2, N_2] = $ 一定 であり、V, N を変化させない操作では

$$\left(\frac{\partial U_1[S_1, V_1, N_1]}{\partial S_1}\right)_{V_1, N_1} dS_1 + \left(\frac{\partial U_2[S_2, V_2, N_2]}{\partial S_2}\right)_{V_2, N_2} dS_2 = 0 \tag{9.52}$$

が成り立つ。一方エントロピーが極大に達した最終状態では $dS_1 + dS_2 = 0$ になると考えてよい。これから、以下が導かれる（温度が等しい条件となる）。

$$\underbrace{\left(\frac{\partial U_1[S_1, V_1, N_1]}{\partial S_1}\right)_{V_1, N_1}}_{T_1} = \underbrace{\left(\frac{\partial U_2[S_2, V_2, N_2]}{\partial S_2}\right)_{V_2, N_2}}_{T_2} \tag{9.53}$$

✝✝✝✝✝✝✝✝✝✝✝✝✝✝✝✝✝✝✝✝✝✝✝✝✝✝✝✝✝✝✝✝ 【補足終わり】

<具体例> ....

下の図は、$\boxed{N_1 = N_2 = N}$ の場合で理想気体のエントロピーの温度に関係する部分 $cNR\log T$ を上の状況にあてはめ、$cNR\log T_1$ と $cNR\log T_2$ をグラフにしたものである。

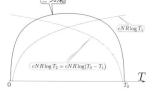

理想気体では内部エネルギーが一定という式は

$$cNRT_1 + cNRT_2 = 一定 \tag{9.54}$$

になるから、右辺の（一定）を $cNRT_0$ と書くことにして、$\boxed{T_2 = T_0 - T_1}$ として同じグラフに書いている（物質量は N で共通とした）。二つのエントロピーの和が最大になるのは $\boxed{T_1 = T_2 = \dfrac{T_0}{2}}$ のところである。

結果は「自然に起こる変化では温度が一定になったところで変化が止まる」というもっともなものとなった。日常的感覚で「当たり前」のことが、エントロピー最大という法則から導かれることがわかる。

------------------------------練習問題------------------------------

【問い 9-10】 上で考えた理想気体二つの状況において、物質量 N が二つで違っていた場合でも、エントロピー最大の条件は温度が等しいとなることを示せ。

ヒント → p339 へ　　解答 → p353 へ

9.4.3 体積も変化可能な場合のエントロピー最大

前節の状況で始状態と終状態の間で取り替えられていた透熱壁が「動く」ものであったとしよう。そのときは体積も変化できる。ただしいくらでも変化できるわけではなく、$\boxed{V_1 + V_2 = V_0}$ を満たしつつ変化するので

$$dU_1 + dU_2 = 0, \quad dV_1 + dV_2 = 0 \tag{9.55}$$

の二つの条件を満たしつつ、S が最大となる条件を探す。

ここで考えているような拘束条件を満たしながら変化する場合、エントロピー

増大の法則があるからといって際限なくエントロピーが増大し続けるわけではなく、どこかで最大値を持つ。そして最大値に達したらもはやそれ以上の変化は（壁を取り替えたとしても）起きない。

エントロピーが最大のとき、その微分が0なので

$$\mathrm{d}S_1 + \mathrm{d}S_2 = 0 \tag{9.56}$$

が満たされる。

$$\overbrace{T_1\,\mathrm{d}S_1 - P_1\,\mathrm{d}V_1}^{\mathrm{d}U_1} + \overbrace{T_2\,\mathrm{d}S_2 - P_2\,\mathrm{d}V_2}^{\mathrm{d}U_2} = 0 \tag{9.57}$$

に $\boxed{\mathrm{d}V_2 = -\mathrm{d}V_1,\ \mathrm{d}S_2 = -\mathrm{d}S_1}$ を代入して、

$$(T_1 - T_2)\,\mathrm{d}S_1 - (P_1 - P_2)\,\mathrm{d}V_1 = 0 \tag{9.58}$$

となるから、温度と圧力が等しいときがエントロピー最大になると考えられる。経験的にも、もっともな結果である。

9.4.4　エントロピー最大とエネルギー最小　+++++++++++ 【補足】

> 🖳　本項の内容は後で考えることの予告なので、とりあえず飛ばしてもよい。

エントロピー増大の法則から、系が最終的に到達する平衡状態は「これ以上エントロピーが増えない状況」であるとわかる。ただし、系に何らかの適切な拘束条件を置かない限り、エントロピーは際限なく大きくなる（最大値はない）。これまでの例で言うと、9.4.1項と
→ p189
9.4.2項では「内部エネルギー U の総和および系の体積が一定」、9.4.3項では「U の総和
→ p191　　　　　　　　　　　　　　　　　　　　　　　　　　→ p193
と V の総和が一定」という拘束条件が課されていた。

9.4.2項では内部エネルギーの和が一定という条件のもとでエントロピーが最大になる
→ p191
条件を求めた。この系は二つの温度 T_1, T_2 を独立変数に選ぶことができる（始状態と終状態では壁は断熱壁なので両側の温度は一定に保たれるし、体積などは固定されているので変数ではない）。この場合系の自由度は2である。そこに「U の総和が一定」あるいは「S の総和が一定」という条件を加えると、自由度は1となる。

＜具体例＞ ・・・
9.4.2項の問題を理想気体で、かつ $\boxed{N_1 = N_2 = N}$ という簡単な場合で考えよう。
→ p191

内部エネルギー　　　　$U_1 + U_2 = cNR(T_1 + T_2)$ $\tag{9.59}$

エントロピー　　　　$S_1 + S_2 = NR\log\left(\dfrac{(T_1)^c V_1}{\xi N}\right) + NR\log\left(\dfrac{(T_2)^c V_2}{\xi N}\right)$

$$= NR\log\left(\frac{(T_1 T_2)^c V_1 V_2}{\xi^2 N^2}\right) \tag{9.60}$$

である。この式から、内部エネルギー一定は $\boxed{T_1 + T_2 = \text{一定}}$ （温度の相加平均が一定）であり、エントロピー一定は $\boxed{T_1 T_2 = \text{一定}}$ （温度の相乗平均が一定の線）だとわかる。

この系の「有り得る状態」を T_1-T_2 平面上の点で表現したのが右の図である。図には $\boxed{U_1 + U_2 = \text{一定}}$ および $\boxed{S_1 + S_2 = \text{一定}}$ の線が書き込まれている。「U を一定にして状態変化（グラフ上で――に沿って移動）」して、エントロピーの和が最大になるところを探すと、$\boxed{T_1 = T_2}$ が成り立つ状態（グラフ上では右上がり45度の直線上）にたどり着くことがわかる。

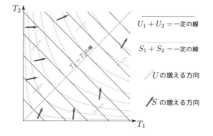

このグラフをよく見ると、「S を一定にして状態変化（グラフ上で――に沿って移動）」して、内部エネルギーの和が $\boxed{\text{最小}}$ になるところを探しても、やはり $\boxed{T_1 = T_2}$ が成り立つ状態（グラフ上では右上がり45度の直線上）にたどり着くことがわかる。

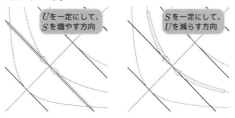

上で考えたのは理想気体の例であるが、一般的に以下のようなことが言える。

$\boxed{U \text{ を一定にして } S \text{ を増やす}}$ は「周囲と相互作用しないようにして自発的に起こる変化を待つ」に対応する。待った結果、平衡状態に達するともうエントロピーは増えない。

$\boxed{S \text{ を一定にして } U \text{ を減らす}}$ の方は「断熱準静的操作（S を一定）で仕事の形でエネルギーを取り出す（U を減らす）」つまり、「断熱準静的操作だけをして系に仕事をさせる[†34]」に対応する。S 一定の条件では U に最小値があるので、いずれ「もう取り出せない（U が減らせない）」状況になる――と解釈できる（具体例を【演習問題9-4】に示した）。→ p196これについては、S と U の関係について整理した後の10.6.1項でまた考えよう。→ p214

- 練習問題 -

【問い9-11】 上で考えた理想気体二つの状況において、物質量 N が二つで違っていた場合でも、S が一定で U が最小となる条件は温度が等しいことであることを示せ。

ヒント → p340 へ　　解答 → p353 へ

[†34] ここで「体積が変わってないなら断熱操作で仕事はできないだろう？！ ――Planck の原理はどうなった？」と思った人は $\boxed{\text{結果1}}$ を読み直そう。Planck の原理は温度が一つだけの系に対するものである→ p84（Kelvin の原理から導いたので、そうなる）。ここで考えている「二つの温度の違う区画がある系」は適用範囲外。平和鳥の例でもそうだったが「温度差があれば仕事はできる」のである。

9.5　章末演習問題

★【演習問題 9-1】
　右の図のように、温度 T の等温環境下で

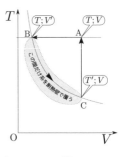

$$(9.61)$$

のようなサイクルを動かした。このサイクルに Kelvin の原理を適用することで「C→A で内部エネルギーが増えているならばエントロピーも増える」ことを示せ。

ヒント → p3w へ　　解答 → p15w へ

★【演習問題 9-2】
　$F[T; V, N] = -NkT^2\sqrt{R^2 - (V - V_0)^2}$ のような架空の Helmholtz 自由エネルギーを持った系を考える [35]。

(1)　この系のエントロピーを求めよ。

(2)　この系の圧力を求めよ。

(3)　物理的に許される V の範囲はどこからどこまでか。理由をつけて答えよ。

(4)　この系の内部エネルギー U を、N, S, V の関数として求めよ。

(5)　$\left(\dfrac{\partial U[S, V, N]}{\partial V}\right)_{S, N} = -P$ を確認せよ。

(6)　U を S で微分すると何になるか。それを答えたのち、実際に計算して確認せよ。

解答 → p16w へ

★【演習問題 9-3】
　【演習問題8-6】のサイクルの、T を縦軸、S を横軸とした図を描け。単原子分子として、
→ p168

$c = \dfrac{3}{2}$ を使え。　　　　　　　ヒント → p3w へ　　解答 → p16w へ

★【演習問題 9-4】
　9.2.3項で考えた系同様に断熱された二つの区画を持つ理想気体の系（図の左側を系1、
→ p185
右側を系2とし、簡単のために物質量は同じとする）に以下のような示量変数 $\{V\}$, $\{N\}$ が元に戻る操作を行う。

(1)　両側の区画それぞれを断熱準静的操作で体積を変化させ、双方の温度が等しくなったところで止める。このとき、体積はそれぞれ x_1 倍、x_2 倍になったとする。
$$\boxed{T_1; V_1, N} + \boxed{T_2; V_2, N} \quad \xrightarrow{\text{断熱準静}} \quad \boxed{T; x_1 V_1, N} + \boxed{T; x_2 V_2, N}$$

(2)　区画間の壁のみを透熱壁に変える。温度が変化しないように慎重に両側の体積を連動して変化させ、体積をそれぞれ最初の x_1' 倍、x_2' 倍にする。

---

[35] 架空の系なのでおかしなことも起こるが、そこはおおらかに考えよう。

$$\boxed{T; x_1V_1, N} + \boxed{T; x_2V_2, N} \xrightarrow{\text{断熱準静}} \boxed{T; x_1'V_1, N} + \boxed{T; x_2'V_2, N}$$

このとき、左右の区画の間では片方が熱を放出し、もう片方がその熱を吸収するという、「熱の移動」が行われている（つまり、$\boxed{T; x_1V_1, N} \xrightarrow{\text{断熱準静}} \boxed{T; x_1'V_1, N}$ではない）ことに注意しよう。しかし温度は一定に保たれていたのだから、$\boxed{T; x_1V_1, N} \xrightarrow{\text{等温準静}} \boxed{T; x_1'V_1, N}$という変化だったと考えることはできる（系2についても同様）。

(3) 再び区画間の壁を断熱壁に変えて、体積を元の状態に戻す。

$$\boxed{T; x_1'V_1, N} + \boxed{T; x_2'V_2, N} \xrightarrow{\text{断熱準静}} \boxed{T_1'; V_1, N} + \boxed{T_2'; V_2, N}$$

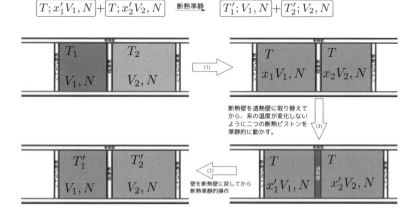

このとき、この系のエントロピーを変化させずに正の仕事をさせることができること、温度が等しくなるともうそれができなくなることを示せ。

（注意：なお、ここで行ったことの逆をすれば「系に負の仕事をさせる（外から正の仕事する）ことで、温度差がなかった系に温度差をつける」ことができる。クーラーのやっていることはこれである）。

ヒント → p4w へ　解答 → p17w へ

第 *10* 章

完全な熱力学関数としての U と F

内部エネルギーと Helmholtz 自由エネルギーの性質と、それらが持っている情報について考えていこう。

10.1 完全な熱力学関数

10.1.1 ここまでで使った「変数」

熱力学を記述するために必要な変数は、（1 成分の場合で考えると）

温度 T, エントロピー S, 圧力 P, 体積 V, 物質量 N, 化学ポテンシャル μ

$$(10.1)$$

である（ここまでで出てきたのは前の五つで、化学ポテンシャル μ については、11.1 節で導入する）。全てが独立ではないので、これらの中から独立変数を選ぶ
→ p226
ことになる。状態を指定するための独立変数を指定しきったら、上に書いた変数の残り、つまり独立でない変数もすべてわかるようになっていて欲しい。そのために系の情報をどれだけ持っていればいいかを考えよう。

> 📖 先走ってこの後何がわかるかを述べておくと、我々が三つの独立変数を持つ「完全な熱力学変数」なるものを既に得ているならば、(10.1) から三つの独立変数を除いた残り三つは全部求められる（系の情報は全部わかる）ようになっている。

ここまでの話では独立変数に T, V, N を選ぶことが多かった [†1]。その場合の従属変数は、上の「候補」の中から T, V, N を除いた $S(T, V, N), P(T, V, N)$（後

[†1] ただしここまで、N は変化しないものとして定数扱いしていることが多かった。

で出てくる $\mu(T;V,N)$）と、内部エネルギー $U(T;V,N)$ と Helmholtz 自由エネルギー $F[T;V,N]$ がある。本書では状態を表現するには $\boxed{T;\{V\},\{N\}}$ を使うのが適切であるという流れを採用したが、それ以外の独立変数-従属変数の選び方も状況によっては使ってよい[†2]。

$T;V,N$ を独立変数とした場合、F は $\begin{cases} T \text{ で微分すると } -S \\ V \text{ で微分すると } -P \end{cases}$ という関係を、U は $\begin{cases} S \text{ で微分すると } T \\ V \text{ で微分すると } -P \end{cases}$ という関係を満たす。この $\begin{cases} T \leftrightarrow S \\ P \leftrightarrow V \end{cases}$ という「相棒関係」を、

$$\begin{cases} T \text{ と } S \\ P \text{ と } V \end{cases} \text{ は共役な変数 (conjugate variable) である}$$

と表現する。ある関数 Φ が変数 $\mathcal{X}$ の関数であるとき、$\boxed{\mathcal{P} = \dfrac{\partial \Phi}{\partial \mathcal{X}}}$（場合によってはマイナス符号がつく）で定義される $\mathcal{P}$ が「$\mathcal{X}$ に共役な変数」になる[†3]。(10.1) で出てきた変数のうち N 以外は共役な変数のペアになっている
(後で N に共役な変数もちゃんと出てくる)。$\boxed{\mathcal{P} = \dfrac{\partial \Phi}{\partial \mathcal{X}}}$ という式で、エネルギーにあたる Φ は示量変数である。よって、$\mathcal{X}$ が示量変数なら $\mathcal{P}$ は示強変数となる（逆に $\mathcal{X}$ が示強変数なら $\mathcal{P}$ は示量変数）。共役な変数の「示量性／示強性」は反転する。

N はしばらく定数扱いするとしよう。独立変数として $T;V$ を選び、その関数としての Helmholtz 自由エネルギー $F[T;V,N]$ の関数形がわかっていると、$\boxed{\mathrm{d}F = -S\,\mathrm{d}T - P\,\mathrm{d}V}$ から、エントロピー S と圧力 P は微分を使って

$$\left(\frac{\partial F[T;V,N]}{\partial V}\right)_{T;N} = -P(T;V,N) \tag{10.2}$$

および

[†2] (10.1) で挙げたもの以外を変数とすることも可能である。V,N が同じなら T と U は 1 対 1 対応なので、$T(U,V,N)$ と、U を独立変数にして T を従属変数にしたってよいわけである。

[†3] 解析力学の Hamilton-Jacobi 方程式あたりまでをちゃんと勉強した人は、$x \leftrightarrow p$ や $t \leftrightarrow -H$ の関係がこの共役関係であることを覚えているだろう。Hamilton の主関数と呼ばれる量 $\bar{S}(x,t)$ は $\boxed{\left(\dfrac{\partial \bar{S}(x,t)}{\partial x}\right)_t = p}$ と $\boxed{\left(\dfrac{\partial \bar{S}(x,t)}{\partial t}\right)_x = -H}$ を満たす。これが量子力学の $\boxed{p \to -\mathrm{i}\hbar\dfrac{\partial}{\partial x}}$ と $\boxed{E \to \mathrm{i}\hbar\dfrac{\partial}{\partial t}}$ という対応関係につながる。

$$\left(\frac{\partial F[T;V,N]}{\partial T}\right)_{V,N} = -S(T;V,N) \tag{10.3}$$

と表現できる。こうして知るべき物理量が全て得られた。

　$T;V,N$ を独立変数として使う表示では、$F[T;V,N]$ が決まれば他の全て (S,P) が求められる[†4]。そういう意味で $F[T;V,N]$ を「完全な熱力学関数」と呼ぶ。完全な熱力学関数とは「その関数の形と、独立変数として選んだ変数の値を知っていれば、それ以外の熱力学で知りたい量（(10.1)を見よ）は全部出せ→ p198る」関数である。

＜具体例＞‥‥‥‥‥‥‥‥‥‥‥‥‥‥‥‥‥‥‥‥‥‥‥‥‥‥‥‥‥‥‥‥‥‥‥

　理想気体の F,T,V の立体グラフに上の情報を描き込んだのが下の図である。

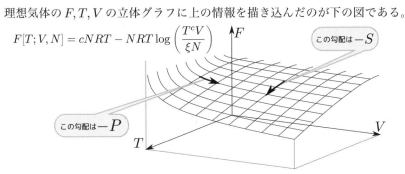

$$F[T;V,N] = cNRT - NRT \log\left(\frac{T^cV}{\xi N}\right)$$

この勾配は $-S$

この勾配は $-P$

　$\boxed{\mathrm{d}F = -S\,\mathrm{d}T - P\,\mathrm{d}V}$ から、「F の独立変数は $T;V$ であり、$P;S$ は偏微分係数として導ける」ことが読み取れる。つまりこの形に書けていれば（四つの変数がこのように漏れなく入っていれば）、完全な熱力学関数である。

10.1.2　$U(T;V,N)$ は完全な熱力学関数ではない

　上で述べたように $F[T;V,N]$ は完全な熱力学関数である。しかし $U(T;V,N)$ はそうではない。なぜならば、たとえば $U(T;V,N)$ から圧力 P を求めることは一般にはできない。

　断熱準静的操作での仕事は $\boxed{\mathrm{d}U = -P\,\mathrm{d}V}$ となったから、これを使えば P が求められると思うかもしれない。しかし断熱準静的操作での膨張（または収縮）では温度は一定ではないから、$\boxed{\left(\dfrac{\partial U(T;V,N)}{\partial V}\right)_{T;N} = -P(T;V,N)}$ ではない[†5]。

[†4] N を変数扱いする場合には、$F[T;V,N]$ を N で微分すると、後で出てくる μ も出る。
→ p226
[†5] T を一定とする偏微分では温度が変化する断熱準静的操作は記述できない。【演習問題5-4】参照。
→ p120

$\left(\dfrac{\partial U(T;V,N)}{\partial V}\right)_{T;N}$ と $\left(\dfrac{\partial F[T;V,N]}{\partial V}\right)_{T;N}$ が違うのは、$U(T;V,N)$ と $F[T;V,N]$ が違う関数だから当たり前だが、この違いは重要である。

$U(T;V,N)$ は完全な熱力学関数ではないので、これからは欲しい情報が得られないということも起こる。

<具体例>・・

理想気体の場合で U を $T;V,N$ で表すと $\boxed{U=cNRT}$ であった（V がない）。この式から $\left(\dfrac{\partial U(T;V,N)}{\partial V}\right)_{T;N}$ を計算すれば結果は 0 である。$\boxed{U=cNRT}$ は「大事な物理量である V,P の情報が入ってない」という点では、「困った式」である[†6]（この点では困った式だが、他の場面では使いみちがある[†7]）。

断熱準静的操作で固定されるのは、T ではなく、S である。そこで以下で エントロピー S を独立変数にしてみるといいのでは？ という考えを進めてみることにして、U を $U[S,V,N]$ と書く[†8]。

$U[S,V,N]$ の全微分の式 $\boxed{dU=T\,dS-P\,dV}$ [†9]から、「U の独立変数は S,V であり、T,P は偏微分係数として導ける」ことが読み取れる。

<具体例>・・

理想気体で具体的に実行してみよう。理想気体では

$$S = NR\log\left(\frac{T^c V}{\xi N}\right) \tag{10.4}$$

だから、これを逆に解くと

$$T = \left(\frac{\xi N}{V}\right)^{(1/c)} \exp\left(\frac{S}{cNR}\right) \tag{10.5}$$

となる。これを使うと $\boxed{U=cNRT}$ は以下のように書き換えられる。

$$U[S,V,N] = cNR \times \left(\frac{\xi N}{V}\right)^{(1/c)} \exp\left(\frac{S}{cNR}\right) \tag{10.6}$$

[†6] 後で出てくるエネルギー方程式 $\boxed{\left(\dfrac{\partial U(T;V,N)}{\partial V}\right)_{T;N} = T\left(\dfrac{\partial P(T;V,N)}{\partial T}\right)_{V,N} - P}$ という式を考え
→ p212
ると、理想気体でなくてもこの右辺が 0 になるような場合（P が T の 1 次の項のみでできている場合）は $U(T;V,N)$ は V に依存しなくなってしまうことがわかる。

[†7] 我々が実験から得る式はまず状態方程式、次に $U(T;V,N)$ であることが多いだろう。

[†8] 括弧が ( ) ではなく [ ] なのは、これが完全な熱力学関数であることがすぐ後でわかるからである。

[†9] N の微小変化 dN の項は、後しばらくは省略。

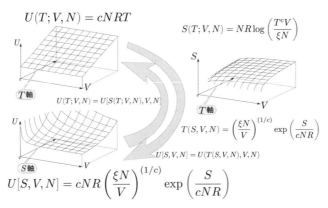

理想気体の内部エネルギー U を $T; V, N$ で表したものと S, V, N で表したものを 3D グラフにしたのが上の図である（ただし、グラフ上では N は変数として扱っていない）。S と $T; V, N$ の関係も同時に示した。

立体グラフの上で、どのように P, T が読み取れるかを以下に示した。

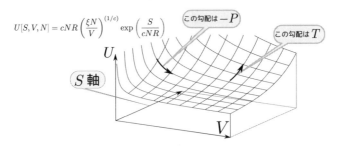

$\left(\dfrac{\partial U[S, V, N]}{\partial S}\right)_{V, N}$ は「V, N を一定にして S を変化させる方向の傾き」、

$\left(\dfrac{\partial U[S, V, N]}{\partial V}\right)_{S, N}$ は「S, N を一定にして V を変化させる方向の傾き」である。

U を $T; V, N$ でなく S, V, N で表すことには物理的意味がある。もともと Helmholtz 自由エネルギーは等温準静的操作という T が一定になる操作を使って定義されて、内部エネルギーは断熱準静的操作という、S が一定になる操作を使って定義されていた。つまり、「断熱して仕事をさせる」という状況に対応する微分（偏微分係数）は $\left(\dfrac{\partial U[S, V, N]}{\partial V}\right)_{S, N}$ （S を変化させずに V を変化させる）なのだ。

<具体例> . . . .

ここで理想気体の場合でこれらの偏微分係数を計算してみよう。上で考えた $U[S,V,N]$ を S, N を一定にしつつ V で偏微分する。

$$\left(\frac{\partial U[S,V,N]}{\partial V}\right)_{S,N} = \frac{\partial}{\partial V}\left(cNR\left(\frac{\xi N}{V}\right)^{(1/c)}\exp\left(\frac{S}{cNR}\right)\right) \qquad (10.7)$$

という式はややこしそうだが、よく見ると V は $\frac{1}{V^{(1/c)}}$ という因子の形でしか入っていない。$\boxed{\dfrac{\partial}{\partial V}\left(\dfrac{1}{V^{(1/c)}}\right) = -\dfrac{1}{c}\dfrac{1}{V^{(1/c)+1}} = -\dfrac{1}{cV}\times\dfrac{1}{V^{(1/c)}}}$ なので、この関数に対する V 微分は「$-\dfrac{1}{cV}$ を掛ける」のと同じである。よって

$$\left(\frac{\partial U[S,V,N]}{\partial V}\right)_{S,N} = -\frac{1}{cV}\overbrace{cNRT}^{U} = -\frac{NRT}{V} = -P \qquad (10.8)$$

となり、答えは正しく $-P$ になる。

　違う関数を微分しているのに、結果が同じになった（すぐ下で示すように、理想気体でなくてもこれは成立する）が、これはもちろん偶然ではない。

この、 $\begin{cases} \text{変数を } T \text{ から } \boxed{S = -\dfrac{\partial F}{\partial T}} \text{ へ変え同時に関数を } F \text{ から } U \text{ に変える} \\[2mm] \text{変数を } S \text{ から } \boxed{T = \dfrac{\partial U}{\partial S}} \text{ へと変え同時に関数を } U \text{ から } F \text{ に変える} \end{cases}$

という操作は、2.4 節で力学の例で
→ p34
導入しておいた「Legendre 変換」で
ある。Legendre 変換は「関数から
$\boxed{\text{接線の切片}}$」への変換」と見るこ
とができる（2.4 節を参照）ので、
→ p34
$U[S,V,N]$ と $F[T;V,N]$ の関係は右
のグラフのようである（グラフは理
想気体の場合で描いているが、接線
と U, F の関係は一般的なものである）。

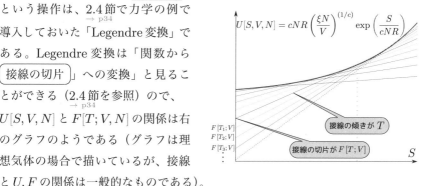

$F[T,V,N]$ は「完全な熱力学関数」だが、$U(T;V,N)$ はそうではない。しかし、$F[T;V,N]$ から $T \to S$ と変数を変える Legendre 変換を行った結果である

$U[S, V, N]$ は完全な熱力学関数である（Legendre 変換は「情報を失わない変換」$_{\to \text{p34}}$ であったから、完全な熱力学関数を完全な熱力学関数に変換する）。

もう一度 F の全微分を書いておくと、

$$\mathrm{d}F = \underbrace{\left(\frac{\partial F[T; V, N]}{\partial T}\right)_{V,N}}_{-S} \mathrm{d}T + \underbrace{\left(\frac{\partial F[T; V, N]}{\partial V}\right)_{T;N}}_{-P} \mathrm{d}V + \underbrace{\mathrm{d}N \text{ の項}}_{\text{省略}} \quad (10.9)$$

である。$\boxed{U = F + TS}$ の両辺の全微分を計算すると、

$$\mathrm{d}U = \overbrace{\underbrace{-S\,\mathrm{d}T}_{\text{相殺}\to} - P\,\mathrm{d}V}^{\mathrm{d}F} + \overbrace{\underbrace{\mathrm{d}T\,S}_{\leftarrow\text{相殺}} + T\,\mathrm{d}S}^{\mathrm{d}(TS)} = T\,\mathrm{d}S - P\,\mathrm{d}V \quad (10.10)$$

となる。よって、U の全微分は以下のようになる。

$$\mathrm{d}U = \underbrace{\left(\frac{\partial U[S, V, N]}{\partial S}\right)_{V,N}}_{T} \mathrm{d}S + \underbrace{\left(\frac{\partial U[S, V, N]}{\partial V}\right)_{S,N}}_{-P} \mathrm{d}V + \underbrace{\mathrm{d}N \text{ の項}}_{\text{省略}} \quad (10.11)$$

---------------------------------練習問題---------------------------------

【問い 10-1】 無事、$\boxed{\mathrm{d}U = T\,\mathrm{d}S - P\,\mathrm{d}V}$ という式が出た今となっては、これを積分すればエントロピーの式は得られる。理想気体の場合で積分を実行して、(9.18)$_{\to \text{p174}}$ を導け（ただし、この式からでは N 依存性が出ないが、そこは S が示量変数であることを使うか、Euler の式を使え）。$_{\to \text{p50}}$ ヒント → p340 へ 解答 → p353 へ

10.2 完全な熱力学関数としての $U[S, V, N]$

10.2.1 $U(T; V, N)$ と $U[S, V, N]$

＜具体例＞...

理想気体の内部エネルギーの式 $\boxed{U(T; V, N) = cNRT}$ はこれから圧力を導けないから完全な熱力学関数ではない。同じ量を S, V で表した式

$$U[S, V, N] = cNR \left(\frac{\xi N}{V}\right)^{(1/c)} \exp\left(\frac{S}{cNR}\right) \quad (10.12)$$

は完全な熱力学関数である。これを V で微分してマイナスをつけると圧力になることは式(10.8)ですでに見た（S を固定した微分であることに注意）。$_{\to \text{p203}}$

では温度 T は出てくるのか？ ——S で微分してみよう。上の式の中に S は $\exp\left(\dfrac{S}{cNR}\right)$ という因子の形でしか入ってないから、この関数を S で微分することは「$\dfrac{1}{cNR}$ を掛ける」ことと同じである。よって、

$$\underbrace{\left(\frac{\partial U[S, V, N]}{\partial S}\right)_{V,N}}_{S = S(T; V, N)} = \frac{1}{cNR} \times \overbrace{cNRT}^{U} = T \tag{10.13}$$

となって、ちゃんと T が出てくる。

---------------------------------練習問題-------------------------------

【問い 10-2】　F と U の関係を、$T; V, N$ を独立変数として書くと

$$F[T; V, N] = U[S(T; V, N), V, N] - T \times S(T; V, N) \tag{10.14}$$

となる。

(1)　右辺を T, N を一定にして V で微分すると、$\underbrace{\left(\dfrac{\partial U(S, V, N)}{\partial V}\right)_{S,N}}_{S = S(T; V, N)}$ に一致することを示せ（すぐ後で説明するように、こうなるのは F と U は Legendre 変換でつながっている関数だから「当たり前」なのだが、具体的計算で確認しておこう）。

(2)　上と同じ式を S, V, N を独立変数で書いてから S を一定にして V で微分するとどうなるか。

ヒント → p340 へ　　解答 → p354 へ

U と F の間の Legendre 変換は

$$\underbrace{U[S, V, N]}_{S = S(T; V, N)} = F[T; V, N] - T\left(\frac{\partial F[T; V, N]}{\partial T}\right)_{V,N} \tag{10.15}$$

$$\underbrace{F[T; V, N]}_{T = T(S, V, N)} = U[S, V, N] - S\left(\frac{\partial U[S, V, N]}{\partial S}\right)_{V,N} \tag{10.16}$$

のように対称な形に書ける（T と S が共役な変数だとも言える）。

U と F は $\boxed{F = U - TS}$ という関係でつながった「別の関数」だった。F は $T; V, N$ という変数で記述すると完全な熱力学関数 $F[T; V, N]$ になり、U は S, V, N という変数で記述すると、完全な熱力学関数 $U[S, V, N]$ になる。

それぞれを違う方法（一方は T を固定して、もう一方は S を固定して）で V で微分した結果は、

$$\left(\frac{\partial F[T;V,N]}{\partial V}\right)_{T;N} = \left(\frac{\partial U[S,V,N]}{\partial V}\right)_{S,N} = -P \tag{10.17}$$

のように、同じ圧力 P（に符号をつけたもの）になった[†10]。こうなる理由は、

$$\begin{cases} F \text{ は等温準静的操作（}T\text{ を一定に保つ操作）の仕事で} \\ U \text{ は断熱準静的操作（}S\text{ を一定に保つ操作）の仕事で} \end{cases}$$ 定義されていると思

えば納得がいく。p33 のコンデンサの図と次の図を見比べてほしい。

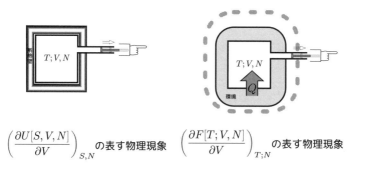

$$\left(\frac{\partial U[S,V,N]}{\partial V}\right)_{S,N}$$ の表す物理現象　　$$\left(\frac{\partial F[T;V,N]}{\partial V}\right)_{T;N}$$ の表す物理現象

【FAQ】$U[S,V,N]$ がそんなに重要なら、$U(T;V,N)$ を考える意味は何？

　　S は測定しにくい量なので、$U[S,V,N]$ は測定からすぐに求めるには不向きな関数である。直接測定できるのは $T,P;V$ の方で、それらから S を推測していくことになる。そのため、完全な熱力学関数ではないといっても $U(T;V,N)$ の出番は多い。

10.2.2　$S[U,V,N]$ とその凸性

$dU = TdS - PdV + (dN \text{ の項})$ という式（N はここでは定数扱いしているので、dN の項は考えない）を変形して

$$dS = \frac{1}{T}dU + \frac{P}{T}dV + (dN \text{ の項}) \tag{10.18}$$

[†10] 厳密には $\left(\dfrac{\partial F[T;V,N]}{\partial V}\right)_{T;N}$ は $-P(T;V,N)$ で $\left(\dfrac{\partial U[S,V,N]}{\partial V}\right)_{S,N}$ は $-P(S,V,N)$。表現は違うが取る値は同じ。

とすると、この式を「S は U, V, N を変数としたときに完全な熱力学関数 $S[U, V, N]$ となる」という意味に読み取ることもできる（係数 $\dfrac{1}{T}, \dfrac{P}{T}$ は、どちらも物理的意味があって、しかも 0 にならない量である）。すなわち、

$$\frac{1}{T} = \left(\frac{\partial S[U, V, N]}{\partial U}\right)_{V, N} \quad (10.19) \qquad \frac{P}{T} = \left(\frac{\partial S[U, V, N]}{\partial V}\right)_{U, N} \quad (10.20)$$

のようにして T, P を知ることができる。

--------------------------- 練習問題 ---------------------------
【問い 10-3】 理想気体の場合で式 (10.19) と (10.20) が成り立っていることを確認せよ。

ヒント → p340 へ　　解答 → p355 へ

$S[U, V, N]$ は以下の性質を持つ。

┌─────── 結果 22: $S[U, V, N]$ は凸な関数である ───────┐

エントロピー $S[U, V, N]$ は、任意の U_0, V_0, U_1, V_1 と $\boxed{0 \leq \lambda \leq 1}$ を満たす実数 λ に対し、以下が成立する。

$$S[(1 - \lambda)U_0 + \lambda U_1, (1 - \lambda)V_0 + \lambda V_1, N] \geq (1 - \lambda)S[U_0, V_0, N] + \lambda S[U_1 V_1, N]$$
$$(10.21)$$

└──┘

これは、以下のように 結果 11（→ p133）と同様の方法で証明することができる[†11]。

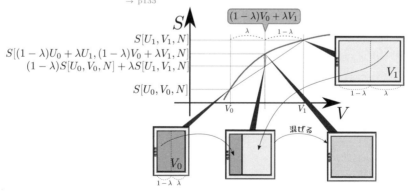

上のグラフは N は定数として、かつ U 軸方向を省略して描いている（真面目に描くなら 3 次元図にする必要がある）。

────────────────────
[†11] 結果 11（→ p133）は等温操作での F に関するものだが、ここでは断熱操作での S である。

(10.21) の意味するところは「2点を選んで直線を引くと、関数のグラフは
その直線より上に来る（グラフを参照）」ということである。この二つの状態
$\boxed{(1-\lambda)U_0,\ (1-\lambda)V_0,\ (1-\lambda)N}$ と $\boxed{\lambda U_1,\ \lambda V_1,\ \lambda N}$ を単に「混ぜる」という操作
を行えば（断熱して仕事をさせてないから、内部エネルギーの和は変化しないこ
とに注意）、状態 $\boxed{(1-\lambda)U_0+\lambda U_1,\ (1-\lambda)V_0+\lambda V_1;\ N}$ ができるが、この操作
は断熱的に行われるから、エントロピーは減らない（準静的操作ではないので、
増える）。

10.3 $U-TS$ の物理的意味

U から F を導くときの「TS を引く」ことの物理的意味を述べておこう。U と
F の違いは「断熱されているかどうか」あるいは「周囲から熱という形でエネ
ルギーの補給を受けることができるかどうか」であった。その理屈からすると
なんとなく「周囲から熱による補給を受けられる F の方が多いはず」と考えて
$\boxed{\text{じゃあなんで引くの？}}$ と思ってしまう人もいるかもしれない。

$\boxed{\text{エネルギーは絶対値ではなく『差』が大事}}$ という点[†12]に注意して欲しい。
引いているから「使えるエネルギーが減った」と思うのは早計である。

系が仕事をするには自分のエネルギーを下げなくてはいけない。等温環境に
おいては、Helmholtz 自由エネルギー $\boxed{F=U-TS}$ を下げることによってその
分仕事ができる（もっとも、準静的でないと最大仕事にはならない）。

断熱操作では「U を下げる」こと
でしか仕事ができないが、等温操作
では「U を下げる」ことでも、「TS
を増やす（←等温操作なのだからこ
れは「エントロピー S を増やす」と
同じ）」ことでも仕事ができる。今は
準静的操作を考えているから、エン

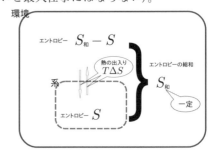

トロピーの和は増大しない[†13]。そこで、環境と系の持つエントロピーの和を $S_{和}$

[†12] 内部エネルギーだろうが Helmholtz 自由エネルギーだろうがこの事情は同じである。

[†13] 系は等温準静的操作されるからエントロピーは変化する。しかし、系と環境がともに準静的に等温操作
される場合、系と環境を合わせた複合系は断熱準静的操作をされたとみなせるので、合計のエントロピー
は変化しない。系のエントロピー増加と環境のエントロピー増加が逆符号で消し合っている。

とする[14]。エントロピーは「系が S、環境が $S_{和} - S$」と分けて持っていることになる。環境から熱の形で（$T\Delta S$ という形で）エネルギーが補給されるとすると、 環境はまだ $T(S_{和} - S)$ だけエネルギーを補給できる と考えることもできる。つまり「環境＋系」という全系には「隠れたエネルギー」$T(S_{和} - S)$ がある。このうち $TS_{和}$ の部分は「どうせ定数」（ポテンシャルエネルギーに定数を加えても物理的意味はない）だということで無視すれば、$U - TS$ が「等温環境内の系の持つエネルギー」と解釈できる。

例によってお金で説明する。断熱状態、つまりお金が補給されない状況では、サイフ中のお金（U）だけが「払える金額」である。一方 ATM が近くにあれば、「貯金の残高」も「払える金額」に算入する。この「貯金の残高」が $T(S_{和} - S)$ である。$TS_{和}$ が「最初の貯金額」で、TS は「すでに引き出した金額」だと思えばよい。TS が大きいことは、「すでに引き出してある量」が大きく、それだけ「使える残額が減っている」と考えることができる。

10.4 Maxwell の関係式

ここまで一貫して大事にしてきた「U, F, S が状態量であること」[15]から、以下で説明する有用な式を導くことができる。この節ではとりあえず N は変数扱いしないことにして（後でちゃんと $\mathrm{d}N$ の項も考える）、F の全微分の式を整理して書いておこう。

$$\mathrm{d}F = \overbrace{-S(T; V)}^{\left(\frac{\partial F[T;V]}{\partial T}\right)_V} \mathrm{d}T \overbrace{-P(T; V)}^{\left(\frac{\partial F[T;V]}{\partial V}\right)_T} \mathrm{d}V \tag{10.22}$$

右辺の $-S\,\mathrm{d}T - P\,\mathrm{d}V$ が全微分であるためには積分可能条件が成り立つ必要がある[16]。その条件とは、右の図のように「一周回ってくると F が元に戻る」条件であり、次の図のような周回積分の結果が

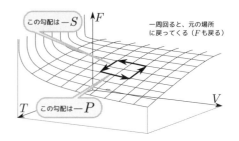

この勾配は $-S$

この勾配は $-P$

一周回ると、元の場所に戻ってくる（F も戻る）

---

[14] 環境は系に比べて十分大きい前提なので、$S_{和}$ は無限とみなしていいほどに大きな定数である。

[15] というよりは我々は F と S が状態量になるよう、9.1 節で注意深く定義した。
→ p169

[16] 最初に F が与えられて $\mathrm{d}F$ を計算したのであれば、もちろんこの式は全微分になっている。今は右辺だけがわかっている場合について考えている。

0 になることである。

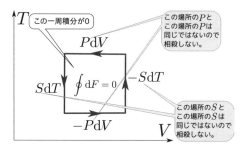

この条件のもう一つの表し方は「二つの偏微分が交換すること」であり、

$$\frac{\partial}{\partial T}\left(\frac{\partial}{\partial V}F[T;V]\right) = \frac{\partial}{\partial V}\left(\frac{\partial}{\partial T}F[T;V]\right)$$
$$\frac{\partial}{\partial T}\left(-P(T;V)\right) = \frac{\partial}{\partial V}\left(-S(T;V)\right)$$

$$(10.23)$$

であるから、

$$\frac{\partial P(T;V)}{\partial T} = \frac{\partial S(T;V)}{\partial V} \tag{10.24}$$

と求めてもよい。

この式（およびすぐ下で導入する同様
の関係式）を「Maxwell の関係式」と呼
ぶ[†17]。ここでは F の微分で考えたが同様
に内部エネルギーについても、

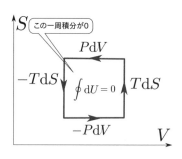

$$\mathrm{d}U = \overbrace{T(S,V)}^{\left(\frac{\partial U[S,V]}{\partial S}\right)_V}\mathrm{d}S \overbrace{-P(S,V)}^{\left(\frac{\partial U[S,V]}{\partial V}\right)_S}\mathrm{d}V$$
$$(10.25)$$

があるから、これらに対しても同様のことをやれば、それぞれについて

Maxwell の関係式（2 変数で F と U から）

$\mathrm{d}F$ から $_{(T;V\text{ が独立変数})}$　　　　$\left(\dfrac{\partial S(T;V)}{\partial V}\right)_T = \left(\dfrac{\partial P(T;V)}{\partial T}\right)_V$　　(10.26)

$\mathrm{d}U$ から $_{(S,V\text{ が独立変数})}$　　　　$\left(\dfrac{\partial T(S,V)}{\partial V}\right)_S = -\left(\dfrac{\partial P(S,V)}{\partial S}\right)_V$　　(10.27)

が得られる。

[†17] 新しい名前がついているが、中身は積分可能条件と変わるものではない。

p206 の FAQ でも触れたが、エントロピー S は測定しにくい量である。そのため、たとえば $\left(\dfrac{\partial S(T;V)}{\partial V}\right)_T$ を知りたいと思っても、即座には得られない。しかし Maxwell の関係式 (10.26) は $\left(\dfrac{\partial S(T;V)}{\partial V}\right)_T$ が $\left(\dfrac{\partial P(T;V)}{\partial T}\right)_V$ に等しいことを教えてくれる。$\left(\dfrac{\partial P(T;V)}{\partial T}\right)_V$ は「体積を一定にして温度を変えたときの圧力変化」で測ることができる（V を一定としたときの T-P グラフの傾きである）。このような意味でも Maxwell の関係式は有用（【演習問題10-2】も参照せよ）なのであり、単に数学的な関係ではない。$\boxed{\left(\dfrac{\partial S(T;V)}{\partial V}\right)_T = \left(\dfrac{\partial P(T;V)}{\partial T}\right)_V}$ から、同体積で温度を上げると圧力も上がる $\left(\left(\dfrac{\partial P(T;V)}{\partial T}\right)_V > 0\right)$ 物質ならば、等温で膨張するとエントロピーが増える $\left(\left(\dfrac{\partial S(T;V)}{\partial V}\right)_T > 0\right)$ とわかる。多くの気体はもちろん、この二つを満たすが、一方が成り立てばもう一方も成り立つ（逆も同様）ことを Maxwell の関係式が決めている。

→ p224

10.5 エントロピー的な力とエネルギー方程式

この節でも引き続き、N は定数扱いとする。

Maxwell の関係式を使って「測りにくい量を測れる量で表す」ことの例として、内部エネルギーを $U(T;V)$ と書いたときの V による微分を求める式を作ってみよう。まず、$\boxed{dU = T\,dS - P\,dV}$ という式を dV で割り

$$\frac{dU}{dV} = T\frac{dS}{dV} - P \tag{10.28}$$

という式を作る。この式は今考えている dV, dT などで表現される微小変化が（V-T グラフや P-V グラフの上で）どっちを向いているか（たとえば等温準静的操作なのか断準静的操作なのか）には関係なく成り立つ式である（ただし、dV で割っているので体積変化しない方向はちょっと困る）。

これに「エントロピーを一定」という条件を加えれば変化の方向が $\boxed{dS = 0}$ の方向となり $\boxed{\left(\dfrac{\partial U[S,V]}{\partial V}\right)_S = -P(S,V)}$ という式が出る。一方、「温度一定」という条件を置けば、

$$\left(\frac{\partial U(T;V)}{\partial V}\right)_T = T\left(\frac{\partial S(T;V)}{\partial V}\right)_T - P(T;V) \tag{10.29}$$

のように偏微分を使って書くことができる[†18]。

(10.29) から、圧力を $P = T\left(\dfrac{\partial S(T;V)}{\partial V}\right)_T - \left(\dfrac{\partial U(T;V)}{\partial V}\right)_T$ と表現することが

できる。等温環境内での「力」は、第 2 項 $-\left(\dfrac{\partial U(T;V)}{\partial V}\right)_T$ という、「エネルギー

の微分という形の通常の力[†19]」と、第 1 項 $T\left(\dfrac{\partial S(T;V)}{\partial V}\right)_T$ という、「エントロ

ピーを増やそうという作用が圧力という形で表現されている力」の和だと考え

ることができる。第 1 項を「エントロピー的な力 (entropic force)」と呼ぶこ

ともある。聞き慣れない人にとっては不思議な言葉に思えるかもしれないが、珍

しいものでもなんでもなく、たとえばおなじみの理想気体の圧力も（理想気体

では第 2 項が 0 なのだから）エントロピー的な力である。他にもゴムの弾性力

（【演習問題10-4】を参照）、溶液の浸透圧などはエントロピー的な力である。
→ p224　　　　　　→ p244

(10.29) に Maxwell の関係式の一つ $\left(\dfrac{\partial S(T;V)}{\partial V}\right)_T = \left(\dfrac{\partial P(T;V)}{\partial T}\right)_V$ を使うと、

以下の「エネルギー方程式」が導かれる。

───── エネルギー方程式 ─────

$$\left(\frac{\partial U(T;V)}{\partial V}\right)_T = T\left(\frac{\partial P(T;V)}{\partial T}\right)_V - P \tag{10.30}$$

エネルギー方程式を導くには以下のような方法もある。

───────────────

[†18] $dU = T\,dS - P\,dV$ の右辺に $dS = \left(\dfrac{\partial S(T;V)}{\partial T}\right)_V dT + \left(\dfrac{\partial S(T;V)}{\partial V}\right)_T dV$ を代入して

$dU = \left(\dfrac{\partial U(T;V)}{\partial T}\right)_V dT + \left(\dfrac{\partial U(T;V)}{\partial V}\right)_T dV$ と比較しても (10.29) は出せる。

これと同様に、$dU = T\,dS - P\,dV$ から V を一定にして dT で割れば、

$\left(\dfrac{\partial U(T;V)}{\partial T}\right)_V = T\left(\dfrac{\partial S(T;V)}{\partial T}\right)_V$ ((9.45) と同じ式) を得る。
→ p188

[†19] 「通常の」という言葉の意味が大事だが、今の場合、力学でよく使う式 $F_x = -\dfrac{\partial U}{\partial x}$ に似ているとい

う意味で「通常」である。ただしここでの微分は「T を一定とする偏微分」であることに注意。「T を一

定」という条件を置いて初めて「通常の力」と「エントロピー的な力」を区別する意味がある。

- 練習問題 -

【問い 10-4】 Legendre 変換の式 $U(T; V) = F[T; V] - T\left(\dfrac{\partial F[T; V]}{\partial T}\right)_V$ の両辺

を、「T を一定にして V で微分」することでエネルギー方程式を導け。解答 → p355 へ

【問い 10-5】 (10.30) を、F の全微分の式に S の定義を代入した式

$$dF = -\frac{U - F}{T}\,dT - P\,dV \tag{10.31}$$

（N は変数扱いせず、$T; V$ を独立変数とする）の積分可能条件から導け。

解答 → p355 へ

エネルギー方程式から

$$dU = \overbrace{NC_V}^{\left(\frac{\partial U(T;V)}{\partial T}\right)_V} dT + \overbrace{\left(T\left(\frac{\partial P(T;V)}{\partial T}\right)_V - P\right)}^{\left(\frac{\partial U(T;V)}{\partial V}\right)_T} dV \tag{10.32}$$

と書くことができる（C_V は定積比熱）。$U(T; V)$ は完全な熱力学関数ではない
が、全微分 dU を計算することはできる。 → p102

エネルギー方程式は「右辺が計測可能な $T, P; V$ だけで書けている」という点
でありがたい。我々は体積は測れるし、温度計や圧力計は持っている。しかし
「エネルギー計」や「エントロピー計」は持っていない。U や S は、測定できた
量（$T, P; V$）から推測していかなくてはいけない。エネルギー方程式を使うと
U の V 依存性が測定結果から導かれる。

<具体例> . . . .

理想気体では $P = \dfrac{NRT}{V}$ だから $\left(\dfrac{\partial U(T; V)}{\partial V}\right)_T = T\left(\dfrac{\partial P(T; V)}{\partial T}\right)_V - P = 0$

になる。つまり理想気体の状態方程式からただちに $U(T; V)$ が V に依らない
ことがわかる。ここで出てきた $T\dfrac{\partial}{\partial T}$ という微分演算子は「T の次数を数える
演算子」とみなすことができるから、「P が T に正比例しているなら、U は体 → p50
積 V に依存しない」[20] と言える。

以下の二つの練習問題では、van der Waals 気体と光子気体の内部エネル
ギーの式（前にこれらの気体が出てきたときには天下りに与えていた）を、エ → p103
ネルギー方程式から求める。

---

[20] p104 で考えて【問い 5-4】で考察した架空の気体も、この条件を満たすように作った。逆にこの条件を → p108

------------------------------- 練習問題 -------------------------------

【問い 10-6】 van der Waals の状態方程式に従う気体に関してエネルギー方程式
→ p109
を作り、気体の内部エネルギー U の式を作れ。ただし、U の体積に依存しない部
分は $cNRT$ になっているものとする。　　　　ヒント → p340 へ　　解答 → p356 へ

【問い 10-7】 内部エネルギー密度 $\dfrac{U}{V}$ が体積に依存しない関数 $u(T)$ となり、圧

力の $\dfrac{1}{3}$（すなわち $\boxed{P = \dfrac{1}{3}u(T)}$）である系の内部エネルギーの式を作れ。真空中

の電磁場に関してこの式が成立するので、この系は光子気体であるとも言える。
　　　　　　　　　　　　　　　　　　　　　　　ヒント → p340 へ　　解答 → p356 へ

【補足】 ＋＋＋＋＋＋＋＋＋＋＋＋＋＋＋＋＋＋＋＋＋＋＋＋＋＋＋＋＋＋＋＋＋＋＋＋＋

　このあたりで、「式がたくさんでてきて大変だ」という感想を持つ人が多いのだが、エ
ネルギー方程式にしろ Maxwell の関係式にしろ、元はといえば $\boxed{\mathrm{d}U = T\,\mathrm{d}S - P\,\mathrm{d}V}$

と $\mathrm{d}F = -S\,\mathrm{d}T - P\,\mathrm{d}V$ であり、これらをいろいろと変形しているだけなのだ。関
連付けていけば理解しやすい。

＋＋＋＋＋＋＋＋＋＋＋＋＋＋＋＋＋＋＋＋＋＋＋＋＋＋＋＋＋＋＋＋＋＋＋ 【補足終わり】

10.6　平衡の条件と変分原理

10.6.1　内部エネルギー最小とエントロピー最大

　力学ではエネルギーの変分原理からつりあいの条件がわかる。熱力学でも同
様に変分原理から最終的平衡状態をみつけることができる。9.4.2 項と 9.4.3 項
　　　　　　　　　　　　　　　　　　　　　　　　　　　　→ p191　　→ p193
では「エネルギー一定の条件のもとでのエントロピー最大」の状態が実現する例
を示し、9.4.4 項ではそれが「エントロピー一定の条件のもとでのエネルギー最
　　　　→ p194
小」と解釈することもできそうであることを述べた。ここで、この二つの条件
について考えておこう。$\boxed{T_1; V_1, N_1}$ と $\boxed{T_2; V_2, N_2}$ の二つの系が接触している状
況（9.4.2 項で考えたもの）で、そこに $\boxed{U_1 + U_2 = \text{一定}}$ という条件を置いてみる
　　→ p191
（体積や物質量は一定を保つとしよう）。

　エントロピーの変化を考えたいので、(10.18)で考えた $\boxed{\mathrm{d}S = \dfrac{1}{T}\mathrm{d}U + \dfrac{P}{T}\mathrm{d}V}$
　　　　　　　　　　　　　　　　　　→ p206
のように S を U, V の関数として考える（$S[U, V]$ は完全な熱力学関数である）。

満たさないのが【演習問題 5-2】の気体だが、この気体は（【問い 8-2】で示したように）Carnot の定理、ひ
　　　　　　→ p119　　　　　　　　　　　　　　　　　　　　　　→ p162
いては Kelvin の原理を満たさない。

ここでは二つの系の複合系を考えるので、それぞれの系に含まれる物質量 N も引数に入れる（ただし変化はさせない）。体積と物質量を変えずにエネルギーを変化させると二つの系のエントロピーの和 $S_1 + S_2$ の変化量は

$$
\begin{aligned}
&\mathrm{d}\left(S_1[U_1, V_1, N_1] + S_2[U_2, V_2, N_2]\right) \\
&= \underbrace{\left(\frac{\partial S_1[U_1, V_1, N_1]}{\partial U_1}\right)_{V_1, N_1}}_{\frac{1}{T_1}} \mathrm{d}U_1 + \underbrace{\left(\frac{\partial S_2[U_2, V_2, N_2]}{\partial U_2}\right)_{V_2, N_2}}_{\frac{1}{T_2}} \mathrm{d}U_2 \quad\Big)\,{}_{(\mathrm{d}U_2 = -\mathrm{d}U_1)} \\
&= \left(\frac{1}{T_1} - \frac{1}{T_2}\right) \mathrm{d}U_1 \tag{10.33}
\end{aligned}
$$

となる。「エントロピー増加」を不等式で表現すると $\boxed{\left(\dfrac{1}{T_1} - \dfrac{1}{T_2}\right) \mathrm{d}U_1 > 0}$ である。これから、$\begin{cases} T_1 > T_2 \text{ なら } \mathrm{d}U_1 < 0 \\ T_2 > T_1 \text{ なら } \mathrm{d}U_1 > 0 \end{cases}$ とわかる。

これは $\boxed{\text{高温の系から低温の系に向けてエネルギーが流れる}}$ を意味する。

ここではエネルギーの保存を考えたが、次にエントロピーの方が保存してエネルギーが変化する場合を考えよう。これはここまでとはまったく違う状況で、「断熱準静的操作だけを許して、系に仕事をさせ、終状態では体積を始状態と同じに戻しておく（【演習問題9-4】（→ p196）を参照）」という操作である。

$$
\begin{aligned}
&\mathrm{d}\left(U_1[S_1, V_1, N_1] + U_2[S_2, V_2, N_2]\right) \\
&= \underbrace{\left(\frac{\partial U_1[S_1, V_1, N_1]}{\partial S_1}\right)_{V_1, N_1}}_{T_1} \mathrm{d}S_1 + \underbrace{\left(\frac{\partial U_2[S_2, V_2, N_2]}{\partial S_2}\right)_{V_2, N_2}}_{T_2} \mathrm{d}S_2 \quad\Big)\,{}_{(\mathrm{d}S_2 = -\mathrm{d}S_1)} \\
&= (T_1 - T_2)\,\mathrm{d}S_1 \tag{10.34}
\end{aligned}
$$

となる。実際に起こる物理現象では $\begin{cases} T_1 > T_2 \text{ のとき } \mathrm{d}S_1 < 0 \\ T_1 < T_2 \text{ のとき } \mathrm{d}S_1 > 0 \end{cases}$ であるべき（高温の系から低温の系へとエントロピーが移動すべき）と考えると、この量 $\mathrm{d}\left(U_1[S_1, V_1, N_1] + U_2[S_2, V_2, N_2]\right)$ は負であるべきである。

以上から「U の総和を一定にしつつ S 最大の状態を探す」ことと「S の総和を一定にしつつ U 最小の状態を探す」のどちらもが、平衡状態を探す手段として使えることがわかる。最小値もしくは最大値を取っているときの条件はどちらにせよ、$\boxed{T_1 = T_2}$ である[†21]。

[†21] ここでは体積と物質量は変わらないとしたが、変化する（ただし和は一定）と考えて最大または最小に

10.6.2　熱浴内の体積一定の系の安定条件

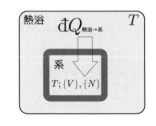

　ここではU一定の条件を外し、代わりに温度Tが一定という条件を入れよう。

　「温度T、総体積V、総物質量Nが一定の条件ではどのような状態が実現するか」[†22]——すなわち温度Tの熱浴の中にいる系の安定条件を考える。熱浴との間にエネルギーのやりとりがあるので、「Uが一定」という条件が外れるのはもっともなことである。

　系がある始状態（平衡状態）にあり、そこに外からの仕事や物質の流入を伴わないなんらかの操作（総体積Vや総体積Nは一定）を行うとしよう。たとえば、系の中にあった壁を取り外す、または断熱壁を透熱壁に直すなどである。平衡状態に達すると、終状態はどのような条件を満たすだろうか。

　　　 系 に等温操作が行われたという考え方
　　　 系＋熱浴 に断熱操作が行われたという考え方　　　の両方で考えていこう。

　 系への等温操作 として考えると（Kelvinの原理から導かれた）「準静的操作のときが最大仕事になり（ 結果10 ）、それはHelmholtz自由エネルギーの減少分に等しい（Fの定義(6.2)）」が役に立つ。始状態と終状態のHelmholtz自由エネ

→ p124
→ p125

ルギーをそれぞれ$F_始, F_終$としたとき、最大仕事は $W_{\max} = F_始 - F_終$ である。そして、今考えている状況では系は仕事をしない（ $W = 0$ ）か

$$F_始 \quad\quad\quad F_終$$
$$T; \{V_始\}, \{N\} \longrightarrow T; \{V_終\}, \{N\}$$
$$W \leq W_{\max} = F_始 - F_終$$

ら、最大仕事は0以上である（ $W_{\max} \geq 0$ ）。ゆえに $F_始 \geq F_終$ 、つまりFが小さくなる方向への変化が起こる。

　次に 系＋熱浴への断熱操作 として考える。まず舞台設定を確認しよう。系の体積や物質量は変化しないとして、系がある（準静的とは限らない）変化をしたとする。系の内部エネルギーは $dU_系 = đQ_{熱浴\to系}$ だけ変化する。外部の熱浴の方は、$đQ_{熱浴\to系}$ だけの熱を放出することになる。熱浴は（その定義により）準静的に変化するので、$đQ_{熱浴\to系} = -T\,dS_{熱浴}$ であり、熱浴の体積と物質量が変わらないことを考えると、$dU_{熱浴} = T\,dS_{熱浴}$ となる。

なる条件を求めると、$P_1 = P_2, \mu_1 = \mu_2$ という条件も出てくる。

[†22] 総体積と総物質量は一定だが、内部の状態はいろいろ変わる。

　系と熱浴を合わせた系は断熱された系なので、そのエントロピーの総和は減少することはなく、$\boxed{dS_\text{系} + dS_\text{熱浴} \geq 0}$ が成り立つ。この式を系に関する物理量だけで書き直す。

$$dS_\text{系} + dS_\text{熱浴} \geq 0 \quad \left.\right\} \, (dU_\text{熱浴} = T\,dS_\text{熱浴})$$

$$dS_\text{系} + \frac{1}{T} dU_\text{熱浴} \geq 0 \quad \left.\right\} \, (dU_\text{熱浴} = -dU_\text{系})$$

$$dS_\text{系} - \frac{1}{T} dU_\text{系} \geq 0 \quad \left.\right\} \, (\times T)$$

$$T\,dS_\text{系} - dU_\text{系} \geq 0 \tag{10.35}$$

となるが、ここで熱浴の温度は一定で、系の温度は始状態と終状態では熱浴の温度に等しいことから、最後の式の左辺は $\boxed{d(TS_\text{系} - U_\text{系}) = -dF_\text{系}}$ である。

【FAQ】系の温度は変化の途中は一定ではないのだから、T を $d(\quad)$ の括弧の中に入れてはいけないのでは？

　なるほど、系の温度 $T_\text{系}$ は一定ではない。しかし、ここで括弧内に入れた T は熱浴の温度であり、そちらは一定である。よって括弧の中に入れていい。そして、始状態と終状態では $\boxed{T = T_\text{系}}$ である。よって、始状態と終状態（系は平衡状態にある）では、$TS_\text{系} - U_\text{系}$ は $T_\text{系}S_\text{系} - U_\text{系}$ と同じである。

　二つの立場で考えたが、どちらの考え方でも、系が熱浴と接触し、かつ体積と物質量が変化しない場合、実現するのは、系の Helmholtz 自由エネルギーが減る（$\boxed{dF_\text{系} \leq 0}$）方向である。系は「$F$ が最小になる状態」へと変化して、取り得る最小の F に達すれば変化は終わる[†23]。

　「最小」と言っているが極小ではないのか？　——と疑問に思う人もいるかもしれないが、Kelvin の原理から Helmholtz 自由エネルギーが凸な関数でなくてはいけないことは 結果11 でわかっている。凸な関数は極小すなわち最小である。
→ p133

[†23] ここで、「体積が一定でなく圧力が一定ならどうなるか？」という疑問が浮かんだ人は、12.3.2 項まで
→ p257
待ってほしい。もちろん、条件が変われば最小にすべきエネルギーも変わる。

【補足】 ╋╋╋╋╋╋╋╋╋╋╋╋╋╋╋╋╋╋╋╋╋╋╋╋╋╋╋╋╋╋╋╋╋╋╋╋╋╋

　ある種の計算間違いをすると、『凸でない F』が計算結果として出てきてしまうことがある[†24]。実は、そのような「凸でない F」は「平衡状態の表現」になっていない[†25]。そんな「間違った F（凸でない領域を含む）」の中の間違っていない部分だけを使って「平衡状態を表現する F」（以下「真の F」）を得る方法を示そう。

　例として、ある示量変数 X に依存していて、X の値が X_A から X_B の間ではなんらかの計算によって得られた $F_{擬}[T; X, N]$（以下「擬似的 F」）が凸になっていない系を考える。X_A と X_B の間に点 $\boxed{X_1 = \lambda X_A + (1-\lambda)X_B}$ という点を取る（$0 \le \lambda \le 1$）。X_1 は X_A と X_B を $1-\lambda : \lambda$ に内分した点である。擬似的 F はこの状態のとき $F_{擬}[T; X_1, N]$ である。しかし、図に示したように、示量変数を X_1 で、より F の小さい状態を作ることができる。全物質量 N のうち物質量 λN の部分が状態 $\boxed{T; \lambda X_A, \lambda N}$ となり、残りの部分が状態 $\boxed{T; (1-\lambda)X_B, (1-\lambda)N}$ になっている状態の F は

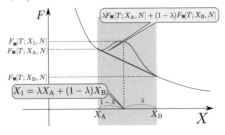

$$\underbrace{F[T; \lambda X_A, \lambda N]}_{\lambda F[T; X_A, N]} + \underbrace{F[T; (1-\lambda)X_B; (1-\lambda)N]}_{(1-\lambda)F[T; X_B; N]} \tag{10.36}$$

であり、この状態はグラフ上では $(X_A, F[T; X_A, N])$ と $(X_B, F[T; X_B, N])$ を結ぶ直線上にある。こちらの F の方が小さい。「平衡状態を表現する F」は、より小さい「真の F」の方である。

　ここで、A 点と B 点を直線で結んだので、この二つの点の情報以外は「真の F」には反映されていない（間違っていた部分は全て捨てられた）ことに注意しよう。

　「凸じゃない F が計算上現れるが、現実世界に現れない」物理現象の例は、11.3.6 項の最後の部分および → p244　　　→ p245 第 13 章で解説する。 → p269

　ここまでの説明で「A 点と B 点でスムーズに線がつながるのは、なんか怪しい」と思った人は、p271 の補足でもう少し説明するので、それまで待っていて欲しい。

╋╋╋╋╋╋╋╋╋╋╋╋╋╋╋╋╋╋╋╋╋╋╋╋╋╋╋╋╋╋╋╋╋╋╋╋╋╋ 【補足終わり】

[†24] 具体例は後でやるので、「そんな変な計算の話はいいや」と思う人は、この項は飛ばして、実例が出てきたところでこの補足に戻って欲しい。

[†25] 平衡状態を扱うことを前提とする熱力学で、平衡状態を表現してない熱力学関数を作ってしまった、というのがここでやってしまった間違いである。

10.7 変分原理と平衡条件の例

10.7.1 二つの領域に分けられた気体の平衡

二つの系が、等温の環境（熱浴）の中に置かれ、透熱壁を接して存在している。

壁が自由に動く場合、体積は $V_1 + V_2$ を一定値にしつつ変化することができる（V_1 が ΔV 増えれば V_2 が ΔV 減る）。

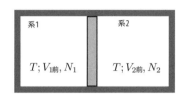

壁を誰かが「手」で固定していたときの状態を $\boxed{T; V_{1前}, N_1, V_{2前}, N_2}$ として、「手」を離して壁が自由に動けるようにした結果、状態 $\boxed{T; V_{1後}, N_1, V_{2後}, N_2}$ に変化したとする。前項で一般的に示したように、この変化は必ず「Helmholtz 自由エネルギーを減らす」方向に進む。

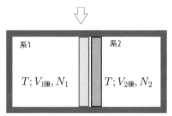

許される状況の中で F が最小となる条件を求めよう。体積が変化したときの $F[T; V_1, N_1, V_2, N_2]$ の変化は

$$\left(\frac{\partial F[T; V_1, N_1, V_2, N_2]}{\partial V_1}\right)_{T; N_1, V_2, N_2} dV_1 + \left(\frac{\partial F[T; V_1, N_1, V_2, N_2]}{\partial V_2}\right)_{T; V_1, N_1, N_2} dV_2 \quad (10.37)$$

である。体積の和は一定なので $\boxed{dV_1 + dV_2 = 0}$ が成り立ち、F の変化は

$$\left(\frac{\partial F[T; V_1, N_1, V_2, N_2]}{\partial V_1}\right)_{T; N_1, V_2, N_2} dV_1 - \left(\frac{\partial F[T; V_1, N_1, V_2, N_2]}{\partial V_2}\right)_{T; V_1, N_1, N_2} dV_1 \quad (10.38)$$

となるから、F が最小となる条件は

$$\left(\frac{\partial F[T; V_1, N_1, V_2, N_2]}{\partial V_1}\right)_{T; N_1, V_2, N_2} = \left(\frac{\partial F[T; V_1, N_1, V_2, N_2]}{\partial V_2}\right)_{T; V_1, N_1, N_2} \quad (10.39)$$

である。合成系の Helmholtz 自由エネルギーは

$$F[T; V_1, N_1, V_2, N_2] = F_1[T; V_1, N_1] + F_2[T; V_2, N_2] \quad (10.40)$$

のように系1と系2の Helmholtz 自由エネルギーの和なので、

$$\left(\frac{\partial F_1[T; V_1, N_1]}{\partial V_1}\right)_{T; N_1} = \left(\frac{\partial F_2[T; V_2, N_2]}{\partial V_2}\right)_{T; N_2} \quad (10.41)$$

が平衡の条件である。これはつまり、$\boxed{P_1 = P_2}$ となる。

<具体例> ....

理想気体の場合で計算してみよう。定数部分を省略した

$$F_1[T; V_1, N_1] = -N_1 RT \log \left(\frac{T^c V_1}{N_1} \right) \tag{10.42}$$

を使う（F_2 も同様とする）。合成系の Helmholtz 自由エネルギーは

$$F[T; V_1, N_1, V_2, N_2] = -N_1 RT \log \left(\frac{T^c V_1}{N_1} \right) - N_2 RT \log \left(\frac{T^c V_2}{N_2} \right) \tag{10.43}$$

であり、これを $\boxed{V_2 = V - V_1}$ としてから V_1 で微分すると

$$\frac{\partial}{\partial V_1} \left(-N_1 RT \log \left(\frac{T^c V_1}{N_1} \right) - N_2 RT \log \left(\frac{T^c (V - V_1)}{N_2} \right) \right) = 0$$

$$-N_1 RT \frac{1}{V_1} - N_2 RT \left(-\frac{1}{V - V_1} \right) = 0 \tag{10.44}$$

となって、圧力が等しいという条件になる。

------------------------------ 練習問題 ------------------------------

【問い 10-8】少し状況を変えてみよう。等温環境内にある断面積が A_1 と A_2 と異なる二つのシリンダーをピストンでつないでみる。この場合は $V_1 + V_2$ は一定にならず、V_1 が $A_1 \, \mathrm{d}x$ 増えたとき、V_2 の方は $A_2 \, \mathrm{d}x$ だけ減る。この場合の平衡条件を求めよ。

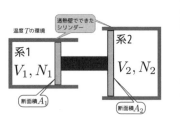

ヒント → p340 へ　　解答 → p356 へ

$\boxed{結果 11}$ の F の凸性の意味を力学的な観点から確認しておこう。
→ p133

右のように等温環境に置かれた断面積が A の[26]シリンダー内部の気体の圧力が P で、大気圧が P_0 であるときに他の系とのつりあいが成立していたとする。体積が増加して圧力が P' に下がったとすると、このとき（他の系の状況は変わらなかったとすれば）、力はつりあわず、ピストンを元に戻す方向

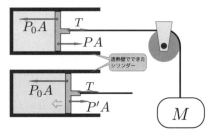

----
[26] 面積は普通は S を使うことが多いが、S はエントロピーで使っているので面積には A を使う。

の力が残る。そして元の安定点へと戻るだろう。

もし、$\dfrac{\partial P}{\partial V} > 0$ であれば、最初の位置を離れたピストンはさらに加速して離れていくことになる。安定な状況では $\dfrac{\partial P}{\partial V} < 0$、すなわち

$-\dfrac{\partial P}{\partial V} = \dfrac{\partial^2 F}{\partial V^2} > 0$ になっている。これは「F が下に凸」ということである。

10.7.2 空気は積もらない ＋＋＋＋＋＋＋＋＋＋＋＋＋＋＋＋＋＋ 【補足】

<具体例> . . . .

「内部エネルギー最小ではなく Helmholtz 自由エネルギー最小の状態が実現する」ことが重要なポイントとなる例として、以下のような疑問がある。

> 空気は地面に積もってしまった状態がエネルギー最低だが、自然が「エネルギーが最低の状態」を好むなら、なぜそれは実現してないのか？

ここまで無視してきた重力[27]を計算に入れ、温度 T の熱浴に接した一辺 L の立方体内の理想気体の状態を考えてみよう[28]。気体の「物質量密度」すなわち単位体積あたりの物質量 $\dfrac{N}{V}$ を ρ と書くことにする。ρ は質量密度ではない。単位物質量あたりの質量を M とすると[29] $M\rho$ が質量密度（単位体積あたりの質量）である。

重力場中での気体を考えると、気体の重さゆえに「下の方では気体の密度が濃い」という現象が起きるだろう。すなわち、ρ が高さの関数 $\rho(z)$ になるのが通常の理想気体との違いである。底面積 L^2 で高さ L の角柱を考えて、その底面から高さ z の場所での物質量密度（$\dfrac{N}{V}$ にあたるもの）を $\rho(z)$ と書くことにする。z から $z + \mathrm{d}z$ までの微小な領域を考えて、その領域内では気体の物質量密度は一定であると考えてよいとしよう。この領域には、物質量 $\rho(z)L^2\,\mathrm{d}z$ の気体が存在する。

全内部エネルギーは通常のものに、重力の位置エネルギーを足して

$$U = cNRT + L^2 M \int_0^L \mathrm{d}z\,\rho(z)gz \qquad (10.45)$$

である。全物質量を N とすれば、

$$N = L^2 \int_0^L \mathrm{d}z\,\rho(z) \qquad (10.46)$$

も成り立たなくてはいけない。この条件を満たしつつ、U を最小にする状態は、

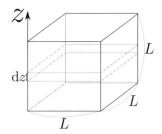

---

[27] 無視してきた理由は、重力の影響は小さいと思っていいからである。p223 の脚注 [33] を参照せよ。

[28] これは「有限の体積の中に入っている」という点と「熱浴に接している」という点で「空気（大気）」の問題とは少し違うが、ここでは少し問題を簡単化して考えることにする。実際の大気は、高いところほど温度が低くなるのが普通である。

[29] 物質量の単位を mol（モル）、質量の単位を g（グラム）にすれば、M は分子量になる。

$$\boxed{\rho(z) = \frac{N}{L^2} \delta(z)}^{\dagger 30}$$ のように、気体が底にへばりついている状態である。しかしそんな状況は実現しない（つまり「U を最小にする」という戦略は間違っている）。

　具体的に計算するために、まずはエントロピーを考えよう。エントロピーを計算するには、まず単位体積あたりのエントロピー $\boxed{\sigma = \dfrac{S}{V}}$、すなわち「エントロピー密度」から考える。重力の影響を考えない場合の理想気体のエントロピー密度は

$$\sigma = \frac{NR}{V} \log\left(\frac{T^c V}{\xi N}\right) = \rho R \log\left(\frac{T^c}{\xi \rho}\right) \tag{10.47}$$

であるから、高さ z の場所でのエントロピー密度は $\boxed{\sigma(z) = \rho(z) R \log\left(\dfrac{T^c}{\xi \rho(z)}\right)}$ となる。全エントロピーはこれの積分で以下のように求まる。

$$S = L^2 R \int_0^L \mathrm{d}z\, \rho(z) \log\left(\frac{T^c}{\xi \rho(z)}\right) \tag{10.48}$$

-------------------------------- 練習問題 --------------------------------

【問い 10-9】 エネルギーのことを考えずに上で求めたエントロピーが最大になる条件だけを考えると、$\rho(z)$ が定数という答えが出ることを確認せよ。

ヒント → p340 へ　　解答 → p356 へ

　上の【問い 10-9】を解くとわかるように、「S が最大」だけを条件にすると「空気は均等に分布する（密度が定数）」という結果が出る[31]。一方「U が最小」だけの条件なら「空気は積もる（底面に集まる）」結果が出る。

←エントロピー大　　　　　　　　　　　エントロピー小→
←内部エネルギー大　　　　　　　　　　内部エネルギー小→

 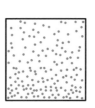 

　実現するのは、双方の「中間」（上の図[32]を見よ）である。「S が最大」も「U が最小」も物理的条件としてはふさわしくない。この状況で自然が選ぶのは「Helmholtz 自由エネルギーが最小」の状態である。

---

[30] $\delta(z)$ は Dirac のデルタ関数で、$\delta(x)$ は $\boxed{x=0}$ を除くあらゆる点で 0 であり、積分すると 1 になる。つまりは「$\boxed{x=0}$ の場所にぎゅっと圧縮されている」状況を意味する。位置エネルギーを小さくしていけばいいだろう、と考えるとこうなるのは、計算しなくてもわかるだろう。

[31] 解かなくても「S は系が均等に近づくと大きくなる」ことからこの結果はもっともだと思えるはず。

[32] 図では見た目のわかりやすさを優先して気体を分子の集団とする描き方をしているが、ここで計算を進めるにおいては「気体が分子でできている」という仮定は全く必要ないことに注意。

エントロピー S と内部エネルギー U はわかったので、Helmholtz 自由エネルギーは

$$F = cNRT + L^2 M \int_0^L \mathrm{d}z\, \rho(z)gz - TL^2 R \int_0^L \mathrm{d}z\, \rho(z) \log \left(\frac{T^c}{\xi\rho(z)} \right) \qquad (10.49)$$

のように求まる。条件(10.46)のついた変分問題なので、Lagrange 未定乗数を取り入れ
→ p221   → p335

$$\tilde{F} = cNRT + L^2 M \int_0^L \mathrm{d}z\, \rho(z)gz - TL^2 R \int_0^L \mathrm{d}z\, \rho(z) \log \left(\frac{T^c}{\xi\rho(z)} \right)$$
$$+ \lambda \left(L^2 \int_0^L \mathrm{d}z\, \rho(z) - N \right) \qquad (10.50)$$

を最小にする計算をするとよい。$\tilde{F}$ に対し ρ の変分を取ると

$$L^2 Mgz - TL^2 R \left(\log \left(\frac{T^c}{\xi\rho(z)} \right) - 1 \right) + \lambda L^2 = 0$$
$$\log \left(\frac{T^c}{\xi\rho(z)} \right) = 1 + \frac{Mgz + \lambda}{RT}$$
$$\rho(z) = \frac{T^c}{\xi} \exp \left(-1 - \frac{Mgz + \lambda}{RT} \right)$$
$$(10.51)$$

という式が出る。最後の式は

$$\rho(z) = \rho_0(T) \exp \left(-\frac{Mgz}{RT} \right) \qquad (10.52)$$

となる。関数 $\rho_0(T)$ は $\boxed{z = 0}$ での物質量密度であるが、その値は、条件(10.46)が満たさ
→ p221
れるように決まる。

結果、z が大きくなるにしたがって $\rho(z)$ が小さく（密度が薄く）[33] なることがわかる。実はこの結果自体は状態方程式とつりあいの式から力学的に求めることも可能である（エントロピーという概念は必要ない）。

もちろんこの問題を「エネルギーが一定でエントロピーが最大になる状況」を考えることで解くこともできる（【演習問題10-8】）[34]。
→ p225

---

[33] 普段、これを気にしないのは、$\dfrac{Mgz}{RT}$ が十分小さいからである。たとえば 300K の窒素を考えると $\boxed{R \simeq 8.3\ \mathrm{J/(K\cdot mol)}}$, $\boxed{T = 300\mathrm{K}}$ に対し $\boxed{M \simeq 28 \times 10^{-3}\ \mathrm{kg/mol}}$, $\boxed{g \simeq 9.8\ \mathrm{m/s^2}}$ なので、$\boxed{z \simeq 1\mathrm{m}}$ として $\boxed{\dfrac{Mgz}{RT} \simeq 1.1 \times 10^{-4}}$。この比はだいたい $\dfrac{\text{気体の重力の位置エネルギー}}{\text{気体の運動エネルギー}}$ である。

[34] 「U 一定で S 最大」と「T 一定でも F 最小」という二つの問題の解き方は、統計力学では「ミクロカノニカル分布とカノニカル分布の違い」に対応する。

10.8　章末演習問題

★【演習問題 10-1】

理想気体の $U[S, V, N]$ の式(10.12)から状態方程式 $\boxed{PV = NRT}$ を導け。
→ p204

ヒント → p4w へ　　解答 → p18w へ

★【演習問題 10-2】

エントロピー自体を測定できる計器はないので、測定できる温度、体積、圧力などから計算しなくてはいけない。S を $T; V$ の関数として求めたいときは

$$dS = \left(\frac{\partial S(T; V)}{\partial T}\right)_V dT + \left(\frac{\partial S(T; V)}{\partial V}\right)_T dV \tag{10.53}$$

を微分方程式と考えて解く。定積比熱の定義とMaxwellの関係式を使うことで
→ p102　　　→ p210

$$dS = \frac{NC_V}{T} dT + \left(\frac{\partial P(T; V)}{\partial T}\right)_V dV \tag{10.54}$$

がわかり、測定できる値 C_V, $\left(\dfrac{\partial P(T; V)}{\partial T}\right)_V$ [†35] を用いた全微分形がわかる。(10.53) から

(10.54) を導く過程を示せ。

ヒント → p4w へ　　解答 → p18w へ

★【演習問題 10-3】

【問い 5-1】で求めた式(B.41)とエネルギー方程式(10.30)が同じ式であることを示せ。
→ p106　　　→ p345　　　　→ p212

ヒント → p4w へ　　解答 → p18w へ

★【演習問題 10-4】

長さ ℓ で温度が T のゴム紐の張力を $K(T; \ell)$ とすると、ゴムの Helmholtz 自由エネルギーの全微分を $\boxed{dF = -S\,dT + K\,d\ell}$ と書くことができる (「張」力なので「圧」力と逆符号である)。ここでは K は T に比例するとしよう [†36]。このことから、以下を示せ。

(1)　温度一定ならばゴム紐の内部エネルギーが長さ ℓ に依らない。

(2)　ゴムを断熱的に伸ばすと、温度が上がる。

解答 → p19w へ

★【演習問題 10-5】

前問の脚注で書いたように、実際のゴムの弾性力には温度に依らない定数部分もあるので、張力を $\boxed{K(T; \ell) = a(\ell)T + b(\ell)\ \ (a(\ell), b(\ell)\ \text{は}\ \ell\ \text{の関数})}$ としてみよう (もちろん精密に実験するともっと複雑な温度依存性があるが、そこは無視してこのように考える)。内部エネルギーは温度に比例する部分と、長さ ℓ の関数の和の形 $\boxed{U = \alpha T + u(\ell)\ \ (\alpha\ \text{は定数})}$ とする。このゴム紐を使って以下のような Carnot サイクルを回す。

(1)　温度 $T_{高}$ の等温環境下で、$\boxed{T_{高}; \ell_{高長}}$ から $\boxed{T_{高}; \ell_{高短}}$ へと等温準静的操作 (吸熱する)。

(2)　断熱環境下で、$\boxed{T_{高}; \ell_{高短}}$ から $\boxed{T_{低}; \ell_{低短}}$ へと断熱準静的操作。

[†35] $\left(\dfrac{\partial P(T; V)}{\partial T}\right)_V$ は体積一定で温度を変えたときの圧力変化からわかる (T-P グラフの傾き)。

[†36] 実験的には、K は T に比例する部分と若干の定数項を持つことが知られているが、ここでは定数項は無視して考えよう。

(3) 温度 $T_{低}$ の等温環境下で、$\boxed{T_{低};\ell_{低短}}$ から $\boxed{T_{低};\ell_{低長}}$ へと等温準静的操作（放熱する）。

(4) 断熱環境下で、$\boxed{T_{低};\ell_{低長}}$ から $\boxed{T_{高};\ell_{高短}}$ へと断熱準静的操作。

（気体の場合と逆に、等温操作では膨張が放熱、収縮が吸熱であることに注意）

(1) と (3) での吸熱比が $\dfrac{T_{低}}{T_{高}}$ になることを確認せよ。 ヒント → p4w へ　解答 → p19w へ

★【演習問題 10-6】

【演習問題2-6】の 2 次元ゴム膜の問題を考える。張力 K_x, K_y が温度の関数であるとして、Helmholtz 自由エネルギーの微分を
→ p44

$$\mathrm{d}F = -S(T;L_x,L_y)\,\mathrm{d}T + K_x(T;L_x,L_y)\,\mathrm{d}L_x + K_y(T;L_x,L_y)\,\mathrm{d}L_y \quad (10.55)$$

のように書く（S はエントロピーである）。【演習問題2-6】ではエネルギーの積分可能条件
→ p44
だった式は、以下の Maxwell の関係式の一つになる。

$$\left(\frac{\partial K_y(T;L_x,L_y)}{\partial L_x}\right)_{T;L_y} - \left(\frac{\partial K_x(T;L_x,L_y)}{\partial L_y}\right)_{T;L_x} = 0 \quad (10.56)$$

この式が成り立つ K_x, K_y として、【演習問題2-6】で考えたのと同様に、
→ p44

(A) $\quad K_x(T;L_x,L_y) = \sigma(T)L_y, \qquad K_y(T;L_x,L_y) = \sigma(T)L_x \quad (10.57)$

(B) $\quad K_x(T;L_x,L_y) = f(T;L_x), \qquad K_y(T;L_x,L_y) = g(T;L_y) \quad (10.58)$

の二つの例を考えよう（あくまで例であり、もっと複雑な状況も考えられる）。

(1) (A) の場合、実はこの系の変数を 1 個減らせることを示せ。

(2) (B) の場合、この系は二つの系に分離できることを示せ。

ヒント → p4w へ　解答 → p20w へ

★【演習問題 10-7】

【問い 10-8】で考えた断面積の違うピス
→ p220
トンに、さらに糸をつないで質量 M のおもりを定滑車を通してつけてみる。おもりが $-Mgx$ の位置エネルギーを持つと考えて、おもりの位置エネルギーも Helmholtz 自由エネルギーに含まれるとして、平衡条件をもとめよ。

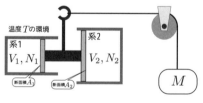

解答 → p21w へ

★【演習問題 10-8】

10.7.2項で考えた問題を、「全エネルギーは一定でエントロピーが最大となる条件」を考
→ p221
えて解こう。(10.52)と同じ式が出ること（密度は上に行くほど薄くなりつつも、気体が全
→ p223
体に広がって存在すること）を確認せよ。

ヒント → p4w へ　解答 → p21w へ

第 *11* 章

物質量と化学ポテンシャル

物質量 N が変数となる状況を考えよう。N に共役な示強変数として化学ポテンシャルが導入される。

11.1 変数としての N

この先ではこれまで定数扱いだった N を変数として扱わねばならない。そこで $U[S, V, N]$, $F[T; V, N]$ の物質量依存性の意味を考えていこう。

11.1.1 熱力学関数を N で微分する

「N が変化する状況」の代表例は化学変化である。たとえば酸素、水素、水蒸気の混合気体の内部エネルギーは $U[S, V, N_{酸素}, N_{水素}, N_{水蒸気}]$ のように三つの気体の物質量を変数として表現できるが、化学変化の結果「$N_{酸素}$ と $N_{水素}$ が減って $N_{水蒸気}$ が増える」のような変化が起こりえる。

こうなると、熱力学関数を N で微分することの意味を考えてみたくなる。U, F を V で微分すると「体積を変化させたときの手応え」に対応する $-P$ が得られたが、同様に N で微分すると「物質量を変化させたときの手応え」

$$\left(\frac{\partial F[T; V, N]}{\partial N}\right)_{T;V} = \left(\frac{\partial U[S, V, N]}{\partial N}\right)_{S,V} = \mu \tag{11.1}$$

が得られる[†1]。

[†1] $\left(\dfrac{\partial F[T; V, N]}{\partial N}\right)_{T;V}$ で得られる μ は $T; V, N$ の関数、$\left(\dfrac{\partial U[S, V, N]}{\partial N}\right)_{S,V}$ で得られる μ は S, V, N の関数である。値は同じだが表現が違う。一つの物理的状態において、それぞれの変数を代入すると結果は一致する。この二つが一致するのは F と U が Legendre 変換で結びついているからである。

→ p34

この量 μ を化学ポテンシャルと呼ぶ[†2]。μ は「物質量を変化させたときの内部エネルギーの変化の割合」を意味する。素朴に考えると「粒子を箱の中に放り込む」操作[†3]に必要なエネルギーにあたる量となる。

＜具体例＞ ....

ここまで理想気体では $\boxed{U(T;V,N) = cNRT}$ と考えてきたが、N が変化する状況（特に、化学変化などが起こる状況）では、内部エネルギー $U(T;V,N)$ は温度と物質量のみに比例する部分の他に、物質量 N にだけ比例する部分があり、物質が化学変化したときはこの部分が変化すると考えた方がよい（化学変化の具体的な話は第 14 章で考える）。

→ p293

そこで理想気体の U および F に、Nu という項を付け加えよう（u は物質の種類に依存する定数である）。温度と物質量に比例するエネルギーの他に、温度に依らず物質量に比例するエネルギー Nu があるものとして考え、(10.12) と (9.20) を以下のように修正する。

→ p204
→ p174

$$U[S,V,N] = cNR\left(\frac{\xi N}{V}\right)^{(1/c)} \exp\left(\frac{S}{cNR}\right) + Nu \tag{11.2}$$

$$F[T;V,N] = cNRT - NRT\log\left(\frac{T^c V}{\xi N}\right) + Nu \tag{11.3}$$

【補足】 ＋＋＋＋＋＋＋＋＋＋＋＋＋＋＋＋＋＋＋＋＋＋＋＋＋＋＋＋＋＋＋＋

「エネルギーは相対的な値だけが決まる」と力学でよく言われるが、それは物理において測定可能なのは「始状態と終状態のエネルギーの差」で[†4]、始状態と終状態のエネルギーに定数を足しても「エネルギー差」は変わらないからである。だから通常の（粒子数が変わらない）力学では、粒子の持っているエネルギーに定数を足しても全く物理に影響しない。つまり上で付け加えた Nu の項は、これまでの状況では何の影響も及ぼさなかった（だから、これまではつける必要がなかった）。しかし化学変化のような、始状態と終状態で物質量（粒子数）が変化する状況では、「粒子一個の持つエネルギー」——より正確には「粒子の種類の違いに依るエネルギーの差」が意味を持ってくるので、定数 u も重要になってくるのである。

＋＋＋＋＋＋＋＋＋＋＋＋＋＋＋＋＋＋＋＋＋＋＋＋＋＋＋＋＋＋ 【補足終わり】

[†2] 「化学」がついているのは、上で説明したように化学反応を考えるときに重要だからである。「単位電荷あたりの静電気力の位置エネルギー」が「静電ポテンシャル」であり、「単位質量あたりの重力の位置エネルギー」が「重力ポテンシャル」であるのと同様のネーミングになっている。

[†3] このとき、特に U の方は「S,V を変化させずに N だけ変化する」という、少し不自然な——不自然と言って悪ければ、慎重に調整された——操作をしている点に注意しておこう（【演習問題11-2】）。

→ p248

[†4] そもそもエネルギーの変化が仕事、という形でエネルギーが定義されているのだから、これはエネルギーという物理量の宿命である。

<具体例>‥‥‥‥‥‥‥‥‥‥‥‥‥‥‥‥‥‥‥‥‥‥‥‥‥‥‥‥‥‥‥‥‥

理想気体の場合で U と F から μ を計算しよう。それぞれ N で微分して、

$$\left(\frac{\partial U[S,V,N]}{\partial N}\right)_{S,V} = \left(1+\frac{1}{c}\right)cR\left(\frac{\xi N}{V}\right)^{(1/c)}\exp\left(\frac{S}{cNR}\right)$$
$$+ cNR\left(\frac{\xi N}{V}\right)^{(1/c)}\left(-\frac{S}{cN^2R}\right)\exp\left(\frac{S}{cNR}\right) + u$$
$$= \left((c+1)R-\frac{S}{N}\right)\left(\frac{\xi N}{V}\right)^{(1/c)}\exp\left(\frac{S}{cNR}\right) + u \quad (11.4)$$

$$\left(\frac{\partial F[T;V,N]}{\partial N}\right)_{T;V} = cRT - RT\log\left(\frac{T^cV}{\xi N}\right) - NRT\times\left(-\frac{1}{N}\right) + u$$
$$= (c+1)RT - RT\log\left(\frac{T^cV}{\xi N}\right) + u \quad (11.5)$$

となる。(11.4) と (11.5) は、見た目は違うが同じ量である。ここで「どうして そんなにうまくいくの？」と思った人は、Legendre 変換が「情報を失わない変 換」（→2.4.1 項）だったことを思い出せ。
_{→ p34}

まとめると、Helmholtz 自由エネルギー $F[T;V,N]$ の微小変化は

$$\mathrm{d}F = -S(T;V,N)\,\mathrm{d}T - P(T;V,N)\,\mathrm{d}V + \mu(T;V,N)\,\mathrm{d}N \quad (11.6)$$

となる。縮めて、

$$\mathrm{d}F = -S\,\mathrm{d}T - P\,\mathrm{d}V + \mu\,\mathrm{d}N \quad (11.7)$$

と書く（最後だけ符号がプラスだが、それぞれの偏微分係数の物理的意味に合わ せているのでこうなってもしかたない）。

同様に $\boxed{U[S,V,N] = F[T(S,V,N);V,N] + T(S,V,N)S}$ の方の微分を考え ると（まず略記で計算する）、

$$\mathrm{d}U = -S\,\mathrm{d}T - P\,\mathrm{d}V + \mu\,\mathrm{d}N + \mathrm{d}T\,S + T\,\mathrm{d}S = T\,\mathrm{d}S - P\,\mathrm{d}V + \mu\,\mathrm{d}N$$
$$(11.8)$$

となる。関数の引数も含めて書くと、

$$\mathrm{d}U[S,V,N] = T(S,V,N)\,\mathrm{d}S - P(S,V,N)\,\mathrm{d}V + \mu(S,V,N)\,\mathrm{d}N \quad (11.9)$$

という関係を作ることができる。$\boxed{\mathrm{d}F = -S\,\mathrm{d}T - P\,\mathrm{d}V + \mu\,\mathrm{d}N}$ にせよ $\boxed{\mathrm{d}U = T\,\mathrm{d}S - P\,\mathrm{d}V + \mu\,\mathrm{d}N}$ にせよ、「それぞれの独立変数が微小変化した 時に従属変数（F と U）がそれに応答してどのように変化するか」を余すことな く記述していることになる。

たとえば、$\boxed{dF = -S\,dT - P\,dV + \mu\,dN}$ という式は、

> - 温度を dT 変化させると、F は dT にエントロピー S を掛けた分だけ減る。
> - 体積を dV 変化させると、F は dV に圧力 P を掛けた分だけ減る。
> - 物質量を dN 変化させると、F は dN に化学ポテンシャル μ を掛けた分だけ増える。

と「読み取る」ことができる。

結局、F は $T; V, N$ を使って書いた時に完全な熱力学関数になる[†5]が、それは $\boxed{T; V, N \text{ の変化によって } F \text{ がどう変わるか}}$ を示す物理量（S と P と μ）が、物理的に意味のある（しかも決して 0 にならない）量だからだと言える。U が S, V, N で書くと完全な熱力学関数になるのも同様である。

「物質量 N が dN 変化する」状況として重要なのは化学反応である。たとえば、水素が燃えて水ができる（$2H_2 + O_2 \rightarrow 2H_2O$）場合には、水素の物質量 N_{H_2} と酸素の物質量 N_{O_2} が減って水の物質量 N_{H_2O} が増えるという現象が起きている。このとき、U や F は $\mu_{H_2}\,dN_{H_2} + \mu_{O_2}\,dN_{O_2} + \mu_{H_2O}\,dN_{H_2O}$ 増える（dN_{H_2O} が正のとき dN_{H_2} と dN_{O_2} は負）。10.7.1項で考えた二つの系の体積変化に伴う → p219 エネルギー変化が $-P_1\,dV_1 - P_2\,dV_2$ のように書かれたことを思い出すと、「V という示量変数の変化に応じてのエネルギー変化の割合」が圧力の逆符号 $-P$ であるのと同様に、「N という示量変数の変化に応じてのエネルギー変化の割合」が μ である。

---------------------------------- 練習問題 ----------------------------------

【問い 11-1】 エネルギー方程式(10.30)は $\left(\dfrac{\partial U(T; V, N)}{\partial V}\right)_{T;N}$ に関する式であった → p212 （(10.30)のときは N を変数扱いしてなかった）。ここにきて N も変数扱いするようになったので、【問い 10-4】と【問い 10-5】を参考にして、$\left(\dfrac{\partial U(T; V, N)}{\partial N}\right)_{T;V}$ に関 → p212 → p213 → p213 する「N のエネルギー方程式」を作れ。

解答 → p357 へ

[†5] このことを「F の自然な変数は $T; V, N$ である」という言い方をすることもある。「自然」と言われても何が自然なのか？ ——と言いたくなるが、その意味はここで述べた通りである。

11.1.2 Euler の関係式と化学ポテンシャル

新しく化学ポテンシャルが導入されたので、化学ポテンシャルを含む式を一つ導出しておく。

Helmholtz 自由エネルギーに対して Euler の関係式を作ると（T は示強変数であり、V, N が示量変数であることに注意）、以下の式を得る。
$\rightarrow$ p50

$$F[T; V, N] = \left(\frac{\partial F[T; V, N]}{\partial V}\right)_{T;N} V + \left(\frac{\partial F[T; V, N]}{\partial N}\right)_{T;V} N = -PV + \mu N$$

(11.10)

これから $\boxed{\mu = \dfrac{F + PV}{N}}$ だから、F, P, V, N がわかれば μ は計算できる [†6]。

-----------------------------練習問題-----------------------------

【問い 11-2】 $U[S, V, N]$ に対する Euler の関係式を作れ。   解答 → p357 へ

【問い 11-3】 理想気体の場合で、$\boxed{\mu = \left(\dfrac{\partial F[T; V, N]}{\partial N}\right)_{T;V}}$ と $\boxed{\mu = \dfrac{F + PV}{N}}$ が一

致することを確認せよ。   解答 → p357 へ

$\boxed{F = -PV + \mu N}$ という式を全微分すると、

$$\overbrace{-S\,dT - P\,dV + \mu\,dN}^{dF} = \overbrace{-dP\,V - P\,dV}^{d(-PV)} + \overbrace{d\mu\,N + \mu\,dN}^{d(\mu N)}$$

$$-S\,dT + V\,dP - N\,d\mu = 0$$

(11.11)

という微分に関する関係式が出る。多成分の場合は

$$-S\,dT + V\,dP - \sum_i N_i\,d\mu_i = 0$$

(11.12)

となる。この式は「**Gibbs-Duhem の式**」[†7] と呼ばれ、T, P, μ という三つの（多成分では三つより多い数の）示強変数の微分が独立ではないことを示している。この関係があるがゆえに、実は T, P, μ という組み合わせは独立変数の組として採用することはできない（p256 の FAQ でこれについてもう一度触れる）。

[†6] $F + PV$ という量は次の章で導入する Gibbs 自由エネルギー G である。単位物質量あたりの G が化
$\rightarrow$ p254
学ポテンシャルである。このあたりは G の導入後にまた考えよう。

[†7] Pierre Duhem はフランスの物理学者。科学哲学の人でもある。日本語表記は「デュエム」。

特に $\boxed{\mathrm{d}T = 0,\ \mathrm{d}P = 0}$ が成り立つとき（つまり温度と圧力が変化しないとき）

$\boxed{\displaystyle\sum_i N_i\,\mathrm{d}\mu_i = 0}$ が成立する。相転移や化学変化を考えるときに有用な式である。

11.2 物質量の平衡条件と化学ポテンシャル

圧力 P が「体積を変化させたときの F の変化の割合」という意味を持つがゆえに体積が変化できるときの平衡の条件は「圧力が等しい」となった。化学ポテンシャルは「物質量を変化させたときの F の変化の割合」という意味を持つのだから、物質量が変化できるときの平衡の条件に化学ポテンシャルが顔を出すというのは至極もっともな話である。以下でその例を考えよう。ただし、化学変化はまだ考えない。区画に入っている物質が移動できる場合を考える。

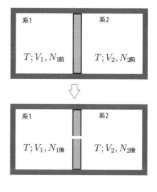

物質量が変化できるような状況として、10.7.1 項
→ p219
同様に二つの部屋に入れられた化学反応などは起こさない 1 成分の気体[†8]を考えて、今度は壁（ピストン）は動かさずに、小さな穴を空けて気体が出入りできるようにしてみよう。

この場合、$\boxed{N_1 + N_2 = N\ （一定）}$ を保ちながら変化が起こる（このとき、Helmholtz 自由エネルギーは減少する[†9]）。

10.7.1 項と同様に Helmholtz 自由エネルギーが最小値となる条件は
→ p219

$$\frac{\partial}{\partial N_1} F[T; V_1, N_1, V_2, N - N_1] = 0 \tag{11.13}$$

だが、合成系の F が (10.40) 同様に二つの系の Helmholtz 自由エネルギー F_1 と
→ p219
F_2 の和となることを使うと

[†8] ここではまだ 1 成分の気体である。いずれ違う種類の気体の場合や、それらが化学反応を起こしてしまう場合も考える。

[†9] このとき仕事ができる。ここで開けた小さな穴を「ぷしゅーーっ」と気体が通り抜けるから、そこに風車でも取り付けておけば仕事を取り出せる。空気の動きが十分ゆっくり（準静的）であれば最大仕事ができる（ただし、このとき「準静的」と言っていいのは穴の中を除いた部分に対してである）。

$$\left(\frac{\partial F_1[T;V_1,N_1]}{\partial N_1}\right)_{T;V_1} - \underbrace{\left(\frac{\partial F_2[T;V_2,N_2]}{\partial N_2}\right)_{T;V_2}}_{N_2=N-N_1} = 0 \qquad (11.14)$$

となる。これは$\boxed{\mu_1 = \mu_2}$を意味する。

<具体例> ‥‥‥‥‥‥‥‥‥‥‥‥‥‥‥‥‥‥‥‥‥‥‥‥‥‥‥‥‥‥‥‥‥‥‥‥‥‥

　この系が理想気体であるとき$\boxed{\mu_1 = \mu_2}$がいかなる意味を持つかを知るために、理想気体の場合のμの式(11.5)を使って等式を作ると、
→ p228

$$\overbrace{(c+1)RT - RT\log\left(\frac{T^c V_1}{\xi N_1}\right) + u}^{\mu(T;V_1,N_1)} = \overbrace{(c+1)RT - RT\log\left(\frac{T^c V_2}{\xi N_2}\right) + u}^{\mu(T;V_2,N_2)}$$

$$\log\left(\frac{V_1}{N_1}\right) = \log\left(\frac{V_2}{N_2}\right) \qquad (11.15)$$

となり、$\boxed{\dfrac{N_1}{V_1} = \dfrac{N_2}{V_2}}$すなわち物質の密度（単位体積あたりの物質量）が等しいという条件になっている。

　ピストンが動くが物質が移動しないなら圧力が等しいところで平衡に達し、ピストンが動かないが穴が空いていて物質が移動するなら密度が等しいところで平衡に達する、という物理的に非常にもっともな結果である。

　ここで、$\begin{cases} V\text{が変化することで}P\text{が一様になる} \\ N\text{が変化することで}\mu\text{が一様になる} \end{cases}$という現象が起こっている。さらに「$S$が変化することで$T$が一様になる」を加えて考えると、すべて「示量変数$(S,V,N)$が変化することによって、それに共役な示強変数$(T,P,\mu)$が一様になる」というメカニズムで生じていることがわかる[10]。

【FAQ】穴も空いていてピストンも動くなら？

‥‥‥‥‥‥‥‥‥‥‥‥‥‥‥‥‥‥‥‥‥‥‥‥‥‥‥

　その場合、V_1, N_1の二つを動かすことができる（V_2, N_2はそれぞれ$V-V_1$, $N-N_1$となる）ので、条件は$\boxed{\dfrac{\partial}{\partial V_1}F = 0, \dfrac{\partial}{\partial N_1}F = 0}$の二つとなる。これはそれぞれ圧力が等しい、および密度が等しいという条件になる。このような条件を満たすV_1, N_1の組は一つには決まらない（【演習問題11-1】を参照）。
→ p248

---

[10] $\boxed{dU = T\,dS - P\,dV + \mu\,dN}$という式を思い出そう。$P$だけ符号が違うのは、これだけが「示量変数を増やすと下がる傾向にある示強変数」だからである。

11.3 多成分気体の混合とエントロピー

多成分の気体について考えていこう。エントロピーは「可逆な操作」である場合を除いて、常に増加する。エントロピーが増加（生成）する例は9.4.2項で考えた熱の移動だが、もう一つの例が以下で示す「気体の混合」である。
→ p191

この節では、等温環境下での混合について考えていく。以下では、物質の種類が違う場合も考える。

11.3.1 気体の混合とHelmholtz自由エネルギー

2種類の気体（ただし、化学反応する物質ではないとする）を混合したときのHelmholtz自由エネルギー F の変化を考えてみよう。以下はすべて、温度 T の熱浴の中の等温環境で考える（気体をとりまく壁は透熱壁である）。

始状態で2種類の理想気体A,Bが物質量それぞれ N_A, N_B だけあって（ $N_A + N_B = N$ とする）、それぞれが体積 V_A, V_B である箱に入れてある[11]。

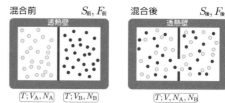

この混合前（分離状態）のHelmholtz自由エネルギーは

$$F_{前}[T; V_A, N_A, V_B, N_B] = F_A[T; V_A, N_A] + F_B[T; V_B, N_B] \qquad (11.16)$$

のようにそれぞれの区画での F の和で表現される。

混合後の状態を記述する変数は、温度 T、体積 V と2種類の物質の物質量 N_A, N_B であり、混合後の F は $F_{後}[T; V, N_A, N_B]$ と書くことができるだろう。

我々はこの混合によるHelmholtz自由エネルギーの変化

$$\Delta F = F_{後}[T; V, N_A, N_B] - F_{前}[T; V_A, N_A, V_B, N_B] \qquad (11.17)$$

を計算したい。ΔF はその定義により、この変化を等温準静的操作によって行った場合に系のする仕事から計算できる。エントロピーは $S = \dfrac{U - F}{T}$ だから、ΔF が分かればエントロピーの変化 ΔS もわかる。

この操作を2段階に分けて行う。次の図のように、まず二つの区画を体積 V にする、という操作を行った後、二つの（ともに体積 V の）区画を「重ねる」という操作を行う。

---

[11] 混ざっていることを表現するために気体を分子でできているとした図を描いているが、ここの話をするのに、分子の存在が必須というわけではない。

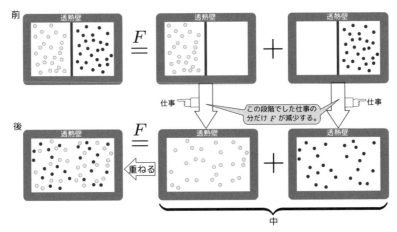

図中の $\overset{F}{=}$ は「Helmholtz 自由エネルギーが等しい」を意味している。

途中の、体積が両方 V になったときの Helmholtz 自由エネルギーは

$$F_{中}[T; V, N_A, N_B] = F_A[T; V, N_A] + F_B[T; V, N_B] \tag{11.18}$$

であり、これは左の区画が $V_A \to V$、右の区画が $V_B \to V$ と等温準静的に膨張したときの仕事の分だけ、$F_{前}$ より小さい。

次に「中」→「後」の「重ねる」という変化は

を重ね合わせて　　　　　　を作る（同一空間内に両方の気体が一様に広がる）という仮想的操作である。一般の気体では気体分子間に相互作用があり、重なることによって U や F が変化する。まずはそこを考えなくてよい場合を以下で考えることにしよう[†12]。

＜具体例＞．．．

　上の図のように同じ体積内に2種類の理想気体が重なって存在しているとき、重なってないときと比べ U, F, S が変化しないという仮定を置こう[†13]。この仮定は我々が元々設定した理想気体の定義（5.4.1項）_{→ p103}には入っていなかったので、新しい条件として設定することにする[†14]。

[†12] 「相互作用を考えないなら、面白いことは起きないだろう」と思った人もいるだろう。ところが理想気体で考えても、結構面白い。

[†13] この仮定はもちろん、実在気体でも近似的にならば成立する。

[†14] 同種の理想気体が重なっても U, F, S が変化しないのはこれまでの条件からわかる。van der Waals 気体の場合は変化する。

この条件が成り立てばHelmholtz自由エネルギーが変化するのは「前」→「中」の段階だけで、そのときの仕事の分だけ減少する。このとき気体がした仕事は

$$W = \int_{V_A}^{V} \frac{N_A RT}{V} \, dV + \int_{V_B}^{V} \frac{N_B RT}{V} \, dV = N_A RT \log\left(\frac{V}{V_A}\right) + N_B RT \log\left(\frac{V}{V_B}\right) \tag{11.19}$$

であるから

$$\Delta F = -W = -N_A RT \log\left(\frac{V}{V_A}\right) - N_B RT \log\left(\frac{V}{V_B}\right) \tag{11.20}$$

と計算できる。理想気体のHelmholtz自由エネルギーの式(11.3)を使って
→ p227

$$F_{前}[T; V_A, N_A, V_B, N_B] = cN_A RT - N_A RT \log\left(\frac{T^c V_A}{\xi N_A}\right) + N_A u_A$$
$$+ cN_B RT - N_B RT \log\left(\frac{T^c V_B}{\xi N_B}\right) + N_B u_B \tag{11.21}$$

$$F_{後}[T; V, N_A, N_B] = cN_A RT - N_A RT \log\left(\frac{T^c V}{\xi N_A}\right) + N_A u_A$$
$$+ cN_B RT - N_B RT \log\left(\frac{T^c V}{\xi N_B}\right) + N_B u_B \tag{11.22}$$

と考えて差を計算しても、同じ結果が出る（(11.21)と(11.22)で体積が違っていることに注意)[15]。

エントロピーの変化の方は

$$\Delta S = \frac{-\Delta F}{T} = N_A R \log\left(\frac{V}{V_A}\right) + N_B R \log\left(\frac{V}{V_B}\right) \tag{11.23}$$

となる[16]。$\boxed{V > V_A, V > V_B}$であるから上の式に含まれる二つのlogの値は正となり、$\boxed{\Delta S > 0, \Delta F < 0}$である。

---

[15] 「物質量$N_A + N_B$の気体が体積Vになっている」と考えて、

$$\boxed{F_{誤}[T; V, N_A, N_B] = c(N_A + N_B)RT - (N_A + N_B)RT \log\left(\frac{T^c V}{\xi(N_A + N_B)}\right)}$$ とするのは間

違いで、(11.22)とは違う結果になってしまう。

[16] この場合、内部エネルギーUは単なる和であるため、$\boxed{\Delta U = 0}$であり、$\boxed{\Delta F = -T\Delta S}$であることに注意。$\boxed{\Delta U \neq 0}$の場合は11.3.6項で考えよう。
→ p244

11.3.2　分圧

前項で考えた「重ねる」操作でHelmholtz自由エネルギーが変化しない場合、$\boxed{F_{中} = F_{後}}$なので、

$$F_{後}[T; V, N_{\mathrm{A}}, N_{\mathrm{B}}] = F_{\mathrm{A}}[T; V, N_{\mathrm{A}}] + F_{\mathrm{B}}[T; V, N_{\mathrm{B}}] \tag{11.24}$$

となる。この式をVで微分すると

$$\underbrace{\left(\frac{\partial F_{後}[T; V, N_{\mathrm{A}}, N_{\mathrm{B}}]}{\partial V}\right)_{T; N_{\mathrm{A}}, N_{\mathrm{B}}}}_{-P} = \underbrace{\left(\frac{\partial F_{\mathrm{A}}[T; V, N_{\mathrm{A}}]}{\partial V}\right)_{T; N_{\mathrm{A}}, N_{\mathrm{B}}}}_{-P_{\mathrm{A}}} + \underbrace{\left(\frac{\partial F_{\mathrm{B}}[T; V, N_{\mathrm{B}}]}{\partial V}\right)_{T; N_{\mathrm{A}}, N_{\mathrm{B}}}}_{-P_{\mathrm{B}}}$$

$$\tag{11.25}$$

となる（$\boxed{P = P_{\mathrm{A}} + P_{\mathrm{B}}}$）。第1項$P_{\mathrm{A}}$は物質Aによる圧力、第2項$P_{\mathrm{B}}$は物質Bによる圧力と解釈することができる。このそれぞれを「分圧」と呼び、全圧力は分圧の和である（こうなるのは(11.24)が成り立っている特別な場合だけである）。今は混合状態を「物質Aと物質Bの重なった状態」と考えているので、物質Aだけがあった場合の圧力（分圧）と物質Bだけがあった場合の圧力（分圧）の和（重ね合わせ）が全体の圧力になっている[17]。これは気体が3以上の成分を持つ場合でも同様である。

<具体例> ・・・

理想気体の式(11.22)の場合は以下のようになる。
→ p235

$$P = -\frac{\partial F_{後}}{\partial V} = \underbrace{\frac{N_{\mathrm{A}} RT}{V}}_{P_{\mathrm{A}}} + \underbrace{\frac{N_{\mathrm{B}} RT}{V}}_{P_{\mathrm{B}}} = \frac{(N_{\mathrm{A}} + N_{\mathrm{B}}) RT}{V} \tag{11.26}$$

11.3.3　密度が変化しない場合の混合によるエントロピー変化

最初の状態で二つの系の密度$\frac{N}{V}$が違っていた場合、穴を開けた時点で激しい気体の移動が発生する。この気体の移動が急激に起こることにより平衡状態を経由しないことになる。これがエントロピー増大の理由と考えてしまうかもしれないが、実はそれだ

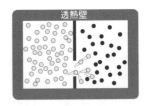

─────────────────
[17] Fが分離してなくても、「FのV依存部分」がAの部分とBの部分に分離されていればよい。

けではない。始状態で二つの系の密度が同じであった場合[†18]でもエントロピーは増える。そのことを確認しておこう。物質量の比が $x : 1-x$ （x は $\boxed{0 \leq x \leq 1}$ の実数）だったとして、$\boxed{N_A = xN, N_B = (1-x)N}$ と置いてみる。

最初の体積が $\boxed{V_A = xV, V_B = (1-x)V}$ ならば、二つの気体の密度は等しく、気体が激しく移動することはない。だったら特にエントロピーが増えたりしないのでは——と思うのは早計で、やはり増える。この分のエントロピーの増加

$$\Delta S_{mix} = S_{A+B}(T; V, N_A, N_B) - \overbrace{x S_A(T; V, N)}^{S_A(T; xV, xN)} - \overbrace{(1-x) S_B(T; V, N)}^{S_B(T; (1-x)V, (1-x)N)}$$

（11.27）

を「混合のエントロピー」と呼ぶ[†19]。

＜具体例＞ ....

理想気体の場合、(11.23)に物質量と体積を代入することで
→ p235

$$\Delta S_{mix} = xNR \log\left(\frac{1}{x}\right) + (1-x)NR \log\left(\frac{1}{1-x}\right)$$
$$= -NR\left(x \log x + (1-x) \log(1-x)\right)$$

（11.28）

と求まる。ΔS_{mix} を定数 NR で割った関数のグラフが右の図[†20] である。

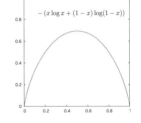

ここで、もし物質 A と物質 B が同じ物質であったならばエントロピーは増加しない（そのときは $\boxed{S_{A+B}(T; V, N_A, N_B) = S_A(T; V, N) = S_B(T; V, N)}$）。

【補足】 ＋＋＋＋＋＋＋＋＋＋＋＋＋＋＋＋＋＋＋＋＋＋＋＋＋＋＋＋＋＋＋＋＋＋＋＋＋

同種物質であれば「混ざる前／後」が全く同じ状態であり区別がつかない。だから状態量であるエントロピーが変化しないのは当然と言えば当然である。しかし、気体が分子でできていると考えると、「二つの気体の分子一個一個に『名札』をつけることが許されるなら、混ざる前と混ざった後の状態は区別可能ではないのか？」という疑問が湧いてくる人もいるかもしれない。それができないとなれば、分子は「同種分子

[†18] この場合は激しい気体の移動や密度変化を伴わないが、それでも準静的な操作ではない。途中の状態は平衡状態ではないからである。

[†19] p234の図に示したように、エントロピーが増えるのは「混合する」ときというよりは「体積を増加させる」ときである。「混合のエントロピー」という名前に引きずられて「何がなんでも混ぜればエントロピーは増える」と誤解しないように。

[†20] $\boxed{\dfrac{d}{dx}\Delta S_{mix} = -NR(\log x - \log(1-x))}$ なので、ΔS_{mix} のグラフの両端での傾きは $\pm\infty$ になることに注意。

は区別できない」という性質（不可弁別性）を持っていなくてはいけない。この不可弁別性のパラドックスは「**Gibbs のパラドックス**」と呼ばれる。熱力学の範囲では特にこれはパラドックスではない（11.3.5 項の最後の考察を参照）。
→ p242   → p243

＋＋＋＋＋＋＋＋＋＋＋＋＋＋＋＋＋＋＋＋＋＋＋＋＋＋＋＋＋＋＋＋＋＋＋＋＋＋＋　【補足終わり】

＜具体例＞・・

　今考えている二つの物質 A,B がともに理想気体（p234 で追加した条件を満たす理想気体）であれば、内部エネルギー U は

$$U = x\,(cNRT + Nu_A) \\ \quad + (1-x)\,(cNRT + Nu_B) \\ = cNRT + N\,(xu_A + (1-x)u_B) \quad (11.29)$$

である（混合前でも混合後でも）。

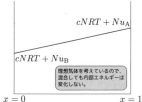

　Helmholtz 自由エネルギーは、混合後の方が $T\Delta S_{\mathrm{mix}}$ だけ小さい。混合前後を比較したのが右のグラフである。平衡状態として実現するのは Helmholtz 自由エネルギーの低い、混合後の状態である。

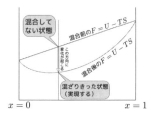

　ここで扱ったのは最も単純な例だが、「異なる物質が混ざる」ことがエントロピーを増やし、Helmholtz 自由エネルギーを減らすことがわかった。

【FAQ】何も仕事をしてないのに **Helmholtz** 自由エネルギーが減っていいんですか？

・・・・・・・・・・・・・・・・・・・・・・・・・・・・・・

　「した仕事の分だけ Helmholtz 自由エネルギーが減る」のは等温準静的操作のときである（そのときの仕事が最大仕事）。今考えた変化は「等温」だが「準静的」ではないから、仕事は最大仕事より小さい。「では準静的に操作すれば最大仕事になるのか？」と思った人は以下を読もう。

11.3.4　半透膜を使った混合の思考実験

　「同じ体積内に存在している 2 種類の理想気体を重ね合わせるときには F や S が変化しない」という仮定を11.3.3項に置いた。ここで、「重ね合わせる」操作
→ p236

を等温準静的に実行するとどうなるかをもう少し具体的に考えよう。理想気体のように互いに相互作用しない気体が混合する場合であればこのときの仕事が0になるのだが、まずは理想気体と仮定しない場合のHelmholtz自由エネルギーの変化を計算しよう。

p234の図の操作では、まず二つをそれぞれ二つに分けて膨張させた後で重ね合わせるという操作を行った。その第二段階の操作

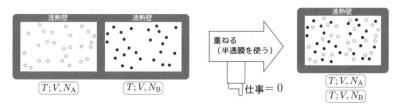

を準静的操作でつなぐためには、下の図のような半透膜を使った操作を考える必要がある。

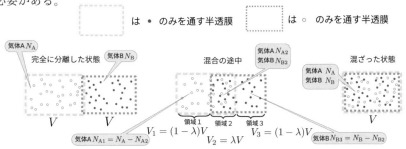

混合の途中では、混ざった状態の体積がλV、分離した状態の体積が$(1-\lambda)V$だとする。このとき、体積は$1-\lambda : \lambda$に分かれるが、物質量が同じ割合で分かれるとは限らない[21]ので、図に書いたように物質量を設定した。温度をT、体積をV、AとBの物質量をそれぞれN_A, N_Bに固定したとき、気体Aと気体Bが混ざった状態でのHelmholtz自由エネルギーは$F_{AB}[T; V, N_A, N_B]$としよう。気体Aと気体Bが分離して存在している状態ではHelmholtz自由エネルギーがそれぞれ$F_A[T; V, N_A], F_B[T; V, N_B]$だとする。「混合の途中」のHelmholtz自由エネルギーは、体積と物質量が変化していることを考慮して

$$F_{途中}[T, \lambda; V, N_A, N_B]$$

---

[21] 気体Aと気体Bに引力が働くなら、より「混ざった状態」が多い方に平衡が傾くだろう。

$$= \overbrace{F_A[T; V_1, N_{A1}]}^{\text{領域 1}} + \overbrace{F_{AB}[T; V_2, N_{A2}, N_{B2}]}^{\text{領域 2}} + \overbrace{F_B[T; V_3, N_{B3}]}^{\text{領域 3}} \quad (11.30)$$
$$\underbrace{}_{\substack{V_1=(1-\lambda)V \\ N_{A1}=N_A-N_{A2}}} \quad \underbrace{\phantom{F_{AB}}}_{V_2=\lambda V} \quad \underbrace{}_{\substack{V_3=(1-\lambda)V \\ N_{B3}=N_B-N_{B2}}}$$

である。この量は $T, \lambda; V, N_A, N_B$ の関数であるが、N_{A2}, N_{B2} の関数ではない（だから、$F_{\text{途中}}[T, \lambda; V, N_A, N_B]$ と書いた）。なぜなら N_{A2}, N_{B2} は Helmholtz 自由エネルギーの平衡条件から決まってしまうからである[22]。気体 A は領域 1 と 2 の境界を通過できることから、(11.30) を N_{A2} で微分すると 0 なので、

$$\underbrace{\frac{\mathrm{d}N_{A1}}{\mathrm{d}N_{A2}}}_{=-1} \times \underbrace{\left(\frac{\partial F_A[T; V_1, N_{A1}]}{\partial N_{A1}}\right)_{T;V_1}}_{\substack{V_1=(1-\lambda)V \\ N_{A1}=N_A-N_{A2}}} + \underbrace{\left(\frac{\partial F_{AB}[T; V_2, N_{A2}, N_{B2}]}{\partial N_{A2}}\right)_{T;V_2,N_{B2}}}_{V_2=\lambda V} = 0$$

$$(11.31)$$

という、「領域 1 と領域 2 で気体 A の化学ポテンシャルが等しい」という条件が出る。同様に、領域 2 と領域 3 の気体 B の化学ポテンシャルも等しい。

<具体例> ....

　理想気体の場合、化学ポテンシャルが等しいことは密度が等しいことになる[→ p232]ので、物質量の比と体積の比が同じになる。よって

$$N_{A1} = (1 - \lambda)N_A, \; N_{A2} = \lambda N_A, \; N_{B2} = \lambda N_B, \; N_{B3} = (1 - \lambda)N_B \quad (11.32)$$

と決まり、(11.30) が簡単な式

$$\overbrace{(1 - \lambda)F_A[T; V, N_A]}^{F_A[T;(1-\lambda)V,(1-\lambda)N_A]} + \overbrace{\lambda F_{AB}[T; V, N_A, N_B]}^{F_{AB}[T;\lambda V,\lambda N_A,\lambda N_B]} + \overbrace{(1 - \lambda)F_B[T; V, N_B]}^{F_B[T;(1-\lambda)V,(1-\lambda)N_B]}$$

$$(11.33)$$

になる。等温準静的に λ を微小変化させるのに必要な仕事は、

$$-\mathrm{d}\lambda\, F_A[T; V, N_A] + \mathrm{d}\lambda\, F_{AB}[T; V, N_A, N_B] - \mathrm{d}\lambda\, F_B[T; V, N_B] \quad (11.34)$$

であり、これが 0 になる条件は

$$F_{AB}[T; V, N_A, N_B] = F_A[T; V, N_A] + F_B[T; V, N_B] \quad (11.35)$$

である。これは系の Helmholtz 自由エネルギーが、分離の影響を受けないという式で、p234 で理想気体の条件に加えたものである。よって理想気体はこの操作において仕事をしない。

---

[22] λ を決めると N_{A2}, N_{B2} は決まるので、$N_{A2}(\lambda), N_{B2}(\lambda)$ と書くのが正しい。

　仕事が0であることは、右の図の
ように分離途中の壁に働く圧力を考
えれば納得することもできる。左側
の領域は両サイドの壁（面積 A）に
$P_A A$ の力を、右側の領域は両サイ

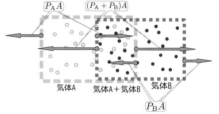

ドの壁に $P_B A$ の力を及ぼす。真ん中の領域は、2種類の気体の混合状態なの
で、両サイドに $(P_A + P_B)A$ の力を及ぼす。

　左の壁を右に押し込んでいくと
する（右の壁は動かさないことに注
意）。右の図には、動く壁に働く力だ
けを描いた。壁が Δx だけ動くと、
このときに気体のする全仕事は

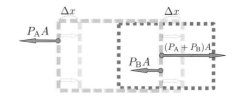

$$-P_A A \Delta x + (P_A + P_B)A\Delta x - P_B A\Delta x = 0 \tag{11.36}$$

となる。

　理想気体でない場合、(11.30)の λ を微小変化させると、N_{A2}, N_{B2} も（p240の
脚注†22に書いたように）λ の関数なので、この二つも変化する。しかし、$F_{途中}$
の変化量を計算すると、N_{A2}, N_{B2} の変化による部分は上で考えた「化学ポテン
シャルが等しい」という条件により消える。よって

$$\mathrm{d}\left(F_{途中}[T, \lambda; V, N_A, N_B]\right)$$
$$= \mathrm{d}\lambda \left(\underbrace{\frac{\mathrm{d}V_1}{\mathrm{d}\lambda}}_{-V}\underbrace{\left(\frac{\partial F_A[T; V_1, N_{A1}]}{\partial V_1}\right)_{T; N_{A1}}}_{\substack{V_1 = (1-\lambda)V \\ N_{A1} = N_A - N_{A2}}}\right.$$
$$\left. + \underbrace{\frac{\mathrm{d}V_2}{\mathrm{d}\lambda}}_{V}\underbrace{\left(\frac{\partial F_{AB}[T; V_2, N_{A2}, N_{B2}]}{\partial V_2}\right)_{T; N_{A2}, N_{B2}}}_{V_2 = \lambda V} + \underbrace{\frac{\mathrm{d}V_3}{\mathrm{d}\lambda}}_{-V}\underbrace{\left(\frac{\partial F_B[T; V_3, N_{B3}]}{\partial V_3}\right)_{T; N_{B3}}}_{\substack{V_3 = (1-\lambda)V \\ N_{B3} = N_B - N_{B2}}}\right)$$
$$\tag{11.37}$$

のように、体積変化による部分だけが仕事になる。$\boxed{\dfrac{\partial F}{\partial V} = -P}$ だから、この
式は

$$\mathrm{d}\left(F_{途中}[T, \lambda; V, N_A, N_B]\right)$$

$$= \mathrm{d}\lambda V \left(\underbrace{P_{\mathrm{A}}(T; V_1, N_{\mathrm{A1}})}_{\substack{V_1=(1-\lambda)V \\ N_{\mathrm{A1}}=N_{\mathrm{A}}-N_{\mathrm{A2}}}} + \underbrace{P_{\mathrm{AB}}(T; V_2, N_{\mathrm{A2}}, N_{\mathrm{B2}})}_{V_2=\lambda V} + \underbrace{P_{\mathrm{B}}(T; V_3, N_{\mathrm{B3}})}_{\substack{V_3=(1-\lambda)V \\ N_{\mathrm{B3}}=N_{\mathrm{B}}-N_{\mathrm{B2}}}} \right)$$

$$\tag{11.38}$$

となる。これは体積変化 $\mathrm{d}\lambda V$ が起こったときの系のする仕事 $\times(-1)$ になっている。

11.3.5　半透膜にかかる圧力

「混合により Helmholtz 自由エネルギーが減る」と言われると（Helmholtz 自由エネルギーの定義に鑑みて）、「この操作で仕事はできるのか？」と問いたくなる。もちろん、全ての過程を準静的に行えば、Helmholtz 自由エネルギーの差の分、仕事ができる。それは上でも述べたように、半透膜の両側で圧力差があるからである。前項で考えた途中の状態の中央と右側の領域の境界である「A のみを通す半透膜」の場合を考えよう。

B のみがある領域が体積 V_{B} で物質量 N_{B} のときに $F_{\mathrm{B}}[T; V_{\mathrm{B}}, N_{\mathrm{B}}]$、A と B がある領域が体積 V_{AB} でそれぞれの物質量が $N_{\mathrm{A}}, N_{\mathrm{B}}$ のときに $F_{\mathrm{AB}}[T; V_{\mathrm{AB}}, N_{\mathrm{A}}, N_{\mathrm{B}}]$ の Helmholtz 自由エネルギーを持つとしよう[23]（温度 T はもちろん共通である）。それぞれの領域の圧力は

$$P_{\mathrm{B}} = -\left(\frac{\partial F_{\mathrm{B}}[T; V_{\mathrm{B}}, N_{\mathrm{B}}]}{\partial V_{\mathrm{B}}}\right)_{T; N_{\mathrm{B}}}, \quad P_{\mathrm{AB}} = -\left(\frac{\partial F_{\mathrm{AB}}[T; V_{\mathrm{AB}}, N_{\mathrm{A}}, N_{\mathrm{B}}]}{\partial V_{\mathrm{AB}}}\right)_{T; N_{\mathrm{A}}, N_{\mathrm{B}}}$$

$$\tag{11.39}$$

であり、$\boxed{P_{\mathrm{B}} \neq P_{\mathrm{AB}}}$ だから、半透膜が移動すれば系は仕事をする。

<具体例> ・・・

理想気体の場合、両側から力の和を計算すると、右側から P_{B}、左側から $P_{\mathrm{A}} + P_{\mathrm{B}}$ の圧力を受けるので、左側だけにいる気体 A の分圧による力 $P_{\mathrm{A}}A$ が残り、この半透膜を右に微小距離 $\mathrm{d}x$ 移動させると、系は $P_{\mathrm{A}}A\,\mathrm{d}x$ の仕事をすることになる。

---

[23] A, B が理想気体なら、$\boxed{F_{\mathrm{AB}}[T; V, N_{\mathrm{A}}, N_{\mathrm{B}}] = F_{\mathrm{A}}[T; V, N_{\mathrm{A}}] + F_{\mathrm{B}}[T; V, N_{\mathrm{B}}]}$ だが、そうでない場合も含めて考えよう。

------------------------------- 練習問題 -

【問い 11-4】

　右の図のように、半透膜を2枚重ねた壁（これで何も通さない壁になる）で仕切られた状態から、準静的に半透膜を移動し、2気体が共存した状態にもっていく（2枚の壁の隙間に混合気体が生成されていくという仕掛けである）。系は理想気体とは限らないとして考えよう。

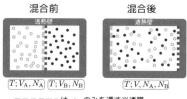

　右の図のような途中の状態を考えると、両サイド（それぞれ体積が V_{A1}, V_{B1}）には物質Aのみ、物質Bのみがいる。それぞれの物質量を N_{A1}, N_{B1} としよう。中央部分は体積が $V - V_{A1} - V_{B1}$ になり、物質量はAが $N_A - N_{A1}$、Bが $N_B - N_{B1}$ になる。

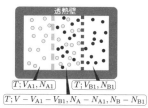

　このときに半透膜が微小距離だけ移動して V_{A1} が dV したときの系がする仕事の分だけ、Helmholtz 自由エネルギーが減少することを示せ。

ヒント → p340 へ　　解答 → p358 へ

　p238 の補足で、「粒子の可弁別性」が Helmholtz 自由エネルギーおよびエントロピーの違いを生むという話をした。ここで行った思考実験で我々は「粒子を区別できる半透膜があれば等温操作で仕事をさせることができる」ことを示した[24]。登場する物質が全て同一粒子で構成されていたら、仕事はできない。等温操作でどれだけ仕事ができるかで Helmholtz 自由エネルギーが定義されていたのだから、可弁別性が Helmholtz エネルギーに影響するのは当然である。そして我々は内部エネルギーと Helmholtz 自由エネルギーの差を使ってエントロピーを定義したのだから、当然エントロピーにも可弁別性は影響する。

【FAQ】同一気体でも、我々の知らない技術で区別できるとしたら、それで仕事ができるのでは？

　箱の両側に同じ気体が入っているとき、我々はそこから仕事の形でエネルギーを取り出すことはできない。しかし我々にとって未知の技術で「同種粒子の、箱

---

[24] なぜ半透膜があると仕事ができるのかをシンプルに言えば「半透膜の左右の気体で圧力に差が生じるから」ということになる（同じ圧力なら仕事はできない）。

の左に入っていた粒子と箱の右に入っていた粒子を弁別する超半透膜」が作られ
たら、エネルギーは取り出せるだろう[†25]（現実にはできないのだが）。どれだけ
仕事ができるかは物質識別能力に依存していいのである。

ここではAもBも気体である場合を考えたが、Bが水のような液体（溶媒）
で、Aがその液体に溶けている物質（溶質）である場合（たとえば水に食塩が溶
けた食塩水）にも、上の圧力差は生じる。この圧力は「浸透圧」と呼ばれる。こ
の場合、気体Aにあたるのが「溶媒中に
溶けている溶質」であり、気体とは全く
違う状態[†26]なのだが、面白いことには希
薄溶液[†27]である場合、浸透圧に関しては
理想気体と同様に $PV = NRT$ が成り立
つことが知られている（液体の中に溶け

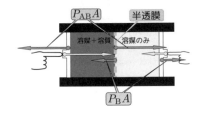

た物質と、気体ではまったく運動の様子が違うというのに！）。これはつまり、
希薄溶液の溶質のHelmholtz自由エネルギーの体積依存部分が理想気体と同じ
形 $-NRT \log V$ を持ち、かつ溶液の F は溶媒の F と溶質の F の和として（近
似的に）表されるということである。

11.3.6　理想気体ではない気体の混合　++++++++++++++++【補足】

理想気体では混合により内部エネルギーは変化
しないが、現実の物質では様々に変化する。これ
まで同様、物質Aと物質Bが混ざっている系を考
えるが、AとBに相互作用がない場合は内部エネ
ルギーは(11.29)のようになる（右のグラフの「混
合前の U 」のように直線となる）。
[→ p238]

混合すると F が $-T\Delta S_{\mathrm{mix}}$ だけ減るという傾向
がある。そこでここではその傾向と拮抗するよう

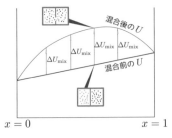

に、「混合すると内部エネルギーが増える（グラフの「混合後の U 」になる）」系を考えよ
う。こうなるのはAの分子とBの分子の間に強い斥力が働く場合、あるいはA分子とB

[†25] たとえば統計力学の教科書にはよく「Maxwellの悪魔」と呼ばれる「個々の分子を弁別する能力を
持っている、架空の存在」が登場するが、この悪魔は粒子の分子運動の速度で弁別を行い、エネルギーを
取り出すことができる。ただし、このとき悪魔のエネルギーとエントロピー変化を考えると、話はそう簡
単にはいかない。これについては本書の範囲を超えるのでここまでにしておく。

[†26] 「溶媒に溶けている溶質」は気体とは違う状態なので、これに気体の場合の化学ポテンシャルを割り当
てるのは正しくない。

[†27] 溶質の物質量が溶液の物質量よりも十分に小さいとき「希薄溶液」と呼ぶ。

分子がそれぞれ同種粒子同士の間に強い引力を持っている場合である[28]。前者の場合 A と B が混ざることで A 分子と B 分子が近づくと分子の位置エネルギーが増える。後者の場合は同種粒子どうしの距離が長くなることでエネルギーが増える[29]。こうして、混合後の U は図のように、x の関数として凸になる。

F のうち U の部分は凸に、$-TS$ の部分は凹になる。下の左側の図では結果として $\boxed{F = U - TS}$ が凹になる場合を描いたが、U の凸性と $-TS$ の凹性のどちらが「勝つ」かによって F は凹になったり全領域で凹にはならなかったりする[30]。

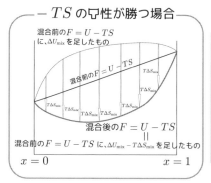

―$-TS$ の凹性が勝つ場合―

混合前の $F = U - TS$ に、ΔU_{mix} を足したもの

混合前の $F = U - TS$

$T\Delta S_{\mathrm{mix}}$

混合後の $F = U - TS$
||
混合前の $F = U - TS$ に、$\Delta U_{\mathrm{mix}} - T\Delta S_{\mathrm{mix}}$ を足したもの

$x = 0$　　　$x = 1$

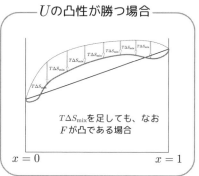

―U の凸性が勝つ場合―

$T\Delta S_{\mathrm{mix}}$

$T\Delta S_{\mathrm{mix}}$ を足しても、なお F が凸である場合

$x = 0$　　　$x = 1$

上の図の左は F が結果として凹になった例、右は凸性が残る例である[31]。左の場合はもちろん、混合状態の方が（F が小さい方が）実現する。

ここで気づいた人も多いと思う（というか、是非気づいて欲しい）が、$\boxed{結果 11}$ により、凹でない Helmholtz
→ p133

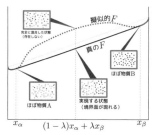

完全に混合した状態（存在しない）

擬似的 F

真の F

ほぼ物質 B

ほぼ物質 A

実現する状態（境界面が現れる）

x_α　　　$(1 - \lambda)x_\alpha + \lambda x_\beta$　　　x_β

自由エネルギーは存在できない。つまり上図の右側のグラフは間違っている。これが p218 の補足で予告した、「ある種の計算間違いをすると、『凹でない F』が計算結果として出てきてしまう」例の一つである。よってその解決策も p218 の補足で述べた通りとなる[32]。
右のグラフからわかるように、物質量の比が x_α（ほぼ物質 A）の状態と物質量の比が x_β（ほぼ物質 B）の状態に分離した状態を作る[33]ことに

---

[28] 現実にこういう物質があると、内部エネルギーには体積依存性が出てくる。ここでは x 依存性だけを問題にしているので、そこは考えないことにする。

[29] A 粒子は同種粒子同士の間に強い引力を持っているが、B 粒子同士はそうでもない、という場合でも同様になる。

[30] 図のように、単に凸や凹とは言い切れない複雑な形になる場合もある。

[31] p237 の脚注[20]に書いたように、ΔS_{mix} の両端での微分は $\pm\infty$ であるため、グラフの全てが凸になることはなく、端っこに小さなくぼみができる。よって $\boxed{x = 0}$ や $\boxed{x = 1}$ のような綺麗な分離状態は出ない。

[32] p218 の補足では示量変数 X を考えていたが、ここの x は示量変数ではないではないか、と思った人もいるかもしれないが、ここで使っている x は「示量変数の比率」なので、同様の考えができる。

[33] ここでは考慮していないが境界面が面積に依存するエネルギーを持つこともある（【演習問題10-6】を
→ p225
参照）。そのために境界面積が最小になるように分離することが多い。

よって、この区間の Helmholtz 自由エネルギーが直線になるのが正しい。このように分離する例としては液体であるが「水と油」がある[†34]。高温にすると、$-T\Delta S_{\text{mix}}$ が効いて混合状態の方が Helmholtz 自由エネルギーが低くなるので、そちらの状態が実現する[†35]。

11.3.7　二つのエネルギー状態を持つ分子の理想気体　＋＋＋＋＋　【補足】

<具体例> ....

化学反応については第 14 章で本格的に扱うが、ここで実用性はないが非常に簡単な物質量が変化する例として、内部エネルギーの低い物質 0 と高い物質 1 のどちらかに変化することができる分子[†36]で構成された理想気体を考えよう。

この気体の内部エネルギーは $\left\{\begin{array}{l}\text{物質 0 は}\ \boxed{U_0(T;N) = cNRT + Nu_0}\\\text{物質 1 は}\ \boxed{U_1(T;N) = cNRT + Nu_1}\end{array}\right.$ と表せると

する。物質量 N のうち $(1-x)N$ が物質 0、xN が物質 1 である（x は 0 以上 1 以下の実数）場合の内部エネルギーは

$$\begin{aligned} U(T,x;N) &= (1-x)\left(cNRT + Nu_0\right) + x\left(cNRT + Nu_1\right)\\ &= cNRT + N\underbrace{(u_1 - u_0)}_{\Delta u}x + \underbrace{Nu_0}_{\text{定数}} \end{aligned} \tag{11.40}$$

である（以後は定数部分は無視する）。以下で、状態を $T, x; N$ で表すが、実際には x は状況により変化してしまうので状態を表す独立変数としては使えない。そこで、何らかの変化を固定する方法（以下「謎の手」[†37]と呼ぶ）があり、x が $x_{\text{前}}$ に固定されて平衡に達している状態を始状態とする。始状態の内部エネルギーは

$$U(T, x_{\text{前}}; N) = cNRT + x_{\text{前}}N\Delta u \tag{11.41}$$

である。始状態では「謎の手」によって $\boxed{x = x_{\text{前}}}$ に保たれている。謎の手を離して、x が変化できる状態にする。しばらくして x を再び固定し、平衡に達したのを終状態としよう。これで始状態と終状態は平衡状態にして話が進められる（この考え方は 10.7.1 項でピストンを固定していた「手」を離して変化を待ったのと同様）。

$\to$ p219

始状態の F は、物質量 $(1 - x_{\text{前}})N$ の物質 0 と物質量 $x_{\text{前}}N$ の物質 1 の F の和であり、終状態では $\boxed{x = x_{\text{後}}}$ になったとすると、

$$F_{\text{前}}[T; V, N] = F_0[T; V, (1 - x_{\text{前}})N] + F_1[T; V, x_{\text{前}}N] \tag{11.42}$$

$$F_{\text{後}}[T; V, N] = F_0[T; V, (1 - x_{\text{後}})N] + F_1[T; V, x_{\text{後}}N] \tag{11.43}$$

[†34] 水と油の場合は密度も違うので、密度の小さい油の方が上に浮く。

[†35] 水と油の場合はそうなる前に水が沸騰する。

[†36] 「分子」と書いたが、粒子の存在を仮定する必要はない。物質が二つの状態を取ることができて、その二つの状態が同じ空間の中で混ざることができていれば十分である。

[†37] 「謎の手」は物質 0 ↔ 物質 1 の反応を阻害する。化学変化でこういうものは考えにくい、という人もいるかもしれないが、化学変化の速度を制御する方法としては（むしろ速くする手段として）「触媒を加える」というものがある。触媒がないと起こらない反応を考えると「謎の手を離す」は「触媒を加える」に対応する。

となるが、系はこのとき外部に仕事をしないので、$\boxed{F_{前}[T;V,N] - F_{後}[T;V,N] \geq 0}$ となり、F は変化しないか、減る（10.6.2項の、熱浴内の体積一定の系の安定条件と同様である）。このとき変わるのは x だけだから、x に関係する部分だけを取り出すと、(11.3) を使って $\to$ p216 $\to$ p227

$$\overbrace{c(1-x)NRT - (1-x)NRT \log\left(\frac{T^c V}{\xi(1-x)N}\right) + (1-x)Nu_0}^{F_0[T;V,(1-x)N]}$$

$$\overbrace{+cxNRT - xNRT \log\left(\frac{T^c V}{\xi xN}\right) + xNu_1}^{F_1[T;V,xN]}$$

$$=(x に依らない部分) - T\overbrace{(-NR(x\log x + (1-x)\log(1-x)))}^{\Delta S_{\text{mix}}} + xN\Delta u \quad (11.44)$$

と書ける [†38]。

　この式は11.3.3項で「混合のエントロピー」を計算したときと同じ考え方で求めることもできる。すなわち、混合のエントロピー ΔS_{mix} に $-T$ を掛けた分だけ F が混合前より下がると考えても最後の式に到着する。F の x 依 $\to$ p236

存部分をグラフにすると右のようになる。Δu の値に応じてグラフの形は変わり、実現する極小（最小）の位置も変化する。具体的に計算で確認すると、この関数が極値を持つのは

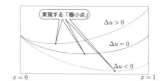

$$\frac{\partial F}{\partial x} = -T\left(-NR(1 + \log x - 1 - \log(1-x))\right) + N\Delta u = 0 \quad (11.45)$$

のときであり、

$$NRT \log\left(\frac{x}{1-x}\right) + N\Delta u = 0$$

$$\frac{x}{1-x} = \exp\left(-\frac{\Delta u}{RT}\right) \quad (11.46)$$

$$x = \frac{1}{1 + \exp\left(\frac{\Delta u}{RT}\right)} \quad (11.47)$$

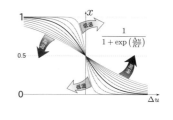

と決まる [†39]。$x_{前}$ がすでにこの値であれば何も変化は起きない。

　x は物質1の割合、$1-x$ は物質0の割合であるから、$\boxed{\dfrac{x}{1-x} = \exp\left(-\dfrac{\Delta u}{RT}\right)}$ は

$$\frac{変化後の状態にある物質の割合}{変化前の状態にある物質の割合} = \exp\left(-\frac{単位物質量の変化に必要なエネルギー}{RT}\right)$$

$$(11.48)$$

[†38] 定数 ξ も二つの状態で変わっていいのだが、これもここでは考えない。

[†39] 統計力学を勉強すると、この関数に再会することになるだろう。

という意味を持つ[40]。変化に必要なエネルギーが大きいほど、変化後の状態にある物質が減る（作るのにコストがかかる物質は生成されにくい[41]）という計算になっている。これは納得できる現象であろう。

------------------------------ 練習問題 ------------------------------

【問い 11-5】 上の問題で、「系が断熱されて、体積一定」という条件での x の値を求めよ。内部エネルギーが U で一定、体積 V も定数として、エントロピーが最大になるときを求めればよい。

ヒント → p341 へ　　解答 → p358 へ

11.4　章末演習問題

★ **【演習問題 11-1】**

11.2節で考えた問題で、物質が移動できる（N_1 が変化できる）だけでなく壁が移動できる（V_1 が変化できる）場合、平衡条件がどうなるかを理想気体の場合で求め、平衡状態が一つに決まらないことを示せ。
→ p231

ヒント → p5w へ　　解答 → p22w へ

★ **【演習問題 11-2】**

p227の脚注†3で「S, V を変えずに N だけ変える操作」は慎重な調節が必要だと述べた。以下で、断熱操作だけで実現する具体的な例を一つ作ろう。系は理想気体とする。

上の図のように、元の状態からその状態の x 倍（x は微少量である）の状態を取り去ると、N も S も V も（もちろん U も）$1-x$ 倍になった状態ができる。自由膨張させて V に
→ p100
戻したとしよう。この状態からあとどれだけエントロピーを増やせば[42]「S, V が変化せずに N だけ変えた」状態になるか？

ヒント → p5w へ　　解答 → p22w へ

---

[40] この式(11.48)に近い形の式が、この後何度も登場する。
→ p247

[41]「生成されにくい」であって、「全く生成されない」にはならない。(11.47)からわかるように、$\boxed{x=0}$
→ p247
と $\boxed{x=1}$ は F 極小（またはエントロピー極大）の条件を満たさない。これは混合のエントロピーが $x \log x + (1-x) \log(1-x)$ という x 依存性を持つからである。

[42] 断熱操作だけでエントロピーを増やすには、$\boxed{要請 6}$ の温度を上げる断熱操作（いわば、摩擦で温
→ p91
める操作）を行えばよい。

第 *12* 章

いろいろな熱力学関数

熱力学のさまざまな状況で使える「エネルギー」にあたる物理量である、熱力学関数についてまとめよう。

12.1 独立変数の組み合わせ

$U[S, V, N], F[T; V, N]$ のような完全な熱力学関数が便利であることがわかった。これら以外に完全な熱力学関数はあるだろうか？

ここまでで出てきた「熱力学的状態を記述するための変数」は右の表の通りである。上下ペアが「互いに共役な変数」となっている。

示強変数	T	P	μ
示量変数	S	V	N

共役な変数ペアのうち片方ずつを独立変数に選ぶ。S, V, N を選んだ熱力学関数が $U[S, V, N]$ であり、$T; V, N$ を選んだ熱力学関数が $F[T; V, N]$ である[†1]。

$$F[T; V, N] \cdots T \quad P \mid \mu$$
$$U[S, V, N] \cdots S \quad V \mid N$$

この二つは互いに Legendre 変換

$$\begin{cases} U[S, V, N] = F[T; V, N] - T\dfrac{\partial F[T; V, N]}{\partial T} \\ \\ F[T; V, N] = U[S, V, N] - S\dfrac{\partial U[S, V, N]}{\partial S} \end{cases}$$

でつながっている（二つの式は互いに逆変換である）。

であるならば、「たとえば、S, P, N と選んではいけないのか？」などの疑問が湧くところである。

[†1] もう少し物理的な書き方で書いておくと、U, F はそれぞれ断熱準静的操作（S が一定の操作）と等温準静的操作（T が一定の操作）を元に定義されたエネルギーである。

$\boxed{\text{独立変数の選択}}$の物理的意味は$\boxed{\text{実験で固定する制御変数の選択}}$である。圧力一定という条件下で実験を行う（このとき体積は独立変数でなく従属変数になる）ならば、V ではなく P が独立変数となるような熱力学関数を考えたい。そのような物理的状況においては、「圧力を一定にしてくれるなんらかのメカニズム」[†2]が系に付随しているから、そのメカニズムの持つエネルギーも組み入れた「エネルギー」を定義しておくと便利である[†3]。

$U \to F$ という（変数を S から T に変えた）Legendre 変換の真似をして、変数を V から P に変える Legendre 変換として、

$$\begin{cases} H = U - V\dfrac{\partial U}{\partial V} \\[2mm] G = F - V\dfrac{\partial F}{\partial V} \end{cases}$$

を行って、

$$\left\{\begin{array}{l} G\,[T, P; N] \\ H\,[P; S, N] \\ U\,[S, V, N] \end{array}\right. \quad \begin{array}{ccc} T & P & \mu \\ \hline S & V & N \end{array}$$

新しい物理量 $\begin{cases} H = U + PV \\ G = F + PV \end{cases}$ を作ろう。H（「エンタルピー」と名付ける）は S, P, N を独立変数とした完全な熱力学関数、G（「Gibbs 自由エネルギー」と名付ける）は T, P, N を独立変数とした完全な熱力学関数である。

12.2　エンタルピー

12.2.1　エンタルピーの物理的意味

―――― エンタルピーの定義 ――――

S, V, N を独立変数として書くと

$$\underbrace{H[P; S, N]}_{P=P(S,V,N)} = U[S, V, N] + P(S, V, N)V \tag{12.1}$$

$P; S, N$ を独立変数として書くと

$$H[P; S, N] = \underbrace{U[S, V, N]}_{V=V(P;S,N)} + PV(P; S, N) \tag{12.2}$$

のように、前節で作った[†4]「エンタルピー (enthalpy)」を定義する。H は内

――――――――――――――

[†2] メカニズムといっても人工的装置である必要はなく、「1 気圧の大気の中で実験する」という場合は「大気」がそれにあたる。

[†3] そういう例として、前に電池のつながれたコンデンサを挙げた。
　　　→ p33

[†4] エンタルピーも、エネルギーやエントロピーのように、「人間が作った」変数であることをここでもう一度注意しておこう。自然を観察して「こういう量が（ある条件のもとで）保存されている」と気づく、

部エネルギーを Legendre 変換したものなのだから、エネルギーに似た量となる[5]。なお、エネルギー (energy) は「中に (en-) 仕事 (erg)」というのが語源だが、エンタルピー (enthalpy) は「中に (en-) 熱 (thalp)」が語源である[6]（エントロピーは「中に (en-) 変化 (trope)」が語源）。

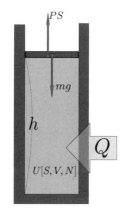

　H の物理的意味をもう少し考えてみよう。図のように質量 m のピストンで蓋をされた気体を考える。また、外部は真空（圧力 0）とする。ピストンに働く力のつりあいから、$\boxed{PS = mg}$ である。

　この系はピストンによって圧力が $\boxed{P = \dfrac{mg}{S}}$ で一定になるように保たれている。このような系に対して熱を与え気体を膨張させたとすると、ピストンが上に上がるだろう。ピストンの位置エネルギーは、与えた熱から提供される。つまり、外部から熱という形で与えられたエネルギーは「気体の内部エネルギーの上昇」と「ピストンの位置上昇」[7]に消費されることになる。この「ピストンの位置エネルギー」という、系の外にある隠れたエネルギーも含めて熱の移動の収支を考えなくてはいけない。

　ピストンの位置エネルギーは（上で考えたように $\boxed{mg = PS}$ となることから）$\boxed{mgh = PSh}$ であり、Sh が体積 V なのでこれは PV そのものである。

　エンタルピーは、内部エネルギーに「$\boxed{\text{気体を等圧に保つ外部のメカニズム}}$ のエネルギー」である PV を足したものだと考えればよい[8]。

という過程がそこにはあった。自然界に「エネルギー」なる実体があるのではないし、天から「汝エネルギーを考えよ」と命じられたわけでもない。

[5] エントロピーと名前は日本語で 2 文字違い（英語だと tro と thal だから違いが大きい）だが全然違う。そもそも、エントロピーとエンタルピーは次元からして違う。

[6] 仕事という flow が出入りすることにより増減する stock が内部エネルギー、熱という flow が出入りすることにより増減する stock がエンタルピー、という感じの命名法である。「熱という flow は内部エネルギーという stock も変えるじゃないか」と言いたくなるのだが、物や概念の名前というのは少々非論理的でも定着すると使われ続けてしまう。

[7] よく考えるとこの図の場合、気体の重心も高い位置に移動するから「気体の位置上昇」にもエネルギーが使われそうであるが、このエネルギーは通常小さいので無視する（p223 の脚注 [33] を参照）。地球大気内での空気の上昇などを考えるときには効いてくる。

[8] ここでは具体的に「ピストンの位置エネルギー」を考えたが、そういう具体的モデルを考えなくても、PV を加えることが「圧力を一定に保つメカニズムが供給してくれるエネルギー」を考慮することになっている。p27 を参照。

　ここで、Helmholtz 自由エネルギーも同様に「外部にある熱源（熱浴）から供給されるエネルギー」も含めたエネルギーだと解釈できたことを思い出そう。U から F を作るという計算（$-TS$ を足す）が、U から H を作る計算（PV を足す）と、実は同様のことをやっていることになる。

$$\begin{cases} U \to F \\ U \to H \end{cases}$$ が同様の手続きであることを式で整理してみると、

$$T = \left(\frac{\partial U[S, V, N]}{\partial S} \right)_{V,N} \qquad F[T; V, N] = U - S\frac{\partial U}{\partial S} = U - TS \qquad (12.3)$$

$$P = -\left(\frac{\partial U[S, V, N]}{\partial V} \right)_{S,N} \qquad H[P; S, N] = U - V\frac{\partial U}{\partial V} = U + PV \qquad (12.4)$$

である。

　微分形を使った表現を書いておこう。$\boxed{dU = T\,dS - P\,dV + \mu\,dN}$ だったから、$\boxed{H = U + PV}$ の微分は

$$dH = \overbrace{T\,dS - P\,dV + \mu\,dN}^{dU} + \overbrace{dPV + P\,dV}^{d(PV)} = T\,dS + V\,dP + \mu\,dN$$
$$(12.5)$$

となる。$H[P; S, N]$ は完全な熱力学関数である。

　U は S, V, N の関数として考える。これは S, V, N を独立変数または別の言葉でいえば「コントロールできる変数」として考えている[†9]ということである（この時、T, P, μ は U の微分で与えられる「後から決まる変数」になる）。F は等温環境で考えるから、温度 T の方を「独立変数（制御変数）」と考える。だから $S \to T$ の Legendre 変換が必要で、その結果、$U \to F$ となる。

　同様に、V ではなく P を独立変数にしたければ、$V \to P$ の Legendre 変換を行う。その結果、$U \to H$ となる。

12.2.2　定圧熱容量

$\left(\dfrac{\partial U(T; V, N)}{\partial T} \right)_{V,N}$ が「体積一定で温度を単位温度だけ上昇させるのに必要なエネルギー」であり、これを定積熱容量と呼んだのと同様に、「圧力一定で温度

→ p101

[†9] エントロピー S という「得体の知れない量（そろそろ御馴染みになって欲しいが）」を「コントロールできる」と言うのは承服し難い人もいるかもしれないが、断熱準静的操作というのは「S が変化しないようにする」ことなので、S は不自由ながらもコントロールできる。

を単位温度だけ上昇させるのに必要なエネルギー」となる $\left(\dfrac{\partial H(T,P;N)}{\partial T}\right)_{P;N}$ を定圧熱容量と呼ぶ。

単位物質量あたりの熱容量は比熱と呼ぶので、単位物質量あたりの定積熱容量と定圧熱容量はそれぞれ定積比熱 C_V、定圧比熱 C_P と呼び、

$$C_V = \frac{1}{N}\left(\frac{\partial U(T;V,N)}{\partial T}\right)_{V,N}, \quad C_P = \frac{1}{N}\left(\frac{\partial H(T,P;N)}{\partial T}\right)_{P;N} \tag{12.6}$$

となる。

ここで $U(T;V,N)$ も $H(T,P;N)$ も完全な熱力学関数ではない（$U[S,V,N]$ と $H[P,S,N]$ とは、値は同じだが独立変数が違う）ことに注意。完全な熱力学関数の式から導くには、以下のようにする。

まず U と H の全微分に今考えている条件を代入すると

$$\mathrm{d}U = T\,\mathrm{d}S \underbrace{-P\,\mathrm{d}V + \mu\,\mathrm{d}N}_{V,N\,\text{が一定としているので}0}, \quad \mathrm{d}H = T\,\mathrm{d}S \underbrace{+V\,\mathrm{d}P + \mu\,\mathrm{d}N}_{P;N\,\text{が一定としているので}0} \tag{12.7}$$

となる。これを $\mathrm{d}T$ で割って

$$\frac{\mathrm{d}U}{\mathrm{d}T} = T\frac{\mathrm{d}S}{\mathrm{d}T}(V,N\,\text{が一定のとき}), \quad \frac{\mathrm{d}H}{\mathrm{d}T} = T\frac{\mathrm{d}S}{\mathrm{d}T}(P;N\,\text{が一定のとき}) \tag{12.8}$$

という式が出る。
$$\begin{cases}\left(\dfrac{\partial U(T;V,N)}{\partial T}\right)_{V,N} \text{とは}V,N\text{を一定にしたときの}\dfrac{\mathrm{d}U}{\mathrm{d}T}\\ \left(\dfrac{\partial H(T,P;N)}{\partial T}\right)_{P;N} \text{とは}P;N\text{を一定にしたときの}\dfrac{\mathrm{d}H}{\mathrm{d}T}\end{cases}$$
だから、

$$NC_V = T\left(\frac{\partial S(T;V,N)}{\partial T}\right)_{V,N}, \quad NC_P = T\left(\frac{\partial S(T,P;N)}{\partial T}\right)_{P;N} \tag{12.9}$$

と書くこともできる。

------練習問題------

【問い 12-1】(12.9) は、U と H を $U[S(T;V,N),V,N]$, $H[S(T,P;N),P;N]$ と書いた後で T で偏微分することでも導けることを示せ。　　解答 → p359 へ

<具体例> ・・・

理想気体であれば、$\boxed{U(T;N) = cNRT}$ であり、

$$H(T;N) = \overbrace{cNRT + Nu}^{U} + \overbrace{NRT}^{PV} = (c+1)NRT + Nu \qquad (12.10)$$

であるから、$\boxed{C_V = cR}$、$\boxed{C_P = (c+1)R}$ となる。単原子分子理想気体なら、

$\boxed{C_V = \dfrac{3}{2}R, C_P = \dfrac{5}{2}R}$ である[10]。

この二つの熱容量の比 $\dfrac{C_P}{C_V}$ は $\boxed{\dfrac{c+1}{c} = 1 + \dfrac{1}{c}}$ となり、Poisson の関係式で登

場した比熱比 γ である（「比熱比」という名前の由来はここにあった）。

→ p108

-------------------------------練習問題-------------------------------

【問い 12-2】

(1) (12.10) は H を $T;N$ の関数として表しているから、$P;S,N$ の関数として表してみよ。

(2) その式から、$\boxed{\dfrac{\partial H}{\partial S} = T, \dfrac{\partial H}{\partial P} = V, \dfrac{\partial H}{\partial N} = \mu}$ を確認せよ。

ヒント → p341 へ　　解答 → p359 へ

12.3　Gibbs 自由エネルギー

12.3.1　Gibbs 自由エネルギーの定義

もう一つの新しい熱力学関数について考えよう（これについては p230 の脚注 †6 で少し触れた）。$U[S,V,N]$ を出発点に、

- 等温環境を考えるので、制御変数を T にするため、$S \to T$ と Legendre 変換。→ $F[T;V,N]$ ができる。

- 等圧環境を考えるので、制御変数を P にするため、$V \to P$ と Legendre 変換。→ $H[T,P;N]$ ができる。

---

[10] 高校物理で $\boxed{C_P = \dfrac{5}{2}R}$ を学んだとき、「等圧過程でのエネルギーは $\dfrac{5}{2}NRT$ だな」と思った人はいないだろうか。エンタルピーというのはまさにこれ（等圧過程でのエネルギー）にあたる。

という操作をしたのと同様に考える。

等温で等圧な環境に対しては、$S \to T$, $V \to P$ と二回の Legendre 変換をしよう。その変換は図に示した経路のどちらで考えてもよい。あるいはいっきに、

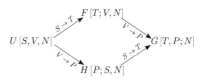

$$U[S,V,N] \to U[S,V,N] + \overbrace{P(S,V,N)V}^{-\frac{\partial U}{\partial V}} - \overbrace{T(S,V,N)S}^{\frac{\partial U}{\partial S}} \tag{12.11}$$

と変換すればよい。この式を $T, P; N$ を変数として表して

$$G[T,P;N] = \underbrace{U[S,V,N]}_{\substack{S=S(T,P;N)\\V=V(T,P;N)}} + PV(T,P;N) - TS(T,P;N) \tag{12.12}$$

という量を考えれば、$G[T,P;N]$ が $T, P; N$ で表現された完全な熱力学関数になり、その全微分は $\boxed{\mathrm{d}G = -S\,\mathrm{d}T + V\,\mathrm{d}P + \mu\,\mathrm{d}N}$ となる。

G は四つ目の完全な熱力学関数「**Gibbs 自由エネルギー** (Gibbs free energy)」である。温度一定、圧力一定という条件のもとで実験などを行うとき(化学実験はこうであることが多い)は、T, P が制御変数となるので Gibbs 自由エネルギーが便利となる。

<具体例> ....

理想気体の場合、$\boxed{F[T;V,N] = cNRT - NRT\log\left(\dfrac{T^c V}{\xi N}\right) + Nu}$ ((11.3) → p227 より)を使って $F + PV$ を計算してみよう。

$$G = \overbrace{cNRT - NRT\log\left(\frac{T^c V}{\xi N}\right) + Nu}^{F} + PV \tag{12.13}$$

となるが、G は $T, P; N$ の関数なので、V は消去しなくてはいけない。$\boxed{V = \dfrac{NRT}{P}}$ を使って消すことにより、以下を得る。

—— 理想気体の Gibbs 自由エネルギー ——

$$G[T,P;N] = (c+1)NRT - NRT\log\left(\frac{RT^{c+1}}{\xi P}\right) + Nu \tag{12.14}$$

------------------------------練習問題------------------------------

【問い 12-3】　上の式で、$\dfrac{\partial G}{\partial T} = -S, \dfrac{\partial G}{\partial P} = V, \dfrac{\partial G}{\partial N} = \mu$ を確認せよ。

解答 → p360 へ

【問い 12-4】　$G[T, P; N]$ に対する Euler の関係式を作り、化学ポテンシャルが
→ p50
「単位物質量あたりの Gibbs 自由エネルギー」であることを確認せよ。

解答 → p360 へ

【FAQ】G からさらに $N \to \mu$ の **Legendre 変換**はできませんか？

· ·

なるほど、G から $G - N\dfrac{\partial G}{\partial N}$ とやりたくなるところだ。しかし【問い 12-4】で述べたように（1 成分の場合）$G = \mu N$ と書ける。つまり G は N に関して線形（1 次式）なのだ。Legendre 変換は凸関数でないとできない。無理やりやるとどうなるか、実行してみて欲しい。

これは Gibbs-Duhem の式で T, P, μ の微分が独立でなかったことから
→ p230
もわかる。G からさらに $N \to \mu$ の Legendre 変換をしたとしたら、$d\boxed{\ ?\ } = -S\,dT + V\,dP - N\,d\mu$ となりそうだがこの式の右辺は (11.12) から
→ p230
0 である（上に書いた「無理やりやるとどうなるか」を実行してみた人にとっては、もっともな結果であるはずだ）。

もしこの Legendre 変換が成功したとすると、結果は $\boxed{\ ?\ }[T, P, \mu]$ となる。つまり T, P, μ の関数となるが、この中には示量変数が一つもない。示強変数だけから示量変数であるエネルギー（のようなもの）を作ることはできない。つまりこの企ては最初から無理筋だった。

多成分の系の場合、Gibbs 自由エネルギーは $G[T, P; \{N\}]$ のように、各成分の N の関数になる。このときでも Euler の関係式は成り立つので

$$G[T, P; \{N\}] = \sum_i \underbrace{\left(\frac{\partial G[T, P; \{N\}]}{\partial N_i}\right)_{T, P; N_i 以外の \{N\}}}_{\mu_i[T, P; \{N\}]} N_i \qquad (12.15)$$

が成立する。上の式は短く書くと $G = \displaystyle\sum_i \mu_i N_i$ だが、これを見て G が N の 1 次式で書けると早とちりしないようにしよう。μ_i の中に、$\dfrac{N_1}{N_1 + N_2}$ のような比

の形で N_i が含まれている可能性もある[11]からである。

G と H の関係は、F と U の関係とパラレル[12]である。そこで、(9.27)の → p177

$$\boxed{-T^2\frac{\partial}{\partial T}\left(\frac{F[T;V,N]}{T}\right)=U(T;V,N)}$$ を出したときと同様の計算をすることにより、以下の式が導かれる。

$$-T^2\frac{\partial}{\partial T}\left(\frac{G[T,P;N]}{T}\right)=H(T,P;N) \tag{12.16}$$

これが二つめの **Gibbs-Helmholtz** の式（一つめは(9.27)）である。
→ p177

------------------------------練習問題------------------------------

【問い 12-5】 (12.16) を導け。　　　　　　　　　　　　解答 → p360 へ

【問い 12-6】

示強変数	T	P	μ
示量変数	S	V	N

のそれぞれの列から一個ずつ変数を選ぶとする（共役な変数の両方は選べないから）。すると組み合わせは $(T,P,\mu),(T,P,N),(T,V,\mu),(T,V,N),(S,P,\mu),(S,P,N)(S,V,\mu),(S,V,N)$ の八つである。このうち (T,P,μ) は全て示強変数になって使えない（上のFAQも参照）ので、熱力学関数は 7 種類作れることになる（うち U,F,G,H の四つが既出）。残りの三つはどのような量になるか。　　ヒント → p341 へ　　解答 → p361 へ

12.3.2　熱浴内の圧力一定の系の安定条件

10.6.2項で考えた平衡を、「体積一定」とい → p216
う条件から「圧力一定」という条件に変えると平衡条件はどう変わるかを考えていこう。右の図のように系と熱浴の間が自由に動く可動壁で隔てられていて、系と外部（熱浴）の圧力が等しくなったところで平衡に達するようになっている場合である。10.6.2項と同様 → p216

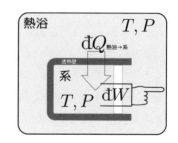

に、系に等温操作が行われたとして最大仕事で考えても、系+熱浴 に断熱操作が行われたとして考えても平衡の条件が出せる。

---

[11] 1成分の場合 $G[T,P;N]$ の独立変数の中で示量変数は N しかないが、多成分の $G[T,P;\{N\}]$ の独立変数の中には示量変数が複数個ある。

[12] ちょうど平行移動した線のような、同等の経路で結びつく、ということ。

まず始状態を $\boxed{T; V_始, N}$、終状
態を $\boxed{T; V_終, N}$ とし、それぞれの
Helmholtz 自由エネルギーを $F_始, F_終$
とする。この場合、体積が変化す

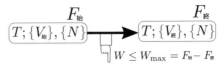

$$F_始 \qquad\qquad\qquad F_終$$
$$\boxed{T; \{V_始\}, \{N\}} \longrightarrow \boxed{T; \{V_終\}, \{N\}}$$
$$W \le W_{max} = F_始 - F_終$$

るので系は仕事をする。熱浴の圧力を P であるとすれば、準静的な場合は系の
圧力も P に等しく、仕事は最大値 $P(V_終 - V_始)$ になる。最大仕事（Helmholtz
自由エネルギーの減少分）はこれ以上だから、

$$F_始 - F_終 \ge P(V_終 - V_始)$$
$$\underbrace{F_始 + PV_始}_{G_始} \ge \underbrace{F_終 + PV_終}_{G_終} \tag{12.17}$$

となる[13]。すなわち、等温、等圧に保たれる環境下での変化は、Gibbs 自由エ
ネルギーを下げる方向に進行する。

------------------------------ 練習問題 ------------------------------

【問い 12-7】　10.6.2 項を参考に、$\boxed{dS_系 + dS_熱浴 \ge 0}$ から平衡条件を求めよ。
→ p216

ヒント → p341 へ　　解答 → p361 へ

　Gibbs 自由エネルギーが低い方が「実現する状態」であることから、高圧状
態と低圧状態では「安定な状態」が違う
という現象[14]（第 13 章で考える相転移
→ p269
の一種であるが、少し先取りして書いて
おく）が起きることがある。

　その例として、ダイヤモンドとグラファ
イトについて考えよう。この二つはどち
らも炭素によってできる物質（同素体）
であり、同じ物質量であればダイヤモン
ドの方が体積が小さい（密度が高い）[15]。
ダイヤモンドの Gibbs 自由エネルギーを

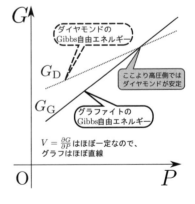

$G_\mathrm{D}[T, P; N]$、グラファイトの Gibbs 自由エネルギーを $G_\mathrm{G}[T, P; N]$ としたとき、$\boxed{\dfrac{\partial G}{\partial P} = V}$ であることから、両者の微分の間には、$\boxed{\dfrac{\partial G_\mathrm{D}}{\partial P} < \dfrac{\partial G_\mathrm{G}}{\partial P}}$ という関係がある。常圧ではグラファイトの方が安定であり、圧力を上げるに従って Gibbs 自由エネルギーは増える（$V > 0$ だから）のだが、より傾きの大きい G_G が G_D を追い越し、高圧ではダイヤモンドの状態の方が安定（G が小さい）になる[†16]。

12.3.3　混合気体の Gibbs 自由エネルギー

11.3 節で考えた混合気体の Gibbs 自由エネルギーを考えよう。簡単な場合として気体を混合する仮想的操作（下の図および p234 の図を参照[†17]）の「中」→「後」の段階で F や S が変化しない場合[†18]を考えることにする。
→ p233

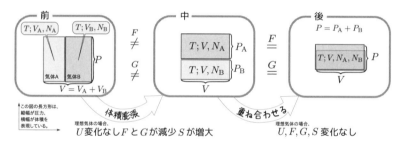

「中」の段階では二つの気体の体積が混合後の値 V になって揃っているが、圧力の方は混合後の圧力 P ではなく、それぞれの分圧 $P_\mathrm{A}, P_\mathrm{B}$ であることに注意しよう。重ね合わせた後では圧力が $\boxed{P = P_\mathrm{A} + P_\mathrm{B}}$ と足し算になる[†19]。

「中」の段階での Helmholtz 自由エネルギー（上でおいた仮定によりこれは「後」の段階での Helmholtz 自由エネルギーに等しい）は二つの気体の Helmholtz 自由エネルギーの和 $F_\mathrm{A}[T; V, N_\mathrm{A}] + F_\mathrm{B}[T; V, N_\mathrm{B}]$ である。気体 A,B それぞれについて Gibbs 自由エネルギーを計算すると、

[†16] この話からすると常温常圧ではダイヤモンドはグラファイトに自発的に変化しそうである。実はこの変化は起こるが、その速度は十分に（我々が安心してダイヤモンドを鑑賞していられるほど）遅い。

[†17] この項では、「前」の状態の圧力は「後」の状態の圧力と等しいことにして図を描いた。

[†18] 理想気体ならこうなるが、一般の気体ではこうはいかない場合ももちろんある。

[†19] 「系を合体させる」という操作に関しては体積が相加的な量だが、「系を重ね合わせる」という操作に関しては圧力が相加的な量になる。

$$G_A[T, P_A; N_A] = F_A[T; V, N_A] - V \overbrace{\left(\frac{\partial F_A[T; V, N_A]}{\partial V} \right)_{T; N_A}}^{-P_A} \tag{12.18}$$

$$G_B[T, P_B; N_B] = F_B[T; V, N_B] - V \overbrace{\left(\frac{\partial F_B[T; V, N_B]}{\partial V} \right)_{T; N_B}}^{-P_B} \tag{12.19}$$

となり、「後」の状態での自由エネルギーはそれぞれ、

$$F_{AB\,後}[T; V, N_A, N_B] = F_A[T; V, N_A] + F_B[T; V, N_B] \tag{12.20}$$

$$G_{AB\,後}[T, P; N_A, N_B] = G_A[T, P_A; N_A] + G_B[T, P_B; N_B] \tag{12.21}$$

となる（F の方は引数の体積が全て V だが、G の方は圧力のところに分圧が入ることに注意）。

上ではそれぞれの成分の G を計算した後に合計したが、

$$
\begin{aligned}
&G_{AB\,後}[T, P; N_A, N_B] \\
&= F_{AB\,後}[T; V, N_A, N_B] - \underbrace{\left(\frac{\partial F_{AB\,後}[T; V, N_A, N_B]}{\partial V} \right)_{T; N_A, N_B}}_{\left(\frac{\partial F_A[T; V, N_A]}{\partial V} \right)_{T; N_A} + \left(\frac{\partial F_B[T; V, N_B]}{\partial V} \right)_{T; N_B}} V
\end{aligned}
\tag{12.22}
$$

のように 2 成分をまとめて計算しても答えは同じである。

<具体例>・・・

理想気体の場合、

$$
\begin{aligned}
G_{後}[T, P; N_A, N_B] =& (c+1)N_A RT + N_A u_A - N_A RT \log \left(\frac{RT^{c+1}}{\xi P_A} \right) \\
&+ (c+1)N_B RT + N_B u_B - N_B RT \log \left(\frac{RT^{c+1}}{\xi P_B} \right)
\end{aligned}
\tag{12.23}
$$

となる。$T, P; N_A, N_B$ の関数として表したいので、総物質量を $\boxed{N = N_A + N_B}$ として状態方程式を使って $\boxed{P_A = \dfrac{N_A}{N} P, P_B = \dfrac{N_B}{N} P}$ とすることで、

$$
\begin{aligned}
G_{後}[T, P; N_A, N_B] =& (c+1)NRT - NRT \log \left(\frac{RT^{c+1}}{\xi P} \right) + N_A u_A + N_B u_B \\
&+ N_A RT \log \left(\frac{N_A}{N} \right) + N_B RT \log \left(\frac{N_B}{N} \right)
\end{aligned}
\tag{12.24}
$$

となる。この式の第 2 項までは、1 成分の状態 $\boxed{T, P; N}$ にある気体の Gibbs 自由エネルギーと同じである。それ以降が、1 成分ではないことから追加される項となる。特に最後の行は混合の効果が現れている部分である。

　以下、物質量の比 $\dfrac{N_i}{N}$ を以後 x_i と書く。物質量は mol で表すことがほとんどなので、この x_i はしばしば「モル分率」と呼ばれる。特定の単位に依存した名前はよくないので、「物質量分率」と呼ぶ方がいいだろう。

　物質量分率 $\boxed{x_{\mathrm{A}} = \dfrac{N_{\mathrm{A}}}{N}, x_{\mathrm{B}} = \dfrac{N_{\mathrm{B}}}{N}}$ を使って表すと、(12.24) は

$$
\begin{aligned}
G_{\text{後}}[T, P; N_{\mathrm{A}}, N_{\mathrm{B}}] =& (c + 1)NRT - NRT \log\left(\frac{RT^{c+1}}{\xi P}\right) + N_{\mathrm{A}} u_{\mathrm{A}} + N_{\mathrm{B}} u_{\mathrm{B}} \\
& + NRT\left(x_{\mathrm{A}} \log x_{\mathrm{A}} + x_{\mathrm{B}} \log x_{\mathrm{B}}\right)
\end{aligned} \tag{12.25}
$$

と書いてもよい。最後の行は混合のエントロピー S_{mix} に $-T$ を掛けたものと考
→ p236
えることができるので、$\boxed{S_{\mathrm{mix}} = -NR\left(x_{\mathrm{A}} \log x_{\mathrm{A}} + x_{\mathrm{B}} \log x_{\mathrm{B}}\right)}$ となる[20]。

12.4　Maxwell の関係式

12.4.1　Maxwell の関係式（G と H から）

　熱力学関数が二つ増えたので、10.4 節で考えた Maxwell の関係式も増やして
→ p209
おこう（この項ではまた N を変数から外しておく）。G と H の全微分の式

$$
\mathrm{d}G\left[T, P\right] = \overbrace{-S(T, P)}^{\left(\frac{\partial G[T,P]}{\partial T}\right)_P} \mathrm{d}T + \overbrace{V(T, P)}^{\left(\frac{\partial G[T,P]}{\partial P}\right)_T} \mathrm{d}P \tag{12.26}
$$

$$
\mathrm{d}H\left[P; S\right] = \overbrace{T(P; S)}^{\left(\frac{\partial H[P;S]}{\partial S}\right)_P} \mathrm{d}S + \overbrace{V(P; S)}^{\left(\frac{\partial H[P;S]}{\partial P}\right)_S} \mathrm{d}P \tag{12.27}
$$

に対しても積分可能条件を要求すれば、それぞれについて Maxwell の関係式が
→ p329
得られる。四つまとめて書いておこう。

---

[20] 物質量分率 x_i を「箱の中から 1 個取り出した分子が物質 i である確率」と解釈すると、この式は情報理論におけるエントロピー $\boxed{S = -\displaystyle\sum_i p_i \log p_i}$（$p_i$ は事象 i が起こる確率）の NR 倍である。

Maxwell の関係式（2 変数）

$\mathrm{d}F$ から (T;V が独立変数)
$$\left(\frac{\partial S(T;V)}{\partial V}\right)_T = \left(\frac{\partial P(T;V)}{\partial T}\right)_V \qquad (12.28)$$

$\mathrm{d}U$ から (S,V が独立変数)
$$\left(\frac{\partial T(S,V)}{\partial V}\right)_S = -\left(\frac{\partial P(S,V)}{\partial S}\right)_V \qquad (12.29)$$

$\mathrm{d}G$ から (T,P が独立変数)
$$-\left(\frac{\partial S(T,P)}{\partial P}\right)_T = \left(\frac{\partial V(T,P)}{\partial T}\right)_P \qquad (12.30)$$

$\mathrm{d}H$ から (P;S が独立変数)
$$\left(\frac{\partial T(P;S)}{\partial P}\right)_S = \left(\frac{\partial V(P;S)}{\partial S}\right)_P \qquad (12.31)$$

(12.28)は(10.26)の、(12.29)は(10.27)の再掲である。
→ p262　　→ p210　　　→ p262　　→ p210

練習問題

【問い 12-8】　上の Maxwell の関係式のそれぞれ、両辺の逆数を取る[†21] と

$$\left(\frac{\partial V(T;S)}{\partial S}\right)_T = \left(\frac{\partial T(P;V)}{\partial P}\right)_V, \quad \left(\frac{\partial V(T;S)}{\partial T}\right)_S = -\left(\frac{\partial S(P;V)}{\partial P}\right)_V,$$
$$-\left(\frac{\partial P(T;S)}{\partial S}\right)_T = \left(\frac{\partial T(P;V)}{\partial V}\right)_P, \quad \left(\frac{\partial P(T;S)}{\partial T}\right)_S = \left(\frac{\partial S(P;V)}{\partial V}\right)_P \qquad (12.32)$$

となって[†22]、左辺は $T;S$ の関数、右辺が $P;V$ の関数である式になる[†23]。これらの式から $(P,V) \to (T,S)$ のヤコビアンが 1 である $\boxed{\dfrac{\partial(T,S)}{\partial(P,V)} = 1}$ ことを示せ。
→ p326
ヒント → p341 へ　　解答 → p361 へ

【問い 12-9】　(12.28) にヤコビアンと偏微分の関係(A.65)を使って作った式
→ p328

$$\frac{\partial(S,T)}{\partial(V,T)} = \frac{\partial(P,V)}{\partial(T,V)} \qquad (12.33)$$

にヤコビアンの性質(A.61)と (A.62)を使うと、上で求めた式 (ヤコビアンが 1) が
→ p328
出ることを示せ。同様に他の Maxwell の関係式からも同じ式を導け。解答 → p362 へ

[†21] 偏微分でも、固定する変数を揃えておけば常微分での $\dfrac{\mathrm{d}y}{\mathrm{d}x} = \dfrac{1}{\dfrac{\mathrm{d}x}{\mathrm{d}y}}$ と同様の式である

$\underbrace{\left(\dfrac{\partial z(x,y)}{\partial y}\right)_x}_{y=y(x,z)} = \dfrac{1}{\left(\dfrac{\partial y(x,z)}{\partial z}\right)_x}$ が成り立つことに注意。

[†22] ヤコビアンの引数については示強変数と示量変数の間は; というルールは適用しないことにする。

[†23] 左辺に $\boxed{T = T(P;V), S = S(P;V)}$ を代入するか、逆に右辺に $\boxed{P = P(T;S), V = V(T;A)}$を代入するか行って初めて等式となるのだが、ここでは省略して書いている。

　2変数の場合のヤコビアンは「2次元のある領域の面積を各々の変数で計算したときの比」（変数変換によって面積が何倍されるかという因子だと思ってもよい）である。

　そこで、P-V 面の面積と T-S 面の面積を考えよう。P-V 面での面積と言えば思い浮かぶのは、右のように Carnot サイクルのグラフを描くと、P-V グラフの面積 $\oint P\,dV$ が「サイクルがな

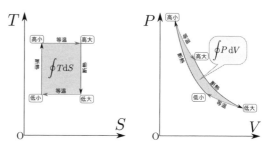

す仕事 W」になったことである。一方、T-S グラフに Carnot サイクルを描くと、面積 $\oint T\,dS$ は「サイクルが吸収する熱量 Q」である。

　熱力学第一法則 $\boxed{\Delta U = Q - W}$ （しかもサイクルなので $\boxed{\Delta U = 0}$）によりこの二つは等しい。ヤコビアンが1であるという式 $\boxed{\dfrac{\partial(T,S)}{\partial(P,V)} = 1}$ は「T-S 面と P-V 面で閉曲線内の面積が等しい」を示し、「サイクルで系が吸収する熱とする仕事は同じ」という物理的内容（これは熱力学第一法則の帰結）がある[24]。

12.4.2 Maxwell の関係式（3変数）＋＋＋＋＋＋＋＋＋＋＋＋【補足】

　Maxwell の関係式の導出を N も変数に加えてやりなおしておこう。
　もう一度大事な式を書いておくと、

$$dF = \overbrace{-S(T;V,N)}^{\left(\frac{\partial F[T;V,N]}{\partial T}\right)_{V,N}}dT\,\overbrace{-P(T;V,N)}^{\left(\frac{\partial F[T;V,N]}{\partial V}\right)_{T;N}}dV + \overbrace{\mu(T;V,N)}^{\left(\frac{\partial F[T;V,N]}{\partial N}\right)_{T;V}}dN \tag{12.34}$$

である。Maxwell の関係式は偏微分の交換から出る。N を変数扱いしてなかった10.4節
→ p209
では T 微分と V 微分の交換を考えたが、同様に T 微分と N 微分の交換を考えると

$$\left(\frac{\partial \mu(T;V,N)}{\partial T}\right)_{V,N} = -\left(\frac{\partial S(T;V,N)}{\partial N}\right)_{T;V} \tag{12.35}$$

が出てくるし、V 微分と N 微分の交換を考えれば

$$\left(\frac{\partial \mu(T;V,N)}{\partial V}\right)_{T;N} = -\left(\frac{\partial P(T;V,N)}{\partial N}\right)_{T;V} \tag{12.36}$$

[24] サポートページに「P,V,T,S サイクルのアニメーション」というインタラクティブ動画があるので眺めて欲しい。

が出てくる。ここでは F の微分で考えたが同様に内部エネルギーおよびエンタルピーと Gibbs 自由エネルギーについても、

$$\mathrm{d}U\,[S,V,N] = \overbrace{T(S,V,N)}^{\left(\frac{\partial U\,[S,V,N]}{\partial S}\right)_{V,N}}\,\mathrm{d}S\,\overbrace{-P(S,V,N)}^{\left(\frac{\partial U\,[S,V,N]}{\partial V}\right)_{S,N}}\mathrm{d}V + \overbrace{\mu(S,V,N)}^{\left(\frac{\partial U\,[S,V,N]}{\partial N}\right)_{S,V}}\,\mathrm{d}N \qquad (12.37)$$

$$\mathrm{d}G\,[T,P;N] = \overbrace{-S(T,P;N)}^{\left(\frac{\partial G\,[T,P;N]}{\partial T}\right)_{P;N}}\,\mathrm{d}T + \overbrace{V(T,P;N)}^{\left(\frac{\partial G\,[T,P;N]}{\partial P}\right)_{T;N}}\,\mathrm{d}P + \overbrace{\mu(T,P;N)}^{\left(\frac{\partial G\,[T,P;N]}{\partial N}\right)_{T,P}}\,\mathrm{d}N \qquad (12.38)$$

$$\mathrm{d}H\,[P;S,N] = \overbrace{T(P;S,N)}^{\left(\frac{\partial H\,[P;S,N]}{\partial S}\right)_{P;N}}\,\mathrm{d}S + \overbrace{V(P;S,N)}^{\left(\frac{\partial H\,[P;S,N]}{\partial P}\right)_{S,N}}\,\mathrm{d}P + \overbrace{\mu(P;S,N)}^{\left(\frac{\partial H\,[P;S,N]}{\partial N}\right)_{P;S}}\,\mathrm{d}N \qquad (12.39)$$

があるから、これらに対しても同様のことをやれば、それぞれについて 3 セットずつの Maxwell の関係式が得られる [25]。

Maxwell の関係式

$\mathrm{d}F$ から $(T;V,N$ が独立変数$)$ 　　$\dfrac{\partial S}{\partial V} = \dfrac{\partial P}{\partial T},\quad -\dfrac{\partial S}{\partial N} = \dfrac{\partial \mu}{\partial T},\quad -\dfrac{\partial P}{\partial N} = \dfrac{\partial \mu}{\partial V}$

$\mathrm{d}U$ から $(S,V,N$ が独立変数$)$ 　　$\dfrac{\partial T}{\partial V} = -\dfrac{\partial P}{\partial S},\quad \dfrac{\partial T}{\partial N} = \dfrac{\partial \mu}{\partial S},\quad -\dfrac{\partial P}{\partial N} = \dfrac{\partial \mu}{\partial V}$

$\mathrm{d}G$ から $(T,P;N$ が独立変数$)$ 　　$-\dfrac{\partial S}{\partial P} = \dfrac{\partial V}{\partial T},\quad -\dfrac{\partial S}{\partial N} = \dfrac{\partial \mu}{\partial T},\quad \dfrac{\partial V}{\partial N} = \dfrac{\partial \mu}{\partial P}$

$\mathrm{d}H$ から $(P;S,N$ が独立変数$)$ 　　$\dfrac{\partial T}{\partial P} = \dfrac{\partial V}{\partial S},\quad \dfrac{\partial T}{\partial N} = \dfrac{\partial \mu}{\partial S},\quad \dfrac{\partial V}{\partial N} = \dfrac{\partial \mu}{\partial P}$

$$(12.40)$$

12.5　Joule-Thomson 過程

Joule-Thomson 過程 [26] とは次の図のように、多孔質（綿のように、気体をゆっくりと通すことができる穴のあいた物質）の壁に隔てられたシリンダーの片方からもう片方へと気体を移動させる操作である（ピストンとシリンダは断熱されている）。ゆっくりとこの操作を行い、図の λ を $0 \to 1$ と変化させる。このとき、左側と右側で圧力がそれぞれ P_1, P_2 で物質量密度がそれぞれ $\dfrac{N}{V_1}, \dfrac{N}{V_2}$ で一定になるように二つのピストンの動きを制御する。

---
[25] こんなものを暗記する必要はまったくない。すぐに導けるし、忘れたら本を見ればいい。暗記は不要だが、「こういう関係式が出せる、なぜなら〜」という概念の部分を習得しておくことは大事。
[26] この Thomson は William Thomson、つまりは Kelvin である。p80 の脚注 [9] を参照せよ。

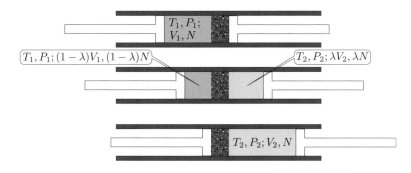

状態方程式は P, T の示強性と V, N の示量性から $\boxed{T = f\left(P, \dfrac{N}{V}\right)}$ の形になる

ので、途中経過で $P, \dfrac{N}{V}$ を変わらないように動かせば温度もそれぞれ T_1, T_2 で一定を保ちつつ変化させることができる[†27]。

途中の状態でそれぞれのシリンダーにある気体（$\boxed{T_1 ; (1-\lambda)V_1, (1-\lambda)N}$ と $\boxed{T_2 ; \lambda V_2, \lambda N}$）が平衡状態にある[†28]と考えていいぐらいゆっくりと動かしたと考えれば各々の系の変化は準静的操作である。

このとき、この過程は断熱操作であるから、内部エネルギーが始状態で $U(T_1 ; V_1, N)$、終状態では $U(T_2 ; V_2, N)$ だったとすれば、この内部エネルギーの差は気体がピストンに対してした仕事 $-P_1 V_1 + P_2 V_2$ になる。つまり、

$$U(T_1 ; V_1, N) - U(T_2 ; V_2, N) = -P_1 V_1 + P_2 V_2 \tag{12.41}$$

$$U(T_1 ; V_1, N) + P_1 V_1 = U(T_2 ; V_2, N) + P_2 V_2 \tag{12.42}$$

となり、エンタルピー $\boxed{H = U + PV}$ が変化しないことがわかる[†29]。Joule-Thomson 過程は、「H を変えずに P を変える操作」だということになる。自由膨張が「U を変えずに V を変える操作」だったことに対応している[†30]。

→ p100

左側の領域から右側の領域へ移るときの温度変化 dT と圧力変化 dP の関係を知りたい。まずエンタルピーを $T, P ; N$ の関数として表しその変化を（N は

[†27] ピストンの移動速度は一般には違うので、$\boxed{V_1 = V_2}$ とは限らないことに注意しよう。

[†28] ここで、平衡状態にあると言っていいのはシリンダー内の気体で、間にある多孔質の壁の中は平衡状態ではない。壁も系のうちと考えると、平衡状態を経由してない変化である（つまり準静的操作ではない）。あくまで、シリンダー部分にある気体に対して「準静的」と考えている。

[†29] 実際のところエンタルピーの意味、あるいはその微分形式 $\boxed{dH = T\,dS + V\,dP + \mu\,dN}$ を考えれば「圧力と物質量を変化させずに断熱操作をしている」と思えばこれは当たり前とも言える。ただしこの実験の場合、圧力 P と温度 T が左右のシリンダーで一致してないのがちょっと普通と違うところである。

[†30] $U \leftrightarrow H$（$V \leftrightarrow P$）という Legendre 変換で、自由膨張と Joule-Thomson 過程がつながる。

変化しないので dN の項は最初から省略)、

$$
\mathrm{d}H = \overbrace{T\left(\left(\frac{\partial S(T,P;N)}{\partial T}\right)_{P;N}\mathrm{d}T + \left(\frac{\partial S(T,P;N)}{\partial P}\right)_{T;N}\mathrm{d}P\right)}^{\mathrm{d}S} + V\,\mathrm{d}P
\tag{12.43}
$$

と書く。エンタルピーは変化しない $\boxed{\mathrm{d}H = 0}$ ことから、

$$
-T\left(\frac{\partial S(T,P;N)}{\partial T}\right)_{P;N}\mathrm{d}T = \left(T\left(\frac{\partial S(T,P;N)}{\partial P}\right)_{T;N} + V\right)\mathrm{d}P
\tag{12.44}
$$

となる。この式の左辺は (12.9) より $-NC_P\,\mathrm{d}T$ であることを使うと、
→ p253

$$
\frac{\mathrm{d}T}{\mathrm{d}P} = -\frac{T\left(\frac{\partial S(T,P;N)}{\partial P}\right)_{T;N} + V}{NC_P}
\tag{12.45}
$$

で圧力と温度の関係（微分方程式）を求めることができる。左辺を $\dfrac{\mathrm{d}T}{\mathrm{d}P}$ と書いたが、これは $\boxed{\mathrm{d}H = 0,\ \mathrm{d}N = 0}$ という条件のもとでの式だから、$\left(\dfrac{\partial T}{\partial P}\right)_{H,N}$ と書くべきである [31]。Maxwell の関係式の一つである $\boxed{-\left(\dfrac{\partial S}{\partial P}\right)_{T;N} = \left(\dfrac{\partial V}{\partial T}\right)_{P;N}}$ を
→ p264
使えば、以下のように書くこともできる。

$$
\left(\frac{\partial T}{\partial P}\right)_{H,N} = \frac{T\left(\frac{\partial V(T,P;N)}{\partial T}\right)_{P;N} - V}{NC_P}
\tag{12.46}
$$

この偏微分係数は、この操作による圧力変化と温度変化の比を表し、Joule-Thomson 係数と呼ばれる。これが正なら圧力上昇で温度が上がり、負なら圧力上昇により温度が下がる。

＜具体例＞..

理想気体では $\boxed{V = \dfrac{NRT}{P}}$ なので

$$
T\left(\frac{\partial\left(\frac{NRT}{P}\right)}{\partial T}\right)_{P;N} - V = \frac{NRT}{P} - V = 0
\tag{12.47}
$$

---

[31] 偏微分の公式 (A.41) を使えば $\boxed{\left(\dfrac{\partial T}{\partial P}\right)_{H,N} = -\left(\dfrac{\partial H}{\partial P}\right)_{T;N}\Big/\left(\dfrac{\partial H}{\partial T}\right)_{P;N}}$ から (12.45) を出すこともできる。
→ p322

となり、Joule-Thomson 過程では理想気体の温度が変化しない（p265 の図で、$\boxed{T_1 = T_2}$）ことがわかる。

------------------------------練習問題------------------------------

【問い12-10】 van der Waals 気体の Joule-Thomson 係数が、V が bN に比べて十分大きい極限では $\boxed{\dfrac{2a}{RT} = b}$ のときに 0 になることを示せ。

ヒント → p341 へ　　解答 → p362 へ

【補足】 ╋╋╋╋╋╋╋╋╋╋╋╋╋╋╋╋╋╋╋╋╋╋╋╋╋╋╋╋╋╋╋╋╋

　今更どうしようもないことであるが、U, F, G, H に関してはもっとわかりやすい名前にしておけばよかったのに、と思わずにいられない。たとえば U を「断熱エネルギー」、F を「等温エネルギー」、H を「等圧エネルギー」、G を「等温等圧エネルギー」とか[32]にしておけばよかったのではないか？ ——あるいは、U が「内部エネルギー」で F が「自由エネルギー」[33]なら、H が「エンタルピー」なら G は「自由エンタルピー」[34]と呼ぶべきだったのでは？

　残念ながら、いったん定着した名前というのはなかなか変えられない。

╋╋╋╋╋╋╋╋╋╋╋╋╋╋╋╋╋╋╋╋╋╋╋╋╋╋╋╋╋╋╋╋╋　【補足終わり】

12.6　章末演習問題

★【演習問題 12-1】

　エネルギー方程式

$$\left(\frac{\partial U(T;V,N)}{\partial V}\right)_{T;N} = T\left(\frac{\partial P(T;V,N)}{\partial T}\right)_{V,N} - P(T;V,N) \tag{12.48}$$

は p177 の脚注 †11 に書いた手法を使うと、

$$\left(\frac{\partial U(T;V,N)}{\partial V}\right)_{T;N} = T^2\left(\frac{\partial\left(\frac{P(T;V,N)}{T}\right)}{\partial T}\right)_{V,N} \tag{12.49}$$

と書き直せる。U から $V \to P$ という Legendre 変換で H ができることを考えると、$\left(\dfrac{\partial H}{\partial P}\right)_{T;N}$ を左辺とする式を作ることができそうである。過程を示しつつその式を示せ。

ヒント → p5w へ　　解答 → p22w へ

---

[32] こういう名前にしたらこういう名前にしたで、「F は温度が変わる変化には使えない」のような誤解が出てくるのかもしれないが。

[33] この「自由」がいったいどういう意味で「自由」なのかもわかりにくい。等温環境の中で取り出せるエネルギー（できる仕事）という意味をもたせているのだが。

[34] この言葉は存在してないわけではないが、残念ながら広くは使われていない。

★【演習問題 12-2】

S を T, P の関数として、【演習問題10-2】の (10.54) と同様の式を導け。
→ p224

ヒント → p5w へ　　解答 → p23w へ

★【演習問題 12-3】

N は定数扱いする。エンタルピー H は、$P; S$ の関数だとして $H[P; S]$ と書くことも、T, P の関数だとして $H(T, P)$ と書くこともできる。

二つの書き方には $H(T, P) = \underbrace{H[P; S]}_{S=S(T,P)}$ という関係がある。

(1) $H(T, P) = \underbrace{H[P; S]}_{S=S(T,P)}$ の両辺を P を一定として T で微分すると

$$\left(\frac{\partial H(T, P)}{\partial T}\right)_P = \underbrace{\left(\frac{\partial H[P; S]}{\partial S}\right)_P}_{S=S(T,P)}\left(\frac{\partial S(T, P)}{\partial T}\right)_P$$

という式が出る。では、T を一定として P で微分すると、どういう式が出るか。

(2) $H(T, P)$ が P に依らないのは T, P の関数として表した体積 $V(T, P)$ がどのような微分方程式を満たしているときか。その式を求める過程を記せ。

解答 → p23w へ

★【演習問題 12-4】

以下の考えはその思考過程のどこが間違っているか、指摘せよ（結果が間違っているのは明らかであるので、そこを聞いているのではない[35]）。

$\boxed{F = -PV + \mu N}$ という式の左辺を N で微分すると、$\boxed{\dfrac{\partial F}{\partial N} = \mu}$ となる。右辺を N で微分して答えが μ になるためには、PV と μ は N に依存してはいけない。

解答 → p23w へ

★【演習問題 12-5】

ある系が自由膨張（V を変えても U が変わらない操作）で温度が変わらないなら、その
→ p100
系の内部エネルギーを $T; V$ の関数（N はここでは定数扱いとする）として表したときに V に依存しない。つまり $\left(\dfrac{\partial U(T; V)}{\partial V}\right)_T = 0$ であった（p106 の補足を参照）。同様にある系がJoule-Thomson 過程（P を変えても H が変わらない操作）で温度が変わらないなら、
→ p265

$\boxed{\left(\dfrac{\partial H(T, P)}{\partial P}\right)_T = 0}$ であることを示せ。
解答 → p24w へ

---

[35] と、わざわざ注意している理由は、こういう問題に対して、「$\boxed{PV = NRT}$ で N に依存しているから間違い」という答えを出してドヤ顔する人がいるからである。そうではなくて、「間違った思考過程のどこが間違っているのか」を探す訓練をして欲しいのだ。

第 *13* 章

相転移

二つ以上の相に分かれた不均一な平衡状態が自発的に現れる場合について考える。

13.1　相転移

13.1.1　凸関数でない Helmholtz 自由エネルギー

「水が水蒸気になる」「水が凍って氷になる」のような現象もここまで考えてきた熱力学の範疇で考えることができる。この章で考える相転移という現象は、一つの物質が気体・液体・固体と状態変化していくことである。同じ物質が同温同圧の環境下で別の状態（相）を取る。なぜそんなことが起こるのか？ ──実はそれも「自由エネルギーを最小にしようとする」というこれまでお馴染みの文脈で語ることができるのである。p218 の補足で述べたような「凸でない曲線」を描く F が「ある種の計算間違いにより出てくる[†1]」場合がある（この結果は平衡状態を表現してないので現実のものではない）。例えば、11.3.6 項では 2 成分の系が二つの物質量分率の違う領域に分かれるという例を見た。

　この章では 1 成分の系でも同様の現象が起こり、密度の違う領域が共存する（最初に述べた水と水蒸気の例はその一例であり、それを「物質が異なる相を持つ」と表現する）という例を見ていこう[†2]。

[†1] 「出てくる」というのは、物質に関する何らかのモデルを作って F を計算してみた場合や、p177 に書いた手順にしたがって F を求める過程で、実験やモデルで決まった P, U を使って(6.4)　や(9.27)のような微分方程式を解いた場合などに計算結果として「出てきてしまう」ということ。実際に「凸でない F」
　　　　　　　　　　　　　　　　　　　　　　　　→ p126　→ p177
が観測されるのではない。

[†2] 理想気体は複数の相を持たないが、それは理想気体の Helmholtz 自由エネルギーが、（この後述べる

　気体と液体の相ができる例の場合何が起こっているかを述べよう（ここの議論の流れは p218 と同じである）。ある温度において、体積 V_L から V_G の間では「擬似的な Helmholtz 自由エネルギー」が凸になっていないとする。V_L と V_G の間の体積が $\boxed{V_1 = \lambda V_L + (1 - \lambda)V_G \ \ (0 \leq \lambda \leq 1)}$ になる状態として、全物質量 N のうち物質量 λN の部分が状態 $\boxed{T; \lambda V_L, \lambda N}$ となり（体積が λV_L になり）、残りの部分が状態 $\boxed{T; (1 - \lambda)V_G, (1 - \lambda)N}$（体積 $(1 - \lambda)V_G$）になっている状態（下の図の V-F グラフでは $(V_L, F[T; V_L, N])$ と $(V_G, F[T; V_G, N])$ を結ぶ直線上にくる）が実現する。この状態の Helmholtz 自由エネルギー

$$\underbrace{F[T; \lambda V_L, \lambda N]}_{\lambda F[T; V_L, N]} + \underbrace{F[T; (1 - \lambda)V_G; (1 - \lambda)N]}_{(1-\lambda)F[T; V_G; N]} \tag{13.1}$$

がこの体積における最小値となるからである。

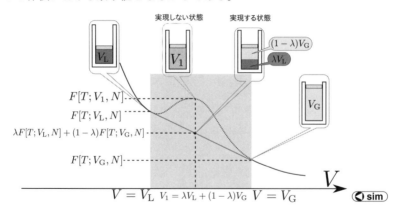

13.1.2　相とその共存

　$\boxed{T; \lambda V_L, \lambda N}$ と $\boxed{T; (1 - \lambda)V_G, (1 - \lambda)N}$ は同じ温度だが物質量密度がそれぞれ $\dfrac{N}{V_L}$ と $\dfrac{N}{V_G}$ と、違う密度の状態が一つの容器の中で共存している状況が実現する[†3]。この違う状態のそれぞれを「相 (phase)」と呼ぶ。今の例で

$$\begin{cases} \text{密度 } \dfrac{N}{V_L} \text{ の状態は「液相」（液体の状態）} \\[2mm] \text{密度 } \dfrac{N}{V_G} \text{ の状態が「気相」（気体の状態）} \end{cases} \quad \text{としよう}^{†4}。$$

ような修正を経るまでもなく）p129 のグラフに描いたような「凸な曲線」だからである。

[†3] ここで考えているのはあくまで「水と水蒸気」の 1 成分系の共存である。日常よく目にする、「水とそれに溶けた空気」と「空気とそれに含まれる水蒸気」の多成分系の共存は、また別の現象となる。

[†4] 同じ物質が密度の違う 2 相に分かれる例の中でもっともよく見られるものが気体と液体であるからここ

相の変化を「相転移 (phase transition)」と呼ぶ。

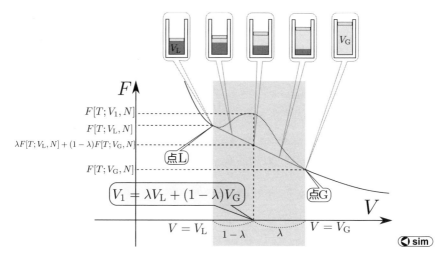

体積変化に応じて系の状態が変化していく様子が上の図のようになる。$\boxed{\lambda = 1}$ が完全な液相、$\boxed{\lambda = 0}$ が完全な気相であり、その間は液相と気相の共存状態が実現する[†5]。共存状態は V-F 平面において状態 $\boxed{T; V_{\mathrm{L}}, N}$ と状態 $\boxed{T; V_{\mathrm{G}}, N}$ を内分した点で表現される。結果として $\boxed{V_{\mathrm{L}} < V < V_{\mathrm{G}}}$ の区間のグラフはこの2点を結ぶ直線になる。この直線になった方が「真の Helmholtz 自由エネルギー」である。グラフが直線になる範囲では $\boxed{\dfrac{\partial^2 F}{\partial V^2} = -\dfrac{\partial P}{\partial V} = 0}$ になっており、異なる密度の状態（二つの相）が共存し、圧力は一定になる。

【補足】 ✝✝✝✝✝✝✝✝✝✝✝✝✝✝✝✝✝✝✝✝✝✝✝✝✝✝✝✝✝✝✝✝✝✝✝✝✝

実在しない「擬似的 F」を頼りに相転移という実際に起こる物理現象を論じていいのか？ —特に上の図で点Lと点Gの間を直線でつないだが、LG間の曲線が「実在しない状態の線」なのなら、点Lと点Gの位置はどうやって決めたのか？[†6]（ずれたらなめらかに直線でつながらんじゃないか）と不思議に思う人もいるだろう。

本書で出てくる擬似的 F の例（11.3.6項の混合物、今考えている気体と液体のモデル
→ p245
である van der Waals 気体、最後に出てくる強磁性体）ではすべて「F が凸でない

ではこの二つの相を「気相」「液相」と呼ぶことにしたが、この後の議論は気体と液体だけに適用できるものではなく、固体やその他の相が出てくる場合にも使える。固体に複数の相がある場合もあり、12.3.2項
→ p257
に例として挙げたダイヤモンドとグラファイトも炭素の固体の二つの相である。
[†5] 水の場合、気体の水（水蒸気）から液体の水に変化したとき、密度は約 1700 倍になる。まじめにグラフを描くと V_{L} が F 軸に張り付くか、V_{G} が紙面を飛び出してしまう。
[†6] p218 の補足の最後に指摘した「スムーズにつながるのは怪しくないか？」という問題である。

領域」は、高温の $F[T; V, N]$ には現れない。

　そこでこの状況を右図のようにグラフに描く。灰色
で示した領域は F が凸でなく、実験的にも理論的にも
おかしい場所である。しかし我々は実現しない「凸で
ない領域」を避けるような積分路（右の図の L → L′
→ G′ → G）で $dF = -S\,dT - P\,dV$ の積分を行っ
て点 L と点 G の F を計算できる。「凸でない変な領域
がある」からと言って計算結果すべてが信用ならない
ということにはならない[7]。「変な領域」を回避する
方法はちゃんとあるので心配は無用である。

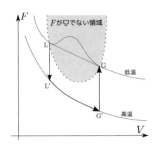

　凸でない領域では「二つの相の共存状態」を考えて直線で補間する、という作業を
行って、「正しい Helmholtz 自由エネルギーを構築できるのである[8]。

✝✝✝　【補足終わり】

　右の図が V-F のグラフである。F が凸でな
い領域で相転移が起こる。F の傾きは $-P$ だ
から、共通接線が引かれた二つの接点（図の点
L と点 G）では圧力が等しい。このときの圧力
を p_v と[9]書こう。点 L と点 G は直線
と曲線の両方で結ばれているが、「真
の F」で考えても「擬似的 F」で考えても、点
L と点 G の F の差は $\Delta F = p_v(V_G - V_L)$ で
ある。

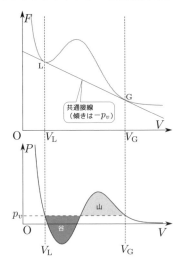

　これを V-P グラフの方で考えると[10]、（F
の微分が $-P$ だから、P の積分が $-\Delta F$ なの

---

[7] van der Waals 方程式は、灰色領域を除いた部分で実験との一致が概ね確認されている。

[8] 我々は第 9 章の最初の部分で、エントロピー S の変化 dS が積分可能条件を満たすことを手がか
　　→ p169
りにして S を構築した。このとき dF の方も積分可能になった（【問い 10-5】を見よ）。これはつまり、
　　　　　　　　　　　　　　　　　　　　　　　　　　　　　　　　　　　　　　　→ p213
$T; V, N$ の空間の中で「経路に依らず F の変化は同じ」という条件をつけたことに対応する（6.1.1 項で
　　　→ p122
考えた「最大仕事が経路に依らない」という条件とはまた別である。あのときは温度を変化させる操作を
考えてなかったが、ここでは温度変化も含めて考えて経路に依らないことを使っている）。

[9] p_v の添字 v は「vaporize（気化）」から。それ以外の相転移のときは別の文字を使うこともある。

[10] このグラフを見て、P が負の領域があることにぎょっとする人がいるかもしれないが、ここは実現しな
い「擬似的」部分なので気にしなくてよい。

で) と でこの区間の定積分（図の塗りつぶした面積）が一致することになる。ゆえに、上図の「山」の部分の面積は「谷」の部分の面積に等しい（山を崩すと谷が埋まる）。これは「**Maxwell の等面積則**」と呼ばれる法則である[11]。

体積が V_L から V_G の間は、Gibbs 自由エネルギー G も化学ポテンシャル μ も一定である（グラフが直線になるので、この範囲では $F + PV$ が一定値になる）。G が F から $V \to P$ の Legendre 変換をした結果であることを思うと、(Legendre 変換の結果の関数は接線の傾きと切片の関係なので) P（接線の傾き $\times(-1)$）を変化させるにしたがって下の図の $G_1 \to G_2 \to \underbrace{G_3 \to G_3}_{V_L から V_G} \to G_4$ のように G の値は変化していく。その G の変化も右側のグラフに描いた。G は完全な熱力学関数としては $T, P; N$ の関数だが、あえて $T; V, N$ の関数として、かつ $T; N$ を一定として V-G グラフを描いている。

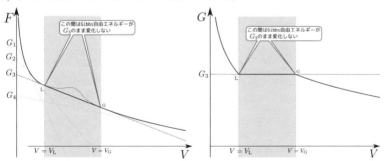

図に G_3 と示しているのが $\boxed{V_L \leq V \leq V_G}$ の範囲での Gibbs 自由エネルギーで、体積がこの範囲で変化している間、G は一定である。右の図に、P と G の関係を示した[12]。グラフの破線は、実現しない気相と液相を表現した線である。破線は圧力を上げても気相のま

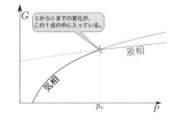

まだとしたらどのように G が変化するかを示しているが、実現するのは G が

---

[11] 等面積則は有名であるが、ここで説明したように、本質は「P-V グラフで面積が等しい」よりも「F-V グラフで接線が共通」ということである。何より、こちらの考え方だと、接線の接点の間の途中の部分（物理的に意味のない部分）がどうなっているかの情報は不要である。

[12] F が V の関数として凹で、G が P の関数として凸なのに注意。【演習問題2-8】を参照せよ。
→ p44

小さい方の状態（実線で表した）である。$\dfrac{\partial G}{\partial P} = V$ なので、体積が大きい気相の方が傾きが大きく[†13]、相転移点では傾きが不連続になる（グラフが折れ曲がる）。

$\boxed{dG = -S\,dT + V\,dP + \mu\,dN}$ なので、$T, P; N$ が一定である間は（たとえ V が変わっても）G が変化しないのは当然である。$T, P; N$ を指定しても状態を指定できない状況になっている[†14]。

ここで考えた相転移では G の値は二つの相で同じだったが、G の微分 $\dfrac{\partial G}{\partial P}$ はつながってなかった[†15]。実は $\boxed{\dfrac{\partial G}{\partial T} = -S}$ もつながっていない（S の変化は次の 13.1.3 項で考えよう）。相転移の中には、「示強変数の一階微分はつながっているが二階微分はつながっていない」という「G の不連続性」によるものもある。

「示強変数の $(n-1)$-階微分はつながっているが n-階微分はつながっていない」相転移を「n 次の相転移」と分類する（ここで考えたのは 1 次の相転移）。

13.1.3　潜熱

ある物質が液体の状態 $\boxed{T; V_{\mathrm{L}}, N}$ から気体の状態 $\boxed{T; V_{\mathrm{G}}, N}$ へと変化したとすると、そのとき熱力学第一法則 $\boxed{\Delta U = Q - W}$ の ΔU は液体状態と気体状態の内部エネルギーの変化 $U_{\mathrm{G}} - U_{\mathrm{L}}$ となるだろう。一方、仕事は $\boxed{W = p_v(V_{\mathrm{G}} - V_{\mathrm{L}})}$ である。

以上の式を整理すると、このときに吸収する熱 $Q_{\mathrm{L}\to\mathrm{G}}$ が、

$$Q_{\mathrm{L}\to\mathrm{G}} = U_{\mathrm{G}} + p_v V_{\mathrm{G}} - (U_{\mathrm{L}} + p_v V_{\mathrm{L}}) \tag{13.2}$$

となる。吸収する熱は $\boxed{H = U + PV}$ の差になっている。別の言い方をすれば「ΔH（エンタルピーの変化）は等温等圧の条件下で起こる相転移の際に必要となる熱」と言える。$\boxed{dH = T\,dS + V\,dP + \mu\,dN}$ で今 $P; N$ は変化してないこ

[†13] 実際の気体では傾きの比はもっと大きい。

[†14] 状態が違うのに変わらない $T, P; N$ は（同じ住所に家が何軒も建っているようなもので）状態を区別するのに役立っていない。とはいえ、$G[T, P; N]$ はこの状況では何の役にも立たないわけではなく、後でこの性質を使う。
→ p281

[†15]「G は同じだが微分がつながらない」と聞くと「大した事じゃない」ように思えるかもしれないが、$\dfrac{\partial G}{\partial P} = V$ なので、これは「体積ががらっと変わる」という、見た目にも派手な現象である。

とを考えると、$\boxed{\Delta H = T \Delta S}$ と考えることができて、

$$Q_{\mathrm{L} \to \mathrm{G}} = T (S_\mathrm{G} - S_\mathrm{L}) \tag{13.3}$$

と書ける。このとき吸収した熱はエントロピーの増加に使われている。相転移のときに必要な熱（相転移の方向によっては、放出する熱）を「潜熱」と呼ぶ。液体→気体のときに必要な熱を「気化熱（蒸発熱）」、固体→気体のときに必要な熱を「融解熱」と呼ぶ。逆の現象である気体→液体のときに放出される熱は「液化熱（凝縮熱）」、液体→固体のときに放出される熱は「凝固熱」と呼ぶ。気化熱と液化熱は等しく、融解熱と凝固熱は等しい。

13.2 van der Waals 気体の相転移

＜具体例＞ ....

前節の状況が実現するのが何度か触れた van der Waals の状態方程式（van der Waals は気体と液体をつなぐ式としてこの式を考案した）(5.20)に従う気
→ p109
体である。この気体の Helmholtz 自由エネルギーは

$$F[T; V, N] = cNRT - \frac{aN^2}{V} - NRT \log \left(\frac{T^c (V - bN)}{\xi N} \right) \tag{13.4}$$

（【問い 9-4】の答え(B.90)を再掲）である。F を V の関数として見ると、T が十
→ p179   → p352
分大きければ単調減少関数で凸な関数だが、T がある値より小さいと凸関数ではなくなる。

F を V で微分すると、

$$\frac{\partial F}{\partial V} = \frac{aN^2}{V^2} - \frac{NRT}{V - bN} \tag{13.5}$$

となり、これは状態方程式から計算した $-P$ と一致する。さらに微分すると、

$$\frac{\partial^2 F}{\partial V^2} = -\frac{2aN^2}{V^3} + \frac{NRT}{(V - bN)^2} \tag{13.6}$$

となるが、$\dfrac{\partial^2 F}{\partial V^2}$ は、V が十分大きい範囲では（その範囲では V^{-3} に比例する第1項の寄与が小さいので）正であるし、$V - bN$ が 0 に近い範囲でも（第2項の寄与が大きくなるので）正である。しかしこれらの中間の範囲では、第1項（負）が第2項（正）に勝って $\dfrac{\partial^2 F}{\partial V^2}$ が負になる可能性がある。高温であれば（T

に比例する）第2項は常に勝つ。計算してみると、

$$\frac{\partial^2 F}{\partial V^2} = \frac{-2aN^2(V-bN)^2 + NRTV^3}{V^3(V-bN)^2} \tag{13.7}$$

である（この式の分母は常に正であることに注意）。

この式の分子を

$$f(T;V) \equiv -2aN^2(V-bN)^2 + NRTV^3 \tag{13.8}$$

と書いて、これ（V の3次式）が負になる
条件を考える。温度を変えながら $f(T;V)$
のグラフを描いたのが右の図で、これを見
るとある温度を境に負になる領域が現れる
かどうかが変わる（グラフの左側にある負

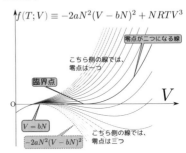

の領域は、$\boxed{V < bN}$ の領域なので考慮に入れない）。その境目の点（相転移が
起こるギリギリの状態である）を「臨界点 (critical point)」と呼ぶ（グラフ
にも示した）。これより高温または高圧の状態では、気相と液相の境界がなく
なる。

臨界点の温度、体積、圧力[16] をそれぞれ T_c, V_c, P_c とすると、下の問いの計
算により

$$T_c = \frac{8a}{27bR}, \quad V_c = 3bN, \quad P_c = \frac{a}{27b^2} \tag{13.9}$$

であるとわかる。

--------------------------------- 練習問題 ---------------------------------

【問い13-1】臨界点では $\boxed{f(T;V) = 0}$ と $\boxed{\dfrac{\partial f(T;V)}{\partial V} = 0}$ が同時に成り立つ。こ
れらを使って T_c, V_c, P_c を求めよ。結果は (13.9) である。

解答 → p363 へ

以下で、圧力、体積、温度を全て「臨界点のときの何倍か」という無次元量
を使って表現することにする。

van der Waals 方程式は $\boxed{P = p \times P_c, V = v \times V_c, T = t \times T_c}$ を代入して

---

[16] 臨界点は水では $\boxed{T_c = 647K, P_c = 2.2 \times 10^7 \text{Pa}}$、窒素では $\boxed{T_c = 126K, P_c = 3.4 \times 10^7 \text{Pa}}$。

$$\left(p \times \overbrace{\frac{a}{27b^2}}^{P_c} + \frac{aN^2}{v^2} \times \overbrace{\frac{1}{9b^2N^2}}^{\frac{1}{(V_c)^2}}\right)\left(v \times \overbrace{3bN}^{V_c} - bN\right) = NRt \times \overbrace{\frac{8a}{27bR}}^{T_c}$$

$$\left(p + \frac{3}{v^2}\right)\left(v - \frac{1}{3}\right) = \frac{8}{3}t \qquad (13.10)$$

と書き換えることで無次元量で表現できる[†17]。以下では、この「無次元化された van der Waals 方程式」を考えていくことにする。

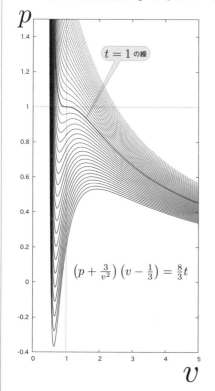

$$\left(p + \frac{3}{v^2}\right)\left(v - \frac{1}{3}\right) = \frac{8}{3}t$$

無次元化された状態方程式が表す状態を、t を 0.8 から 1.2 まで 0.01 刻みに変化させつつ、v-p グラフに描いたのが左の図である。

左のグラフの臨界点付近を拡大したのが、下のグラフである（こちらのグラフは t が 0.98 から 1.02 まで、0.001 刻みに変化している）。

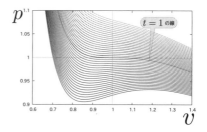

p-v の曲線が単調減少になるかならないかの境界が、図に $t = 1$ の線 と示した線である。無次元化した単位系で Helmholtz 自由エネルギーを求める微分方程式

$$-\frac{\partial \tilde{F}}{\partial v} = \underbrace{-\frac{3}{v^2} + \frac{8t}{3v-1}}_{p} \qquad (13.11)$$

を解くと

$$\tilde{F} = -\frac{3}{v} - \frac{8t}{3}\log(3v-1) \qquad (13.12)$$

となる。この $\tilde{F}$ は Helmholtz 自由エネルギーのうち v に依存する部分だけを取り出したものである（v に依存しない部分は、今は無視する）。t を 0.6 から 1 まで 0.1 刻みで変化させていくと以下のようなグラフが描ける。

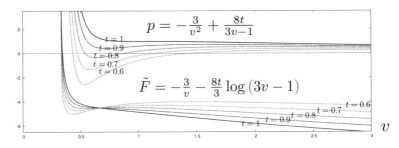

同じグラフに書いてはいるが p と $\tilde{F}$ の値を比べることには意味はない（次元の違う別の物理量であるし、そもそも $\tilde{F}$ の原点には物理的意味がないから）[†18]。$\boxed{t<1}$ では $\tilde{F}$ に凸でない領域が現れる。$\boxed{t=0.8}$ の場合、

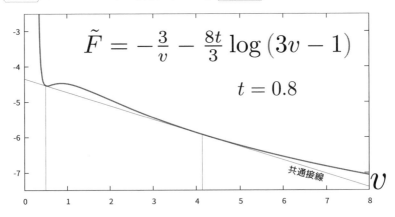

のように共通接線が引ける。共通接線の二つの接点の間の曲線部分は「実現しない状態」である。

[†17] このように「無次元化」を行う利点は、これによって細かい物質の違いに依らない性質について議論できることである。世の中には沸点の高い物質も低い物質もある。当然臨界温度が高温な場合も低温な場合もあるわけだが、いったん無次元化すれば $\boxed{t=1}$ が臨界温度である。

[†18] ここで、v に依らない部分をカットしたので、$\tilde{F}$ の値の温度による変化には意味がないことに注意。「$\tilde{F}$ が v のどんな関数か」の温度による変化には大きな意味がある。

13.3 温度変化と相転移

液相と気相の共存が起こる条件と温度の関係をもう一度グラフで説明しよう。van der Waals 気体のグラフを真面目に書くと前項のようになるが、少し見づらいので、特徴を強調した図（強調した分「嘘」が混じっているが、そこは容赦して欲しい）で描きなおそう。V-F のグラフに図のような「⊔でない部分」がありさえすれば、以下の議論は成り立つ。

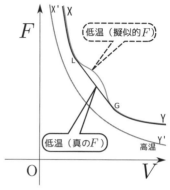

グラフの「高温」の状態（X'X → Y' という変化）では F は常に⊔である。しかし「低温」（X → L → G → Y という変化）では F に上に凸な「有り得ない」領域が出現する。これは計算上に出てくるだけのもので、実現するのはその領域を直線でつないだ「真の F」であり、この状況では図で「L」と示した液体状態と「G」と示した気体状態が共存した状態になっている。ここでこのグラフの傾きは $-P$ だから、「L から G へ」という直線の上では圧力一定である。

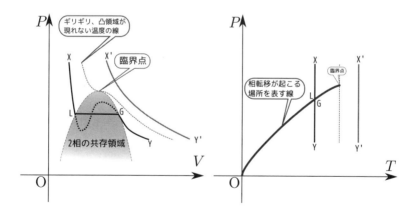

この状況の T-P グラフ上では X' → Y' の「高温」での変化も、X → L → G → Y の「低温」での変化も、どちらも縦線になるが、「L」点と「G」点が同じ点になる（V-F グラフでは直線である領域が T-P グラフでは一点に収縮する）。

何を変数として記述するかで、変化の様子はかなり変わって見えることに注意しよう。極端な場合、V-F グラフでの有限な線分（V-P グラフの線分 LG）で

ある領域が T-P のグラフでは一点（T-P グラフの点 L・点 G）になってしまう。

相転移が起こっている場所は T-P グラフ上の（図の原点 O と 臨界点 と示した点を結ぶ）線になるが、ある程度より高温になると相転移がおきなくなるから相転移が起こる場所を示す線は途中（図に 臨界点 と示したところ）で途切れる。臨界点より温度が高い状況では、圧力を変化させていっても「液体↔気体」のような不連続な状態変化（相転移）を経ることがない。また、臨界点より圧力が高い状況では温度を変化させていっても相転移は起きない。

つまり臨界点よりも温度や圧力が高い領域では相転移がない（というより液体と気体の区別がない）。この領域を回り込むように変化をさせると、相転移せずに気体が液体になる（またはその逆）。不思議に思うかもしれないが、実は常温の窒素はこの状態である（p276 の脚注 †16 を見よ）。

T-P グラフ上で X→Y とたどっていくと、気体と液体の境界線の L→G のところで体積が不連続に変化するように見える。実際にはこの線の中に、V-P グラフでは「共存領域」と呼んでいた面積のあった部分が、潰れて押し込まれてしまっているのである。

全体の物質量が N で気相に属する物質が N_G、液相に属する物質が N_L あるときの Gibbs 自由エネルギーを $G[T, P; N_G, N_L]$ と書くことにする。気相と液相が共存している場合は $N_G + N_L = N$ が成り立つ条件下で Gibbs 自由エネルギーが最小となる状態が実現するから、$G[T, P; N_G, N - N_G]$ が停留する条件

$$\underbrace{\left(\frac{\partial G[T, P; N_G, N_L]}{\partial N_G}\right)_{T, P; N_L}}_{\mu_G(T, P; N_G, N_L)} = \underbrace{\left(\frac{\partial G[T, P; N_G, N_L]}{\partial N_L}\right)_{T, P; N_G}}_{\mu_L(T, P; N_G, N_L)} \qquad (13.13)$$

が成り立つ、つまり「液相と気相で化学ポテンシャルが等しい」が共存の条件である。「真の F」が、気体と液体の共存状態の間は切片 G となる直線となったことを思い出そう。p273 のグラフの、L から G までの間である。この間、$G = G_3$ で変化しない。共存状態では、

$$\underbrace{G[T, P; N_G, N_L]}_{\substack{\mu_G(N_G + N_L) \\ = \mu_L(N_G + N_L)}} = \underbrace{G_G[T, P; N_G]}_{\mu_G N_G} + \underbrace{G_L[T, P; N_L]}_{\mu_L N_L} \qquad (13.14)$$

が成立しつつ、同じ値を保つ（$\mu_G = \mu_L$ なので、$N = N_G + N_L$ を満たしつつ N_G, N_L が変化しても、G の値は変わらない）。この式は (12.15) でもある。

→ p256

13.4　Clapeyron の式

　液相と気相の相転移が起こる圧力 $p_v(T)$ は温度 T の関数である。その関数がどういう形かを知りたい。そこで「$P\text{-}T$ グラフ上における気相と液相の境界線の微分方程式を立てたい」というモチベーションのもと、$\dfrac{\mathrm{d}p_v(T)}{\mathrm{d}T}$ を考えよう。

　すでに述べたように等温等圧下の相転移では Gibbs 自由エネルギーが不変なので、
→ p274

$$\underbrace{\overbrace{G_{\mathrm{G}}[T,P;N]}^{\text{気体}}}_{P=p_v(T)} = \underbrace{\overbrace{G_{\mathrm{L}}[T,P;N]}^{\text{液体}}}_{P=p_v(T)} \tag{13.15}$$

となる。この式を見て、二つの関数 G_{G} と G_{L} が同じ関数だと早合点してはいけない。この式は「$P\text{-}T$ グラフの気相と液相の境界線（$\boxed{P=p_v(T)}$ が成り立つ場所）」上でしか成り立たない[19]。つまり上の式は

$$G_{\mathrm{G}}[T,p_v(T);N] = G_{\mathrm{L}}[T,p_v(T);N] \tag{13.16}$$

という式である。

　下のグラフのように気液境界線の両側で境界面に沿って移動 $(T,P) \to (T+\mathrm{d}T, P+\mathrm{d}P)$ を行おう（「境界面に沿って」であるから $\mathrm{d}T$ と $\mathrm{d}P$ は独立ではない）。

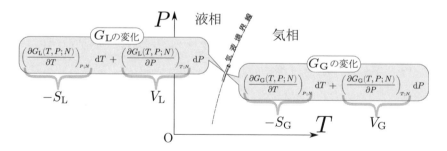

　図に示した式の、境界線に沿っての $\mathrm{d}T$, $\mathrm{d}P$ に関する $\mathrm{d}G_{\mathrm{L}}$ と $\mathrm{d}G_{\mathrm{G}}$ が等しくなるべきであることから、

$$\underbrace{-S_{\mathrm{L}}\,\mathrm{d}T + V_{\mathrm{L}}\,\mathrm{d}P}_{P=p_v(T)} = \underbrace{-S_{\mathrm{G}}\,\mathrm{d}T + V_{\mathrm{G}}\,\mathrm{d}P}_{P=p_v(T)} \tag{13.17}$$

---

[19] より正確に言うならば、境界以外の場所では左辺か右辺か、どちらかが定義されない。物質が気体となる領域では G_{L} は定義されていないし、逆に物質が液体となる領域では G_{G} は定義されない。

がわかる。境界線上では $\boxed{P = p_v(T)}$ だから、$\boxed{\mathrm{d}P = \dfrac{\mathrm{d}p_v(T)}{\mathrm{d}T}\mathrm{d}T}$ を使えば、

$$-S_\mathrm{G} + V_\mathrm{G} \frac{\mathrm{d}p_v(T)}{\mathrm{d}T} = -S_\mathrm{L} + V_\mathrm{L} \frac{\mathrm{d}p_v(T)}{\mathrm{d}T}$$

$$S_\mathrm{G} - S_\mathrm{L} = (V_\mathrm{G} - V_\mathrm{L}) \frac{\mathrm{d}p_v(T)}{\mathrm{d}T} \tag{13.18}$$

となる。ここで左辺 $S_\mathrm{G} - S_\mathrm{L}$ は、液体→気体になったときのエントロピー変化（つまりは $\dfrac{潜熱}{T}$）と解釈できるから、潜熱を $Q_{\mathrm{L}\to\mathrm{G}}$ と書いて、

$$\frac{Q_{\mathrm{L}\to\mathrm{G}}}{T} = \frac{\mathrm{d}p_v(T)}{\mathrm{d}T}(V_\mathrm{G} - V_\mathrm{L}) \tag{13.19}$$

から

$$\frac{\mathrm{d}p_v(T)}{\mathrm{d}T} = \frac{Q_{\mathrm{L}\to\mathrm{G}}}{T(V_\mathrm{G} - V_\mathrm{L})} \tag{13.20}$$

という式を導ける。これが **Clapeyron** の式[20]である（この式は実験的にも支持される式となっている）。

<具体例> ・・

多くの場合、この式の右辺に出てくる量 $Q_{\mathrm{L}\to\mathrm{G}}, T, V_\mathrm{G} - V_\mathrm{L}$ は正である。よって $\dfrac{\mathrm{d}p_v(T)}{\mathrm{d}T}$ も正となり、T-P グラフは右上がりになる。

そうでない例が氷→水という「固体→液体」の相転移で、この場合は体積は固体の方が大きい（つまり、固体のときの体積を V_S としたとき、$V_\mathrm{L} - V_\mathrm{S}$ が負）。よってこの相転移の相図では、T-P グラフは右下がりになる（もちろん、これも実験とあった結果である）。

・・・・・・・・・・・・・・・・・・・・・・・・・・・・・・・・・・・・練習問題・・・・・・・・・・・・・・・・・・・・・・・・・・・・・・・・・・

【問い13-2】 ほとんどの物質では気体の方が圧倒的に体積が大きいので、(13.20) の分母の V_L は無視してよい。さらに気体は理想気体であると仮定して $\boxed{V = \dfrac{NRT}{P}}$ を使って考えよう。

(1)　p_v が $\exp\left[-\dfrac{Q_{\mathrm{L}\to\mathrm{G}}}{NRT}\right]$ に比例することを示せ。

(2)　富士山の頂上では気圧は 640hPa ぐらいになる。気圧 1013hPa での水の沸点を 100 °C としたとき、富士山頂上での沸点はどのくらいか見積もれ。1mol

---

[20] Clapeyron（カタカナ表記は「クラペイロン」）は 18 世紀フランスの物理学者。

あたりの水の蒸発熱は $4.0 \times 10^4 \mathrm{J/mol}$ である（実際はこの数値は温度によるが、温度に依らず一定として考えること）。

ヒント → p342 へ　解答 → p363 へ

Clapeyron の式を

$$\frac{\mathrm{d}p_v(T)}{\mathrm{d}T} = \frac{S_\mathrm{G} - S_\mathrm{L}}{V_\mathrm{G} - V_\mathrm{L}} \tag{13.21}$$

と直すと、Maxwell の関係式の一つ $\left(\dfrac{\partial P}{\partial T}\right)_{V,N} = \left(\dfrac{\partial S}{\partial V}\right)_{T;N}$ に似ている。これはこの式が、Maxwell の関係式と同様、二つの経路での変化が一致することを意味している式（つまりは積分可能条件）だからである。ここで考えた状況では、境界線で G は連続だがその一階微分 $-S = \dfrac{\partial G}{\partial T}$ と $V = \dfrac{\partial G}{\partial P}$ は不連続になっている（この相転移は一次相転移である）ことに注意しよう。

　Maxwell の関係式が偏微分という「連続的な変化の変化量の計算」で書かれているのに対し、Clapeyron の式は相転移の際の不連続なエントロピーと体積の変化を示している。ただどちらも F が T, V, N の関数としてちゃんと定義されているという条件から出てくるのは同じである（だから、この式が破れることは熱力学第二法則が破れていることを意味している）。

13.5　Gibbs の相律

　2 相以上が共存する場合について、熱力学の独立変数を考え直しておこう。1 成分の 1 相の系なら「温度 T、物質量 N、体積 V、圧力 P の四つの変数のうち、三つを決めれば残り一つは決まる」ようになっている。

　ところが気相＋液相の共存状態では、先に説
明したように同じ $T, P; N$ を持ちながら体積が
違う状態

p271 の図の

が存在し、「$T, P; N$ を決めても全体積 V（＝ 気
相の体積＋液相の体積）が決まらない」という
状況が起こり得る。そして、その状況では T, N

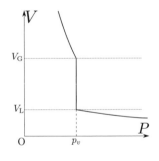

を決めただけで圧力は図の p_v に決まってしまう。つまり圧力は「気相＋液相の
共存状態」においては独立変数ではなくなっている。

　以上のように、複数の相が共存しているという条件を置くと系の自由度が減
る。結果としてどれだけの自由度が残るのかを一般的に計算しておこう。

　まず 1 成分の物質について考える。相 p と相 p' が共存している場合、二つの
相の物質の化学ポテンシャルは一致しなくてはいけない。また化学ポテンシャ
ルはこの場合 T, P だけの関数である。ゆえに

$$\mu_p(T, P) = \mu_{p'}(T, P) \tag{13.22}$$

という条件で、これにより T と P に条件がつく（これが Clapeylon の式と同じ
式である）。もし相が p, p', p'' と三つあると、

$$\mu_p(T, P) = \mu_{p'}(T, P) = \mu_{p''}(T, P) \tag{13.23}$$

となって、T, P が完全に決まってしまう（自由度 0）。1 成分の物質の 3 相が共
存する状態を「三重点」と呼ぶ。

　三重点の三つの相を G,L,S という文字で表すことにして、それぞれが単位物
質量ある場合の体積を v_G, v_L, v_S とする。それぞれの相の物質量を N_G, N_L, N_S
とすると、総物質量は決まっているから、$\boxed{N = N_G + N_L + N_S}$ は一定である。
総体積 $\boxed{V = N_G v_G + N_L v_L + N_S v_S}$ も一定である。N_G, N_L, N_S に対して、こ
れに対する拘束条件が二つだから、この条件だけでは N_G, N_L, N_S は決定できな
い。つまり温度と体積が決まっても、その系の中にどの相がどれだけ含まれて
いるかが一つに決まらないことになり、これは $\boxed{\text{要請 1}}$ の例外になっている。

→ p59

<具体例> ....

右の図は水の三つの相を $T\text{-}P$ グラフに表したもので、二相の共存状態はグラフ上で「線」となり、三相の共存状態は点となっている。水の三重点の値は温度 273.16K、圧力 611.657Pa である。水の三重点の温度は 2019 年までは温度単位（K）の基準値であった（現在は Boltzmann 定数が基準として定義値になっている）。

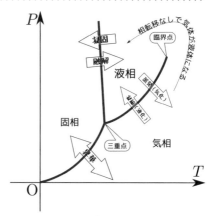

臨界点より上の温度・圧力では液相と気相の境界はない[21]。図に示したような経路をたどれば、「相転移をしないで気体を液体にする」こともできる。

c 種類の物質が共存している場合の化学ポテンシャルは $T, P, \left\{\dfrac{N_i}{N}\right\}$ の関数である。これを物質量分率 $\boxed{x_i = \dfrac{N_i}{N}}$ を使って表そう。物質量分率は必然的に $\boxed{\displaystyle\sum_i x_i = 1}$ を満たすので、c 種類の物質があるときの物質量分率の自由度は $c-1$ である。各物質が p 個の相を持っているとすると自由度は p 倍となり、温度と圧力という独立変数の他に、$p(c-1)$ の独立変数がある（合計の自由度は $2+p(c-1)$[22]）。

物質が $A_1, A_2, \cdots, A_c$ のように c 種類あり、相が $B_1, B_2, \cdots, B_p$ のように p 種類ある場合、化学ポテンシャルが等しい条件（相の共存条件）は

$$\mu_{A_i, B_j}(T, P, \{x\}) = \mu_{A_i, B_{j+1}}(T, P, \{x\}) \qquad \text{ただし、}\begin{cases} i = 1, 2, \cdots, c \\ j = 1, 2, \cdots, p-1 \end{cases}$$
$$(13.24)$$

のように物質と相ごとに要求される[23]（j の方は $p-1$ までしかないことに注

---

[21] 水と窒素の臨界点を p276 の脚注[16]に示したが、窒素の臨界点の温度は常温より低いので、常温で窒素にいかに圧力を掛けても液体にならない。密度が連続的に小さくなっていくだけである。

[22] 温度と圧力が物質や成分によって違っていいとするならば、自由度は $\boxed{p(c-1+2) = p(c+1)}$ ということになる。

[23] 先の脚注で考えたように温度と圧力が物質ごとに違っていいという前提で始めたならば、ここで温度と圧力が等しいという条件も加えることになる（結果として、最初から温度と圧力は共通と考えたのと結果は同じになる）。

意）。この式は全部で $c(p-1)$ 個ある。

$$\overbrace{2+p(c-1)}^{T,P,\{x\} \text{ の自由度}} - \overbrace{c(p-1)}^{\text{平衡条件の数}} = 2-p+c \tag{13.25}$$

である。この自由度の式を「**Gibbs の相律**」と呼ぶ。

13.6　混合気体の沸点:空気の例

　空気はほぼ、窒素と酸素の混合気体（分圧または物質量分率で、窒素 78 ％、酸素 21 ％）である[†24]。標準圧力において窒素の沸点は約 77 K、酸素の沸点は約 90 K である。ここで空気を液化することを考えてみよう。

> 空気の温度を下げていくと、77 K と 90 K の間の状態では酸素だけが液体になり、窒素は全て気体の状態になっているだろう。77K 以下になると両方が液体になるだろう。

と、（素朴に考えると）思いたくなる。ところが、話はそう単純ではない。

　以下で二つの気体を O_2, N_2 と書いて区別していくが、ここで説明することは窒素と酸素でなくても、液相および気相のそれぞれにおいて二つの物質が相互作用することなく混ざり合うと近似していい[†25]場合には成り立つ。「相互作用なく混ざり合う」とは、混合系の Gibbs 自由エネルギーが

$$G_{O_2}[T,P;N_{O_2}] + G_{N_2}[T,P;N_{N_2}] - T\Delta S_{\text{mix}}(N_{O_2}, N_{N_2}) \tag{13.26}$$

の形に書けることである。ΔS_{mix} が二つの物質が混ざりあったことによるエントロピー増加であり、前に計算したように、$x = \dfrac{N_{O_2}}{N_{O_2} + N_{N_2}}$（$x$ は酸素の物質量分率）とすると

$$\Delta S_{\text{mix}} = NR\left(x\log x + (1-x)\log(1-x)\right) \tag{13.27}$$

で、両端 $x=0, x=1$ が最大で、中央部が垂れ下がる凸な関数である。

　x が変化するにしたがって混合系の Gibbs 自由エネルギーがどう変化するかを考えていこう。

[†24] ここではそれ以外（アルゴン、二酸化炭素、水蒸気など）は無視して考えよう。

[†25] 気液の相転移が起こる場合を考えているので、窒素どうし（酸素どうし）の相互作用は考えている。よってこの近似は少し筋が通ってないのだが、以下の考察の結果は実験をかなりよく再現する。

x-G のグラフが右の図である。破線の直線は ΔS_{mix} を無視した場合のグラフとなる。このように、混合に Gibbs 自由エネルギーを下げる効果があることが、以下の話で効いてくる。

気体部分と液体部分の Gibbs 自由エネルギーは互いに影響しあわないとして G を別々に考えることができて、気液共存状態の G は、$x_気, x_液$ をそれぞれ、気体と液体の中での酸素の物質量分率として、

$$G_気[T, P, x_気; N_気] + G_液[T, P, x_液; N_液] \tag{13.28}$$

のように気体部分の G と液体部分の G の単純な和で書くことができる。液体と気体の混合の効果はないが、二つの G（$G_気$ と $G_液$）それぞれ、窒素と酸素の混合による $T\Delta S_{\mathrm{mix}}$ の項を含んでいる。

窒素の物質量 $\boxed{N_{\mathrm{N_2}} = (1 - x_気)N_気 + (1 - x_液)N_液}$ と酸素の物質量 $\boxed{N_{\mathrm{O_2}} = x_気 N_気 + x_液 N_液}$ は一定である（今は化学変化は考えていない）。

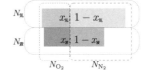

当然、この和である全物質量 $\boxed{N = N_{\mathrm{N_2}} + N_{\mathrm{O_2}} = N_気 + N_液}$ も一定である。気液の相転移が起こる状況では、$N_気, N_液, x_気, x_液$ は一定ではない。我々はここでも「G が最小値を取ろうとする」という法則だけを頼りに $x_気, x_液, N_気, N_液$ の比がどうなるかを考えていきたい。

まず、我々の知っている情報を列挙しよう。今考えている圧力 P での酸素の沸点を $T_{v\mathrm{O_2}}(P)$ とすると、この温度では気体状態の酸素と液体の酸素の Gibbs 自由エネルギーは一致する。すなわち、この状態は全物質（物質量 N）が全部気体酸素である場合と全部液体酸素である場合を比較すると、

$$G_気[T_{v\mathrm{O_2}}(P), P, 1; N] = G_液[T_{v\mathrm{O_2}}(P), P, 1; N] \tag{13.29}$$

が成り立つ（$\boxed{x_気 = 1}$ の状態は純粋な酸素である）。

ここで、圧力を一定にして温度を下げていく。$\boxed{\left(\dfrac{\partial G[T, P; N]}{\partial T}\right)_{P;N} = -S}$ なので、エントロピーに比例して G が減少していくが、気体状態の方がエントロピーは大きいから、$\begin{cases} T > T_v \text{ で } G_気 < G_液 \\ T < T_v \text{ で } G_気 > G_液 \end{cases}$ となっている（自然は G が小さい方を選ぶから、ちょうど沸点のとき以外は一方だけが出現する）。

同様に、圧力 P での窒素の沸点を $T_{v\mathrm{N_2}}(P)$ とすると、

$$G_気[T_{v\mathrm{N_2}}(P), P, 0; N] = G_液[T_{v\mathrm{N_2}}(P), P, 0; N] \tag{13.30}$$

が成り立つ（$\boxed{x_気 = 0}$ の状態は純粋な窒素である）。

x を横軸にして、二つの G のグラフを描く
と、ΔS_{mix} の影響から右の図のような形に
なっている（ただし、ここでは比較のため、
$\boxed{N_気 = N_液 = N_0}$ として物質量を同じにして
グラフを描いている）。右のグラフは酸素の

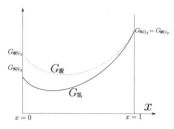

沸点 $T_{v\mathrm{O}_2}$ のときで、$\boxed{x = 1}$ のところで $G_気$
と $G_液$ が一致している。酸素の沸点の方が窒素の沸点より高いのだから、この
温度では酸素は気体と液体の Gibbs 自由エネルギーが等しく、窒素は気体の方
が Gibbs 自由エネルギーが低い。この場合の混合気体の Gibbs 自由エネルギー
は、どの x の場合でも気体の方が低い。ゆえに、この温度ではどのような混合率
であろうと（$\boxed{x = 1}$ でない限り）、気体の状態が実現する。

窒素の沸点では右の図のように、窒素の気
体・液体の Gibbs 自由エネルギーが一致する。
つまり、

$$G_気[T, P, 0; N_0] = G_液[T, P, 0; N_0] \quad (13.31)$$

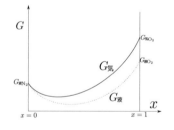

が成り立つ。この場合、さっきとは逆に窒素
も酸素も液体になっている状態が Gibbs 自由
エネルギー最低の状態である。

酸素の沸点と窒素の沸点の中間の状態を考えてい
こう。右に、酸素の沸点から窒素の沸点まで少しず
つ温度を下げていくときの二つの G の変化の様子を
描いた。進行方向を温度が下がる「下向き」に取る
と、「$G_気$ が $G_液$ を追い越していく」というグラフに
なっている。

ここでどういう状態が実現するかにとって重要な
のは、G の絶対値ではなく、二つの G がどういう
相対関係にあるかであるから、縦軸方向については
「同じ温度の G の配置を守りつつ、適当に配置した
もの」と考えてみて欲しい。

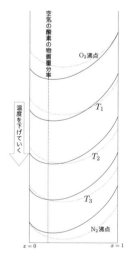

空気の酸素分率を縦の点線で示している。

ここでまず注意して欲しいことは、酸素の沸点より少し温度が下がった状態

である T_1 であっても、酸素・窒素の混合気体の G の方が、「液体酸素＋気体窒素」の G の合計より小さいことである。

右の図に $\boxed{(1-x)G_{気\,N_2} + xG_{液\,O_2}}$ と示したのが物質量比で全体の $1-x$ 倍が気体窒素で、全体の x 倍が液体酸素である状況の Gibbs 自由エネルギーである。これよりも、同じ組成で窒素も酸素も気体である場合の Gibbs 自由エネルギーである $\boxed{(1-x)G_{気\,N_2} + xG_{気\,O_2} - T\Delta S_{\mathrm{mix}}}$ の方

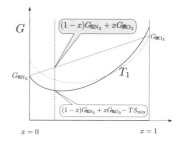

が小さい。だから、こちらが実現する。つまりこの時点では液体は現れない。

この点線上では、図に記した温度 T_3 のところで $G_気$ が $G_液$ に追いついている。液体部分と気体部分で窒素の物質量分率が同じだと仮定するならば、ここが気体→液体の相転移が起こるところ、と思えるかもしれない。

だが、自然はもっと貪欲に「最低自由エネルギー」を欲するのである。

温度 T_3 のグラフの交点付近を拡大したのが右のグラフである。この状態では、$G_気$ より $G_液$ より、さらに小さい Gibbs 自由エネルギーを「二つの状態を共存させる」ことで作ることができる。「共通接線を引いて補完することでより低い自由エネルギーを持つ状態を作る」という、一成分の気体・液体の相転移を考えるときに使った手法がここでも有効である。

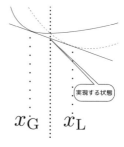

以上から、特定の割合で「液体窒素＋液体酸素の混合物（酸素の物質量分率 x_L）」と「気体窒素＋気体酸素の混合物（酸素の物質量分率 x_G）」の共存状態が最低 Gibbs 自由エネルギーを実現するのである（「酸素はすべて液体、窒素はすべて気体」という状態は Gibbs 自由エネルギーがむしろ大きい）。最初の予想で、「77K と 90K の間では液体酸素と気体窒素になる」と思っていた人はその状態の Gibbs 自由エネルギーはどれくらいになるかをグラフから読み取ってみよう。「なるほど、もっと Gibbs 自由エネルギーは小さくできるな」と実感できる。

以上はグラフを見ながらの理論的考察であったが、実験はこの結果をよく再現する。混合された液体・気体の相転移という複雑な現象（p286 で予想したような単純な現象ではなかった！）も「自由エネルギーを最小にする」という要求

だけで完全に記述されるのである。

　なお、ここでは「酸素と窒素」の例を挙げたが、これを「空気と水」に置き換えれば「液体の水の中に空気が少し溶け、空気中に水蒸気（気体の水）が混ざっている」という状況（p270 の脚注 †3 で考えた状況）が同様に考察できることになる（ただし、こちらの方が沸点の差が大きい）。

13.7　磁性体の相転移

　磁性体が磁性を持つ／持たないという状態変化も相転移として記述できる。物質量 N の磁性体の磁化の総量を M としよう[†26]。M は示量変数である。外部から磁場 H（こちらは示強変数）がかけられているとすると、磁化が増えることは系のエネルギーを増加させるが、磁化の持つ位置エネルギーの増加を $H\,dM$ と書くことができる[†27]。磁化の位置エネルギーを Helmholtz 自由エネルギーに入れて考えると、以下の式が出る。

$$dF = -S\,dT - P\,dV + \mu\,dN + H\,dM \tag{13.32}$$

体積が増えることは系のエネルギーを減少させるが、磁化が増えることは系のエネルギーを増やすので、$-P\,dV$ と $+H\,dM$ は符号が反対である。

　磁性体の場合、F と磁化 M でグラフを描くと、（ちょうど van der Waals の時の F と V のグラフのように）、低温では F が凸関数でない領域が現れる（このあたりの事情は本書の範囲を超えるので説明しない）。

　すると低温では例によって共通接線を引いて補完した「真の Helmholtz 自由エネルギー」に

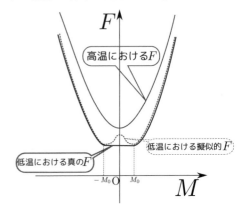

置き換えて考えねばならない。この場合エネルギー最低は下の直線部分になる

[†26] 電磁気の教科書で $\vec{M}$ と表現されている量は単位体積あたりの磁化であるが、ここの M は磁化の総量である。また、簡単のため方向は 1 方向（たとえば z 軸方向）だけを考えていることにして、ベクトルでなく 1 成分量で表す。

[†27] $H \leftrightarrow M$ が共役な変数ペアである。H に比べ、M は外部から操作することが難しい変数になっている。

（この直線上の状態は磁化を持つ二つの「底」の状態が「ブレンドされた」状態になっている）。この水平部分は $\boxed{H = \dfrac{\partial F}{\partial M} = 0}$ であるから外部磁場 H は 0 である。外部磁場が 0 なのにこの物質は M_0 と $-M_0$ に磁化した状態のどちらか（もしくはそれがまざった状態）が実現することになる。これを「自発磁化」と呼ぶ。

　磁石というのは、高温状態から強い磁場の中でゆっくり冷やすことによって、磁化を持つ状態が出現するようにしたものである。温度を特定の温度より高温にすると（つまり臨界点を超えると）最低エネルギー状態は「磁化が 0」の状態になる（図の「高温における F」）。そこから温度を冷やしていくと、磁化が M_0 か $-M_0$ かのどちらかに「落ちる」（これが磁化するということ）。

13.8　章末演習問題

★【演習問題 13-1】
　右のグラフのような V-F の関係（温度は一定とする）を持つ系（この F はもちろん、擬似的なもの）があるとき、どのような相転移が起こるかを考察せよ。
　温度が変化するとグラフの形が変わっていくが、三重点の温度では、グラフはどのようになっているだろうか？
→ p284

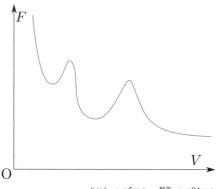

ヒント → p5w へ　　解答 → p24w へ

★【演習問題 13-2】
　ある示量変数 X と物質量 N で表現される系の内部エネルギーが

$$U(T; X, N) = -N\left(-a(T^2 + \alpha)X^2 + bX^4\right) \tag{13.33}$$

で、等温環境で測定した X を dX だけ大きくしたときの系のした仕事が

$$N\left(2a(T^2 - \alpha)X + 4bX^3\right) dX \tag{13.34}$$

だったとする。この系の Helmholtz 自由エネルギーを、T 依存性も含めて完全に求めよ。

ヒント → p6w へ　　解答 → p24w へ

★【演習問題13-3】

13.6節では混合気体の沸点を考えた。ここでは2物質のうち一方が気体にならない例を
→ p286
考える。イメージとしては、物質Aが水で物質Bは水溶液に溶けている気体にならない溶
質（たとえば砂糖）で、溶液が水蒸気と共存している例である。

温度T、圧力Pの環境下で気体のA、液体のA、液体であるA中に溶質として溶けてい
るBがそれぞれ物質量N_{AG}, N_{AL}, N_{BL}だけある場合のGibbs自由エネルギーを

$$\overbrace{G_{AG}[T, P; N_{AG}]}^{\text{気体部分}} + \overbrace{G_{ABL}[T, P; N_{AL}, N_{BL}]}^{\text{液体部分}} \tag{13.35}$$

と書いて、液体部分に関しては(12.24)と同様の
→ p260

$$G_{ABL}[T, P; N_{AL}, N_{BL}] = G_{AL}[T, P; N_{AL}] + G_{BL}[T, P; N_{BL}]$$
$$+ RT \underbrace{\left(N_{AL} \log \frac{N_{AL}}{N_{AL} + N_{BL}} + N_{BL} \log \frac{N_{BL}}{N_{AL} + N_{BL}} \right)}_{\text{混合のエントロピーに由来する部分}}$$
$$\tag{13.36}$$

が成り立つとする[28]。

(1)　温度T_vで物質Aの気相と液相が共存するとして、以下の式を導け。

$$\frac{\mu_{AG}(T_v, P; N_{AG}) - \mu_{AL}(T_v, P; N_{AL})}{RT_v} = \log \left(\frac{N_{AL}}{N_{AL} + N_{BL}} \right) \tag{13.37}$$

(2)　$\boxed{x = \dfrac{N_{BL}}{N_{AL} + N_{BL}}}$ として、$\boxed{x \ll 1}$ とする（希薄溶液の条件）。xが変化したとき

の沸点の変化の割合 $\dfrac{dT_v}{dx}$ は

$$\frac{R(T_v)^2}{h_{AG}(T_v, P) - h_{AL}(T_v, P)} = \frac{dT_v}{dx} \tag{13.38}$$

であることを示せ。ただし、$\boxed{h = \left(\dfrac{\partial H(T, P; N)}{\partial N} \right)_{T,P}}$ で、この量は物質量には依
らない。
これから、溶質を混ぜることにより沸点が上昇することと、その温度上昇が温度と
エンタルピー変化で決まることがわかる。

ヒント → p6w へ　　解答 → p25w へ

---

[28] 溶質Aと溶媒Bに関して理想気体の混合と同様の式が成立するということで、少し驚くかもしれない
が、希薄な溶液では確かにそうなっている。

第 *14* 章

化学変化

物質が起こす化学変化についても、熱力学で考えていこう。

14.1 化学平衡

> ここまで考えた熱力学の枠組みは十分に強力で、化学変化を考えるからといって、新しい原理や要請が必要になるわけではない。自由エネルギーの変分原理などを忠実に適用していけば、化学変化が起こる系も考察していくことができる。化学反応に対する熱力学の有効性を確認していこう。以下で、化学変化が起こり得る場合の平衡状態（化学平衡）の一般論を考える。化学反応では温度と圧力を一定として考える[†1] ので、頼りとするのは G の変分原理である。

14.1.1 化学反応の記述

複数個の物質 $A_1, A_2, \cdots A_n$ からなる系があり、これらの間に化学変化

$$\overbrace{\sum_i \alpha_i A_i}^{反応系} \rightleftharpoons \overbrace{\sum_i \beta_i A_i}^{生成系} \tag{14.1}$$

が起こるものとする（α_i, β_i は 0 以上の整数[†2]）。つまり係数 α_i がついている物質が係数 β_i が付いている物質へと変化する。化学熱力学の慣習では、この式の左辺側の物質を「反応系」、右辺側の物質を「生成系」と呼ぶ[†3]。

[†1] これは、化学の実験を行うときの状況が「等温・等圧」であることが多いからと考えればよい。

[†2] 熱力学の立場では、これらが整数である必要はない。整数になるのは実験結果から、または分子論的考察からである。実際に起こる自然現象では α_i, β_i が整数比になる。

[†3] 「反応系」という言葉がどっち側なのか、少しわかりにくい用語だと思う。

<具体例> ....

A$_1$ が H$_2$、A$_2$ が O$_2$、A$_3$ が H$_2$O という物質の割当をすると、

$$2H_2 + O_2 \rightleftharpoons 2H_2O \tag{14.2}$$

という化学反応は $\boxed{\alpha_1 = 2, \alpha_2 = 1, \alpha_3 = 0}$ で $\boxed{\beta_1 = 0, \beta_2 = 0, \beta_3 = 2}$ と表現できる。α_i, β_i をベクトルのように表すと $\boxed{\alpha = (2,1,0), \beta = (0,0,2)}$ と書ける。この反応では、H$_2$O が増えると同じ物質量だけ H$_2$ が減り、その半分の物質量だけ H$_2$O が増えるので、$\boxed{dN_1 = -2\,dX, dN_2 = -\,dX, dN_3 = 2\,dX}$ のように物質量変化が制限される。

化学反応による変化では、系の物質量は

$$dN_i = -\alpha_i\,dX + \beta_i\,dX \tag{14.3}$$

を満たすような変化しかできない（dX は微小量である）。以下では α, β をまとめて、$\boxed{\nu_i = -\alpha_i + \beta_i}$ という変数（上の例では $\nu = (-2,-1,2)$）を使おう。以下に、いくつかの化学反応に関する ν の値を表にする。

C + O$_2$ $\rightleftharpoons$ CO$_2$	ν_{C} -1	ν_{O_2} -1	ν_{CO_2} 1	
2C + O$_2$ $\rightleftharpoons$ 2CO	ν_{C} -2	ν_{O_2} -1	ν_{CO} 2	
H$_2$ + Cl$_2$ $\rightleftharpoons$ 2HCl	ν_{H_2} -1	ν_{Cl_2} -1	ν_{HCl} 2	
N$_2$ + 3H$_2$ $\rightleftharpoons$ 2NH$_3$	ν_{N_2} -1	ν_{H_2} -3	ν_{NH_3} 2	
2C$_2$H$_6$ + 7O$_2$ $\rightleftharpoons$ 4CO$_2$ + 6H$_2$O	$\nu_{C_2H_6}$ -2	ν_{O_2} -7	ν_{CO_2} 4	ν_{H_2O} 6

化学反応による物質量変化は、

$$dN_i = \nu_i\,dX \tag{14.4}$$

とまとめて書くことができる。X は、「反応進行度」と呼ばれる量で、系の物質量の初期値を N_{0i} として、$\boxed{N_i = N_{0i} + \nu_i X}$ と変化するように反応が進むことを示す変数である[†4]。(14.2) の場合、$\boxed{\nu = (-2,-1,2)}$ だったが、$\boxed{\nu = \left(-1, -\dfrac{1}{2}, 1\right)}$ として、X の大きさを2倍にしても起こる化学反応は変わらない。つまり、ν_i

---

[†4] 「反応が進む」と言われると「進行の速度」を考えたくなるところだが、熱力学の範囲では、この反応の時間的スケール（どれだけの速さで進むか）を決める方法はない。

と X には互いに逆数の比でスケール倍してもよいという任意性がある（多くの場合、ν_i が整数になるようにする）[†5]。

化学反応が勝手に進行するなら X は制御変数ではない。しかし、始状態として「反応が起こってない平衡状態」を選びたいので、なんらかの「X を制御する手段」（11.3.7項で考えた「謎の手」）があると仮想的に考える。
$\rightarrow$ p246

「（謎の手により）X が固定された状態」を始状態、「固定を取り外してしばらく待ってからまた固定して平衡に達した状態」を終状態とする。こうして始状態と終状態は平衡状態と設定したうえで、自発的に X が変化していった結果、どのような方向に反応が進むか（そしてどこで平衡に達するか）を計算できる[†6]。

14.1.2 反応によるエンタルピーと Gibbs 自由エネルギーの変化

反応が等温・等圧という条件下で起きたものとして、エンタルピー H と Gibbs 自由エネルギー G の変化を考えよう[†7]。

H, G の両方を $T, P; \{N\}$ の関数と扱う（このとき H は完全な熱力学関数ではない）と、(14.4)の化学変化によって
$\rightarrow$ p294

$$\mathrm{d}H_{反応} = \sum_i \left(\frac{\partial H(T, P; \{N\})}{\partial N_i} \right)_{T, P; \{N\} \text{ の } N_i \text{以外}} \times \overbrace{\nu_i \, \mathrm{d}X}^{\mathrm{d}N_i} \tag{14.5}$$

[†5] ν_i が整数比になるのは、物質が分子でできていて、化学反応が原子の組み換えで記述できるからである。ただし、熱力学的に化学反応論を考える場面では、ν_i が整数比である必要は特にない。

[†6] X には範囲があり、始状態の物質（反応系）のどれかが 0 になるところが最大値 $X_{\max}$、終状態の物質（生成系）のどれかが 0 になるときが最小値 $X_{\min}$ となる（最初から生成系の物質がなかったなら $\boxed{X_{\min} = 0}$、そうでないなら $\boxed{X_{\min} < 0}$）。X そのものではなく最大値が 1、最小値が 0 になるように定数倍と定数シフトした変数 $\boxed{\epsilon = \dfrac{X - X_{\min}}{X_{\max} - X_{\min}}}$ を「反応進行度」と呼ぶ本もある。

[†7] H と G を使うのは、等圧環境下ではこの二つを「ポテンシャルエネルギー」として扱うのが便利だからである。

$$\mathrm{d}G_{反応} = \sum_i \underbrace{\left(\frac{\partial G[T,P;\{N\}]}{\partial N_i}\right)_{T,P;\{N\} \, の \, N_i 以外}}_{\mu_i(T,P;\{N\})} \times \overbrace{\nu_i \, \mathrm{d}X}^{\mathrm{d}N_i} \tag{14.6}$$

だけ変化することになる [†8]。H と G を $T,P;\{N\}$ の関数ではなく $T,P,\{N_0\},X$ の関数として扱うこともできる [†9] ので、以下ではそうしよう。

上の式から $\dfrac{\mathrm{d}H_{反応}}{\mathrm{d}X}$, $\dfrac{\mathrm{d}G_{反応}}{\mathrm{d}X}$ を計算する。これらは「他の変数を変化させないという条件のもとでの X の変化に対する H,G の変化の割合」つまり「H,G の X による偏微分」であるから、

$$\left(\frac{\partial H(T,P;\{N_0\},X)}{\partial X}\right)_{T,P;\{N_0\}} = \sum_i \nu_i \left(\frac{\partial H(T,P;\{N\})}{\partial N_i}\right)_{T,P;\{N\} \, の \, N_i 以外}$$

$$\equiv \Delta h_{反応}(T,P,\{N\}) \tag{14.7}$$

$$\left(\frac{\partial G[T,P;\{N_0\},X]}{\partial X}\right)_{T,P;\{N_0\}} = \sum_i \nu_i \mu_i(T,P;\{N\}) \equiv \Delta\mu_{反応}(T,P;\{N\})$$

$$\tag{14.8}$$

と書き表すことができる [†10]。これら二つの量は、単位反応進行度あたりの H と G の変化（X による微分）であるが、それぞれを $\Delta h_{反応}(T,P;\{N\})$ [†11] および $\Delta\mu_{反応}(T,P;\{N\})$ [†12] と書くことにする。$\Delta h_{反応}(T,P,\{N\})$ を「反応熱」[†13] と呼ぶ。

[†8] $G[T,P;\{N\}]$ の N_i 微分は化学ポテンシャルになるが、$H(T,P;\{N\})$ の N_i 微分はそうではないことに注意。$H[P;S,\{N\}]$ の N_i 微分なら化学ポテンシャルになる。

[†9] つまり、「今どれだけの物質がいるか（$\{N\}$）」で状態を表現することもできれば、「最初どれだけの物質がいたか（$\{N_0\}$）」と「その後化学反応はどれだけ進んだか（X）」とで状態を表現することもできる。$\{N_0\}$ は時間的に変化しない変数になる。この後、省略することも多いが、多くの量が $\{N_0\}$ にも依存していることに注意。

[†10] これは X による微分が $\dfrac{\partial}{\partial X} = \sum_i \underbrace{\dfrac{\partial N_i}{\partial X}}_{\nu_i} \dfrac{\partial}{\partial N_i} = \sum_i \nu_i \dfrac{\partial}{\partial N_i}$ と書くことができるということと

同じである。

[†11] これを ΔH と書く場合もあるが、実体は $\dfrac{\partial H}{\partial X}$ である。『理科年表』（国立天文台編・丸善）などデータを見るときには注意すること。ΔH と書いてあっても、単位が J/mol になっている場合は、ここでの Δh である（単なる「エンタルピーの変化」なら単位は J になるはず）。

[†12] この量を ΔG と書いている本も多い。しかし実体は G というよりは、$\dfrac{\partial G}{\partial X}$ である。符号を変えた $-\dfrac{\partial G}{\partial X}$ を「化学親和力」と呼ぶこともある（一般化力 $-\dfrac{\partial U}{\partial x}$ とパラレルな表現と思えばこのネーミングは $\to$ p22 納得できる）。

[†13] 「反応熱」と呼ぶより「反応エンタルピー上昇度」と呼んだ方がここでの定義にはあっている。

平衡状態の条件は G が停留することだから、

$$\Delta\mu_{反応}(T, P; \{N\}) = \sum_i \nu_i \mu_i(T, P; \{N\}) = 0 \tag{14.9}$$

である。ここで、$\mu_i(T, P; \{N\})$ は温度 T、圧力 P の環境内に、物質量 $\{N\}$ の多成分の物質が存在している状況における物質 A_i の化学ポテンシャルである。

$\boxed{N_2 + 3H_2 \rightleftharpoons 2NH_3}$ の反応の場合、この条件は

$$-\mu_{N_2}(T, P; \{N\}) - 3\mu_{H_2}(T, P; \{N\}) + 2\mu_{NH_3}(T, P; \{N\}) = 0 \tag{14.10}$$

である。化学反応式を見て「この反応の平衡を考えるときは、水素は3倍に、アンモニアは2倍に効く」という雰囲気[14]をつかんでおくとよい。

-------------------------------練習問題-------------------------------

【問い 14-1】 理想気体とみなしていい2つの気体 A と B の間に、

$$A \rightleftharpoons 2B \qquad \text{Ⓐ} \;\rightleftharpoons\; \text{Ⓑ}\;\text{Ⓑ} \tag{14.11}$$

という化学変化（分子 A が分離して2個の分子 B になる）が起こるものとする。A のみが存在するとき、B のみが存在するときの Gibbs 自由エネルギーが

$$G_A[T, P; N_A] = N_A h_A(T) - N_A RT \log\left(\frac{RT^{c+1}}{\xi_A P}\right) \tag{14.12}$$

$$G_B[T, P; N_B] = N_B h_B(T) - N_B RT \log\left(\frac{RT^{c+1}}{\xi_B P}\right) \tag{14.13}$$

である[15]とき、化学平衡の条件を $\boxed{x_A = \dfrac{N_A}{N_A + N_B}}$ と $\boxed{x_B = \dfrac{N_B}{N_A + N_B}}$ の関係

として求めよ。

ヒント → p342 へ　　解答 → p363 へ

上の問題の答えは $\boxed{\dfrac{(x_B)^2}{x_A} = \dfrac{RT^{c+1}\xi_A}{P(\xi_B)^2} \exp\left(-\dfrac{-h_A(T) + 2h_B(T)}{RT}\right)}$ となる。

この式を見ると、実験的に様々な温度・圧力下の x_A, x_B を測定すると、エントロピーを決定するときに決まらなかった定数 ξ をある程度決めることができる（この結果からは、$\dfrac{\xi_A}{(\xi_B)^2}$ が決定される）ことがわかる。また、この式の $\exp$ の肩に存在する $-h_A(T) + 2h_B(T)$ は「化学反応が→に進んだときのエンタルピー

---

[14] 今はあくまで雰囲気だけ。どのように「3倍効く」かはこの後の計算を見よ。

[15] $h_A(T), h_B(T)$ は単位物質量あたりのエンタルピーで理想気体なので $\boxed{h(T) = (c+1)RT + u}$ のような形になるが、ここではまとめて書いた。(14.12) と (14.13) の第2項は $-TS$ の部分である。

増加」であることから、今はGibbs自由エネルギーを使って計算を行ったのだが「エンタルピーの変化」も重要な要素だとわかってくる。

　以下、物質量の初期値 $[N_0]$ は定数扱いして書かないことにする。ということは G および $\Delta\mu_{反応}$ を記述する独立変数は $T, P; X$ である。

$\Delta\mu_{反応}(T, P; X)$ は今考えている化学反応が起こったときの X の変化に対する G の変化の割合であり、右のグラフに描いたように、平衡状態では G がその点で最小値を

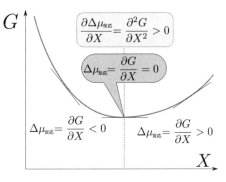

取り（G は X の関数としても凸である[16]）、微分である $\Delta\mu_{反応}(T, P; X)$ が 0 になる（最小になっているから、二階微分 $\dfrac{\partial^2 G}{\partial X^2} = \dfrac{\partial \Delta\mu_{反応}}{\partial X}$ は正である）。

　Legendre 変換の式 $H(T, P; X) = G[T, P; X] - T\left(\dfrac{\partial G[T, P; X]}{\partial T}\right)_{P; X}$ （両辺を $T, P; X$ の関数として表現した）を X で微分することで、$\dfrac{\partial H}{\partial X}$ と $\dfrac{\partial G}{\partial X}$ の関係を知ることができる。$H(T, P; X)$ の X 微分が $\Delta h_{反応}$ で $G[T, P; X]$ の X 微分が $\Delta\mu_{反応}$ であることと、二つの偏微分 $\dfrac{\partial}{\partial T}$ と $\dfrac{\partial}{\partial X}$ が交換することを使うと、

$$\Delta h_{反応}(T, P; X) = \Delta\mu_{反応}(T, P; X) - T\left(\dfrac{\partial \Delta\mu_{反応}(T, P; X)}{\partial T}\right)_{P; X} \qquad (14.14)$$

となる[17]。この式は「化学反応によるエンタルピー変化の反応進行度あたりの割合[18]」を表す。

　化学平衡になっている点では $\boxed{\Delta\mu_{反応} = 0}$ が成り立つので、

---

[16] 化学反応を「謎の手」によって止めて、等温等圧環境下で状態 $\boxed{T, P; (1 - \lambda)X_0}$ と状態 $\boxed{T, P; \lambda X_1}$ を混ぜると状態 $\boxed{T, P; (1 - \lambda)X_0 + \lambda X_1}$ ができるが、この状態の G は混ぜる前より小さい（12.3.2項 → p257 を参照）。すなわち $\boxed{(1 - \lambda)G[T, P; X_0] + \lambda G[T, P; X_1] \geq G[T, P; (1 - \lambda)X_0 + \lambda X_1]}$ となり、G の X に関する凸性がわかる。

[17] G と H の Gibbs-Helmholtz の式（12.16）から出発してもこの式を得ることはできる。→ p257

[18] この表現には少し注意が必要で、化学反応が相転移などの他の現象を伴う場合（液体が燃えて気体が発生する場合など）、その他の現象によるエンタルピー変化もこの中に含まれている。

$$\underbrace{\Delta h_{反応}(T, P; X)}_{\Delta\mu_{反応}=0} = -T\left(\frac{\partial \Delta\mu_{反応}(T, P; X)}{\partial T}\right)_{P;X} \tag{14.15}$$

となる。この量（反応熱）は実験で測ることができる量である。反応熱が正の場合、系のエンタルピーが増えた分、周囲の環境のエンタルピーが減るので、「吸熱反応」となる（逆に反応熱が負の場合は「発熱反応」である）。

14.1.3　化学平衡の条件と Le Chatelier の原理

平衡の条件は温度や圧力に依存する。反応の進行度 X が T, P によってどう変化するか $\left(\dfrac{\partial X}{\partial T}, \dfrac{\partial X}{\partial P}\right)$ を考えよう。

平衡の条件 $\boxed{\Delta\mu_{反応}(T, P; X) = 0}$ を満たしながら T, P, X を変化させるとき、この式の微分も 0 となる。長くなるので引数の $(T, P; X)$ を省略して書くと、$\boxed{\mathrm{d}(\Delta\mu_{反応}) = 0}$ は、

$$\left(\frac{\partial \Delta\mu_{反応}}{\partial T}\right)_{P;X} \mathrm{d}T + \left(\frac{\partial \Delta\mu_{反応}}{\partial P}\right)_{T;X} \mathrm{d}P + \left(\frac{\partial \Delta\mu_{反応}}{\partial X}\right)_{T,P} \mathrm{d}X = 0 \tag{14.16}$$

である。第 1 の係数は (14.15) を使うと $\boxed{\left(\dfrac{\partial \Delta\mu_{反応}}{\partial T}\right)_{P;X} = -\dfrac{\Delta h_{反応}}{T}}$ と書き直せる。第 2 項については、$T, P; X$ を変数とした Gibbs 自由エネルギーの全微分 $\mathrm{d}G[T, P; X]$ の式

$$\underbrace{\left(\frac{\partial G[T, P; X]}{\partial T}\right)_{P;X}}_{-S(T,P;X)} \mathrm{d}T + \underbrace{\left(\frac{\partial G[T, P; X]}{\partial P}\right)_{T;X}}_{V(T,P;X)} \mathrm{d}P + \underbrace{\left(\frac{\partial G[T, P; X]}{\partial X}\right)_{T,P}}_{\Delta\mu_{反応}(T,P;X)} \mathrm{d}X$$

$$\tag{14.17}$$

に関する Maxwell の関係式（変数 $P; X$ に関する積分可能条件）として
⟶ p264

$$\left(\frac{\partial \Delta\mu_{反応}(T, P; X)}{\partial P}\right)_{T;X} = \left(\frac{\partial V(T, P; X)}{\partial X}\right)_{T,P} \tag{14.18}$$

という式が出てくるのでこれを使って書き直す。この式の右辺は考えている化学反応によって起こる体積変化の割合である。

以上から (14.16) は（やはり引数 $(T, P; X)$ を省略して書くと）

$$\underbrace{-\frac{\Delta h_{反応}}{T}}_{\substack{発熱反応なら正 \\ 吸熱反応なら負}} \mathrm{d}T + \underbrace{\left(\frac{\partial V}{\partial X}\right)_{T,P}}_{\substack{膨張反応なら正 \\ 収縮反応なら負}} \mathrm{d}P + \underbrace{\left(\frac{\partial \Delta\mu_{反応}}{\partial X}\right)_{T,P}}_{常に正} \mathrm{d}X = 0 \tag{14.19}$$

となる。第3項の係数は G の凸性から常に正（p298 のグラフと脚注を参照）である。この三つの項を足して0なのだから、一つが0であれば、残り二つは「片方がプラスならもう片方はマイナス」という関係になっていることになる。よって、「反応がどちらに進むか」を以下のように判断できる。

圧力一定で温度を上げる場合 圧力一定なので、dP の項はない。このとき

$$\underbrace{\left(\frac{\partial \Delta \mu_{反応}}{\partial X}\right)_{T,P}}_{常に正} dX = \underbrace{\frac{\Delta h_{反応}}{T}}_{\substack{発熱反応なら負 \\ 吸熱反応なら正}} dT$$

となり[19]、

環境の温度が上がる（$dT > 0$）と、
$$\begin{cases} 発熱反応なら \boxed{dX < 0} （←反応） \\ 吸熱反応なら \boxed{dX > 0} （→反応） \end{cases}$$

すなわち、環境の温度が上がると系が吸熱する方向へと反応が進むことがわかる。

温度一定で圧力を上げる場合 温度一定なので、dT の項はない。このとき

$$\underbrace{\left(\frac{\partial \Delta \mu_{反応}}{\partial X}\right)_{T,P}}_{常に正} dX = -\underbrace{\left(\frac{\partial V}{\partial X}\right)_{T,P}}_{\substack{膨張反応なら負 \\ 収縮反応なら正}} dP$$

となり、

環境の圧力が上がる（$dP > 0$）と、
$$\begin{cases} 膨張反応なら \boxed{dX < 0} （←反応） \\ 収縮反応なら \boxed{dX > 0} （→反応） \end{cases}$$

すなわち、環境の圧力が上がると系が収縮する方向へと反応が進むことがわかる。

　「下げる」場合は逆方向の反応になる。この環境の変化に対する系の応答をまとめると、

$$\begin{cases} 環境の温度が上がると系が環境を冷やそうとする \\ 環境の温度が下がると系が環境を温めようとする \end{cases}$$
および、

$$\begin{cases} 環境の圧力が上がると系が環境の体積を広げようとする \\ 環境の圧力が下がると系が環境の体積を狭めようとする \end{cases}$$
となる[20]。あたかも「系」が「環境」の変化を妨げようとしているかのごとき現象である。このように化学反応の平衡点へと向かう変化が「環境の変化を減じる方向」に移動す

---

[19] dT の項を右辺に移項したことで符号が反転していることに注意。

[20] 環境が（実際にはそうであるように）有限の物質であれば、環境の温度や圧力は系の影響を受けて上下する。環境が十分大きくて温度と圧力が一定に保たれると考えているので、環境の温度と圧力は（系の努力にもかかわらず）変化しない。

ることを「**Le Chatelier の原理**」[21]と呼ぶ。これもまた、熱力学の変分原理によるを最小にしようとする作用の顕れである。

> 🖥 少し具体的な計算をしよう。計算を簡単にするため、次の節の計算は対象を理想気体に限る。

14.2 理想気体の場合の具体的計算

<具体例> ....

多成分の気体（液体・固体でも）の Gibbs 自由エネルギーを正確に考えるのは容易ではないので、ここでは考える物質全てが理想気体であると仮定する。その場合は全 Gibbs 自由エネルギーは（互いに相互作用しないので）

$$G[T, P; \{N\}] = \sum_i G_i[T, P_i; N_i] = \sum_i \mu_i(T, P_i)N_i \tag{14.20}$$

のように、各成分が温度 T で各成分の分圧 P_i の環境に存在していた場合の Gibbs 自由エネルギー $G_i[T, P_i; N_i]$ の和になる。さらにそれは各分圧における化学ポテンシャル $\mu_i(T, P_i)$[22] に N_i を掛けたものの和になっている。

次の図の、右の三つの状態が重なった状態が左の状態だと思えばよい。$\overset{G}{=}$ は「G が等しい」という意味を表す。

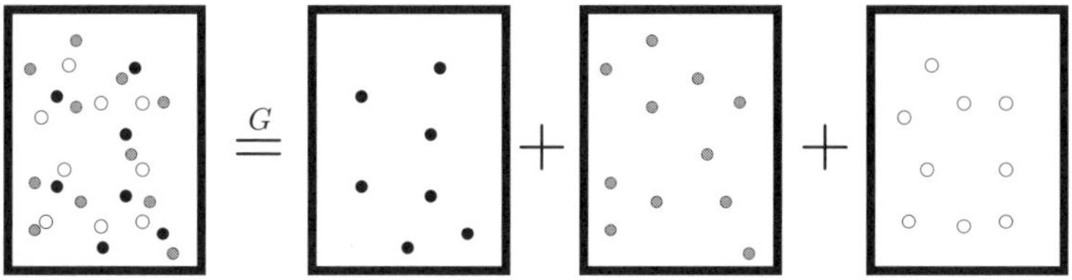

$G[T, P; N_1, N_2, N_3]$ $G_1[T, P_1; N_1]$ $G_2[T, P_2; N_2]$ $G_3[T, P_3; N_3]$
$= \mu_1(T, P_1)N_1$ $= \mu_2(T, P_2)N_2$ $= \mu_3(T, P_3)N_3$

互いに相互作用がないと仮定しているので、重ね合わせることによって全系の G は各成分の系の G の和になる[23]。

---

[21] Le Chatelier はフランスの化学者。日本語では「ル・シャトリエ」または「ルシャトリエ」と表記する。
[22] この $\mu_i(T, P_i)$ は (14.6) などで $\mu_i(T, P; \{N\})$ と書いていたものと同じ。理想気体では $\rightarrow$ p296
$\boxed{P_i = P \times \dfrac{N_i}{N}}$ だから、$\mu_i(T, P_i)$ は P を使って書くと N_i や N を含んだ式なのである。

それぞれの成分の理想気体の化学ポテンシャルは、分圧 P_i を使って表現すると

$$\mu_i(T, P_i) = (c_i + 1)RT - RT \log\left(\frac{RT^{c+1}}{\xi_i P_i}\right) + u_i \tag{14.21}$$

である（上で指摘したように、この場合化学ポテンシャルは物質量に依らない）。圧力の変化による化学ポテンシャルの変化は（基準となる圧力を P_0 と書いて）

$$\mu_i(T, P_i) = \mu_i(T, P_0) + RT \log\left(\frac{P_i}{P_0}\right) \tag{14.22}$$

のように書くことができる。基準となる圧力 P_0 を全圧力 P にすると、最後に出てくる log の引数は全圧力に対する分圧の比 $\dfrac{P_i}{P}$ となり、これは理想気体の場合は物質量分率 $x_i = \dfrac{N_i}{N}$ に等しい。よって、
→ p261

$$\mu_i(T, P_i) = \mu_i(T, P) + RT \log x_i \tag{14.23}$$

と書いてもよい。平衡条件の式 $\displaystyle\sum_i \nu_i \mu_i(T, P_i) = 0$ [24] に代入すると、

$$\sum_i \nu_i \mu_i(T, P) + RT \sum_i \nu_i \log x_i = 0 \tag{14.24}$$

という式を作ることができる。これから、

$$\sum_i \nu_i \log x_i = -\sum_i \frac{\nu_i \mu_i(T, P)}{RT}$$
$$\prod_i (x_i)^{\nu_i} = \exp\left(-\sum_i \frac{\nu_i \mu_i(T, P)}{RT}\right) \tag{14.25}$$

という条件が出る [25]。

---

[23] 「11.3.3項で混合によりエントロピーが増えたではないか（F が減ったではないか）」と思う人がいる
→ p236
かもしれない。だがよく思い出してほしいのは、混合によりエントロピーが増えるのは、重ね合わせるときではなく、体積を増やすときであった。ここでも「重ね合わせ」では S も G も変化しない。
[24] この平衡条件に現れる化学ポテンシャルは、(14.20)から出てくるものだから、$\mu_i(T, P_i)$ である
→ p301
（$\mu_i(T, P)$ ではない）。

この式は11.3.7項の結果も含んでいる。(11.46)は、上の式に $\boxed{\nu = (-1, 1)}$、
→ p246 〔→ p247〕

$$\begin{cases} \mu_1 = \mu_0(T, P) + u_0 \\ \mu_2 = \mu_0(T, P) + u_1 \end{cases} \quad \text{を代入すると出てくる。}$$

ここでは右辺に含まれる圧力を「全圧力」になるように計算したが、化学反応を考える時はここに入る圧力を「標準圧力」[26] にして

$$\prod_i \left(\frac{P_i}{P_0} \right)^{\nu_i} = \underbrace{\exp\left(-\sum_i \frac{\nu_i \mu_i(T, P_0)}{RT} \right)}_{K(P)} \tag{14.26}$$

のように書き直すことが多い。(14.26) の右辺は「実験開始前から決まっている量」[27] で表されていることが利点である。この右辺 $K(T)$ を「平衡定数」と呼ぶ（定数という名前だが、温度には依存する）。$\mu_i(T; P_0)$ は温度 T で圧力が標準圧力 P_0 のときの化学ポテンシャルである。左辺は分圧ではなく、「標準圧力との比」の関数になっていることに注意しよう。この比は物質量分率と等しくないので、x_i の式には書き直せない。

-------------------------------- 練習問題 --------------------------------

【問い 14-2】 平衡定数 $K(T)$ の温度依存性に関して

$$\frac{d}{dT} \left(\log K(T) \right) = \frac{\Delta h_{反応}(T, P_0)}{RT^2} \tag{14.27}$$

という式が成り立つことを示せ。ただし、$\Delta h_{反応}(T, P_0)$ は(14.14)の右辺で定義
〔→ p298〕
された量の、T, P_0 での値である（今は理想気体を考えているので、$\mu_i(T, P_0)$ は物質量にも X にも依らないことに注意）。

解答 → p364 へ

---

[25] (14.25) の最後を見て「$\sum_i \nu_i \mu_i$ って 0 じゃなかったっけ？」と思った人もいるかもしれないが、よく（引数まで）みて欲しい。0 になるのは $\sum_i \nu_i \mu_i(T, P; \{N\})$ であり、理想気体の場合はこの $\nu_i(T, P; \{N\})$ は分圧 $P \times \dfrac{N_i}{N}$ に依存して、$\mu_i(T, P_i)$ になる。一方、(14.25)にあるのは $\mu_i(T, P)$ である。

[26] 標準圧力として、かつては標準大気圧すなわち $\boxed{1\ \text{atm} = 101325\ \text{Pa}}$ が使われることが多かったが、現在は標準状態圧力 10^5 Pa を使うことが多い。

[27] それらの量は実験前に求めて表にでもしておけばよい——というか、実際表にされている。

たとえばアンモニアの合成の場合、

$$\frac{\left(\frac{P_{\mathrm{NH_3}}}{P_0}\right)^2}{\left(\frac{P_{\mathrm{N_2}}}{P_0}\right)\left(\frac{P_{\mathrm{H_2}}}{P_0}\right)^3} = \exp\underbrace{\left(-\frac{2\mu_{\mathrm{NH_3}}(T,P_0)-\mu_{\mathrm{N_2}}(T,P_0)-3\mu_{\mathrm{H_2}}(T,P_0)}{RT}\right)}_{K(T)}$$

(14.28)

という式が成立する。右辺は温度と反応を決めれば決まる定数（$K(T)$ と表した）で、左辺は $P_{\mathrm{NH_3}}, P_{\mathrm{N_2}}, P_{\mathrm{H_2}}$ という三つの分圧の関数である[28]。

----------------------------- 練習問題 -----------------------------

【問い 14-3】　最初 $N_{\mathrm{N_2}}=N_0, N_{\mathrm{H_2}}=3N_0$ の状態から温度 T と圧力 P を一定に保ちつつ平衡になると、$N_{\mathrm{NH_3}}=xN_0$ となった。x を求める式を作れ。

ヒント → p342 へ　　解答 → p365 へ

上の問いの答えは

$$\frac{x^2(4-x)^2}{\left(1-\frac{1}{2}x\right)\left(3-\frac{3}{2}x\right)^3} = \left(\frac{P}{P_0}\right)^2 K(T)$$

(14.29)

である。式からわかるように、圧力が高いほど x は大きくなる。アンモニアの工業的合成において高圧が必要とされるのはこのためである。

【補足】　++
理想気体でない場合は

$$\mu_i(T,P;\{N\}) = \mu_i(T,P_0;\{N\}) + RT\log\left(\frac{f_i(T,P;\{N\})}{P_0}\right)$$

(14.30)

のように、理想気体なら分圧 P_i だった部分を $T,P;\{N\}$ の関数 $f_i(T,P;\{N\})$ に変える[29]。理想気体でない物質の化学ポテンシャルは複雑なものだが、その複雑な部分をこの関数に押し込めるのである（この場合 μ および f は物質量 $\{N\}$ に依存する可能性がある）。この関数 f_i を「フガシティ (fugacity)」と呼ぶ[30]。考えている気体と同

[28] この式を見ると前に書いた「水素は3倍に、アンモニアは2倍に効く」は左辺の次数に来ている。
→ p297
[29] (14.30) の log の引数の分母も $f_i(T,P_0;\{N\})$ に変える場合もある。
[30] fugacity の語源はラテン語で「逃げる」を意味する fugere だそうである。分圧の代わりになる量なので、「外へ飛び出そうとする性質」という意味を持たせている（fugacity が大きいということは化学ポテンシャルが大きいので、「fugacity が大きい方から小さい方に向かって物質が流れる」という傾向がある）。「逃散能」という訳を当てている本もある。

じ化学ポテンシャルを持つ理想気体があったとしたとき、その理想気体が持つ分圧に対応する量である。すると(14.26)が以下のように変わる[†31]。
→ p303

$$\prod_i \left(\frac{f_i(T, P; \{N\})}{P_0} \right)^{\nu_i} = \exp\left(-\sum_i \frac{\nu_i \mu_i(T, P_0, \{N\})}{RT} \right) \tag{14.31}$$

✚✚✚✚✚✚✚✚✚✚✚✚✚✚✚✚✚✚✚✚✚✚✚✚✚✚✚✚✚✚✚✚✚✚✚✚　【補足終わり】

14.3　エントロピーの絶対値と熱力学第三法則

14.3.1　エントロピーの不定性

エントロピーの定義には定数の不定性があった。これにより Helmholtz 自由
→ p174
エネルギーに $T \times$ (定数) の不定性がある（p177 の脚注 †12 を参照）。

エネルギーの定数の不定性は、物質の種類が変わるような変化（化学反応）が起こるときになってある程度決定された。エントロピーについても化学反応を考えることで、定数部分をある程度決定できる。

理論的には Gibbs 自由エネルギーの物質量による微分などの方法で導かれる化学ポテンシャル μ も、ある程度の不定性を持っている。

＜具体例＞ ・・・

たとえば理想気体の化学ポテンシャルは

$$\mu(T, P) = (c+1)RT - RT \log\left(\frac{T^{c+1}}{\xi P} \right) + u \tag{14.32}$$

あるいは ξ でなく s_0 を使う表示ならば、

$$\mu(T, P) = (c+1)RT - RT \log\left(\frac{T^{c+1}}{P} \right) + u - s_0 T \tag{14.33}$$

であり、ξ（または s_0）と u という定数を含むが、この二つは1成分の理想気体しかない状況では決定できない。ξ はエントロピーの不定性から、u は内部エネルギーの不定性から来ている（T 依存性が違うので独立な定数である）。同じく定数である c は測定できる量である定積比熱と結びつくので不定性はない。
→ p102

[†31] 標準圧力 P_0 は定数であり、その圧力での化学ポテンシャル $\mu_i(T, P_0)$ も温度のみの関数とみなせるから、(14.31)の右辺は T のみの関数である。
→ p305

理想気体ではない場合はもっと複雑な式になるが、U や S の定義から必然的に未定の定数が含まれることになるのは同じである。

化学平衡を考えると $\boxed{\Delta\mu_{反応} = \sum_i \nu_i \mu_i}$ のような「複数物質の化学ポテンシャルの線形結合」が実験で測られる量と結びつく。たとえば (14.25) の左辺は物質
$\scriptstyle \to \text{p302}$
量分率で決まるから測定できる数字であり、右辺にある $\sum_i \nu_i \mu_i$ の値を決めることができる。

そのため、これまで決まらなかった定数は、化学反応のような「物質量（あるいは粒子数）が変化する過程」を観測することで、ある程度[32] は決めることができる量となる（【問い 14-1】の後の説明を参照）[33]。
$\scriptstyle \to \text{p297}$

14.3.2 Nernst の熱定理

実際に実験により $\sum_i \nu_i \mu_i$ の値を決めるという作業を行って、以下で説明する結果を得たのが Nernst[34] である。Nernst は (14.14)（略記しつつ、左辺を
$\scriptstyle \to \text{p298}$
反応熱 $\Delta h_{反応}$ を使って書き直すと $\boxed{\Delta h = \Delta\mu_{反応} - T\dfrac{\partial \Delta\mu_{反応}}{\partial T}}$）に対応する式[35]
$\scriptstyle \to \text{p299}$
を見て、この式では $\Delta\mu_{反応}(T, P; X)$ に含まれる T に関して 1 次の項が決定できないことに気づいた。

$$\Delta\mu_{反応} = \mu_0 + \mu_1 T + \frac{1}{2}\mu_2 T^2 + \frac{1}{3!}\mu_3 T^3 + \cdots \tag{14.34}$$

のように展開したとすると、

$$\frac{\partial \Delta\mu_{反応}}{\partial T} = \mu_1 + \mu_2 T + \frac{1}{2}\mu_3 T^2 + \cdots \tag{14.35}$$

となるから、(14.14) の右辺は
$\scriptstyle \to \text{p298}$

$$\Delta\mu_{反応} - T\frac{\partial \Delta\mu_{反応}}{\partial T} = \mu_0 + \left(\frac{1}{2} - 1\right)\mu_2 T^2 + \left(\frac{1}{3!} - \frac{1}{2}\right)\mu_3 T^3 + \cdots \tag{14.36}$$

---

[32] 「ある程度」と限定したのは、$\boxed{\Delta\mu_{反応} = \sum_i \nu_i \mu_i}$ を変えずに未定の定数を変化させる自由はまだあるからである。

[33] p227 の補足において、粒子数が変化する状況では「物質の種類に依る内部エネルギーの差」に意味が出てくる、という話をした。同じことがエントロピーにも言えて、物質量（粒子数）が変化する状況では「物質の種類に依るエントロピーの差」に意味が出てくる。

[34] 日本語読みは「ネルンスト」、ドイツの化学者で、熱化学にさまざまな業績がある。

[35] 実際に Nernst が考え実験したものはこの式とは少し違う（使っている言葉も違う）のだが、本書での流れに合わせて記述した。

となり、μ_1 の項はない[36]。しかし別の方法(化学平衡の条件)から $\Delta\mu_{反応}(T,P;X)$ が決まるから、そちらと照らし合わせることはできる。Nernst は、2つの差

$$\Delta\mu_{反応}(T,P;X) - \Delta h_{反応}(T,P;X) = T\frac{\partial\Delta\mu_{反応}}{\partial T} = \mu_1 T + \mu_2 T^2 + \frac{1}{2}\mu_3 T^3 + \cdots \tag{14.37}$$

が温度を下げていくと急速に (T^2 のペースで) 小さくなるという事実[37]を見つけた。これは $\boxed{\mu_1 = 0}$ を意味するから、Nernst はここで「$\Delta\mu_{反応}(T,P;X)$ の T の1次の項は0である」という当時としては大胆な仮説を唱えた。

$$\boxed{\Delta\mu_{反応}(T,P;X) = \left(\frac{\partial G[T,P;X]}{\partial X}\right)_{T,P}}$$ であったことを思うと、これの意味するところは

$$\lim_{T\to 0}\left(\frac{\partial}{\partial T}\left(\left(\frac{\partial G[T,P;X]}{\partial X}\right)_{T,P}\right)\right)_{P;X} = 0 \tag{14.38}$$

であり、偏微分の順序を交換すると

$$\lim_{T\to 0}\left(\frac{\partial}{\partial X}\left(\left(\frac{\partial G[T,P;X]}{\partial T}\right)_{P;X}\right)\right)_{T,P} = -\lim_{T\to 0}\left(\frac{\partial S(T,P;X)}{\partial X}\right)_{T,P} = 0 \tag{14.39}$$

となる。すなわち、絶対零度 $\boxed{T=0}$ においては化学変化によるエントロピー変化は0となる。さらにその考え方を拡張して「絶対零度でのエントロピーは一定値となる (化学反応以外の、体積や圧力を変える操作をしてもエントロピーは変化しない)」と考えるのが、「**Nernst の熱定理**」である。

14.3.3 熱力学第三法則

Nernst の熱定理は絶対零度におけるエントロピー変化を0とするが、それならばいっそ絶対零度ではエントロピーは0という基準値をとることにしてしまおう、という提案が Planck によってなされた[38]。これを以下の「**熱力学第三法則**」とする。

---

[36] この問題はこの式の元になった Gibbs-Helmholtz の式(12.16)でも同様で、この式では G の T の1
→ p257
次部分は決定できない。

[37] Nernst は電気化学反応 (つまりは電池) における発熱の実験からこの事実を見つけた。

[38] 0という値を取るということも大事だが、エントロピーが絶対零度の極限で発散しない $\boxed{\lim_{T\to 0} S \neq \pm\infty}$
ということも大事である。次の項でこれを使う。

― 熱力学第三法則 ―

エントロピーの絶対零度の極限値 $\lim_{T \to 0} S(T; \{V\}, \{N\})$ は 0 である。

　ただし、残念ながらこの法則を満たさない（例外となる）物質が実在すること
もわかっている。ゆえに「第三法則」と名前がついてはいるが、第一、第二法則
に比べ普遍性に乏しい（よって、本書でも要請には入れないことにする）。

　理想気体のエントロピーの式(9.18)をみるとわかるように、理想気体は熱力学
$\to$ p174
第三法則を満たさない[†39]。この点は van der Waals 気体のエントロピー(B.92)
$\to$ p352
も同様である（光子気体のエントロピー(B.93)は満たしている）。理想気体と
$\to$ p352
van der Waals 気体は実在物体でなく近似的存在だからとも言えるが、実在物
体の測定値を見ても、全ての物体の絶対零度のエントロピーが 0 になるわけで
はない。たとえば結晶でない固体（ガラスなど）はこの法則を満たさない。

　第三法則が成立している物体では $T = 0$ と $S = 0$ が一致している。これは
「等温線と断熱線が一致している」ということである。いかなる断熱操作をして
も S は減らないから、$S > 0$ の状況から $S = 0$ にはたどり着かない。つまり、
断熱膨張などの方法で温度を下げるという操作では、絶対零度には達しえない
ことがわかる。もしも「絶対零度の熱浴」があると Carnot サイクルを効率 1 で
動かすことが可能になってしまって熱力学第二法則を破る[†40]。しかし第三法則
からの帰結として絶対零度は達成できないから「絶対零度の熱浴」は用意でき
ない。つまり第三法則によって第二法則が破綻の可能性から守られているので
ある。

14.3.4　熱容量の極限

　$T \to 0$ で $S \to 0$ であることから、

定積熱容量 $NC_V(T; V, N) = \left(\dfrac{\partial U(T; V, N)}{\partial T}\right)_V = T\left(\dfrac{\partial S(T; V, N)}{\partial T}\right)_V$ および

[†39] 理想気体が熱力学第三法則を満たさなくてはいけない義理はない。理想気体は粒子間の相互作用が無視
できるような場合に使える近似であり、「絶対零度の極限」はその近似の使える場面ではない。Nernst 自
身も最初は気体は彼の定理の範囲外と考えていた（より深く調べると、気体でも Nernst の熱定理に従う
ものがあることはわかってきた）。

[†40] Carnot サイクルの低温での放熱 $Q_{\text{out 低}}$ を 0 にすることができるから、高温での吸熱 $Q_{\text{in 高}}$ をすべて
仕事に転換できることになる。

$$\text{定圧熱容量 } NC_P(T;P,N) = \left(\frac{\partial U(T;P,N)}{\partial T}\right)_P = T\left(\frac{\partial S(T;P,N)}{\partial T}\right)_P$$

も $T \to 0$ で 0 になることがわかる。

定積熱容量の方で説明すると、$S(0;V,N) = 0$ という条件から、

$$S(T;V,N) = \int_0^T \frac{NC_V(T;V,N)}{T} \, dT \tag{14.40}$$

となるが、$T \to 0$ で NC_V が 0 にならなかったら、この積分は発散する。C_P も同様である（Nernst 自身が様々な物質で実験的にこれを確認している）。なお、架空物質である理想気体の C_V は定数で、この条件を満たさない。

----------練習問題----------

【問い 14-4】 体膨張率 $\dfrac{1}{V}\left(\dfrac{\partial V(T,P;N)}{\partial T}\right)_{P;N}$ と圧力係数 $\left(\dfrac{\partial P(T;V,N)}{\partial T}\right)_{V,N}$ も
→ p64   → p64

$T \to 0$ で 0 になることを示せ。

ヒント → p342 へ　　解答 → p365 へ

14.4 電池

電池は化学反応によって電位差を作り出す。どのように電位差が発生するかも、熱力学で考えることができる。具体的な電池の構造に入る前に、静電エネルギーをどう取り入れるべきかを考察しよう。

p47 の図で、我々は「(1) 物質が出入りする／(2) 系が仕事をする／(3) それ以外」という 3 種類の系の外との相互作用を考えた。これに加えて「電荷が出入りする」を考えると、系のエネルギーの変化に「静電エネルギーの変化」を加えて考える必要が出てくる。

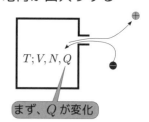

電荷が出入りする

$T;V,N,Q$

まず、Q が変化

系の内部の静電ポテンシャル Φ[41] の位置に dQ の電荷が追加されるとするならば、内部エネルギーの全微分は

$$dU = T\,dS - P\,dV + \sum_i \mu_i\,dN_i + \Phi\,dQ \tag{14.41}$$

と書き換えられる[42] と考えられる。

---

[41] 電位を表す文字として V を使うと体積と同じになってしまうので、文字 Φ を使うことにする。

[42] 多くの場合、電荷の出入りと同時に物質も出入りするだろう。その場合は dN_i と dQ は連動する。

【補足】＋＋＋＋＋＋＋＋＋＋＋＋＋＋＋＋＋＋＋＋＋＋＋＋＋＋＋＋＋＋＋＋＋＋＋＋＋＋

$-P\,dV$ の項と $\Phi\,dQ$ の項は符号が逆なのは以下のように解釈できる。

電位 Φ が正である場合を考えよう（圧力 P は常に正）。系の外部から正の仕事をして系のエネルギーを増やそうとすると、「系を圧縮する $\boxed{dV < 0}$ か、正電荷を入れる $\boxed{dQ > 0}$ かを行わなくてはいけない。「系にエネルギーを与えたい」ときの dV と dQ の符号の違いが、$-P\,dV$ と $\Phi\,dQ$ の符号の違いである。

また、$\sum_i \mu_i\,dN_i + \Phi\,dQ$ という部分を見ると、Φ が「静電ポテンシャル」なのに対して μ が「化学ポテンシャル」という命名がもっともなものとわかる。どちらも系に（電荷／物質）を押し込もうとするときの抵抗の強さを表現していると思っていい。

＋＋＋＋＋＋＋＋＋＋＋＋＋＋＋＋＋＋＋＋＋＋＋＋＋＋＋＋＋＋＋＋＋＋＋　【補足終わり】

この後考えるのは電荷が外から出入りするというよりは、系の中で位置を変えるという場合なので、その場合の式を作っておく。電位差 $\Delta\Phi$ がある場所[†43]に電荷 dQ が移動する（移動元を負極、移動先を正極と呼ぼう）ならば、そのとき、内部エネルギーの変化は以下のようになる。

電荷が内部で移動する

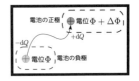

$$dU = T\,dS - P\,dV + \sum_i \mu_i\,dN_i + \Delta\Phi\,dQ \tag{14.42}$$

上では dU を考えたが、電池が置かれている状況は等温等圧の環境が多いので、以下では Gibbs 自由エネルギーの変化

$$dG\,[T, P; \{N\}, Q] = -S\,dT + V\,dP + \sum_i \mu_i\,dN_i + \Delta\Phi\,dQ \tag{14.43}$$

を考える（等温等圧だから第1項と第2項は考えない）。移動する電気量 dQ は、電池内部で起こる化学反応と無関係ではないから、dN_i と結びついている。さらに $\{N\}$ は初期値 $\{N_0\}$ と反応進行度 X で表して、初期値は変数扱いしない、という 14.1 節と同じ考え方をすることにする。

→ p293

今、物質量が $\boxed{N_{0i} \to N_{0i} + \nu_i\,dX}$ と変化するある化学反応に連動して電荷が dX に比例する量だけ、電位が $\Delta\Phi$ 違う位置に移動するならば、そのときの Gibbs 自由エネルギーの変化は

[†43] 一つの系の中に（平衡状態なのに）電位差が違う場所があるのは不思議かもしれないが、半透膜で仕切られた系では一つの系の中で圧力差があったことを考えると、不思議なことではない。→ p242

$$dG[T, P; X] = -S\,dT + V\,dP + \underbrace{\sum_i \nu_i \mu_i}_{\Delta\mu_{反応}}\,dX + \tilde{F}\Delta\Phi\,dX \qquad (14.44)$$

である（$\tilde{F}$ は比例定数）。結果を見ると、電気的仕事を考えてなかったときの反応による化学ポテンシャルの変化 $\boxed{\Delta\mu_{反応}(T, P; X) = \sum_i \nu_i \mu_i}$ が

$$\Delta\mu_{電気化学反応}(T, P; X) = \sum_i \nu_i \mu_i + \tilde{F}\Delta\Phi \qquad (14.45)$$

に置き換わったと思えばよい。これが0になるときが平衡点なので、電位差と化学ポテンシャルの間に関係が生まれる。この $\Delta\Phi$ は「外部から与えられた電位差（外部から掛けられた電圧）」ではなく、化学反応によって自発的に発生するものであり、電池の「起電力」と呼ばれる[44]。

$\Delta\Phi$ は電圧計で測る[45]ことができる量なので、これから各物質の化学ポテンシャルをある程度決定できる。Nernst はこの測定を様々な物質で行って、彼の熱定理が成り立つ証拠とした。

<具体例> ....

簡単な例として、理想化された Daniel 電池のモデルを考えよう。二つの金属 Zn, Cu でできた電極がそれぞれ $ZnSO_4$, $CuSO_4$ の水溶液の中に浸されていて、コンデンサを介して[46]導線でつながれている。二つの溶液は金属イオン Zn^{2+}, Cu^{2+} を通さない半透膜[47]で隔てられている。負極で

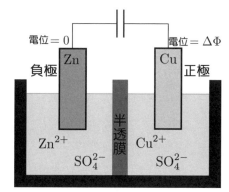

$$\underbrace{Zn}_{固体} \rightleftharpoons \underbrace{Zn^{2+}}_{溶液内} + 2e^- \qquad (14.46)$$

という反応が起こり、正極では

$$\underbrace{Cu^{2+}}_{溶液内} + 2e^- \rightleftharpoons \underbrace{Cu}_{固体} \qquad (14.47)$$

という反応が起こる。

---

[44] 名前に「力」がついているが本質的に電位差であり、測定の単位は V（ボルト）である。

[45] 多くの場合、電圧計で電位差を測るという操作は微弱ながらも電流を流すことを伴うので、電位差 $\Delta\Phi$ を乱してしまうことになる。電気回路における「電源の内部抵抗による電圧降下」である。以下では簡単のため、そこは無視して考える。

この反応が右へと進むと、正極は
電子が不足して正に帯電し、負極は
逆に負に帯電する（正電荷と負電荷
は引き合って、コンデンサの両極板
に移動し、そこで止まる）。

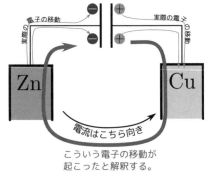

こういう電子の移動が
起こったと解釈する。

　実際には正極で電子が不足し負極
で電子が余るという二つの現象が起
きているのだが、それを「正極から
負極へと電子が移動した」と解釈[48]

し、この意味で、電荷 dQ が図の「負極」から「正極」へと移動[49]したと考
える。

　(14.46)が起こったときには負極に接する部分の水溶液中に Zn^{2+} が生まれて
→ p311
いることになるから、そこに正電荷ができることは考慮しなくていいのか？ ——
と疑問に思うだろう。この正電荷は周りにある金属イオン以外の、半透膜を通
ることができるイオン（SO_4^{2-} の他、水溶液中には H^+ と OH^- もある）の移動
で打ち消されてしまう[50]。

　負極と正極に電位差 $\Delta\Phi$ があるとすると、これにより静電エネルギーが増加
するから、ここまで考えた熱力学関数の全微分に、「電気的仕事」$\Delta\Phi\,dQ$ を付
け加えねばならない[51]。

　よってここで考えた電池で起こる化学平衡の条件は

$$-\mu_{Zn} - \mu_{Cu^{2+}} + \mu_{Zn^{2+}} + \mu_{Cu} + \tilde{F}\Delta\Phi = 0 \tag{14.48}$$

---

[46] 抵抗器でなくコンデンサをつないだのは電流が流れない状態で平衡に達するようにするためである。

[47] 実際の Daniel 電池ではこの部分に「塩橋」と呼ばれる部分があったりするが、説明を簡単化するため
に半透膜があるとして考える。

[48] ここで暗黙のうちに(14.46)の反応と(14.47)の反応が同じだけ起こると仮定している。
→ p311

[49] 電荷は正極から負極へ移動するのでは？？ ——と思った人は、今考えているのは「電池の内部」の話だ
ということに注意。通常の電気回路でも、電池の内部では負極から正極への方向に電流が流れる。

[50] その「打ち消し」が起こるためには、(14.46)の反応と(14.47)の反応は同じ数だけ起こらないといけ
→ p311　　　　　　　→ p311
ない。

[51] この式は目新しいものではない。コンデンサの場合なら $\Delta\Phi = \dfrac{Q}{C}$ なので $\Delta\Phi\,dQ$ を積分すると $\dfrac{Q^2}{2C}$

という、おなじみのコンデンサに蓄えられるエネルギーの式になる。F や G の中に、$\dfrac{Q^2}{2C}$ が含まれてい
たということである。

となる。この場合、反応一つごとに 2 個の電子が移動するので、F を Faraday 定数[52] として、$\boxed{\tilde{F} = 2F}$ となる。Daniel 電池の起電力は 1.1 V であることが測定されているので、

$$
\underbrace{\mu_{\mathrm{Cu}^{2+}} - \mu_{\mathrm{Cu}}}_{\substack{\mathrm{Cu}^{2+} \text{が生成} \\ \text{するときの} \mu \text{の変化}}} - \underbrace{(\mu_{\mathrm{Zn}^{2+}} - \mu_{\mathrm{Zn}})}_{\substack{\mathrm{Zn}^{2+} \text{が生成} \\ \text{するときの} \mu \text{の変化}}} = \underbrace{2 \times 9.65 \times 10^4 \mathrm{C/mol} \times 1.1\mathrm{V}}_{2.1 \times 10^5 \mathrm{J/mol}} \tag{14.49}
$$

のようにして Cu と Zn がイオン化するときの化学ポテンシャルの変化の差を求めることができる[53]。

14.5　章末演習問題

★【演習問題 14-1】
(14.30) の fugacity は
→ p304

$$
f_i(T, P; \{N\}) = P_0 \exp\left[\frac{1}{RT} \int_{P_0}^{P} \left(\frac{\partial V(T, p; \{N\})}{\partial N_i} \right)_{T, p; N_i \text{以外の} \{N\}} \mathrm{d}p \right] \tag{14.50}
$$

で計算できることを示せ。　　　　　　　　　　ヒント → p6w へ　　解答 → p26w へ

★【演習問題 14-2】
【問い 14-3】の始状態を $\boxed{N_{\mathrm{N}_2} = N_0, N_{\mathrm{H}_2} = yN_0}$ として、終状態で $\boxed{N_{\mathrm{NH}_3} = xN_0}$ になる
→ p304
とした場合の平衡の式を作れ。　　　　　　　　ヒント → p6w へ　　解答 → p26w へ

---

[52] $\boxed{F = 9.64853321233100184 \times 10^4 \mathrm{C/mol}}$（素電荷 $1.602176634 \times 10^{-19}$ C と Avogadro 数 $6.02214076 \times 10^{23} \mathrm{mol}^{-1}$ の積）であり、単位物質量（1 mol）の電子が移動したときの移動電荷量である。

[53] 実験的に決められているこの化学ポテンシャルの変化は、Cu^{2+} では 64.8kJ/mol、Zn^{2+} では -147kJ/mol であり、ここでの計算に一致している。

おわりに

　これで5冊目になる「よくわかる」シリーズだが、著者が目論んでいた『シリーズ執筆の目標』は「学校で指定された教科書を読んで『なんもわからん』となってしまった人を助ける本にする」である[†1]。熱力学は、これまでの4冊以上に学校で指定された教科書ではわからなくなる確率が高い科目なので、かなり注意して書き進めた。

　「熱力学なんもわからん」という人たちを助けるために、熱力学に現れる物理量を操作的に定義していく教科書である『熱力学―現代的な視点から』(田崎晴明著、培風館) に準拠した熱力学へのアプローチの仕方を採用させてもらった。著者としてはこのアプローチの仕方が一番助けになると感じたからである[†2]。本書の内容においても多くの部分を参考にさせていただいた。

　本書では特に「力学の続き」[†3]として熱力学の考え方に入っていけるように考慮した。成功しているかどうかは読者の判断を仰ぎたいところだが、U や F という「ポテンシャルエネルギーに対応する物理量」をどのように苦労しながら定義していくか、そしていったん定義されたらそれがどのように「S という新しい物理量」につながるか、そしてこれらの物理量を操ることでどんな物理がわかってくるのかを感じて欲しいと思う―そこには「単なる力学の続き」ではない広い世界が広がっている。

謝辞

　本書の執筆中において、以下の方々から、内容について様々なる有益な御助言を頂けた。ここに記すとともに感謝の意を表明する。

　　　fukiko 様、hoso 様、赤池良太様、岩渕晴行様、牛原啓輔様、大濱哲夫様、岸田守様、
　　　作道直幸様、鮫島玲様、関根良紹 (相転移P) 様、高山裕成 (TKYM) 様、富田圭祐様、
　　　梵天ゆとり様、増田忠昭様、松尾拓海様、山﨑脩平 (ethanedi) 様、渡部博様

　それでもなお本書に誤りが存在したとするならば、その全ては著者前野の責任である。

[†1] そういう意味で、実はこのシリーズを教科書に使ってくれる先生方がいたのは嬉しい誤算だった。

[†2] 熱力学教科書の書き方としては、エントロピーとその性質をまず与えてしまうというアプローチもあって、そちらの教科書は『熱力学の基礎』(清水明著、東京大学出版会) である。こちらのアプローチで助かる人もいると思う。

[†3] もちろん、熱力学は力学とはまた違うものであることは当然だが、力学で培った物理探求の手段を熱力学でも使っていくことができるのも確かなのだ。

付録 A

熱力学で使う数学など

A.1　対数関数の引数について

　熱力学ではよく $\boxed{c \log T + \log V = 一定}$ などという式 (たとえば(5.19)) を出すのだが、
この式に現れる $\log T$ や $\log V$ を見て「$\log$ の引数に次元のある量が入っていいのか?」と
疑問に思う人がときどきいる。たとえば指数関数や三角関数の引数に次元がある量は決し
て出てこないので、対数関数もそうではないかと心配する気持ちはわかる。

　ここで「そもそも次元が合わなくてはいけない理由はなにか?」と考えてみよう。体積
を例に取ると、V を立法メートル (m^3) で測るか立方センチメートル (cm^3) で測るかで、
数字としては $10^6 = 1000000$ 倍違う。つまり、

$$(V を \mathrm{m}^3 で測った数値) = 10^6 \times (V を \mathrm{cm}^3 で測った数値) \tag{A.1}$$

(この式は「数値の比較」の式であることに注意) である。V を m^3 で測った数値を「V/m^3」
と表記することも多い。その表記を使うなら上の式は、

$$V/\mathrm{m}^3 = 10^6 \times V/\mathrm{cm}^3 \tag{A.2}$$

である。物理でよく「左辺と右辺の次元が合わなくてはいけない!」と強調されるのは、
単位 (スケール) を変えたときに左辺と右辺が同じ変更を受けなくてはいけないからであ
る。「単位を m^3 から cm^3 に変えると右辺は変わらないが左辺は 10^6 倍になりました」と
いう状況は物理の式として失格である。たとえば式 $\boxed{V = 5}$ は失格[†1]である。

　さて対数関数の場合はどうだろう? ——たとえば「V の単位を変えると $\log V$ はどう変化
するか?」と考えてみることにする。対数を取ると、

$$\log (V/\mathrm{m}^3) = \log (10^6 \times V/\mathrm{cm}^3) = \log (V/\mathrm{cm}^3) + \log 10^6 \tag{A.3}$$

となる。つまり、単位を変えたときの差は定数 $\log 10^6$ のシフトである。

　$\log$ の引数の部分が次元を持っていて単位の変更により数値が変わったとしても、それ
は定数倍でなく「定数の加算」でしかない。今例に出した $\boxed{c \log T + \log V = 一定}$ では定

[†1] $\boxed{V = 5\ \mathrm{m}^3}$ ならば合格。この式は $\boxed{V = 5 \times 10^6\ \mathrm{cm}^3}$ と同じ意味を持つ。

数の加算は意味がない。なぜなら、右辺にはまだ決めてない「一定」の値がある。左辺に定数が加算されたなら、右辺の定数もそれに応じて加算してやればいいだけのことである。つまり、$\boxed{\log(物理量) = 定数加算に意味のない量}$ という式に関しては、log の引数の物理量に次元があっても心配無用である。本書でも log の引数に次元のある式が出てくるが、それは「定数加算が意味のない量」の場合に限る。

「Taylor 展開するときは大丈夫？」と感じる人もいるが、具体的に $\log V$ を $\boxed{V = V_0}$ の周りで展開すると、

$$\log V = \log V_0 + \frac{V - V_0}{V_0} - \frac{1}{2}\left(\frac{V - V_0}{V_0}\right)^2 + \frac{1}{3}\left(\frac{V - V_0}{V_0}\right)^3 - \frac{1}{4}\left(\frac{V - V_0}{V_0}\right)^4 + \cdots \tag{A.4}$$

となる。単位を変えると第 1 項だけがシフトする。

「それでも気持ちが悪い」という人は、たとえば $\boxed{c\log T + \log V = 一定}$ であれば右辺の定数を $c\log T_0 + \log V_0$ のように選んで

$$c\log T + \log V = c\log T_0 + \log V_0$$
$$c\log\left(\frac{T}{T_0}\right) + \log\left(\frac{V}{V_0}\right) = 0 \tag{A.5}$$

のように変形してしまえばよい。定数加算に意味のない量があるときは、log の引数が無次元になるように書き換えられることも可能なのである。

A.2　偏微分と全微分

A.2.1　常微分の復習

1 変数の関数 $\boxed{y = f(x)}$ の微小変化、すなわち $\boxed{x \to x + \mathrm{d}x}$ としたときの変化量 $\boxed{\mathrm{d}y = f(x + \mathrm{d}x) - f(x)}$ を、

$$\mathrm{d}y = \frac{\mathrm{d}f(x)}{\mathrm{d}x}\mathrm{d}x \quad あるいは \mathrm{d}y = f'(x)\mathrm{d}x \tag{A.6}$$

と表す。$\frac{\mathrm{d}f(x)}{\mathrm{d}x}$ または $f'(x)$ は $f(x)$ から決まる新しい関数であり、「微係数」または「導関数」と呼ばれる。たとえば

$$y = x^3 \text{ ならば } \mathrm{d}y = (x + \mathrm{d}x)^3 - x^3 \tag{A.7}$$

であるが、この計算は

$$(x + \mathrm{d}x)^3 - x^3 = x^3 + 3x^2\mathrm{d}x + 3x\mathrm{d}x^2 + \mathrm{d}x^3 - x^3 = 3x^2\mathrm{d}x \underbrace{+ 3x\mathrm{d}x^2 + \mathrm{d}x^3}_{無視する部分} \tag{A.8}$$

と考えて後ろの部分は無視する。なぜなら、今は $\mathrm{d}x$ という微小量が非常に小さい状況を考えており、その状況では $\mathrm{d}x^2$ や $\mathrm{d}x^3$ は考えるのに値しない[†2]。よって、

$$y = x^3 \ \text{ならば} \ \mathrm{d}y = 3x^2\,\mathrm{d}x \tag{A.9}$$

となる。すなわち、$\boxed{\dfrac{\mathrm{d}f(x)}{\mathrm{d}x} = f'(x) = 3x^2}$ である。

この考えを他の関数に適用すると、

$$\mathrm{d}(x^n) = nx^{n-1}\,\mathrm{d}x \tag{A.10}$$
$$\mathrm{d}(\mathrm{e}^x) = \mathrm{e}^x\,\mathrm{d}x \tag{A.11}$$
$$\mathrm{d}(\log x) = \frac{1}{x}\,\mathrm{d}x \tag{A.12}$$

$$\mathrm{d}(\sin x) = \cos x\,\mathrm{d}x \tag{A.13}$$
$$\mathrm{d}(\cos x) = -\sin x\,\mathrm{d}x \tag{A.14}$$
$$\mathrm{d}(\tan x) = \frac{1}{\cos^2 x}\,\mathrm{d}x \tag{A.15}$$

などが計算できる。

-------------------------------- 練習問題 --------------------------------

【問い A-1】 上の (A.10) から (A.15) までを (A.7) と同様にして導け。
→ p316

ヒント → p342 へ　　解答 → p365 へ

微分という計算は「どんな関数も、微小な範囲を考えると（つまり $\mathrm{d}x$ が小さいという極限で考えると）線形に近似できるだろう」という考え方に基づいている。ゆえに微小範囲を見ても線形にならない関数—たとえば不連続点（グラフの「飛び」）や微分の不連続点（グラフの「角」）のある関数には適用できない。熱力学でも勉強が進むと「飛び」や「角」のある関数が出てくるので、その点には注意が必要である。

そういうややこしい関数のことはここでは考えないことにして少し忘れておく。$f(x)$ という関数をある点の近くで近似すると $\mathrm{d}x$ に関して 1 次式になるから、

$$f(x + \mathrm{d}x) = f(x) + \frac{\mathrm{d}f(x)}{\mathrm{d}x}\,\mathrm{d}x + (\text{無視できる部分}) \tag{A.16}$$

と置いてしまえ、というのが微分の考え方である。$\mathrm{d}x$ について高次の項を残す場合は、

$$f(x + \mathrm{d}x) = f(x) + \frac{\mathrm{d}f(x)}{\mathrm{d}x}\,\mathrm{d}x + \frac{1}{2}\frac{\mathrm{d}^2 f(x)}{\mathrm{d}x^2}\,\mathrm{d}x^2 + \frac{1}{3!}\frac{\mathrm{d}^3 f(x)}{\mathrm{d}x^3}\,\mathrm{d}x^3 + \cdots \tag{A.17}$$

のようにさらに係数を増やして展開を続ける。(A.16) は

$$\mathrm{d}f(x) = \frac{\mathrm{d}f(x)}{\mathrm{d}x}\,\mathrm{d}x \tag{A.18}$$

と書くこともできる（左辺は「$f(x)$ の微小変化」を表す）。

[†2] 大雑把な言い方をすれば、「x がオーダー 1 の量であるときに $\boxed{\mathrm{d}x = \dfrac{1}{100}}$ のような状況を考えると、それに比べて $\boxed{\mathrm{d}x^2 = \dfrac{1}{10000}}$ や $\boxed{\mathrm{d}x^3 = \dfrac{1}{1000000}}$ は考えなくてよい」ことになる。もちろんこの考え方は大雑把すぎるのだが、考え方のとっかかりとしてこう考えてよい。

微分でよく使う計算のテクニックとしては

$$
\begin{array}{c}
\text{—— Leibniz 則（積の微分）——} \\[4pt]
\mathrm{d}(XY) = \overbrace{\mathrm{d}X}^{\text{前を微分}} Y + X \overbrace{\mathrm{d}Y}^{\text{後ろを微分}} = Y\,\mathrm{d}X + X\,\mathrm{d}Y
\end{array}
\qquad (\text{A.19})
$$

$$
\begin{array}{c}
\text{—— 連鎖律（合成関数の微分）——} \\[6pt]
\mathrm{d}f(g(x)) = \frac{\mathrm{d}f(g)}{\underset{g=g(x)}{\mathrm{d}g}} \frac{\mathrm{d}g(x)}{\mathrm{d}x}\,\mathrm{d}x
\end{array}
\qquad (\text{A.20})
$$

がある[†3]。Leibniz 則の方は、$(X + \mathrm{d}X)(Y + \mathrm{d}Y)$ と XY の差をとれば $\mathrm{d}(XY)$ が計算できることからすぐ示せる。連鎖律の方は f を g の関数と考えて作った式 $\boxed{\mathrm{d}f(g) = \dfrac{\mathrm{d}f(g)}{\mathrm{d}g}\,\mathrm{d}g}$

に $\boxed{\mathrm{d}g(x) = \dfrac{\mathrm{d}g(x)}{\mathrm{d}x}\,\mathrm{d}x}$ を代入したと思えばよい。

以上を 2 変数以上の場合に拡張するのが偏微分である。

A.2.2 偏微分の計算

2 変数の関数 $f(x,y)$ があるとする。x,y は独立変数であるので、それぞれ独立に $\mathrm{d}x, \mathrm{d}y$ だけ変化させることができる。このとき関数の微小変化は

$$
\mathrm{d}f = f(x + \mathrm{d}x, y + \mathrm{d}y) - f(x,y) \qquad (\text{A.21})
$$

のような引き算で定義できる。$\mathrm{d}x, \mathrm{d}y$ は微小量（いくらでも小さくすることができる量）であるので、$\mathrm{d}x, \mathrm{d}y$ に関して 2 次以上の項は考えなくてもよいことにしよう。つまり、a,b をある係数として、

$$
f(x + \mathrm{d}x, y + \mathrm{d}y) = f(x,y) + a\,\mathrm{d}x + b\,\mathrm{d}y \qquad (\text{A.22})
$$

と展開できると考える。この係数 a,b はそれぞれ「x 方向の移動による f の増加の割合」と「y 方向の移動による f の増加の割合」である

一例として $\boxed{f(x,y) = x^3 y^2}$ の場合を真面目に計算しておくと、

$$
\begin{aligned}
(x + \mathrm{d}x)^3(y + \mathrm{d}y)^2 &= (x^3 + 3x^2\,\mathrm{d}x \underbrace{+3x\,\mathrm{d}x^2 + \mathrm{d}x^3}_{\text{無視}})(y^2 + 2y\,\mathrm{d}y \underbrace{+\mathrm{d}y^2}_{\text{無視}}) \\
&= x^3 y^2 + 3x^2 y^2\,\mathrm{d}x + 2x^3 y\,\mathrm{d}y \underbrace{+6x^2 y\,\mathrm{d}x\,\mathrm{d}y}_{\text{無視}}
\end{aligned}
$$

[†3] $\dfrac{\mathrm{d}f(g)}{\underset{g=g(x)}{\mathrm{d}g}}$ は「$f(g)$ という書き方については「はじめに」の最後を見よ。
→ pvi

$$=x^3y^2 + 3x^2y^2 \, \mathrm{d}x + 2x^3y \, \mathrm{d}y \tag{A.23}$$

となる。この場合、$\boxed{a = 3x^2y^2, b = 2x^3y}$ である（「係数」と言っても定数でなくてよいことに注意）。

(A.22)の係数 a, b を微係数 $\dfrac{\mathrm{d}f}{\mathrm{d}x}$ に似た記号をつかって表現して
$_{\to \text{p318}}$

$$f(x + \mathrm{d}x, y + \mathrm{d}y) = f(x, y) + \left(\frac{\partial f(x, y)}{\partial x}\right)_y \mathrm{d}x + \left(\frac{\partial f(x, y)}{\partial y}\right)_x \mathrm{d}y \tag{A.24}$$

と書くことができ、以下のようにまとめることができる（これを「f の全微分」と呼ぶ）。

―――――――――― 関数 $f(x, y)$ の微小変化 ――――――――――

$$\mathrm{d}f = \left(\frac{\partial f(x, y)}{\partial x}\right)_y \mathrm{d}x + \left(\frac{\partial f(x, y)}{\partial y}\right)_x \mathrm{d}y \tag{A.25}$$

$\left(\dfrac{\partial f(x, y)}{\partial x}\right)_y$ と $\left(\dfrac{\partial f(x, y)}{\partial y}\right)_x$ は $f(x, y)$ がどんな関数であるかによって決まる係数（「偏微分係数」または「偏導関数」と呼ばれる）で、一般にはこれも x, y の関数となる。記号の $)_y$ は「y を一定にしての微分」を示している。固定する変数はしばしば省略され、$\left(\dfrac{\partial f(x, y, z)}{\partial x}\right)_{y,z}$ を $\dfrac{\partial f(x, y, z)}{\partial x}$ のように[†4]書く。省略形で書くときは微分する変数以外（今の場合 y, z）が固定されているとする。

(A.23)の場合 $\boxed{\left(\dfrac{\partial f(x, y)}{\partial x}\right)_y = 3x^2y^2, \left(\dfrac{\partial f(x, y)}{\partial y}\right)_x = 2x^3y}$ であるが、これは上のように真面目に計算しなくても、「$\boxed{f(x, y) = x^3y^2}$ において y は定数だと思って x で微分」という手順を踏めば $\boxed{\left(\dfrac{\partial f(x, y)}{\partial x}\right)_y = 3x^2y^2}$ はすぐに出てくる（$\boxed{\left(\dfrac{\partial f(x, y)}{\partial y}\right)_x = 2x^3y}$ も同様）。実用上はこのように計算した方が速い。

2変数関数は、たとえば x, y という二つの変数の両方を決定して初めて値が決まる。そのため「変数を変化させる」という操作にも二つの方向[†5]がある。

偏微分とは、その二つの「独立な変化の方向」それぞれについて「変化の割合」を計算するもので、「向きのある微分」だとも言える。ベクトルを $\boxed{\vec{A} = A_x \vec{e}_x + A_y \vec{e}_y}$ と、基底 $\vec{e}_x, \vec{e}_y$ と成分 A_x, A_y で表すように、(A.25)を、基底 $\mathrm{d}x, \mathrm{d}y$ と成分 $\dfrac{\partial f}{\partial x}, \dfrac{\partial f}{\partial y}$ で表現された「ベクトルのようなもの」と考えることができる。

―――――――――――――――――――――

[†4] さらに引数を省略されて $\dfrac{\partial f}{\partial x}$ となる場合もある。引数だけが省略されて $\left(\dfrac{\partial F}{\partial x}\right)_{y,z}$ と書く場合もあるだろう。誤解される可能性があるときは省略は使わない方がいい。

[†5] より一般的な「斜め」の方向もありである。

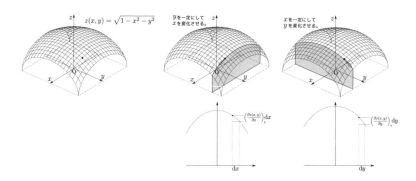

　偏微分の場合の高階微分を 2 階まで書くと

$$f(x + \mathrm{d}x, y + \mathrm{d}y) = f(x, y) + \left(\frac{\partial f(x, y)}{\partial x}\right)_y \mathrm{d}x + \left(\frac{\partial f(x, y)}{\partial y}\right)_x \mathrm{d}y$$

$$+ \frac{1}{2}\left(\frac{\partial^2 f(x, y)}{\partial x^2}\right)_y \mathrm{d}x^2 + \frac{\partial^2 f(x, y)}{\partial x \partial y} \mathrm{d}x\,\mathrm{d}y + \frac{1}{2}\left(\frac{\partial^2 f(x, y)}{\partial y^2}\right)_x \mathrm{d}y^2 + \cdots$$

$$\text{(A.26)}$$

となる。この式に現れる $\dfrac{\partial^2 f(x, y)}{\partial x \partial y}$ は

$$\left(\frac{\partial}{\partial y}\left(\frac{\partial f(x, y)}{\partial x}\right)_y\right)_x = \left(\frac{\partial}{\partial x}\left(\frac{\partial f(x, y)}{\partial y}\right)_x\right)_y \tag{A.27}$$

という意味である。つまり、関数 $f(x, y)$ を「x で偏微分してから y で偏微分したもの」または「y で偏微分してから x で偏微分したもの」を意味する。この二つが等しいことは実は

$$\int_{x_0}^{x_1} \mathrm{d}x \left(\frac{\partial f(x, y_0)}{\partial x}\right)_y + \int_{y_0}^{y_1} \mathrm{d}y \left(\frac{\partial f(x_1, y)}{\partial y}\right)_x$$

$$\text{(A.28)}$$

と

$$\int_{y_0}^{y_1} \mathrm{d}y \left(\frac{\partial f(x_0, y)}{\partial y}\right)_x + \int_{x_0}^{x_1} \mathrm{d}x \left(\frac{\partial f(x, y_1)}{\partial x}\right)_y$$

$$\text{(A.29)}$$

という二つの積分の値が等しいことを意味する。実際に積分してみれば

$$\underbrace{\int_{x_0}^{x_1} \mathrm{d}x \left(\frac{\partial f(x, y_0)}{\partial x}\right)_y}_{f(x_1, y_0) - f(x_0, y_0)} + \underbrace{\int_{y_0}^{y_1} \mathrm{d}y \left(\frac{\partial f(x_1, y)}{\partial y}\right)_x}_{f(x_1, y_1) - f(x_1, y_0)} = f(x_1, y_1) - f(x_0, y_0) \tag{A.30}$$

$$\underbrace{\int_{y_0}^{y_1} \mathrm{d}y \left(\frac{\partial f(x_0, y)}{\partial y}\right)_x}_{f(x_0, y_1) - f(x_0, y_0)} + \underbrace{\int_{x_0}^{x_1} \mathrm{d}x \left(\frac{\partial f(x, y_1)}{\partial x}\right)_y}_{f(x_1, y_1) - f(x_0, y_1)} = f(x_1, y_1) - f(x_0, y_0) \tag{A.31}$$

となり、どちらも（到着点での値）−（出発点での値）になっている。

解答 → p366 へ

--------------------------------- 練習問題 ---------------------------------

【問い A-2】 上の二つの式の積分範囲 $\Delta x = x_1 - x_0$ と $\Delta y = y_1 - y_0$ を微小量だとして、(A.28)−(A.29)= 0 を展開して考えると (A.27) が導かれることを示せ。

上の二つの積分はグラフに書いた長方形の辺を通るような経路であるが、(x_0, y_0) で始まり (x_1, y_1) で終わる任意の曲線を積分経路にしても、積分結果が等しいことは証明できる。

今考えている経路が関数 $x = X(\tau), y = Y(\tau)$ で表現されているとしよう。この関数 X, Y は連続な関数[6]であり、$\tau = 0$ で $x = x_0, y = y_0$ に、$\tau = 1$ で $x = x_1, y = y_1$ になるように境界条件が決められているとする。

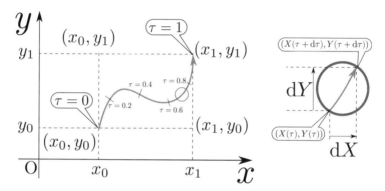

この関数は今考えている経路上では $f(X(\tau), Y(\tau))$ という値を持つ（f は x, y の2変数関数だが、経路上では τ を決めると x, y が決まるから、$f(X(\tau), Y(\tau))$ という τ の1変数関数だと考えていい）。

f を τ で微分すると

$$\frac{\mathrm{d}}{\mathrm{d}\tau} f(X(\tau), Y(\tau)) = \underbrace{\left(\frac{\partial f(X, Y)}{\partial X}\right)_Y}_{P(X, Y)} \frac{\mathrm{d}X}{\mathrm{d}\tau} + \underbrace{\left(\frac{\partial f(X, Y)}{\partial Y}\right)_X}_{Q(X, Y)} \frac{\mathrm{d}Y}{\mathrm{d}\tau} \tag{A.32}$$

となる。この式の両辺に $\mathrm{d}\tau$ を掛けて積分すると、右辺では $\mathrm{d}\tau$ が約分され、

$$\int_0^1 \frac{\mathrm{d}}{\mathrm{d}\tau} f(X(\tau), Y(\tau)) \, \mathrm{d}\tau = \int_{(x_0, y_0)}^{(x_1, y_1)} (P(X, Y) \, \mathrm{d}X + Q(X, Y) \, \mathrm{d}Y) \tag{A.33}$$

となり、左辺は τ で微分して τ で積分するのだから結果は $f(X(1), Y(1)) - f(X(0), Y(0))$ になる。右辺は X, Y と書いている部分を x, y に戻せば[7]、

$$f(x_1, y_1) - f(x_0, y_0) = \int_{(x_0, y_0)}^{(x_1, y_1)} (P(x, y) \, \mathrm{d}x + Q(x, y) \, \mathrm{d}y) \tag{A.34}$$

---

[6] X, Y が連続でないと積分経路が途中で不連続になってしまう。

[7] 定積分の積分変数はダミーであり、どんな文字を書くかは自由。

となって積分結果はやはり $f(x_1, y_1) - f(x_0, y_0)$ である。

1変数の場合の 微分してから定積分する ときの式

$$f(x_1) - f(x_0) = \int_{x_0}^{x_1} \frac{\mathrm{d}f}{\mathrm{d}x}(x)\,\mathrm{d}x \tag{A.35}$$

は、N 変数では積分が線積分になり、微分が grad に変わって、

$$f(\vec{x}_1) - f(\vec{x}_0) = \int_{\vec{x}_0}^{\vec{x}_1} (\operatorname{grad} f(\vec{x})) \cdot \mathrm{d}\vec{x} \tag{A.36}$$

と拡張される。

A.3 偏微分の相互関係

3変数 x, y, z の間に $f(x, y, z) = c$（定数） という関係がある場合を考えよう。3変数あるが二つを決めれば最後の一つが決まる[†8]という形になっているので、自由度は2である。これを微分すると、

$$\left(\frac{\partial f(x, y, z)}{\partial x}\right)_{y,z} \mathrm{d}x + \left(\frac{\partial f(x, y, z)}{\partial y}\right)_{x,z} \mathrm{d}y + \left(\frac{\partial f(x, y, z)}{\partial z}\right)_{x,y} \mathrm{d}z = 0 \tag{A.37}$$

という式が現れる。ここで z が一定の状況を考えると、その時は $\mathrm{d}z = 0$ だから、

$$\left(\frac{\partial f(x, y, z)}{\partial x}\right)_{y,z} \mathrm{d}x + \left(\frac{\partial f(x, y, z)}{\partial y}\right)_{x,z} \mathrm{d}y = 0 \tag{A.38}$$

となり、これから

$$\left(\frac{\partial f(x, y, z)}{\partial x}\right)_{y,z} \frac{\mathrm{d}x}{\mathrm{d}y} = -\left(\frac{\partial f(x, y, z)}{\partial y}\right)_{x,z} \tag{A.39}$$

という式を作ることができる。ここに現れた $\frac{\mathrm{d}x}{\mathrm{d}y}$ は z が一定 という条件のもとでの $\mathrm{d}x$ と $\mathrm{d}y$ の比だから、$\left(\dfrac{\partial x(y, z)}{\partial y}\right)_z$ である。これから

$$\left(\frac{\partial f(x, y, z)}{\partial x}\right)_{y,z} \left(\frac{\partial x(y, z)}{\partial y}\right)_z = -\left(\frac{\partial f(x, y, z)}{\partial y}\right)_{x,z} \tag{A.40}$$

または、

$$\left(\frac{\partial x(y, z)}{\partial y}\right)_z = -\frac{\left(\dfrac{\partial f(x, y, z)}{\partial y}\right)_{x,z}}{\left(\dfrac{\partial f(x, y, z)}{\partial x}\right)_{y,z}} \tag{A.41}$$

[†8] 厳密に言えば、y, z を決めたときに $f(x, y, z) = c$ の解が複数個ある可能性もあるので、唯一に決まらない場合もある。たとえば $f = x^2 + y^2 + z^2 = C$ だと、$x = \pm\sqrt{C - y^2 - z^2}$ である（解は二つ）。この場合は変数の変域を制限する（たとえば $x > 0$ に）。

という式ができる。どちらの式もマイナス符号が付くことに注意せよ[9]。

以上と同じ計算を x, y, z の立場を取り替えつつ実行すれば、

$$\left(\frac{\partial y(x,z)}{\partial z}\right)_x = -\frac{\left(\frac{\partial f(x,y,z)}{\partial z}\right)_{x,y}}{\left(\frac{\partial f(x,y,z)}{\partial y}\right)_{x,z}}, \quad \left(\frac{\partial z(x,y)}{\partial x}\right)_y = -\frac{\left(\frac{\partial f(x,y,z)}{\partial x}\right)_{y,z}}{\left(\frac{\partial f(x,y,z)}{\partial z}\right)_{x,y}} \quad \text{(A.42)}$$

のような式も作ることができる。また、今作った三つの式を掛けあわせることにより、

$$\left(\frac{\partial x(y,z)}{\partial y}\right)_z \left(\frac{\partial y(x,z)}{\partial z}\right)_x \left(\frac{\partial z(x,y)}{\partial x}\right)_y = -1 \quad \text{(A.43)}$$

という式が出てくる（字面だけを見て「答えは 1」と迂闊な計算をしないように！）。

------------------------------ 練習問題 ------------------------------

【問い A-3】 x, y, z の間に、x は y, z の関数 $x = x(y,z)$ であり、y は x, z の関数 $y = y(x,z)$ という関係があったとする。$x = x(y,z)$ の y に数 $y = y(x,z)$ を代入すると、以下の式を作ることができる。

$$x = \underset{y=y(x,z)}{x(y,z)} = x(y(x,z),z) \quad \text{(A.44)}$$

(1) この式を x を一定として z で微分することにより、以下の式（上の (A.43) と同じ式である）が成り立つことを示せ。

$$\underset{y=y(x,z)}{\underline{\left(\frac{\partial x(y,z)}{\partial y}\right)_z}} \left(\frac{\partial y(x,z)}{\partial z}\right)_x = -\underset{y=y(x,z)}{\underline{\left(\frac{\partial x(y,z)}{\partial z}\right)_y}} \quad \text{(A.45)}$$

(2) この式を z を一定として x で微分するとどんな式を作ることができるか。

ヒント → p342 へ　解答 → p366 へ

A.4　多変数関数の変数変換

「偏微分の計算はややこしい！」と思う人が多いが、慣れるまでは上のA.3 節でもやったように、「定義に戻って確認していく」ことを勧める。使い勝手のいい「偏微分の定義の表現」は、$\mathrm{d}f(x,y) = \left(\frac{\partial f(x,y)}{\partial x}\right)_y \mathrm{d}x + \left(\frac{\partial f(x,y)}{\partial y}\right)_x \mathrm{d}y$ である。

---

[9] $\frac{\frac{\partial f}{\partial y}}{\frac{\partial f}{\partial x}}$ の字面だけを見て「∂f を約分して $\frac{\partial x}{\partial y}$」のような迂闊な計算をしてはいけない。分子の $\frac{\partial f}{\partial y}$ は x,z を一定とした微分、分母の $\frac{\partial f}{\partial x}$ は y,z を一定とした微分。その割り算の結果は $\frac{\partial x}{\partial y}$ ではない。

　　ややこしさを感じる計算の代表として、この式の変数 x, y を X, Y に変える計算をやっ

てみよう。二つの変数は $\begin{cases} x = x(X,Y) \\ y = y(X,Y) \end{cases}$ およびこの逆関係 $\begin{cases} X = X(x,y) \\ Y = Y(x,y) \end{cases}$ のよう

に[†10]関係づけられているとしよう。すると

$$\mathrm{d}x = \left(\frac{\partial x(X,Y)}{\partial X}\right)_Y \mathrm{d}X + \left(\frac{\partial x(X,Y)}{\partial Y}\right)_X \mathrm{d}Y \tag{A.46}$$

$$\mathrm{d}y = \left(\frac{\partial y(X,Y)}{\partial X}\right)_Y \mathrm{d}X + \left(\frac{\partial y(X,Y)}{\partial Y}\right)_X \mathrm{d}Y \tag{A.47}$$

という関係があるから、

$$\mathrm{d}f = \underbrace{\left(\frac{\partial f(x,y)}{\partial x}\right)_y}_{\substack{x=x(X,Y)\\y=y(X,Y)}} \left(\left(\frac{\partial x(X,Y)}{\partial X}\right)_Y \mathrm{d}X + \left(\frac{\partial x(X,Y)}{\partial Y}\right)_X \mathrm{d}Y\right)$$

$$+ \underbrace{\left(\frac{\partial f(x,y)}{\partial y}\right)_x}_{\substack{x=x(X,Y)\\y=y(X,Y)}} \left(\left(\frac{\partial y(X,Y)}{\partial X}\right)_Y \mathrm{d}X + \left(\frac{\partial y(X,Y)}{\partial Y}\right)_X \mathrm{d}Y\right) \tag{A.48}$$

である（$\mathrm{d}x$, $\mathrm{d}y$ に (A.46) と (A.47) を代入すると同時に $\boxed{\begin{array}{l} x = x(X,Y) \\ y = y(X,Y) \end{array}}$ を代入している）。

この式を $\mathrm{d}X$, $\mathrm{d}Y$ の係数で整理すれば

$$\mathrm{d}f = \left(\underbrace{\left(\frac{\partial f(x,y)}{\partial x}\right)_y}_{\substack{x=x(X,Y)\\y=y(X,Y)}}\left(\frac{\partial x(X,Y)}{\partial X}\right)_Y + \underbrace{\left(\frac{\partial f(x,y)}{\partial y}\right)_x}_{\substack{x=x(X,Y)\\y=y(X,Y)}}\left(\frac{\partial y(X,Y)}{\partial X}\right)_Y\right)\mathrm{d}X$$

$$+ \left(\underbrace{\left(\frac{\partial f(x,y)}{\partial x}\right)_y}_{\substack{x=x(X,Y)\\y=y(X,Y)}}\left(\frac{\partial x(X,Y)}{\partial Y}\right)_X + \underbrace{\left(\frac{\partial f(x,y)}{\partial y}\right)_x}_{\substack{x=x(X,Y)\\y=y(X,Y)}}\left(\frac{\partial y(X,Y)}{\partial Y}\right)_X\right)\mathrm{d}Y \tag{A.49}$$

となることから、

$$\left(\frac{\partial f(x(X,Y),y(X,Y))}{\partial X}\right)_Y = \underbrace{\left(\frac{\partial f(x,y)}{\partial x}\right)_y}_{\substack{x=x(X,Y)\\y=y(X,Y)}}\left(\frac{\partial x(X,Y)}{\partial X}\right)_Y + \underbrace{\left(\frac{\partial f(x,y)}{\partial y}\right)_x}_{\substack{x=x(X,Y)\\y=y(X,Y)}}\left(\frac{\partial y(X,Y)}{\partial X}\right)_Y$$

$$\tag{A.50}$$

[†10] 変数 X, Y と、関数 $X(x,y), Y(x,y)$ に同じ文字を使っている。単に X と書いたときは X そのものであるが、$X(x,y)$ は「x, y を決めると（実際には何らかの計算によって）決まる量」である。たとえば、$\boxed{r = \sqrt{x^2 + y^2}}$ という関係があるとき、$\boxed{r(x,y) = \sqrt{x^2 + y^2}}$ は変数ではなく x, y の関数であり、$r(x,y)$ の「r」は「変数」ではなく「関数の名前」である。混同しそうだという人は自分でこの式を $X = F(x,y), Y = G(x,y)$ （および、$x = f(X,Y), y = g(X,Y)$）と書き直して理解して欲しい（とはいえ、こういう省エネ記述法にも慣れていきたいところだ）。

$$\left(\frac{\partial f(x(X,Y),y(X,Y))}{\partial Y}\right)_X = \underbrace{\left(\frac{\partial f(x,y)}{\partial x}\right)_y}_{\substack{x=x(X,Y)\\y=y(X,Y)}}\left(\frac{\partial x(X,Y)}{\partial Y}\right)_X + \underbrace{\left(\frac{\partial f(x,y)}{\partial y}\right)_x}_{\substack{x=x(X,Y)\\y=y(X,Y)}}\left(\frac{\partial y(X,Y)}{\partial Y}\right)_X$$

(A.51)

のように偏微分が変数変換される。

【補足】 ＋＋＋＋＋＋＋＋＋＋＋＋＋＋＋＋＋＋＋＋＋＋＋＋＋＋＋＋＋＋＋＋＋＋＋＋＋＋

(A.50)は引数と固定する変数を省略した形[11]で書くと $\dfrac{\partial f}{\partial X} = \dfrac{\partial f}{\partial x}\dfrac{\partial x}{\partial X} + \dfrac{\partial f}{\partial y}\dfrac{\partial y}{\partial X}$
→ p324

となる。常微分のときの $\dfrac{\mathrm{d}f}{\mathrm{d}X}\dfrac{\mathrm{d}X}{\mathrm{d}x} = \dfrac{\mathrm{d}f}{\mathrm{d}x}$ と同じように $\dfrac{\partial f}{\partial X} = \dfrac{\partial f}{\partial x}\dfrac{\partial x}{\partial X}$ とやってし

まう「よくある間違い」がある。これは省略形の字面を見ているともっともらしいが、

省略せずに書けば常微分の式 (正しい式) は $\dfrac{\mathrm{d}f(x(X))}{\mathrm{d}X} = \underbrace{\dfrac{\mathrm{d}f(x)}{\mathrm{d}x}}_{x=x(X)}\dfrac{\mathrm{d}x(X)}{\mathrm{d}X}$ 、偏微分の

式 (間違った式) は $\left(\dfrac{\partial f(x(X,Y),y(X,Y))}{\partial X}\right)_Y = \underbrace{\left(\dfrac{\partial f(x,y)}{\partial x}\right)_y}_{\substack{x=x(X,Y)\\y=y(X,Y)}}\left(\dfrac{\partial x(X,Y)}{\partial X}\right)_Y$ である。

(間違った式) の方は左辺の $y(X,Y)$ の中の X を微分
するのを忘れている。「この間違いをやらかしそうだ」と $\dfrac{\partial}{\partial X}f(x(X,Y),y(X,Y))$
思った人は、慣れるまでは省略せずにきっちり引数を書い 忘れるな！
て計算しよう。

＋＋＋＋＋＋＋＋＋＋＋＋＋＋＋＋＋＋＋＋＋＋＋＋＋＋＋＋＋＋＋＋　【補足終わり】

-------------------------------- 練習問題 --------------------------------

【問い A-4】 $\begin{array}{l}x = r\cos\theta\\y = r\sin\theta\end{array}$ という変数変換において、$\left(\dfrac{\partial f(x,y)}{\partial x}\right)_y$, $\left(\dfrac{\partial f(x,y)}{\partial y}\right)_x$ と

$\left(\dfrac{\partial f(r,\theta)}{\partial r}\right)_\theta$, $\left(\dfrac{\partial f(r,\theta)}{\partial \theta}\right)_r$ の関係式を作れ。　　　ヒント → p342 へ　　解答 → p367 へ

　熱力学では2変数のうち片方の変数は変えずにもう一方の変数を変える、という変換も
よく行う。ある関数 f の独立変数の組 x, y を p, y に変える（$p = p(x,y)$ として、$f(x,y)$
から $f(p,x)$ を求める）場合を考えてみよう。p の全微分が

$$\mathrm{d}p = \left(\frac{\partial p(x,y)}{\partial x}\right)_y\mathrm{d}x + \left(\frac{\partial p(x,y)}{\partial y}\right)_x\mathrm{d}y$$

(A.52)

---

[11] このような書き方も一般的なので、慣れておいた方がよい。

と書けて、f の全微分が（p, y の関数として考えたとき）

$$\mathrm{d}f = \left(\frac{\partial f(p,y)}{\partial p}\right)_y \mathrm{d}p + \left(\frac{\partial f(p,y)}{\partial y}\right)_p \mathrm{d}y \tag{A.53}$$

と書けるから、(A.53) に (A.52) を代入（同時に $\boxed{p = p(x,y)}$ も代入）して、
→ p325

$$\begin{aligned}
\mathrm{d}f &= \underbrace{\left(\frac{\partial f(p,y)}{\partial p}\right)_y}_{p=p(x,y)} \overbrace{\left(\left(\frac{\partial p(x,y)}{\partial x}\right)_y \mathrm{d}x + \left(\frac{\partial p(x,y)}{\partial y}\right)_x \mathrm{d}y\right)}^{\mathrm{d}p} + \underbrace{\left(\frac{\partial f(p,y)}{\partial y}\right)_p}_{p=p(x,y)} \mathrm{d}y \\
&= \underbrace{\left(\frac{\partial f(p,y)}{\partial p}\right)_y \left(\frac{\partial p(x,y)}{\partial x}\right)_y}_{\left(\frac{\partial f(x,y)}{\partial x}\right)_y} \mathrm{d}x + \underbrace{\left(\underbrace{\left(\frac{\partial f(p,y)}{\partial p}\right)_y \left(\frac{\partial p(x,y)}{\partial y}\right)_x}_{p=p(x,y)} + \underbrace{\left(\frac{\partial f(p,y)}{\partial y}\right)_p}_{p=p(x,y)}\right)}_{\left(\frac{\partial f(x,y)}{\partial y}\right)_x} \mathrm{d}y
\end{aligned}$$
$$\tag{A.54}$$

のようにして偏微分の変換が計算できる。特に後ろの部分から出てくる

$$\left(\frac{\partial f(p(x,y),y)}{\partial y}\right)_x = \underbrace{\left(\frac{\partial f(p,y)}{\partial p}\right)_y}_{p=p(x,y)}\left(\frac{\partial p(x,y)}{\partial y}\right)_x + \underbrace{\left(\frac{\partial f(p,y)}{\partial y}\right)_p}_{p=p(x,y)} \tag{A.55}$$

はよく間違える（二つの項どちらもなくてはいけないのに、どちらか一方を忘れる）。

A.5　ヤコビアン

　多変数関数を変数変換するときに重要な因子となるのがヤコビアンである。2 変数関数の場合で説明しよう。

　x, y という 2 変数が平面上の直交座標になっているとする。この x-y 平面での微小面積要素を考えるには、以下の手順を踏む。$\boxed{\mathrm{d}\vec{x} = \mathrm{d}x\,\vec{e}_x + \mathrm{d}y\,\vec{e}_y}$ は一般的に x も y も変化するときの微小変位を表す。この平面内の範囲の積分 $\int_{x_0}^{x_0+\mathrm{d}x}\mathrm{d}x\int_{y_0}^{y_0+\mathrm{d}y}\mathrm{d}y$ を考えよう。この積分によって得られる面積は $\boxed{x\text{ 方向の微小変位ベクトル }\mathrm{d}x\,\vec{e}_x}$ と $\boxed{y\text{ 方向の微小変位ベクトル }\mathrm{d}y\,\vec{e}_y}$ の外積 $\mathrm{d}x\,\vec{e}_x \times \mathrm{d}y\,\vec{e}_y$ で与えられる。2 次元平面では $\boxed{\vec{e}_x \times \vec{e}_y = 1}$ [12] なので、微小面積要素は $\mathrm{d}x\,\mathrm{d}y$ である。

---

[12] 外積は面積を表現する量なので、これは $\vec{e}_x \times \vec{e}_y$ が一辺が 1 の正方形の面積になるように定義しているということ。3 次元空間内の面積はベクトル（面の傾きという向きがある）が、2 次元平面上の面積には正負はあるがベクトルではない。

次に、同じ手順で別の座標 X, Y を考える。X, Y は元の座標 x, y の適切 [†13] な関数になっているとする。位置ベクトルの微分（微小変位）$\boxed{\mathrm{d}\vec{x} = \mathrm{d}x\,\vec{e}_x + \mathrm{d}y\,\vec{e}_y}$ は新しい座標を使って書く（この節では、偏微分の固定する変数は省略する記法を使う）と、

$$
\mathrm{d}\vec{x} = \overbrace{\left(\frac{\partial x(X,Y)}{\partial X}\,\mathrm{d}X + \frac{\partial x(X,Y)}{\partial Y}\,\mathrm{d}Y\right)}^{\mathrm{d}x}\vec{e}_x + \overbrace{\left(\frac{\partial y(X,Y)}{\partial X}\,\mathrm{d}X + \frac{\partial y(X,Y)}{\partial Y}\,\mathrm{d}Y\right)}^{\mathrm{d}y}\vec{e}_y
$$

$$
= \left(\frac{\partial x(X,Y)}{\partial X}\vec{e}_x + \frac{\partial y(X,Y)}{\partial X}\vec{e}_y\right)\mathrm{d}X + \left(\frac{\partial x(X,Y)}{\partial Y}\vec{e}_x + \frac{\partial y(X,Y)}{\partial Y}\vec{e}_y\right)\mathrm{d}Y
\tag{A.56}
$$

となる。この $\mathrm{d}\vec{x}$ から $\boxed{\mathrm{d}X\text{ に比例する部分}}$ と $\boxed{\mathrm{d}Y\text{ に比例する部分}}$ を取り出して外積を計算すると、

$$
\left(\frac{\partial x(X,Y)}{\partial X}\vec{e}_x + \frac{\partial y(X,Y)}{\partial X}\vec{e}_y\right)\mathrm{d}X \times \left(\frac{\partial x(X,Y)}{\partial Y}\vec{e}_x + \frac{\partial y(X,Y)}{\partial Y}\vec{e}_y\right)\mathrm{d}Y
$$

$$
= \left(\frac{\partial x(X,Y)}{\partial X}\vec{e}_x \times \frac{\partial y(X,Y)}{\partial Y}\vec{e}_y + \frac{\partial y(X,Y)}{\partial X}\vec{e}_y \times \frac{\partial x(X,Y)}{\partial Y}\vec{e}_x\right)\mathrm{d}X\,\mathrm{d}Y
$$

$$
= \left(\frac{\partial x(X,Y)}{\partial X}\frac{\partial y(X,Y)}{\partial Y} - \frac{\partial y(X,Y)}{\partial X}\frac{\partial x(X,Y)}{\partial Y}\right)\mathrm{d}X\,\mathrm{d}Y
\tag{A.57}
$$

となる。これが $\displaystyle\int_{X_0}^{X_0+\mathrm{d}X}\mathrm{d}X\int_{Y_0}^{Y_0+\mathrm{d}Y}\mathrm{d}Y$ という積分の結果であるところの面積となる。

つまり、x, y という座標を張ったときの面積要素が $\mathrm{d}x\,\mathrm{d}y$ だとすると、それと同じ積分結果を出すことになる面積要素は $\left(\dfrac{\partial x(X,Y)}{\partial X}\dfrac{\partial y(X,Y)}{\partial Y} - \dfrac{\partial y(X,Y)}{\partial X}\dfrac{\partial x(X,Y)}{\partial Y}\right)\mathrm{d}X\,\mathrm{d}Y$ である（単純に $\mathrm{d}X\,\mathrm{d}Y$ としたのでは正しい面積とならない）。この因子を

$$
\frac{\partial(x,y)}{\partial(X,Y)} = \left(\frac{\partial x(X,Y)}{\partial X}\frac{\partial y(X,Y)}{\partial Y} - \frac{\partial y(X,Y)}{\partial X}\frac{\partial x(X,Y)}{\partial Y}\right)
\tag{A.58}
$$

と書き、「ヤコビアン (**Jacobian**)」と名付ける。ヤコビアンは

$$
\frac{\partial(x,y)}{\partial(X,Y)} = \det\begin{pmatrix} \dfrac{\partial x(X,Y)}{\partial X} & \dfrac{\partial x(X,Y)}{\partial Y} \\[2mm] \dfrac{\partial y(X,Y)}{\partial X} & \dfrac{\partial y(X,Y)}{\partial Y} \end{pmatrix}
\tag{A.59}
$$

のように行列式を使って表現することもできる（自由度 n の場合は $n \times n$ 行列の行列式になり、意味も n 次元立体の体積になる）。

直交座標 (x, y) と極座標 (r, θ) の場合でこれを計算すると（$\boxed{X = r, Y = \theta}$ を代入して）、

$$
\frac{\partial(x,y)}{\partial(r,\theta)} = \frac{\partial x(r,\theta)}{\partial r}\frac{\partial y(r,\theta)}{\partial \theta} - \frac{\partial x(r,\theta)}{\partial \theta}\frac{\partial y(r,\theta)}{\partial r}
$$

[†13] この「適切な」というのは実は、後で定義するヤコビアンが 0 になったり発散したりしないような、という意味になる。

$$= \frac{\partial(r\cos\theta)}{\partial r}\frac{\partial(r\sin\theta)}{\partial\theta} - \frac{\partial(r\cos\theta)}{\partial\theta}\frac{\partial(r\sin\theta)}{\partial r}$$

$$= \cos\theta\,(r\cos\theta) - (-r\sin\theta)\sin\theta = r\,(\cos^2\theta + \sin^2\theta) = r \qquad \text{(A.60)}$$

となる。積分要素は直交座標では $dx\,dy$ であるのに対し、極座標では $r\,dr\,d\theta$ となる。

　ヤコビアンは単に面積要素の比だというだけでなく、変数変換を行うときに役立つ性質がいくつかある。

(1) 引数に関して反対称

$$\frac{\partial(f,g)}{\partial(x,y)} = -\frac{\partial(g,f)}{\partial(x,y)}, \quad \frac{\partial(f,g)}{\partial(x,y)} = -\frac{\partial(f,g)}{\partial(y,x)} \qquad \text{(A.61)}$$

　　　これは定義から明らか。

(2) 「約分」ができる。　すなわち、

$$\frac{\partial(f,g)}{\partial(X,Y)}\frac{\partial(X,Y)}{\partial(x,y)} = \frac{\partial(f,g)}{\partial(x,y)} \qquad \text{(A.62)}$$

である。これはヤコビアンが面積要素の比だと思い出せば、$(x,y) \to (f,g)$ という変換と $(x,y) \to (X,Y) \to (f,g)$ という変換での面積要素の比を計算していると考えれば、わかる。あるいは、行列式で表現されているので、まず行列の関係式

$$\begin{pmatrix} \dfrac{\partial f(X,Y)}{\partial X} & \dfrac{\partial f(X,Y)}{\partial Y} \\ \dfrac{\partial g(X,Y)}{\partial X} & \dfrac{\partial g(X,Y)}{\partial Y} \end{pmatrix} \begin{pmatrix} \dfrac{\partial X(x,y)}{\partial x} & \dfrac{\partial X(x,y)}{\partial y} \\ \dfrac{\partial Y(x,y)}{\partial x} & \dfrac{\partial Y(x,y)}{\partial y} \end{pmatrix} = \begin{pmatrix} \dfrac{\partial f(x,y)}{\partial x} & \dfrac{\partial f(x,y)}{\partial y} \\ \dfrac{\partial g(x,y)}{\partial x} & \dfrac{\partial g(x,y)}{\partial y} \end{pmatrix}$$

$$\text{(A.63)}$$

を考えて、両辺の det をとっても良い（一般の行列 $\mathbf{A}, \mathbf{B}$ に対し $\det(\mathbf{AB}) = \det\mathbf{A}\det\mathbf{B}$ である）。この結果から $\boxed{(x,y) = (f,g)}$ にすると

$$\frac{\partial(f,g)}{\partial(X,Y)} = \frac{1}{\frac{\partial(X,Y)}{\partial(f,g)}} \qquad \text{(A.64)}$$

　　　も言える（ヤコビアンは「逆数」が取れる）。

(3) 「分子」と「分母」に同じ変数が入ると、普通の偏微分

$$\frac{\partial(z,y)}{\partial(x,y)} = \frac{\partial z(x,y)}{\partial x}\underbrace{\frac{\partial y}{\partial y}}_{1} - \frac{\partial z(x,y)}{\partial y}\underbrace{\frac{\partial y}{\partial x}}_{0} = \frac{\partial z(x,y)}{\partial x} \qquad \text{(A.65)}$$

　　　これらの式を使うと、

$$\overbrace{\frac{\partial(z,y)}{\partial(x,y)}}^{\left(\frac{\partial z}{\partial x}\right)_y}\overbrace{\frac{\partial(x,z)}{\partial(y,z)}}^{\left(\frac{\partial x}{\partial y}\right)_z}\overbrace{\frac{\partial(y,x)}{\partial(z,x)}}^{\left(\frac{\partial y}{\partial z}\right)_x} = \left(-\frac{\partial(y,z)}{\partial(x,y)}\right)\left(-\frac{\partial(z,x)}{\partial(y,z)}\right)\left(-\frac{\partial(x,y)}{\partial(z,x)}\right) = -1 \qquad \text{(A.66)}$$

のようにして偏微分に関するいろんな式を作ることができる。

A.6　全微分と積分因子

A.6.1　全微分と積分可能条件

前項で行ったのは関数 $f(x, y)$ が与えられていてそれを偏微分していくという方向の計算だが、この逆の方向の計算も必要になる。微分の反対は積分、すなわち「微分したらこうなる関数は何か？」を求めていくことである。

ある関数 $U(x, y)$ の全微分は

$$dU(x, y) = \left(\frac{\partial U(x, y)}{\partial x}\right)_y dx + \left(\frac{\partial U(x, y)}{\partial y}\right)_x dy \tag{A.67}$$

である[14]が、逆に

$$P(x, y)\,dx + Q(x, y)\,dy \tag{A.68}$$

のような式が与えられたとき[15]、これが「何かの関数 $U(x, y)$ の全微分になっている（つまり、$\boxed{\left(\dfrac{\partial U(x, y)}{\partial x}\right)_y = P(x, y)}$, $\boxed{\left(\dfrac{\partial U(x, y)}{\partial y}\right)_x = Q(x, y)}$ が成り立っている）」かどうか、別の言い方をすれば「積分できるか」は自明ではない。何かの微分になっているとは限らない（運がよければなっている）ので、そうとわからない間は

$$đF = P(x, y)\,dx + Q(x, y)\,dy \tag{A.69}$$

のように、微分の記号 d とはちょっと違う記号を使って表現する[16]。このような、dx など微小量の線形結合で書かれた式（これまで「ベクトルのようなもの」と表現してきた）を「**Pfaff**形式」と呼ぶ。

Pfaff形式 $đF$ が「何かの関数の全微分」であるためにはある条件が必要である。以下のことを示そう。

積分可能条件

$\boxed{đF = P(x, y)\,dx + Q(x, y)\,dy}$ が全微分である必要十分条件は

$$\left(\frac{\partial P(x, y)}{\partial y}\right)_x = \left(\frac{\partial Q(x, y)}{\partial x}\right)_y \tag{A.70}$$

である[17]。

---

[14] 文字を f から U に変えたが、(A.25) と同じ式である。
→ p319

[15] この式を、p319 で考えたように、「基底 dx, dy で成分が P, Q のベクトルのようなもの」とみなすことができる。今度は成分が偏微分係数とは限らない点が違う。

[16] dF は「F の微分」または「F の微小変化」だが、$đF$ はそのどちらでもない。「$đF$」という名前の微小量だと思って欲しい。「不完全微分」と呼ぶこともある。記号 d' を使っている本もある。$đF$ は Pfaff形式だが、全微分であるとは限らない。

[17] 名前は「積分可能条件」だが、その意味は「積分ができる条件」というより、「積分が経路に依らない条件」であることに注意。

　必要条件であること、つまり $\boxed{\mathrm{d}F = \mathrm{d}U}$ であるためには (A.70) を満たさなくてはいけないことは次のようにして示せる。$\mathrm{d}U$ を

$$\mathrm{d}F = \mathrm{d}U(x,y) = \underbrace{\left(\frac{\partial U(x,y)}{\partial x}\right)_y}_{P(x,y)} \mathrm{d}x + \underbrace{\left(\frac{\partial U(x,y)}{\partial y}\right)_x}_{Q(x,y)} \mathrm{d}y \qquad (A.71)$$

と書けば、$\boxed{\left(\dfrac{\partial P(x,y)}{\partial y}\right)_x = \left(\dfrac{\partial Q(x,y)}{\partial x}\right)_y}$ でなくてはいけない。それは (A.27) で示した偏微分の交換性
→ p320

$$\underbrace{\left(\frac{\partial}{\partial y}\left(\frac{\partial U(x,y)}{\partial x}\right)_y\right)_x}_{\left(\frac{\partial P(x,y)}{\partial y}\right)_x} = \underbrace{\left(\frac{\partial}{\partial x}\left(\frac{\partial U(x,y)}{\partial y}\right)_x\right)_y}_{\left(\frac{\partial Q(x,y)}{\partial x}\right)_y} \qquad (A.72)$$

（文字は f から U に変えたが同じ式である）からすぐにわかる。

　十分条件であること、すなわち「積分可能条件が満たされるならば $\boxed{\mathrm{d}F = \mathrm{d}U}$ となる $U(x,y)$ が存在する」を示すには、以下のように実際に作ってみればよい。

　積分可能条件が満たされているならば、

$$U(x_1,y_1) = \int_{x_0}^{x_1} P(x,y_0)\,\mathrm{d}x + \int_{y_0}^{y_1} Q(x_1,y)\,\mathrm{d}y + U(x_0,y_0) \qquad (A.73)$$

および

$$U(x_1,y_1) = \int_{y_0}^{y_1} Q(x_0,y)\,\mathrm{d}y + \int_{x_0}^{x_1} P(x,y_1)\,\mathrm{d}x + U(x_0,y_0) \qquad (A.74)$$

は同じ関数になり、かつ $\boxed{\mathrm{d}F = \mathrm{d}U}$ を満たす。以下の問題で確認せよ。

- 練習問題 -

【問い A-5】

(1) 上の式 (A.73) と (A.74) を x_1 と y_1 で微分して、結果がそれぞれ $P(x_1,y_1)$ と $Q(x_1,y_1)$ になることを確認せよ。

(2) $\boxed{x_1 = x_0 + \Delta x, y_1 = y_0 + \Delta y}$ として、$\Delta x, \Delta y$ を微小量だとして 3 次以上を無視した場合について、積分可能条件が満足されていれば (A.73) と (A.74) が等しいことを示せ。

(3) $\boxed{\left(\dfrac{\partial U(x_1,y_1)}{\partial x_1}\right)_{y_1} = P(x_1,y_1), \left(\dfrac{\partial U(x_1,y_1)}{\partial y_1}\right)_{x_1} = Q(x_1,y_1)}$ を代入して積分するとこの二つの式はどちらも $U(x_1,y_1)$ になることを確認せよ。

解答 → p367 へ

ここで必要条件の証明にはある一点での $U(x, y)$ が二階微分可能である必要があったが、十分条件の証明には (x_0, y_0) から (x_1, y_1) へと移動する経路上全てにおいて P と Q が積分可能条件を満たすことが必要とな

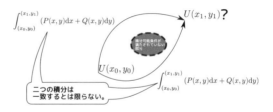

る。経路の途中で P や Q が条件を満たさない場合、その部分をまたぐような経路の変更については $U(x_1, y_1)$ が一意でなくなる（電磁気の Ampère の法則で電流が流れる場所をまたぐような経路変更をした場合がこれに該当する）。

積分可能条件が満たされているなら、もっと一般的に $(x_0, y_0) \to (x_1, y_1)$ への積分経路は任意[†18]であり、

$$U(x_1, y_1) = \int_{(x_0, y_0)}^{(x_1, y_1)} \left(P(x, y) \, \mathrm{d}x + Q(x, y) \, \mathrm{d}y \right) + U(x_0, y_0) \tag{A.75}$$

が成り立つ。 $\boxed{\left(\dfrac{\partial U(x, y)}{\partial x} \right)_y = P(x, y)}$, $\boxed{\left(\dfrac{\partial U(x, y)}{\partial y} \right)_x = Q(x, y)}$ として、後は (A.34) を導
→ p321
いたときと同様の計算を行えば上の式は示せる。

A.6.2　積分因子・積分分母

ある $\mathrm{d}F$ が積分可能条件を満たしていなかったとしよう。その場合でも、$\mathrm{d}F$ にある関数 $\lambda(x, y)$ を掛けて

$$\lambda(x, y) \, \mathrm{d}F = \lambda(x, y) P(x, y) \, \mathrm{d}x + \lambda(x, y) Q(x, y) \, \mathrm{d}y \tag{A.76}$$

にすると積分可能条件

$$\left(\frac{\partial (\lambda(x, y) P(x, y))}{\partial y} \right)_x = \left(\frac{\partial (\lambda(x, y) Q(x, y))}{\partial x} \right)_y \tag{A.77}$$

が満たされる場合がある。この $\lambda(x, y)$ を「積分因子」と呼ぶ。

積分因子が $\boxed{\lambda(x, y) = \dfrac{1}{\tau(x, y)}}$ のように書かれるとき、$\tau(x, y)$ を「積分分母」と呼ぶ。
積分因子も積分分母も 0 になってはならないし、無限大に発散してもいけないことに注意しよう。

(A.77) は（節約のため引数 (x, y) を省いて書くと）

$$\lambda \left(\frac{\partial P}{\partial y} \right)_x + \left(\frac{\partial \lambda}{\partial y} \right)_x P = \lambda \left(\frac{\partial Q}{\partial x} \right)_y + \left(\frac{\partial \lambda}{\partial x} \right)_y Q \tag{A.78}$$

$$\lambda \left(\left(\frac{\partial P}{\partial y} \right)_x - \left(\frac{\partial Q}{\partial x} \right)_y \right) = \left(\frac{\partial \lambda}{\partial x} \right)_y Q - \left(\frac{\partial \lambda}{\partial y} \right)_x P \tag{A.79}$$

[†18] (A.73) と (A.74) は任意である経路のうち、もっとも簡単な例を選んだ結果になっている。
→ p330　→ p330

となるからこれを λ に対する偏微分方程式として解けばよい。3変数の場合の

$$\mathrm{d}F = P(x,y,z)\,\mathrm{d}x + Q(x,y,z)\,\mathrm{d}y + R(x,y,z)\,\mathrm{d}z \tag{A.80}$$

が全微分である条件は2変数の場合と同様になる。以下ではこの節が終わるまで、式を短くするために引数 (x,y,z) を省略して書くことにすると、

$$\left(\frac{\partial P}{\partial y}\right)_{x,z} = \left(\frac{\partial Q}{\partial x}\right)_{y,z}, \quad \left(\frac{\partial Q}{\partial z}\right)_{x,y} = \left(\frac{\partial R}{\partial y}\right)_{x,z}, \quad \left(\frac{\partial R}{\partial x}\right)_{y,z} = \left(\frac{\partial P}{\partial z}\right)_{x,y} \tag{A.81}$$

の三つになる [19]（4変数以上も同様に条件式が増えていく）。どれか一つでも満たされてない場合はやはり積分因子を掛けて（あるいは積分分母で割って）

$$\left(\frac{\partial(\lambda P)}{\partial y}\right)_{x,z} = \left(\frac{\partial(\lambda Q)}{\partial x}\right)_{y,z}, \quad \left(\frac{\partial(\lambda Q)}{\partial z}\right)_{x,y} = \left(\frac{\partial(\lambda R)}{\partial y}\right)_{x,z}, \quad \left(\frac{\partial(\lambda R)}{\partial x}\right)_{y,z} = \left(\frac{\partial(\lambda P)}{\partial z}\right)_{x,y} \tag{A.82}$$

が満たされるようにする（可能とは限らない）。

A.6.3　積分因子・積分分母が見つかる条件

前項の最後で「満たされるようにする」と書いたが、これが可能ではない場合がある。以下で示すように、3変数以上ではある条件を満たしていないと積分因子が絶対に見つからないことがわかる。積分因子が見つかる条件を求めるには、上の三つの式から $\lambda(x,y,z)$ （およびその微分）を消去するとよい。まずLeibniz則を使って

→ p318

$$\overbrace{\lambda\left(\frac{\partial P}{\partial y}\right)_{x,z} + \left(\frac{\partial \lambda}{\partial y}\right)_{x,z} P}^{\left(\frac{\partial(\lambda P)}{\partial y}\right)_{x,z}} = \overbrace{\lambda\left(\frac{\partial Q}{\partial x}\right)_{y,z} + \left(\frac{\partial \lambda}{\partial x}\right)_{y,z} Q}^{\left(\frac{\partial(\lambda Q)}{\partial x}\right)_{y,z}} \tag{A.83}$$

$$\lambda\left(\frac{\partial Q}{\partial z}\right)_{x,y} + \left(\frac{\partial \lambda}{\partial z}\right)_{x,y} Q = \lambda\left(\frac{\partial R}{\partial y}\right)_{x,z} + \left(\frac{\partial \lambda}{\partial y}\right)_{x,z} R \tag{A.84}$$

$$\lambda\left(\frac{\partial R}{\partial x}\right)_{y,z} + \left(\frac{\partial \lambda}{\partial x}\right)_{y,z} R = \lambda\left(\frac{\partial P}{\partial z}\right)_{x,y} + \left(\frac{\partial \lambda}{\partial z}\right)_{x,y} P \tag{A.85}$$

という式を作り、「(A.83)×R+(A.84)×P+(A.85)×Q」という計算をする（以下では、偏微分で固定する変数も省略する）と、微分の項がちょうどうまく消し合って、

$$\lambda\frac{\partial P}{\partial y}R + \lambda\frac{\partial Q}{\partial z}P + \lambda\frac{\partial R}{\partial x}Q = \lambda\frac{\partial Q}{\partial x}R + \lambda\frac{\partial R}{\partial y}P + \lambda\frac{\partial P}{\partial z}Q \tag{A.86}$$

という式が出る。全ての項に λ が1次で入っているので、両辺を λ で割ることで

$$\frac{\partial P}{\partial y}R + \frac{\partial Q}{\partial z}P + \frac{\partial R}{\partial x}Q = \frac{\partial Q}{\partial x}R + \frac{\partial R}{\partial y}P + \frac{\partial P}{\partial z}Q \tag{A.87}$$

という λ もその微分も含まない式ができる。さらに整理すると

$$\left(\frac{\partial P}{\partial y} - \frac{\partial Q}{\partial x}\right)R + \left(\frac{\partial Q}{\partial z} - \frac{\partial R}{\partial y}\right)P + \left(\frac{\partial R}{\partial x} - \frac{\partial P}{\partial z}\right)Q = 0 \tag{A.88}$$

---

[19] この式は電磁気学などでお馴染みの $\mathrm{rot}\ \vec{E} = 0$ と同じ式である。

となる（積分可能条件が満たされていればこの式はもちろん成り立つ）。

あたえられた P, Q, R がこの式 (A.88) を満たさない場合はどのような積分因子（積分分母）を選んでも積分可能条件を満たすようにすることができない。以上のように 3 変数以上の場合は、「どんな積分因子を選んでも、積分可能にならない」と判定できる場合がある[20]。逆に「積分因子が見つかる条件」としては、次に示す Carathéodory の原理が満たされている場合がある。

【補足】 ✚✚✚✚✚✚✚✚✚✚✚✚✚✚✚✚✚✚✚✚✚✚✚✚✚✚✚✚✚✚✚✚✚✚✚

熱力学では、内部エネルギーやエントロピーなどの「状態量」が出てくるが、積分可能条件は、これらの状態量が状態量であるために必要な条件である。その条件が満たされていることは（特に 3 変数以上では）自明でなく、物理法則などの原理によって保証される。熱力学第一法則や第二法則があるからこそ、エネルギーやエントロピーは状態量たり得る。

✚✚✚✚✚✚✚✚✚✚✚✚✚✚✚✚✚✚✚✚✚✚✚✚✚✚✚✚✚✚✚✚✚✚ **【補足終わり】**

A.7 Carathéodory の原理

熱力学第二法則の表現として、以下のような原理がある。

── Carathéodory の原理 ──

全ての平衡状態 $\boxed{U, \boxed{V}, \boxed{N}}$ [21] の近傍に、「その状態から断熱操作（準静的とは限らない）によって到達できない状態」が存在する。

この表現は抽象的に過ぎて、どうして熱力学第二法則になるのか、すぐには納得できない人が多いのではないかと思う。Carathéodory[22] は数学者であり、数学者らしく、できる限り情報を削ぎ落として本質だけにすることでこの原理にたどりついたのであろうが、物理屋の感性からするともう少し手前で踏みとどまって考えてもよい。そこで以下ではもう少し具体的な、物理屋に親しみやすいところまで下がることにしよう。ここでは数学的証明は省略してその概要を述べることにする。

上記 Carathéodory の原理を認めると、まず以下のようなことが言える。

── Carathéodory の原理から導かれること ──

自由度 n の熱力学的平衡状態の空間で、ある状態から断熱準静的操作で到達できる点は、自由度 $n-1$ の「超曲面」をなす。

上のことは証明はしないが、その意味するところのみを述べよう。

---

[20] この事情は 4 変数以上でも同じである（2 変数のときはこの条件ではない）。

[21] 平衡状態をここでは $\boxed{T; \boxed{V}, \boxed{N}}$ ではなく $\boxed{U, \boxed{V}, \boxed{N}}$ で記述している。Carathéodory 流の熱力学では、温度は後からやってくる。

[22] 日本語表記は「カラテオドリ」、ギリシャ人数学者で、この原理を（熱力学第二法則の表現として）提唱したのは 1905 年のこと。

　断熱準静的操作で到達できる点とは、$dU + \sum_i P_i\,dV_i = 0$[†23]を満たすような経路で結ぶことができる点である。

　この点の集合が n 次元の状態空間に広がってしまうと、Carathéodory の原理に反する（ある点からその点の近傍に断熱準静的に変化させることが可能になってしまう）。Carathéodory の原理の「近傍に到達できない状態がある」の「到達できない」は（状態の空間の中をぐるっと回って戻ってくるような経路も含めて）いかなる経路をたどっても到達できない、という意味であることに注意しよう。つまりこれは局所的な法則ではなく、平衡状態の空間全体がどのような構造にあるかも規定している。

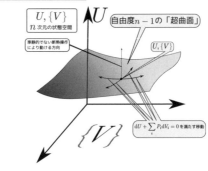

　こうしてできたたくさんの $n-1$ 次元超曲面に、パラメータ S を振っていく（図では不連続に描いているが、S は実数である）と、S は「断熱準静的操作では変化しない変数」になる。

　準静的操作ではこの超曲面の上しか動けないが、準静的でない断熱操作を使えばその $n-1$ 次元超曲面から外れることができる。しかしどちらの方向にも外れることができるとすればそれは Carathéodory の原理に反する[†24]。ゆえに、

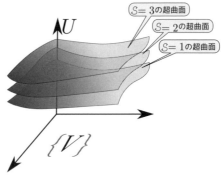

── Carathéodory の原理から導かれること ──

　任意の平衡状態に対し、残りの全ての状態を「その状態から断熱操作によって到達できる状態」と「できない状態」に分類することができる。

こともわかる。二つの領域の境界が上の $n-1$ 次元超曲面（断熱準静的操作でいける領域）である。この「到達できる方向」を「S が増える方向」になるように S を選べば、S は「断熱準静的操作では変化せず、準静的とは限らない断熱操作では減らすことができない変数」

[†23] ここで V_i は $n-1$ 個の示量変数で、P_i がそれぞれに対応する「圧力」である。この段階ではエントロピーをまだ導入してないが、この後、$dS = \dfrac{1}{T}\left(dU + \sum_i P_i\,dV_i\right)$ とわかる。これは、

$dU + \sum_i P_i\,dV_i$ の積分分母が T だということである。
→ p331

[†24] すでに Planck の原理を知っている人は、「U の増える方向」（図の U 軸正方向）には行けるが「下がる方向」には行けないことには納得できるだろう。

になる（より、エントロピーに近づいた）。

　これは我々が Planck の原理から導いた ⬚結果6⬚ に等しい。Carathéodory による熱力学
は「抽象的原理から始めて、途中で ⬚結果6⬚ を経過する筋道で構築しよう」という考え方な
のである[†25]。

　たとえば ⬚結果7⬚ のところで描いた図のような断熱準静的操作がもしあれば[†26]、
Carathéodory の原理が満たされないことになる。

A.8　Lagrange の未定乗数

（この節では、偏微分の固定する変数は省略した記法を使う）

　変分計算において「条件付きの変分」を取りたくなることがある。たとえばある多変数
関数 $f(x_1, x_2, \cdots)$ が $g(x_1, x_2, \cdots) = 0$ という条件を満たしつつ変化するときの停留点を
求めたい場合である。

　制限をつけない変分が0になる条件は

$$\sum_i \frac{\partial f(x_1, x_2, \cdots)}{\partial x_i} \delta x_i = 0 \tag{A.89}$$

であり（制限がないので）δx_i は独立であるから、この式の δx_i のそれぞれの係数が0とな
り、$\dfrac{\partial f(x_1, x_2, \cdots)}{\partial x_i} = 0$ が結論される。ところが制限がある場合は $g(x_1, x_2, \cdots) = 0$
から $\displaystyle\sum_i \frac{\partial g(x_1, x_2, \cdots)}{\partial x_i} \delta x_i = 0$ という条件がある。そのため、$\dfrac{\partial f}{\partial x_i}$ が0ではなく

$$\frac{\partial f(x_1, x_2, \cdots)}{\partial x_i} = -\lambda \frac{\partial g(x_1, x_2, \cdots)}{\partial x_i} \tag{A.90}$$

が成り立っていたとしても、

$$\sum_i \underbrace{\frac{\partial f(x_1, x_2, \cdots)}{\partial x_i}}_{-\lambda \frac{\partial g(x_1, x_2, \cdots)}{\partial x_i}} \delta x_i = \underbrace{-\lambda \sum_i \frac{\partial g(x_1, x_2, \cdots)}{\partial x_i} \delta x_i = 0}_{0} \tag{A.91}$$

となって、変分の結果は0になる。つまり (A.90) こそが制限がある場合の変分原理から導
かれる式となるのである。

　ここで出てきた新しい変数 λ を「**Lagrange** 未定乗数」[†27]と呼ぶ。名前の通り λ は最
初未定であるが、条件を満足されるように、後で決まるようになっている。

[†25]「断熱操作によって到達できるか、できないか」を adiabatic accesibility と呼ぶ。

[†26] 5.5.1項ではこのような経路がないことは「Planck の原理に反する」ことから導いたが、
「Carathéodory の原理に反する」とも言える。

[†27]「みていじょうすう」と読むのだが、このせいか「未定定数」を書き間違える人がいる。ぜんぜん定数
ではない（変数である）ので間違えないように。

(A.90) を導くには、

$$\tilde{f}(x_1, x_2, \cdots, \lambda) = f(x_1, x_2, \cdots) + \lambda g(x_1, x_2, \cdots) \tag{A.92}$$

という関数の停留値を求めるとよい、という処方箋がある。

以下では関数の引数も省略する。(A.92) の変分をとると

$$\delta \tilde{f} = \sum_i \frac{\partial f}{\partial x_i} \delta x_i + \delta \lambda g + \lambda \sum_i \frac{\partial g}{\partial x_i} \delta x_i \tag{A.93}$$

となり、$\delta \lambda$ の係数が 0 になることから条件件 $\boxed{g = 0}$ が出て、δx_i の係数が 0 になることから $\boxed{\dfrac{\partial f}{\partial x_i} + \lambda \dfrac{\partial g}{\partial x_i} = 0}$ という、(A.90) と同じ条件が出る。すなわち、変分を取る関数を
→ p335
$\boxed{f \to \tilde{f} = f + \lambda g}$ と変更することで、拘束条件が自動的に入る。

変分を取る量が積分量 [28]

$$\int \mathrm{d}t \, \left(f(x(t), \dot{x}(t)) + \lambda(t) g(x(t)) \right) \tag{A.94}$$

である場合 (ここで $\dot{x}$ は $\dfrac{\mathrm{d}x}{\mathrm{d}t}$ のこと) は、この量に対する Euler-Lagrange 方程式を考えて

$$\frac{\partial f}{\partial x} - \frac{\mathrm{d}}{\mathrm{d}t} \left(\frac{\partial f}{\partial \dot{x}} \right) + \lambda \frac{\partial g}{\partial x} = 0 \tag{A.95}$$

が変分が停留する条件となる。

---

[28] ここでは t 積分としたが、積分する変数は時間に限るわけではない。

問いのヒントと解答

【問い 2-2】のヒント .... (問題 p25、解答 p343)

(1) 滑車の大きさを無視すると、質量 m のおもりは天井から測って高さ $\sqrt{x^2 - L^2}$ のところにいる（図に辺の長さが $x, L, \sqrt{x^2 - L^2}$ の直角三角形があることに注意）。一方質量 M のおもりは天井から $\ell - a - 2x$ だけ低い位置にいる。

(2) 右の図のように力のつりあいを考える（T 二つと mg の、合計三つの力が閉じた三角形をなす）。そのときできる三角形の半分（灰色に塗りつぶした部分）が、「長さが $x, L, \sqrt{x^2 - L^2}$ の直角三角形」と相似であることから[†1] $\dfrac{mg}{2}$ と T の比がわかる。

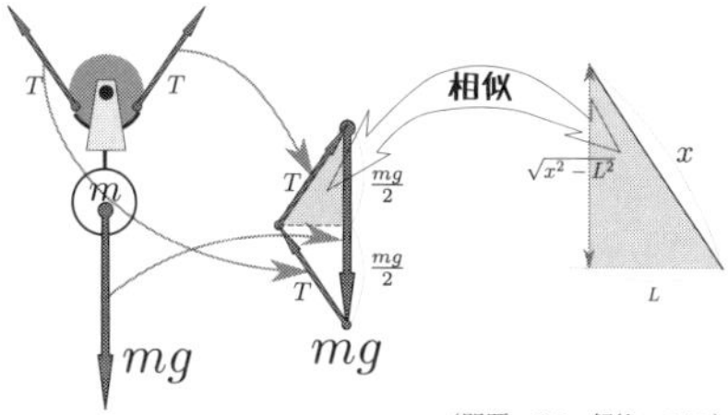

【問い 2-3】のヒント .... (問題 p30、解答 p343)

$$\boxed{U = \frac{Q^2 \ell}{2\varepsilon S}}$$ を、S も変数だとして微分する。$\dfrac{1}{S}$ を微分すればよい。

【問い 3-2】のヒント .... (問題 p50、解答 p344)

$f(a, b; \lambda x, \lambda y)$ の $\lambda x, \lambda y$ をそれぞれ X, Y とおいて、以下を計算する。

$$\frac{\partial}{\partial \lambda} f(a, b; X, Y) = \frac{\partial X}{\partial \lambda} \frac{\partial}{\partial X} f(a, b; X, Y) + \frac{\partial Y}{\partial \lambda} \frac{\partial}{\partial Y} f(a, b; X, Y) \tag{B.1}$$

【問い 3-3】のヒント ...... (問題 p51、解答 p344)

Y_i の次数の和が 0 になると考えればよい。

【問い 3-6】のヒント ...... (問題 p64、解答 p344)

このように三つの変数に関係がついているときは、偏微分に関する式

$$\left(\frac{\partial V(T, P)}{\partial P}\right)_T \left(\frac{\partial P(T; V)}{\partial T}\right)_V \left(\frac{\partial T(P; V)}{\partial V}\right)_P = -1 \tag{B.2}$$

が成り立つ。偏微分でも、固定する変数が同じ

なら

$$\boxed{\left(\frac{\partial x(y, z)}{\partial y}\right)_z = \frac{1}{\left(\frac{\partial y(x, z)}{\partial x}\right)_z}}$$ が成り立つことに

注意。別解としては、$V(T, P)$ の全微分の式

$$dV = \left(\frac{\partial V(T, P)}{\partial P}\right)_T dP + \left(\frac{\partial V(T, P)}{\partial T}\right)_P dT \tag{B.3}$$

から出す方法もある。

[†1] こういう問題でやたらと「張力 T を水平成分 $T \sin\theta$ と鉛直成分 $T \cos\theta$ に分解して」とやりたがる人がいるのだが、三角形図を描いた方がシンプルでいい。

【問い 5-1】のヒント...（問題 p106、解答 p344）

物質量 N が変化しない一般的な状態変化に対して、

$$\mathrm{d}U = \left(\frac{\partial U(T;V,N)}{\partial T}\right)_{V,N} \mathrm{d}T + \left(\frac{\partial U(T;V,N)}{\partial V}\right)_{T;N} \mathrm{d}V \tag{B.4}$$

が成り立つ。自由膨張では $\boxed{\mathrm{d}U = 0}$ が、断熱準静的膨張の場合は、$\boxed{\mathrm{d}U = -P\,\mathrm{d}V}$ が成り立つ。

【問い 5-2】のヒント.....（問題 p107、解答 p345）

$\boxed{c\dfrac{\mathrm{d}T}{T} = -\dfrac{\mathrm{d}V}{V}}$ は $\mathrm{d}T$ と $\mathrm{d}V$ の式だったから、これを $\mathrm{d}P$ と $\mathrm{d}V$ の式に直してから積分すればよい。状態方程式 $\boxed{PV = NRT}$ から、$\mathrm{d}P, \mathrm{d}V, \mathrm{d}T$ の関係式を作ることから始める。

【問い 5-3】のヒント.....（問題 p108、解答 p345）

(1)　$\boxed{PV^\gamma = \text{一定}}$ を使うために、まず最初の状態での圧力を計算すると $\boxed{P_1 = \dfrac{NRT_1}{V_1}}$ である。体積 V になった時点での圧力は $\boxed{P_1(V_1)^\gamma = PV^\gamma}$ を満たすから、$P_1\left(\dfrac{V_1}{V}\right)^\gamma$ となる。これを V で積分する。

(2)　状態方程式の微分から、$\boxed{V\,\mathrm{d}P + P\,\mathrm{d}V = NR\,\mathrm{d}T}$ がまずわかる。$\boxed{PV^\gamma = \text{一定}}$ から $\boxed{V^\gamma\,\mathrm{d}P + \gamma PV^{\gamma-1}\,\mathrm{d}V = 0}$ もわかるから、この二つから $\mathrm{d}P$ を消して $\mathrm{d}V$ と $\mathrm{d}T$ の関係式を作る。

【問い 5-4】のヒント.....（問題 p108、解答 p345）

$$\overbrace{\frac{\mathrm{d}U}{cNR\,\mathrm{d}T}}^{} = \overbrace{-f\left(\frac{V}{N}\right)T\,\mathrm{d}V}^{\mathrm{d}W} \tag{B.5}$$

を解く。

【問い 5-5】のヒント.....（問題 p110、解答 p346）

(1)　内部エネルギー $\boxed{U = cNRT - \dfrac{aN^2}{V}}$ が

一定と考える。

(2)　上の答えで $\boxed{T_1 = T + \left(\dfrac{\partial T}{\partial V}\right)_U \mathrm{d}V}$、$\boxed{V_1 = V + \mathrm{d}V}$ としてもよいし、(5.16) を使ってもよい。
　　　　　　　　　　　　　　　→ p106

【問い 6-1】のヒント.....（問題 p129、解答 p347）

この場合、(3.6) で $\{X\}$ が T で $\{Y\}$ が V, N
　　　　　→ p51
だから、以下が成り立つ。

$$\left(V\frac{\partial}{\partial V} + N\frac{\partial}{\partial N}\right)F[T;V,N] = F[T;V,N] \tag{B.6}$$

【問い 6-2】のヒント.....（問題 p129、解答 p347）

理想気体なので、この系の持つ全 Helmholtz 自由エネルギーは

$$- N_1RT\log\left(\frac{V_1}{N_1}\right) + N_1 f(T)$$
$$- N_2RT\log\left(\frac{V_2}{N_2}\right) + N_2 f(T) \tag{B.7}$$

である。できる仕事は「Helmholtz 自由エネルギーの差」に等しいから、現在の Helmholtz 自由エネルギーから、「最低の Helmholtz 自由エネルギー」を引けばよい。Helmholtz 自由エネルギーの最低値は、微分して 0 になる条件から求められる。$\boxed{V_1 + V_2 = V_\text{全}}$ で一定になることに注意。

【問い 6-5】のヒント...（問題 p134、解答 p348）

以下の図のような操作を考える。

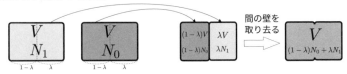

【問い7-1】のヒント..... (問題 p143、解答 p348)
この場合、仕事量は Helmholtz 自由エネルギー (6.11) の差。内部エネルギーは $cNRT - \dfrac{aN^2}{V_0}$ から $cNRT - \dfrac{aN^2}{V_1}$ へと変化している。
→ p130

【問い7-2】のヒント..... (問題 p144、解答 p348)
理想気体であるから、温度が変化しなかったら U は変化しない。
$$F = -NRT \log V \quad ^{\dagger 2}$$ を使って、F の変化を計算する。

【問い8-1】のヒント.. (問題 p159、解答 p349)
次のような二つの一連の操作を考える。

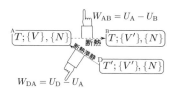

【問い8-2】のヒント..... (問題 p162、解答 p349)
演習問題 5-2 の解答より、
→ p10w
$$\frac{\alpha c'}{\alpha - \beta} T^{\alpha - \beta} + \log V$$ が一定になる。また、U が温度に依らないから、吸熱は $-\Delta F$ に等しい。等温準静的操作では $\boxed{dF = -P\,dV}$ なので、これを積分して ΔF が計算できる。

【問い8-3】のヒント..... (問題 p165、解答 p349)
逆 Carnot サイクルは、温度 $T_{低}$ の低温熱源から $Q_{out低}$ の熱を奪って、温度 $T_{高}$ の高温熱源に $Q_{in高}$ の熱を与える。このとき系が $Q_{out低} - Q_{in高}$ の仕事（実は負の仕事）をする。

【問い8-4】のヒント..... (問題 p165、解答 p350)
温度 $T_{高}$ の熱浴に接触させたときは仕事はしないから、吸熱は内部エネルギーの変化である。

【問い8-5】のヒント..... (問題 p165、解答 p350)
(1) 低温部からの吸熱は、b→a と a→d の二つある。この二つの吸熱の和が正にならなくてはいけない。
(2) 上で求めた吸熱を、仕事で割る。仕事は【問い8-4】の場合と同じ（サイクルは逆回転しているが、「する仕事」から「される仕事」に変わっているので符号は変わらない）。
→ p165

【問い9-1】のヒント..... (問題 p171、解答 p350)
等温準静的操作での仕事は F の減少、断熱準静的操作での仕事は U の減少。たとえば、

$\boxed{高小}$ 等温準静 $\boxed{高大}$ での仕事は $F_{高小} - F_{高大}$ となる（変化前から変化後を引く）。

【問い9-3】のヒント..... (問題 p176、解答 p351)
「S が一定」とは「断熱準静的操作を行う」ことだから、そのとき $\boxed{dU = -P\,dV}$。これを使うと $\left(\dfrac{\partial U[S,V,N]}{\partial V}\right)_{S,N}$ がわかる。

【問い9-4】のヒント..... (問題 p179、解答 p351)
(6.11) で未知である $f(T)$ を求めるために微分方程式 $\boxed{-T^2 \dfrac{\partial}{\partial T}\left(\dfrac{F}{T}\right) = U}$ を解く。
→ p130

【問い9-9】のヒント..... (問題 p190、解答 p353)
(9.47) で、温度が T から $\boxed{T' = T + \Delta T}$ に上昇するとし、$\boxed{v' = 0}$ とする。
→ p190
$$\boxed{cNR\Delta T = \frac{1}{2}mv^2}$$ が成り立つので、これに数値を代入する。

【問い9-10】のヒント..... (問題 p193、解答 p353)
物質量が N_1, N_2 の場合、$cN_1RT_1 + cN_2RT_2$ が一定だから、微分が0という条件
$$cN_1\,dT_1 + cN_2R\,dT_2 = 0 \qquad (B.8)$$
が成り立つ。エントロピーの温度に依存する部分は
$$S = cN_1R \log T_1 + cN_2R \log T_2 \qquad (B.9)$$

$^{\dagger 2}$ 温度と物質量は変化しないので V の関数でない部分は省略。

である。

【問い 9-11】のヒント .... (問題 p195、解答 p353)

エントロピーの温度依存性の部分だけを考えると、$cN_1 R \log T_1 + cN_2 R \log T_2$ が一定だから、この微分が 0 になるという条件

$$cN_1 R \frac{\mathrm{d}T_1}{T_1} + cN_2 R \frac{\mathrm{d}T_2}{T_2} = 0 \quad (\text{B.10})$$

が成り立つ。

【問い 10-1】のヒント .... (問題 p204、解答 p353)

理想気体なら $U = NcRT$ で $PV = NRT$ だから、

$$NcR\,\mathrm{d}T = T\,\mathrm{d}S - \frac{NRT}{V}\,\mathrm{d}V \quad (\text{B.11})$$

【問い 10-2】のヒント .... (問題 p205、解答 p354)

たとえば $U[S(T; V, N), V, N]$ を V で微分するときは、V が 2 箇所にあることに注意すること。

【問い 10-3】のヒント .... (問題 p207、解答 p355)

(10.12)の $U[S, V, N] = cNR \left(\dfrac{\xi N}{V} \right)^{(1/c)} \exp \left(\dfrac{S}{cNR} \right)$ から、
→ p204

$$S[U, V, N] = cNR \log \left(\frac{U}{cNR} \left(\frac{V}{\xi N} \right)^{(1/c)} \right) \quad (\text{B.12})$$

となる。これを微分しよう。

【問い 10-6】のヒント .... (問題 p214、解答 p356)

圧力は $P = \dfrac{NRT}{V - bN} - \dfrac{aN^2}{V^2}$ となるから、これを $T \dfrac{\partial P}{\partial T} - P$ に代入。

【問い 10-7】のヒント .... (問題 p214、解答 p356)

エネルギー方程式 $\left(\dfrac{\partial U(T; V)}{\partial V} \right)_T = T \left(\dfrac{\partial P(T; V)}{\partial T} \right)_V - P$ に $U = uV$ と $P = \dfrac{1}{3}u$ を代入。

【問い 10-8】のヒント .... (問題 p220、解答 p356)

体積変化を式で表現すれば、

$$\mathrm{d}V_1 = A_1\,\mathrm{d}x, \quad \mathrm{d}V_2 = -A_2\,\mathrm{d}x \quad (\text{B.13})$$

である。

【問い 10-9】のヒント .... (問題 p222、解答 p356)

全物質量が N になる条件(10.46)を取り入れるために Lagrange 未定乗数を導入し、
→ p221

$$\tilde{S} = L^2 R \int_0^L \mathrm{d}z\, \rho(z) \log \left(\frac{T^c}{\xi \rho(z)} \right) + \lambda \left(L^2 \int_0^L \mathrm{d}z\, \rho(z) - N \right) \quad (\text{B.14})$$

が最小となる条件を探す。

【問い 11-4】のヒント .... (問題 p243、解答 p358)

系全体の持つ Helmholtz 自由エネルギーは

$$F_{\mathrm{A}}[T; V_{\mathrm{A}1}, N_{\mathrm{A}1}] + F_{\mathrm{AB}}[T; V - V_{\mathrm{A}1} - V_{\mathrm{B}1}, N_{\mathrm{A}} - N_{\mathrm{A}1}, N_{\mathrm{B}} - N_{\mathrm{B}1}] + F_{\mathrm{B}}[T; V_{\mathrm{B}1}, N_{\mathrm{B}1}]$$
$$(\text{B.15})$$

となる。準静的なので途中でも平衡条件(具体的には N_{A} で微分して 0 と N_{B} で微分して 0)を満たすことに注意して、仕事と F の変化を比較せよ。

【問い11-5】のヒント . . . . (問題 p248、解答 p358)
　このときは温度が U, x の関数であることに注意しよう。エントロピーは、理想気体のエントロピー
(9.18) に混合のエントロピーも含めて
→ p174

$$S = NR \log \left(\frac{T^c V}{\xi N} \right) - NR \left(x \log x + (1 - x) \log (1 - x) \right) \tag{B.16}$$

であるが、x で微分するときには T も微分しなくてはいけない。

$\dfrac{\partial T}{\partial x}$ は、$\boxed{U = cNRT + xN\Delta u}$ で U が一定であることを使って計算する。

【問い12-2】のヒント . . . . (問題 p254、解答 p359)
　理想気体の T を S で表した式(10.5)に
→ p201

$\boxed{V = \dfrac{NRT}{P}}$ を代入して、

$$T = \left(\frac{\xi P}{RT} \right)^{(1/c)} \exp \left(\frac{S}{cNR} \right) \tag{B.17}$$

となるが、これだと両辺に T があるので、T を
左辺に集める。

【問い12-6】のヒント . . . . (問題 p257、解答 p361)
　残りは $(T, V, \mu), (S, P, \mu), (S, V, \mu)$ の 3 種

類。既出の $F[T; V, N], H[P; S, N]$,
$U[S, V, N]$ に対して $N \to \mu$ の Legendre 変換
を行う。

【問い12-7】のヒント . . . . (問題 p258、解答 p361)
　熱浴の方は準静的に変化するので

$$dS_{熱浴} = \frac{1}{T} dU_{熱浴} + \frac{P}{T} dV_{熱浴} \tag{B.18}$$

である。これに全体の保存則からくる

$\begin{cases} \boxed{dU_{熱浴} = -dU_{系}} \\ \boxed{dV_{熱浴} = -dV_{系}} \end{cases}$ を使う。

【問い12-8】のヒント . . . . (問題 p262、解答 p361)
　$(P; V) \to (T; S)$ の変数変換と $(T; S) \to (P; V)$ の変数変換は逆変換なので、

$$\begin{pmatrix} \left(\frac{\partial T(P; V)}{\partial P} \right)_V & \left(\frac{\partial T(P; V)}{\partial V} \right)_P \\ \left(\frac{\partial S(P; V)}{\partial P} \right)_V & \left(\frac{\partial S(P; V)}{\partial V} \right)_P \end{pmatrix} \begin{pmatrix} \left(\frac{\partial P(T; S)}{\partial T} \right)_S & \left(\frac{\partial P(T; S)}{\partial S} \right)_T \\ \left(\frac{\partial V(T; S)}{\partial T} \right)_S & \left(\frac{\partial V(T; S)}{\partial S} \right)_T \end{pmatrix} = \begin{pmatrix} 1 & 0 \\ 0 & 1 \end{pmatrix} \tag{B.19}$$

が成り立つ。すなわち、

$$\begin{pmatrix} \left(\frac{\partial T(P; V)}{\partial P} \right)_V & \left(\frac{\partial T(P; V)}{\partial V} \right)_P \\ \left(\frac{\partial S(P; V)}{\partial P} \right)_V & \left(\frac{\partial S(P; V)}{\partial V} \right)_P \end{pmatrix} = \begin{pmatrix} \left(\frac{\partial P(T; S)}{\partial T} \right)_S & \left(\frac{\partial P(T; S)}{\partial S} \right)_T \\ \left(\frac{\partial V(T; S)}{\partial T} \right)_S & \left(\frac{\partial V(T; S)}{\partial S} \right)_T \end{pmatrix}^{-1} \tag{B.20}$$

である。このことと(12.32)を使うと何が言えるか考えよう。
→ p262

【問い12-10】のヒント . . . . (問題 p267、解答 p362)

van der Waals の状態方程式(5.20) $\boxed{\left(P + \frac{aN^2}{V^2} \right) (V - bN) = NRT}$ の全微分を計算すると
→ p109

$$\left(dP + \frac{2aN}{V^2} dN - \frac{2aN^2}{V^3} dV \right) (V - bN) + \left(P + \frac{aN^2}{V^2} \right) (dV - b\, dN) = RT\, dN + NR\, dT \tag{B.21}$$

である。今計算したいのは $\left(\dfrac{\partial V(T, P; N)}{\partial T} \right)_{P;N}$ なので、$\boxed{dP = 0, \ dN = 0}$ にする。

【問い 13-2】のヒント . . . . <small>(問題 p282、解答 p363)</small>

$$\frac{dp_v(T)}{dT} = \frac{Q_{L \to G}}{TV} = \frac{p_v Q_{L \to G}}{NRT^2} \quad \text{(B.22)}$$

となるのでこれを変数分離して積分すると (1) が示せる。(2) はその式に数値を代入。

【問い 14-1】のヒント . . . . <small>(問題 p297、解答 p363)</small>

A,B が共存しているときの Gibbs 自由エネルギーは、A が分圧 $\boxed{P_A = \dfrac{N_A}{N_A + N_B}P}$、B が分圧 $\boxed{P_B = \dfrac{N_B}{N_A + N_B}P}$ で存在していると考えればよいので、

$$G_{AB}[T, P; N_A, N_B] = N_A h_A(T) - N_A RT \log \left(\frac{RT^{c+1}(N_A + N_B)}{\xi_A N_A P} \right)$$
$$+ N_B h_B(T) - N_B RT \log \left(\frac{RT^{c+1}(N_A + N_B)}{\xi_B N_B P} \right) \quad \text{(B.23)}$$

となる。これから化学ポテンシャルを計算する。

【問い 14-3】のヒント . . . . <small>(問題 p304、解答 p365)</small>
物質量 xN_0 の NH_3 が生じた結果、窒素は $\frac{1}{2}xN_0$、水素は $\frac{3}{2}xN_0$ 減っている。同体積の中では、分圧は物質量に比例する。

【問い 14-4】のヒント . . . . <small>(問題 p309、解答 p365)</small>
Maxwell の関係式を使うと、体膨張率も圧力係数も、S の微分で表せる。
$\to$ p264

【問い A-1】のヒント . . . . <small>(問題 p317、解答 p365)</small>

(A.10):二項定理より、$\boxed{(x + dx)^n = x^n + nx^{n-1}dx + \dfrac{n(n-1)}{2}x^{n-2}dx^2 + \cdots}$。

(A.11):e の定義は「$\boxed{\lim_{\Delta x \to 0} \dfrac{e^{\Delta x} - 1}{\Delta x} = 1}$ を満たす数」である。つまり Δx が小さい数のときは $\boxed{e^{\Delta x} - 1 \simeq \Delta x}$ である。これから、$\boxed{e^{dx} - 1 = dx}$ と考えてよい。

(A.12):$\boxed{y = \log x}$ を、$\boxed{e^y = x}$ としてから (A.11) を使うとよい。

(A.13) と (A.14):三角関数の加法定理と、θ が小さいときの近似式 $\boxed{\sin \theta \simeq \theta, \cos \theta \simeq 1}$ を使う。

(A.15):いろいろやり方はあるが、$\boxed{y = \tan x}$ を $\boxed{y \cos x = \sin x}$ と変形して両辺を微分するという手もある。

【問い A-3】のヒント . . . . <small>(問題 p323、解答 p366)</small>

(1)　$\boxed{x = x(y(x, z), z)}$ の中に z は 2 箇所ある。それぞれの微分を計算する。

(2)　x は一箇所にしかないから、普通の微分を（z は定数とみなして常微分と同じように）行う。

【問い A-4】のヒント . . . . <small>(問題 p325、解答 p367)</small>

$$df = \left(\frac{\partial f(x, y)}{\partial x} \right)_y dx + \left(\frac{\partial f(x, y)}{\partial y} \right)_x dy \text{ に、} \begin{cases} dx = dr \cos \theta - r \sin \theta\, d\theta \\ dy = dr \sin \theta + r \cos \theta\, d\theta \end{cases} \text{ を代入。}$$

以下、解答。

【問い 2-1】の解答 . . . . (問題 p21)
x, y の部分だけ示す。

$$
\begin{aligned}
&\frac{\partial}{\partial x}\left(-\frac{GMmy}{(x^2+y^2+z^2)^{\frac{3}{2}}}\right) - \frac{\partial}{\partial y}\left(-\frac{GMmx}{(x^2+y^2+z^2)^{\frac{3}{2}}}\right) \\
&= \frac{3}{2}\frac{GMmy}{(x^2+y^2+z^2)^{\frac{5}{2}}}\times 2x - \frac{3}{2}\frac{GMmx}{(x^2+y^2+z^2)^{\frac{5}{2}}}\times 2y = \frac{3}{2}\frac{GMm(2xy-2xy)}{(x^2+y^2+z^2)^{\frac{5}{2}}} = 0
\end{aligned}
$$
(B.24)

サイクリック置換（$x \to y, y \to z, z \to x$ と置き換える）していけば三つの式ができる。

【問い 2-2】の解答 . . . . . . (問題 p25、ヒント p337)
(1) ヒントより、
$$
U = -mg\sqrt{x^2-L^2} - Mg(\ell - a - 2x)
$$
(B.25)

（第 2 項は $+2Mgx$ にしてもよい）であり、両辺を微分すると
$$
\mathrm{d}U = -mg \times \frac{x}{\sqrt{x^2-L^2}}\,\mathrm{d}x + 2Mg\,\mathrm{d}x
$$
(B.26)

となるから、$\boxed{\mathrm{d}U = 0}$ は
$$
2M = m\frac{x}{\sqrt{x^2-L^2}}
$$
(B.27)
を意味する[†3]。
(2) ヒントより、
$$
\frac{mg}{2} : T = \sqrt{x^2-L^2} : x
$$
(B.28)
がわかる。$\boxed{T = Mg}$ であるから
$$
Mg\sqrt{x^2-L^2} = \frac{mg}{2}x
$$
(B.29)
という (B.27) と同じ式が出る。張力 T を考えたりその方向を考えなくてはいけない分だけ、力のつりあいで考える方がややこしくなっている。

【問い 2-3】の解答 . . . . . . (問題 p30、ヒント p337)
ヒントの通り微分して、
$$
\mathrm{d}U = \frac{Q\ell}{\varepsilon S}\mathrm{d}Q + \frac{Q^2}{2\varepsilon S}\mathrm{d}\ell - \frac{Q^2\ell}{2\varepsilon S^2}\mathrm{d}S
$$
(B.30)

となる。これは面積が広がるときに
$$
\begin{cases}
\text{外部に } \dfrac{Q^2\ell}{2\varepsilon S^2}\mathrm{d}S \text{ の仕事をする} \\[2mm]
\text{外部から } -\dfrac{Q^2\ell}{2\varepsilon S^2}\mathrm{d}S \text{ の仕事をされる}
\end{cases}
$$
ことを意味する。つまり面は広がろうとする（正電荷もしくは負電荷が極板に閉じ込められているという状況を考えると納得できる）。

【問い 3-1】の解答 . . . . (問題 p49)
(1) 示量変数は U, Q, S、示強変数は ℓ, V。「ℓ は長さだから示量変数ではないのか？」と心配になる人がいるかもしれないが、この場合の「系を λ 倍する」という操作は「同じコンデンサを λ 個用意する」ことで、極板間距離が ℓ であるコンデンサが λ 個並んでいるところを思い浮かべるといい[†4]。

(2) $\boxed{U = \dfrac{Q^2\ell}{2\varepsilon S}}$ の示量変数を全て λ 倍すると、

$\boxed{\lambda U = \dfrac{(\lambda Q)^2\ell}{2\varepsilon(\lambda S)}}$ となり、成立。

(3) $\boxed{U_{全}(V,\ell) = -\dfrac{\varepsilon S}{2\ell}V^2 + Q_{全}V}$ の示量変数を全て λ 倍する（$Q_{全}$ も Q と同じく示量変数）と、

$\boxed{\lambda U_{全}(V,\ell) = -\dfrac{\varepsilon\lambda S}{2\ell}V^2 + \lambda Q_{全}V}$ となって、

やはり成立。

[†3] (B.26) の第 1 項 $-mg \times \dfrac{x}{\sqrt{x^2-L^2}}$ も第 2 項 $2Mg$ も、m や M に働く重力そのものにはなっていないことに注意しよう。これは x が座標そのものではなく、一般化座標だからである。

[†4] 「コンデンサを直列につないだら？」と思う人もいるかもしれないけど、直列は同じ状況のくり返しにはなってない（線がつながれているという意味で）。それでも直列なら何が示量変数になるか考えることはできる。

【問い 3-2】の解答 ...... (問題 p50、ヒント p337)

(B.1) に $\dfrac{\partial X}{\partial \lambda} = x,\ \dfrac{\partial Y}{\partial \lambda} = y$ を代入して、
$\rightarrow$ p337

$$\frac{\partial}{\partial \lambda} f(a,b;X,Y)$$
$$= x\frac{\partial}{\partial X} f(a,b;X,Y) + y\frac{\partial}{\partial Y} f(a,b;X,Y)$$
$$\tag{B.31}$$

としてから λ を 1 にする。$\boxed{\lambda = 1}$ なら $\boxed{X = x}$

で $\boxed{Y = y}$ だから、Euler の関係式を得る。

【問い 3-3】の解答 ...... (問題 p51、ヒント p337)

$$\sum_i Y_i \frac{\partial}{\partial Y_i} f(\{X\};\{Y\}) = 0 \tag{B.32}$$

【問い 3-4】の解答 .... (問題 p51)

$$(1) x\frac{\partial f}{\partial x} + y\frac{\partial f}{\partial y} = x \times \frac{1}{2}\sqrt{\frac{y}{x}} + y \times \frac{1}{2}\sqrt{\frac{x}{y}} = \sqrt{xy}$$

$$(2) x\frac{\partial f}{\partial x} + y\frac{\partial f}{\partial y} = x \times \left(\log\left(\frac{x}{y}\right) + x \times \frac{1}{x}\right) - y \times x \times \frac{1}{y} = x\log\left(\frac{x}{y}\right)$$

$$(3) x \times \overbrace{\left(\frac{2x}{\sqrt{x^2+y^2}} - \frac{1}{2}\frac{x^2 \times 2x}{(x^2+y^2)^{\frac{3}{2}}}\right)}^{\frac{\partial f}{\partial x}} + y \times \overbrace{\left(-\frac{1}{2}\frac{x^2 \times 2y}{(x^2+y^2)^{\frac{3}{2}}}\right)}^{\frac{\partial f}{\partial y}} = \frac{x^2}{\sqrt{x^2+y^2}}$$

【問い 3-5】の解答 .... (問題 p51)

$$Q \times \overbrace{\frac{2Q\ell}{2\varepsilon S}}^{\frac{\partial U}{\partial Q}} + S \times \overbrace{\left(-\frac{Q^2\ell}{2\varepsilon S^2}\right)}^{\frac{\partial U}{\partial S}}$$
$$= \frac{Q^2\ell}{\varepsilon S} - \frac{Q^2\ell}{2\varepsilon S} = \frac{Q^2\ell}{2\varepsilon S} = U \tag{B.33}$$

$$S \times \overbrace{\left(-\frac{\varepsilon}{2\ell}V^2\right)}^{\frac{\partial U_\text{全}}{\partial S}} = -\frac{\varepsilon S}{2\ell}V^2 \tag{B.34}$$

【問い 3-6】の解答 ...... (問題 p64、ヒント p337)

ヒントより、

$$\frac{\left(\dfrac{\partial V(T,P)}{\partial P}\right)_T \left(\dfrac{\partial P(T;V)}{\partial T}\right)_V}{\left(\dfrac{\partial V(T,P)}{\partial T}\right)_P} = -1 \tag{B.35}$$

が言えるので、

$$-\frac{1}{V}\left(\frac{\partial V(T,P)}{\partial P}\right)_T \left(\frac{\partial P(T;V)}{\partial T}\right)_V$$

$$= \frac{1}{V}\left(\frac{\partial V(T,P)}{\partial T}\right)_P \tag{B.36}$$

となる。

別解としては、$V(T,P)$ の全微分の式

$$dV = \left(\frac{\partial V(T,P)}{\partial P}\right)_T dP + \left(\frac{\partial V(T,P)}{\partial T}\right)_P dT \tag{B.37}$$

で、$\boxed{dV = 0}$ とおいて dT で割れば、

$$0 = \left(\frac{\partial V(T,P)}{\partial P}\right)_T \frac{dP}{dT} + \left(\frac{\partial V(T,P)}{\partial T}\right)_P \tag{B.38}$$

となるが、$\boxed{dV = 0}$ という条件下での $\dfrac{dP}{dT}$ は

$\left(\dfrac{\partial P(T;V)}{\partial T}\right)_V$ である。この方法でも同じ式が

出る。

つまり等温圧縮率に圧力係数を掛けると体膨張率となる。

【問い 5-1】の解答 .... (問題 p106、ヒント p338)

【断熱自由膨張】(B.4) に自由膨張の条件 $\boxed{dU = 0}$ と $\boxed{dT = f(T;V,N)\,dV}$ を代入し、
$\rightarrow$ p338

$$0 = \left(\frac{\partial U(T;V,N)}{\partial T}\right)_{V,N} f(T;V,N)\,dV + \left(\frac{\partial U(T;V,N)}{\partial V}\right)_{T;N} dV \tag{B.39}$$

より、$\left(\dfrac{\partial U(T;V,N)}{\partial V}\right)_{T;N} = -\left(\dfrac{\partial U(T;V,N)}{\partial T}\right)_{V,N} f(T;V,N)$ となる[†5]。

【断熱準静的膨張】(B.4) に $dU = -P(T;V,N)\,dV$ と $dT = g(T;V,N)\,dV$ を代入し、
→ p338

$$-P(T;V,N)\,dV = \left(\frac{\partial U(T;V,N)}{\partial T}\right)_{V,N} g(T;V,N)\,dV + \left(\frac{\partial U(T;V,N)}{\partial V}\right)_{T;N} dV \quad \text{(B.40)}$$

より、以下を得る。

$$\left(\frac{\partial U(T;V,N)}{\partial V}\right)_{T;N} = -P(T;V,N) - \left(\frac{\partial U(T;V,N)}{\partial T}\right)_{V,N} g(T;V,N) \quad \text{(B.41)}$$

【問い 5-2】の解答..... (問題 p107、ヒント p338)
状態方程式 $PV = NRT$ を微分して

$$dP\,V + P\,dV = NR\,dT \quad \text{(B.42)}$$

となるので、$dT = \dfrac{dP\,V + P\,dV}{NR}$ として

$c\dfrac{dT}{T} = -\dfrac{dV}{V}$ に代入すると、

$$c\frac{dP\,V + P\,dV}{\underbrace{NRT}_{PV}} = -\frac{dV}{V}$$

$$c\frac{dP\,V + P\,dV}{PV} = -\frac{dV}{V}$$

$$c\frac{dP}{P} = -(1+c)\frac{dV}{V} \quad \text{(B.43)}$$

となって、これを積分すれば

$$c\log P = -(1+c)\log V + C \quad \text{(B.44)}$$

となり、$P^c V^{1+c} = $一定 または、

$PV^{1+(1/c)} = $一定 となる。

【問い 5-3】の解答..... (問題 p108、ヒント p338)
(1) ヒントに従い、圧力を積分する。

$$W = \int_{V_1}^{V_2} P\,dV = \int_{V_1}^{V_2} \frac{NRT_1}{V_1}\left(\frac{V_1}{V}\right)^\gamma dV$$

$$= \frac{NRT_1}{V_1}\left[-\frac{(V_1)^\gamma}{(\gamma-1)V^{\gamma-1}}\right]_{V_1}^{V_2}$$

$$= \frac{NRT_1}{(\gamma-1)V_1}\left(\frac{(V_1)^\gamma}{(V_1)^{\gamma-1}} - \frac{(V_1)^\gamma}{(V_2)^{\gamma-1}}\right)$$

$$= \frac{NRT_1}{(\gamma-1)}\left(1 - \left(\frac{V_1}{V_2}\right)^{\gamma-1}\right) \quad \text{(B.45)}$$

ここで、$\gamma - 1 = \dfrac{1}{c}$ と、

$T_1(V_1)^{1/c} = T_2(V_2)^{1/c}$ を使うと、

$$W = cNR(T_1 - T_2) = -\Delta U \quad \text{(B.46)}$$

となる。

(2) $V^\gamma dP + \gamma PV^{\gamma-1}\,dV = 0$ から、

$dP = -\gamma\dfrac{P}{V}\,dV$ がわかる。

これを $V\,dP + P\,dV = NR\,dT$ に代入する
と、

$$-\gamma P\,dV + P\,dV = NR\,dT \quad \text{(B.47)}$$

となり、$\gamma - 1 = \dfrac{1}{c}$ を使うと

$$P\,dV = -cNR\,dT \quad \text{(B.48)}$$

がわかる。よって

$$\int_{V_1}^{V_2} P\,dV = -\int_{T_1}^{T_2} cNR\,dT$$

$$= cNR(T_1 - T_2) \quad \text{(B.49)}$$

となる。

【問い 5-4】の解答..... (問題 p108、ヒント p338)

$$cNR\frac{dT}{T} = -f\left(\frac{V}{N}\right)dV$$

[†5] 偏微分の関係式 $\left(\dfrac{\partial U(T;V,N)}{\partial V}\right)_{T;N} = -\left(\dfrac{\partial U(T;V,N)}{\partial T}\right)_{V,N}\left(\dfrac{\partial T(U,V,N)}{\partial V}\right)_{U,N}$ からも出る。

$$cNR \log T = -N\mathcal{F}\left(\frac{V}{N}\right) + (積分定数)$$
$$(\text{B.50})$$

より、$cR \log T + \mathcal{F}\left(\dfrac{V}{N}\right)$ が不変量。

【問い5-5】の解答.....（問題 p110、ヒント p338）

(1)

$$cNRT_1 - \frac{aN^2}{V_1} = cNRT - \frac{aN^2}{V}$$
$$T_1 = T + \frac{aN}{cR}\left(\frac{1}{V_1} - \frac{1}{V}\right)$$
$$(\text{B.51})$$

この式から、$\boxed{V_1 > V}$ ならば $\boxed{T_1 < T}$ となる（仕事をしないで体積が増えると温度は下がる）。van der Waals気体の分子運動からこれを解釈すると、分子間の間隔が広がって位置エネルギーが増加することにより、その分だけ分子の運動エネルギーが減っていることになる（仕事をしないので全エネルギーは保存する）。

(2)(5.16) より
$\rightarrow$ p106

$$\left(\frac{\partial T}{\partial V}\right)_U \overbrace{\left(\frac{\partial\left(cNRT - \frac{aN^2}{V}\right)}{\partial T}\right)_V}^{\left(\frac{\partial U}{\partial T}\right)_V}$$

$$= -\overbrace{\left(\frac{\partial\left(cNRT - \frac{aN^2}{V}\right)}{\partial V}\right)_T}^{\left(\frac{\partial U}{\partial V}\right)_T} \quad (\text{B.52})$$

となり、

$$\left(\frac{\partial T}{\partial V}\right)_U \times cNR = -\left(\frac{aN^2}{V^2}\right)$$

$$\left(\frac{\partial T}{\partial V}\right)_U = -\frac{aN}{cRV^2} \quad (\text{B.53})$$

(1) の答えを $\boxed{T_1 = T + \left(\dfrac{\partial T}{\partial V}\right)_U dV}$,

$\boxed{V_1 = V + dV}$ と展開しても同じ式を得る。

$\left(\dfrac{\partial T}{\partial V}\right)_U$ が負になるというこの結果はやはり「仕事をしないで（内部エネルギーを変化させずに）体積が増えると温度が下がる」という結果になっている。

【問い5-6】の解答.............（問題 p111）

(1)

$$\alpha T^4 V = \alpha (T_1)^4 V_1$$
$$T_1 = T\left(\frac{V}{V_1}\right)^{\frac{1}{4}} \quad (\text{B.54})$$

(2)　(5.16) から
$\rightarrow$ p106

$$\left(\frac{\partial T}{\partial V}\right)_U \overbrace{\left(\frac{\partial\left(\alpha T^4 V\right)}{\partial T}\right)_V}^{\left(\frac{\partial U}{\partial T}\right)_V} = -\overbrace{\left(\frac{\partial\left(\alpha T^4 V\right)}{\partial V}\right)_T}^{\left(\frac{\partial U}{\partial V}\right)_T}$$

$$\left(\frac{\partial T}{\partial V}\right)_U \times 4\alpha T^3 V = -\left(\alpha T^4\right)$$

$$\left(\frac{\partial T}{\partial V}\right)_U = -\frac{T}{4V} \quad (\text{B.55})$$

(1) の答えを $\boxed{T_1 = T + \left(\dfrac{\partial T}{\partial V}\right)_U dV}$,

$\boxed{V_1 = V + dV}$ と展開しても同じ式を得る。

【問い5-7】の解答...（問題 p113）

$T^3 V$ が一定なので
$$\begin{cases} T^3 V = (T_1)^3(1+x)V \\ T^3 V = (T_2)^3(1-x)V \end{cases}$$
が成り立つ。ゆえに、
$$\begin{cases} T_1 = T\left(\dfrac{1}{1+x}\right)^{\frac{1}{3}} \\ T_2 = T\left(\dfrac{1}{1-x}\right)^{\frac{1}{3}} \end{cases}$$

となる。(3)で混合したときも内部エネルギーは保存するから

$$\alpha(T')^4 \times 2V = \alpha(T_1)^4(1+x)V + \alpha(T_2)^4(1-x)V \quad (\text{B.56})$$

となって、

$$T' = \left(\frac{\left(T\left(\frac{1}{1+x}\right)^{\frac{1}{3}}\right)^4 \times (1+x) + \left(T\left(\frac{1}{1-x}\right)^{\frac{1}{3}}\right)^4 \times (1-x)}{2}\right)^{\frac{1}{4}}$$

$$= T \left(\frac{(1+x)^{-\frac{1}{3}} + (1-x)^{-\frac{1}{3}}}{2} \right)^{\frac{1}{4}} \tag{B.57}$$

となる。 相加平均 $\geq$ 相乗平均 を使うと

$$T' \geq T \left(\sqrt{(1-x^2)^{-\frac{1}{3}}} \right)^{\frac{1}{4}} = \frac{T}{(1-x^2)^{\frac{1}{24}}} \tag{B.58}$$

となり、 $1 - x^2 \leq 1$ から $\dfrac{T}{(1-x^2)^{\frac{1}{24}}} \geq T$ がわかるので、 $T' \geq T$ が結論される。

【問い 6-1】の解答 .... (問題 p129、ヒント p338)

(B.6)
→ p338 に $F[T; V, N] = -NRT \log V + f(T; N)$ を代入する。

$$\left(V \frac{\partial}{\partial V} + N \frac{\partial}{\partial N} \right) (-NRT \log V + f) = -NRT \log V + f$$

$$V \times \left(-\frac{NRT}{V} \right) + N \left(-RT \log V + \frac{\partial f}{\partial N} \right) = -NRT \log V + f \tag{B.59}$$

これを整理すると $-NRT = f - N \dfrac{\partial f}{\partial N}$ と

なるから、p177 の脚注 †11 に書いた方法を使っ

て $-NRT = -N^2 \dfrac{\partial \left(\frac{f(N)}{N} \right)}{\partial N}$ とまとめて、後

は積分する。結果は以下の通り。

$$\frac{RT}{N} = \frac{\partial \left(\frac{f(N)}{N} \right)}{\partial N}$$

$$RT \log N = \frac{f(N)}{N} + C(T)$$

$$f(N) = NRT \log N - NC(T) \tag{B.60}$$

【問い 6-2】の解答 .... (問題 p129、ヒント p338)

ピストンの左側の体積が V_1 から v_1 に変化したとする。ピストンの右側の体積は $V_全 - v_1$ に変化する。 (B.7)
→ p338 に $V_1 = v_1$ $V_2 = V_全 - v_1$ を代入してから v_1 で微分する。

$$\frac{\partial}{\partial v_1} \left(-N_1 RT \log \left(\frac{v_1}{N_1} \right) + N_1 f(T) - N_2 RT \log \left(\frac{V_全 - v_1}{N_2} \right) + N_2 f(T) \right)$$

$$= \frac{\partial}{\partial v_1} (-N_1 RT \log v_1 - N_2 RT \log (V_全 - v_1))$$

$$= -N_1 RT \times \frac{1}{v_1} - N_2 RT \times \left(-\frac{1}{V_全 - v_1} \right) \tag{B.61}$$

これが 0 になるのは、 $\dfrac{N_1}{v_1} = \dfrac{N_2}{V_全 - v_1}$ のとき（つまりは密度が等しくなったとき）。そうなったとき
の Helmholtz 自由エネルギーは

$$-N_1 RT \log \left(\frac{V_1 + V_2}{N_1 + N_2} \right) + N_1 f(T) - N_2 RT \log \left(\frac{V_1 + V_2}{N_1 + N_2} \right) + N_2 f(T) \tag{B.62}$$

であり、できる仕事は (B.7)
→ p338 と (B.62) の差であるから、

$$- N_1 RT \log \left(\frac{V_1}{N_1} \right) - N_2 RT \log \left(\frac{V_2}{N_2} \right)$$
$$+ N_1 RT \log \left(\frac{V_1 + V_2}{N_1 + N_2} \right) + N_2 RT \log \left(\frac{V_1 + V_2}{N_1 + N_2} \right) \tag{B.63}$$

【問い 6-3】の解答 . . . . (問題 p131)

　等温操作においては、光子気体の圧力は $\frac{\alpha}{3}T^4$ で一定である。よって操作 (2) を行う間、左側の光子気体と右側の光子気体の圧力も等しい。ゆえに光子気体全体のする仕事は 0 になる。よってこのサイクルの間に光子気体のなす仕事は 0 である（0 以下ではあるから、Kelvin の原理は破っていない）。

【問い 6-4】の解答 . . . . (問題 p132)

　それぞれ V で二階微分する。

$$\underset{\underset{\to \text{ p128}}{}}{(6.9)} \ \text{より、} \left(\frac{\partial^2 F(T;V,N)}{\partial V^2}\right)_{T;N} = \left(\frac{\partial(-NRT \times \frac{1}{V})}{\partial V}\right)_{T;N} = \frac{NRT}{V^2} \tag{B.64}$$

$$\underset{\underset{\to \text{ p130}}{}}{(6.12)} \ \text{より、} \left(\frac{\partial^2 F(T;V)}{\partial V^2}\right)_T = \left(\frac{\partial\left(-\frac{\alpha}{3}T^4\right)}{\partial V}\right)_T = 0 \tag{B.65}$$

となり、どちらも 0 以上である。

【問い 6-5】の解答 . . . . (問題 p134、ヒント p338)

　ヒントの「間の壁を取り去る」操作において系は一切仕事をしない。よって最大仕事すなわち Helmholtz 自由エネルギーの減少

$$(1 - \lambda)F[T;V,N_0] + \lambda F[T;V,N_1] - F[T;V,(1 - \lambda)N_0 + \lambda N_1] \tag{B.66}$$

は 0 以上である。これから (6.16) を得る。
　　　　　　　　　　　　$\underset{\to \text{ p134}}{}$

【問い 7-1】の解答 . . . . (問題 p143、ヒント p339)

　体積 V_0 のときと、体積 V_1 のときの内部エネルギーの変化は

$$\Delta U = cNRT - \frac{aN^2}{V_1} - \left(cNRT - \frac{aN^2}{V_0}\right) = aN^2\left(\frac{1}{V_0} - \frac{1}{V_1}\right) \tag{B.67}$$

Helmholtz 自由エネルギーの変化は

$$\begin{aligned}
\Delta F = &- NRT \log\left(\frac{V_1 - bN}{N}\right) - \frac{aN^2}{V_1} + Nf(T) \\
&- \left(-NRT \log\left(\frac{V_0 - bN}{N}\right) - \frac{aN^2}{V_0} + Nf(T)\right) \\
= &NRT \log\left(\frac{V_0 - bN}{V_1 - bN}\right) + aN^2\left(\frac{1}{V_0} - \frac{1}{V_1}\right)
\end{aligned} \tag{B.68}$$

となるので、

$$Q_{\max} = \Delta U - \Delta F = NRT \log\left(\frac{V_1 - bN}{V_0 - bN}\right) \tag{B.69}$$

となる。

【問い 7-2】の解答 . . . . . (問題 p144、ヒント p339)

F は $\begin{cases} \text{理想気体 1 は} -N_1 RT \log\left(\dfrac{V_1'}{V_1}\right) \\ \text{理想気体 2 は} -N_2 RT \log\left(\dfrac{V_2'}{V_2}\right) \end{cases}$

だけ変化する。それぞれの気体が吸収した熱は、

「U の変化 -F の変化」だが U は変化してないからそれは F の変化 ×(−1) である。二つの理想気体の吸収した熱の和が 0 になるので、

$$N_1 RT \log\left(\frac{V_1'}{V_1}\right) + N_2 RT \log\left(\frac{V_2'}{V_2}\right) = 0$$

$$N_1 \log\left(\frac{V_1'}{V_1}\right) = N_2 \log\left(\frac{V_2}{V_2'}\right) \quad \text{(B.70)}$$

から

$$N_1 \log V_1' + N_2 \log V_2'$$
$$= N_1 \log V_1 + N_2 \log V_2 \quad \text{(B.71)}$$

が成り立つ。これは $N_1 \log V_1 + N_2 \log V_2$ という量が不変量であると示している。

【問い 8-1】の解答 . . . . . (問題 p159、ヒント p339)
ヒントの図を見て計算する。左の図では状態

D から状態 B まで体積の変化しない断熱操作をされているから、$\boxed{結果 3}$ により、$\boxed{T \geq T'}$。右
$\to$ p99
の図は等温サイクルと見ることができるから、一周の間にした仕事 $\boxed{W_{\mathrm{BA}} + W_{\mathrm{AD}} = U_{\mathrm{B}} - U_{\mathrm{D}}}$
は 0 以下。つまり、$\boxed{U_{\mathrm{B}} \leq U_{\mathrm{D}}}$ より、$\boxed{T \leq T'}$。

以上から、$\boxed{T = T'}$ が言えたから、
$\boxed{T; \{V\}, \{N\}} \xrightarrow{\text{断熱準静}} \boxed{T; \{V'\}, \{N\}}$ という操作が存在することがわかる。

【問い 8-2】の解答 . . . . (問題 p162、ヒント p339)
まず体積が $V_1 \to V_2$ と変化したときの Helmholtz 自由エネルギーの変化は

$$\Delta F = -\int_{V_1}^{V_2} \frac{N\mathcal{R}T^\beta}{V}\,dV = -N\mathcal{R}T^\beta \log\left(\frac{V_2}{V_1}\right) \quad \text{(B.72)}$$

である。ヒントより、吸熱は $-\Delta F$ に等しいので、

$\boxed{T_{\text{高}}; V_{\text{高小}}} \to \boxed{T_{\text{高}}; V_{\text{高大}}}$ での吸熱	$N\mathcal{R}(T_{\text{高}})^\beta \log\left(\dfrac{V_{\text{高大}}}{V_{\text{高小}}}\right)$
$\boxed{T_{\text{低}}; V_{\text{低大}}} \to \boxed{T_{\text{低}}; V_{\text{低小}}}$ での放熱	$N\mathcal{R}(T_{\text{低}})^\beta \log\left(\dfrac{V_{\text{低大}}}{V_{\text{低小}}}\right)$

である。この比は

$$\frac{Q_{\text{out 低}}}{Q_{\text{in 高}}} = \frac{(T_{\text{低}})^\beta}{(T_{\text{高}})^\beta} \times \frac{\log\left(\frac{V_{\text{低大}}}{V_{\text{低小}}}\right)}{\log\left(\frac{V_{\text{高大}}}{V_{\text{高小}}}\right)} \quad \text{(B.73)}$$

となる。断熱不変量から、

$$\frac{\alpha c'}{\alpha - \beta}(T_{\text{高}})^{\alpha-\beta} + \log V_{\text{高大}} = \frac{\alpha c'}{\alpha - \beta}(T_{\text{低}})^{\alpha-\beta} + \log V_{\text{低大}} \quad \text{(B.74)}$$

$$\frac{\alpha c'}{\alpha - \beta}(T_{\text{高}})^{\alpha-\beta} + \log V_{\text{高小}} = \frac{\alpha c'}{\alpha - \beta}(T_{\text{低}})^{\alpha-\beta} + \log V_{\text{低小}} \quad \text{(B.75)}$$

なので辺々引いて、

$$\log\left(\frac{V_{\text{高大}}}{V_{\text{高小}}}\right) = \log\left(\frac{V_{\text{低大}}}{V_{\text{低小}}}\right) \quad \text{(B.76)}$$

となるので、吸熱比は

$$\frac{Q_{\text{out 低}}}{Q_{\text{in 高}}} = \frac{(T_{\text{低}})^\beta}{(T_{\text{高}})^\beta} \quad \text{(B.77)}$$

である。$\boxed{\beta = 1}$ でない限り、Carnot の定理は満たされない。実は $\boxed{\beta = 1}$ というのは後で出てくる
エネルギー方程式を満たす条件でもある。そしてこれらの大本は Kelvin の原理である。
$\to$ p212

【問い 8-3】の解答 . . . . (問題 p165、ヒント p339)

問題で定義されたクーラーの効率は $\dfrac{Q_{\text{out 低}}}{(Q_{\text{in 高}} - Q_{\text{out 低}})} = \dfrac{1}{\frac{Q_{\text{in 高}}}{Q_{\text{out 低}}} - 1}$ であるが、Carnot の定理

により $\dfrac{Q_{\text{in 高}}}{Q_{\text{out 低}}} = \dfrac{T_{\text{高}}}{T_{\text{低}}}$ なので、効率は $\dfrac{1}{\frac{T_{\text{高}}}{T_{\text{低}}} - 1} = \dfrac{T_{\text{低}}}{T_{\text{高}} - T_{\text{低}}}$ である。これは 1 を超える。Carnot

サイクルの効率とは定義が違うので、これ自体は別に驚くことではない。クーラーが運べる熱は、クーラーの消費電力より大きくなれる。

【問い 8-4】の解答 . . . . （問題 p165、ヒント p339）
　　全仕事は

$$NRT_{高} \log\left(\frac{V_2}{V_1}\right) - NRT_{低} \log\left(\frac{V_2}{V_1}\right) = NR(T_{高} - T_{低}) \log\left(\frac{V_2}{V_1}\right) \tag{B.78}$$

高温熱源からの吸熱は

$$NcR(T_{高} - T_{低}) + NRT_{高} \log\left(\frac{V_2}{V_1}\right) \tag{B.79}$$

であるから、

$$\eta = \frac{NR(T_{高} - T_{低}) \log\left(\frac{V_2}{V_1}\right)}{NcR(T_{高} - T_{低}) + NRT_{高} \log\left(\frac{V_2}{V_1}\right)} \tag{B.80}$$

となる。この式は、分母の $NcR(T_{高} - T_{低})$（これは正の量）がなければ Carnot サイクルの場合の $\dfrac{T_{高} - T_{低}}{T_{高}}$ になる。Carnot サイクルの効率に比べて分母が大きいのだから、効率は Carnot サイクルより悪い。

【問い 8-5】の解答 . . . . （問題 p165、ヒント p339）

(1)　a→d の吸熱は、$NRT_{低} \log\left(\dfrac{V_2}{V_1}\right)$ で正であるが、b→a での吸熱は $NcR(T_{低} - T_{高})$ となって負。よって、

$$NRT_{低} \log\left(\frac{V_2}{V_1}\right) + NcR(T_{低} - T_{高}) > 0 \tag{B.81}$$

でないとこのサイクルはクーラーとして機能しない。

(2)　サイクルを動かすために必要な仕事は、$NR(T_{高} - T_{低}) \log\left(\dfrac{V_2}{V_1}\right)$ であるから、クーラーの効率は

$$\frac{NRT_{低} \log\left(\frac{V_2}{V_1}\right) + NcR(T_{低} - T_{高})}{NR(T_{高} - T_{低}) \log\left(\frac{V_2}{V_1}\right)} = \frac{T_{低} \log\left(\frac{V_2}{V_1}\right) + c(T_{低} - T_{高})}{(T_{高} - T_{低}) \log\left(\frac{V_2}{V_1}\right)} \tag{B.82}$$

である。分子第 2 項の $c(T_{低} - T_{高})$（負の量）がなければこれは $\dfrac{T_{低}}{T_{高} - T_{低}}$ となり、逆 Carnot サイクルをクーラーとして用いた場合の効率に等しい。よって、クーラーとしての効率は逆 Carnot サイクルのものより悪い。なお、p165 の脚注 †29 で触れたように、b→a での吸熱を d→c での放熱に利用する（なんらかの方法で熱を輸送する）ことが完璧にできれば、分子第 2 項の $c(T_{低} - T_{高})$ はなくなるので効率は Carnot サイクルの場合と同じになる。しかし、実際にはそれを完璧に行うことはできない。

【問い 9-1】の解答 . . . . （問題 p171、ヒント p339）
　　仕事を表にすると

	操作	仕事		操作	仕事
(1)	高小 等温準静 高大	$F_{高小} - F_{高大}$	(2)	高大 断熱準静 低大	$U_{高大} - U_{低大}$
(3)	低大 等温準静 低小	$F_{低大} - F_{低小}$	(4)	低小 断熱準静 高小	$U_{低小} - U_{高小}$

で、全部足すと (9.3) の $Q_{in高}$ 引く (9.4) の $Q_{out低}$ に一致。
→ p170　　→ p171

【問い 9-2】の解答 . . . . （問題 p176）

$\boxed{T = \dfrac{U - F}{S}}$ の両辺を微分すると

$$dT = \frac{dU - dF}{S} - \frac{dS}{S^2}(U - F) \quad \text{(B.83)}$$

となる。等温準静的操作だから $\boxed{dF = -P\,dV}$

と $\boxed{\dfrac{U - F}{S} = T}$ を代入し

$$0 = \frac{dU + P\,dV}{S} - \frac{T}{S}\,dS$$

$$dU = T\,dS - P\,dV \quad \text{(B.84)}$$

が出る。dU は断熱準静的操作では $-P\,dV$、等温準静的操作では $T\,dS - P\,dV$ なので、一般の準静的操作において $\boxed{dU = T\,dS - P\,dV}$ だと結論できる。

【問い 9-3】の解答 . . . . （問題 p176、ヒント p339）

$$\left(\frac{\partial T(S, V, N)}{\partial V}\right)_{S,N} S = \left(\frac{\partial U[S, V, N]}{\partial V}\right)_{S,N} - \left(\frac{\partial F[T(S, V, N); V, N]}{\partial V}\right)_{S,N} \quad \text{(B.85)}$$

という計算が必要だが、第 2 項の $\left(\dfrac{\partial F[T(S, V, N); V, N]}{\partial V}\right)_{S,N}$ の微分は、引数の中に V が 2 回現れることに注意しつつ行うと（(A.55) を参照せよ）、

<small>→ p326</small>

$$-\left(\frac{\partial F[T(S, V, N); V, N]}{\partial V}\right)_{S,N} = \underbrace{-\left(\frac{\partial F[T; V, N]}{\partial V}\right)_{T,N}}_{\substack{T = T(S,V,N) \\ -P}} - \underbrace{\left(\frac{\partial F[T; V, N]}{\partial T}\right)_{V,N}}_{T = T(S,V,N)}\left(\frac{\partial T(S, V, N)}{\partial V}\right)_{S,N}$$

$$\text{(B.86)}$$

となる。これにより、

$$\left(\frac{\partial T(S, V, N)}{\partial V}\right)_{S,N} S = -\underbrace{\left(\frac{\partial F[T; V, N]}{\partial T}\right)_{V,N}}_{T = T(S,V,N)}\left(\frac{\partial T(S, V, N)}{\partial V}\right)_{S,N} \quad \text{(B.87)}$$

がわかり、$\boxed{S = -\dfrac{\partial F[T; V, N]}{\partial T}}$ となる。

【問い 9-4】の解答 . . . . （問題 p179、ヒント p339）

ヒントの微分方程式は

$$-T^2 \frac{\partial}{\partial T}\left(\overbrace{\frac{-NRT\log\left(\dfrac{V - bN}{N}\right) - \dfrac{aN^2}{V} + Nf(T)}{T}}^{F[T;V]}\right) = \overbrace{cNRT - \frac{aN^2}{V}}^{U(T;V)} \quad \text{(B.88)}$$

である。微分を行って整理すると、途中で V がなくなるので偏微分は常微分になり、常微分方程式

$\boxed{\dfrac{d}{dT}\left(\dfrac{f(T)}{T}\right) = -\dfrac{cR}{T}}$ となる。これを解くと解は $\boxed{f(T) = -cRT\log T + CT}$ となり、

$$F[T; V, N] = -NRT\log\left(\frac{V - bN}{N}\right) - \frac{aN^2}{V} - cNRT\log T + CNT \quad \text{(B.89)}$$

となる。積分定数 C は決まらないが、$\boxed{C = cR + R \log \xi}$ と選んでおけば、

$$F[T; V, N] = cNRT - \frac{aN^2}{V} - NRT \log \left(T^c \frac{V - bN}{\xi N} \right) \tag{B.90}$$

となり、$\boxed{a = 0, b = 0}$ にすると理想気体の式(9.20)と一致する形になる。
$\underset{\to \text{ p174}}{}$

【問い 9-5】の解答 .... (問題 p179)

(9.27) に $\boxed{F = -\frac{\alpha}{3} T^4 V}$ を代入して
$\underset{\to \text{ p177}}{}$

$$-T^2 \frac{\partial}{\partial T} \left(-\frac{\frac{\alpha}{3} T^4 V}{T} \right) = -T^2 \frac{\partial}{\partial T} \left(-\frac{\alpha}{3} T^3 V \right) = -T^2 \times \left(-\alpha T^2 V \right) = \alpha T^4 V \tag{B.91}$$

【問い 9-6】の解答 .... (問題 p179)

van der Waals 気体
$$S = NR \log \left(T^c \frac{V - bN}{\xi N} \right) \tag{B.92}$$

光子気体
$$S = \frac{\alpha T^4 V - \left(-\frac{\alpha}{3} T^4 V \right)}{T} = \frac{4}{3} \alpha T^3 V \tag{B.93}$$

【問い 9-7】の解答 .... (問題 p180)

理想気体：$\boxed{\mathrm{d}U + P\,\mathrm{d}V}$ に $\boxed{U = cNRT}$ と $\boxed{P = \dfrac{NRT}{V}}$ を代入すると、

$$\overbrace{cNR\,\mathrm{d}T}^{\mathrm{d}U} + \overbrace{\frac{NRT}{V}\,\mathrm{d}V}^{P} \tag{B.94}$$

である。$T; V$ の関数として見ると積分可能条件は

$$\frac{\partial}{\partial V}(cNR) - \frac{\partial}{\partial T}\left(\frac{NRT}{V} \right) = -\frac{NR}{V} \neq 0 \tag{B.95}$$

である。T で割ってから積分可能条件を計算すると、

$$\frac{\partial}{\partial V}\left(\frac{cNR}{T} \right) - \frac{\partial}{\partial T}\left(\frac{NR}{V} \right) = 0 \tag{B.96}$$

となり、満たされる。

van der Waals 気体：理想気体と同様に、

$$\overbrace{cNR\,\mathrm{d}T + \frac{aN^2}{V^2}\,\mathrm{d}V}^{\mathrm{d}U} + \overbrace{\left(\frac{NRT}{V - bN} - \frac{aN^2}{V^2} \right)\mathrm{d}V}^{P} = cNR\,\mathrm{d}T + \frac{NRT}{V - bN}\,\mathrm{d}V \tag{B.97}$$

$T; V$ の関数として見ると積分可能条件は

$$\frac{\partial}{\partial V}(cNR) - \frac{\partial}{\partial T}\left(\frac{NRT}{V - bN} \right) = -\frac{NR}{V - bN} \neq 0 \tag{B.98}$$

となり、満たされない。T で割ってから積分可能条件を計算すると、

$$\frac{\partial}{\partial V}\left(\frac{cNR}{T} \right) - \frac{\partial}{\partial T}\left(\frac{NR}{V - bN} \right) = 0 \tag{B.99}$$

となり、満たされる。

光子気体： 同様に、

$$\overbrace{4\alpha T^3 V\,\mathrm{d}T + \alpha T^4\,\mathrm{d}V}^{\mathrm{d}U} + \overbrace{\frac{\alpha}{3}T^4\,\mathrm{d}V}^{P} = 4\alpha T^3 V\,\mathrm{d}T + \frac{4}{3}\alpha T^4\,\mathrm{d}V \tag{B.100}$$

$T; V$ の関数として見ると積分可能条件は

$$\frac{\partial}{\partial V}\left(4\alpha T^3 V\right) - \frac{\partial}{\partial T}\left(\frac{4}{3}\alpha T^4\right) = 4\alpha T^3 - \frac{16}{3}\alpha T^3 \neq 0 \tag{B.101}$$

となり、満たされない。T で割ってから積分可能条件を計算すると、

$$\frac{\partial}{\partial V}\left(4\alpha T^2 V\right) - \frac{\partial}{\partial T}\left(\frac{4}{3}\alpha T^3\right) = 4\alpha T^2 - 4\alpha T^2 = 0 \tag{B.102}$$

となり、満たされる。

【問い 9-8】の解答 . . . . _(問題 p182)
二つの $\mathrm{d}U$ は等しいから、

$$T\,\mathrm{d}S - P\,\mathrm{d}V = \mathrm{d}Q - \mathrm{d}W$$

$$T\,\mathrm{d}S - \mathrm{d}Q = P\,\mathrm{d}V - \mathrm{d}W \tag{B.103}$$

となる。左辺が 0 以上だから右辺も 0 以上、すなわち、$\boxed{\mathrm{d}W \leq P\,\mathrm{d}V}$ である。

【問い 9-9】の解答 . . . . . _(問題 p190、ヒント p339)
$\boxed{cNR\Delta T = \dfrac{1}{2}mv^2}$ に数値を代入し

$$\frac{3}{2} \times 1 \times 8.31 \times \Delta T = \frac{1}{2} \times 1 \times 1^2$$

$$\Delta T = \frac{1}{3 \times 8.31}\ \mathrm{K} \simeq 0.0401\ \mathrm{K} \tag{B.104}$$

となる。実感することはちょっと難しい。

【問い 9-10】の解答 . . . . _(問題 p193、ヒント p339)
ヒントのエントロピーの式を微分して 0 とおくと

$$\mathrm{d}S = cN_1 R\frac{\mathrm{d}T_1}{T_1} + cN_2 R\frac{\mathrm{d}T_2}{T_2} = 0 \tag{B.105}$$

となり、(B.8) から $\boxed{\mathrm{d}T_2 = -\dfrac{N_1}{N_2}\mathrm{d}T_1}$ を使う

_{→ p339}
と、

$$\mathrm{d}S = cN_1 R\frac{\mathrm{d}T_1}{T_1} - cN_1 R\frac{\mathrm{d}T_1}{T_2} = 0$$

$$= cN_1 R\,\mathrm{d}T_1\left(\frac{1}{T_1} - \frac{1}{T_2}\right) = 0 \tag{B.106}$$

となる。この式は $\boxed{T_1 = T_2}$ を意味する。

【問い 9-11】の解答 . . . . _(問題 p195、ヒント p340)
内部エネルギーを微分して 0 とおくと

$$\mathrm{d}U = cN_1 R\,\mathrm{d}T_1 + cN_2 R\,\mathrm{d}T_2 = 0 \tag{B.107}$$

になるが、(B.10) から $\boxed{\mathrm{d}T_2 = -\dfrac{N_1 T_2}{N_2 T_1}\mathrm{d}T_1}$ と

_{→ p340}
なることを使うと、

$$\mathrm{d}U = cN_1 R\,\mathrm{d}T_1 - cN_1 R\,\mathrm{d}T_1\frac{T_1}{T_2} = 0$$

$$= cN_1 R\,\mathrm{d}T_1\left(1 - \frac{T_1}{T_2}\right) = 0 \tag{B.108}$$

となる。この式は $\boxed{T_1 = T_2}$ を意味する。

【問い 10-1】の解答 . . . . _(問題 p204、ヒント p340)
ヒントの (B.11) を T で割って

_{→ p340}

$\boxed{NcR\dfrac{\mathrm{d}T}{T} = \mathrm{d}S - NR\dfrac{\mathrm{d}V}{V}}$ にしてから積分
して、

$$NcR\log T = S - NR\log V + C(N)$$

$$S = NR\log\left(T^c V\right) - C(N) \tag{B.109}$$

となる（T, V に関する微分方程式を解いたのだから、N 依存性は決まらないので、積分定数は N の関数）。

次に、S が示量性を持つようにする。log の中にある V が N で割られていなくてはいけないと考えると、

$$S = NR \log \left(\frac{T^c V}{N} \right) + N s_0 \quad \text{(B.110)}$$

という形になる。N に比例する定数は付け加えていいので、最後に $N s_0$ を足した。

$$\boxed{s_0 = R \log \left(\frac{1}{\xi} \right)}$$ と置けば、

$$S = NR \log \left(\frac{T^c V}{\xi N} \right) \quad \text{(B.111)}$$

と書くこともできる。

示量性を持たせるべく、Euler の関係式を満たすようにするという方法もある。(B.109) を Euler の関係式に代入して、
$\to$ p353

$$\left(V \frac{\partial}{\partial V} + N \frac{\partial}{\partial N} \right) \left(NR \log \left(T^c V \right) - C(N) \right) = NR \log \left(T^c V \right) - C(N)$$

$$V \times \frac{NR}{V} + NR \log \left(T^c V \right) - N \frac{\mathrm{d}}{\mathrm{d}N} C(N) = NR \log \left(T^c V \right) - C(N)$$

$$N \frac{\mathrm{d}}{\mathrm{d}N} C(N) = NR + C(N) \quad \text{(B.112)}$$

これを解くと $\boxed{C(N) = NR \log N - N s_0}$ (s_0 は積分定数) となる。

【問い 10-2】の解答 .... (問題 p205、ヒント p340)

(1)

$$\left(\frac{\partial F[T; V, N]}{\partial V} \right)_{T; N}$$

$$= \underbrace{\left(\frac{\partial U[S, V, N]}{\partial S} \right)_{V, N}}_{\substack{S = S(T; V, N) \\ T}} \left(\frac{\partial S(T; V, N)}{\partial V} \right)_{T; N} + \underbrace{\left(\frac{\partial U[S, V, N]}{\partial V} \right)_{S, N}}_{S = S(T; V, N)} - T \times \left(\frac{\partial S(T; V, N)}{\partial V} \right)_{T; N}$$

$$= \underbrace{\left(\frac{\partial U[S, V, N]}{\partial V} \right)_{S, N}}_{S = S(T; V, N)} \quad \text{(B.113)}$$

となる。つまり、$-TS$ の項のおかげで、$-\left(\dfrac{\partial F[T; V, N]}{\partial V} \right)_{T; N}$ と $-\left(\dfrac{\partial U[S, V, N]}{\partial V} \right)_{S, N}$ が同じ (後者に $\boxed{S = S(T; V, N)}$ を代入すれば一致) になる。

(2) 同じ式を、独立変数が S, V, N だと思って書けば

$$\underbrace{F[T; V, N]}_{T = T(S, V, N)} = U[S, V, N] - T(S, V, N) \times S \quad \text{(B.114)}$$

となるが、左辺を V で微分すると、

$$\underbrace{\left(\frac{\partial F[T; V, N]}{\partial T} \right)_{V, N}}_{\substack{T = T(S, V, N) \\ -S}} \underbrace{\left(\frac{\partial T(S, V, N)}{\partial V} \right)_{S, N}}_{} + \underbrace{\left(\frac{\partial F[T; V, N]}{\partial V} \right)_{T; N}}_{T = T(S, V, N)} \quad \text{(B.115)}$$

となる。一方右辺を V で微分すれば

$$\left(\frac{\partial U[S, V, N]}{\partial V} \right)_{S, N} - \left(\frac{\partial T(S, V, N)}{\partial V} \right)_{S, N} \times S \quad \text{(B.116)}$$

であり、両辺の $-S\left(\dfrac{\partial T(S,V,N)}{\partial V}\right)_{S,N}$ は相殺して、$\boxed{\left(\dfrac{\partial F[T;V,N]}{\partial V}\right)_{V,N} = \dfrac{\partial U[S,V,N]}{\partial V}}$ が言える。

【問い 10-3】の解答 . . . . (問題 p207、ヒント p340)

微分する前に、log を分けて、

$$S[U,V,N] = cNR\left(\log U + \frac{1}{c}\log V - \frac{1}{c}\log(\xi N) - \log(cNR)\right) \tag{B.117}$$

としておく。微分すると、

$$\left(\frac{\partial S[U,V,N]}{\partial U}\right)_{V,N} = \frac{cNR}{U}, \quad \left(\frac{\partial S[U,V,N]}{\partial V}\right)_{U,N} = \frac{NR}{V} \tag{B.118}$$

となり $\boxed{U = cNRT}$ と $\boxed{PV = NRT}$ を使うと、

$$\left(\frac{\partial S[U,V,N]}{\partial U}\right)_{V,N} = \frac{1}{T}, \left(\frac{\partial S[U,V,N]}{\partial V}\right)_{U,N} = \frac{P}{T} \tag{B.119}$$

【問い 10-4】の解答 . . . . (問題 p213)

$\boxed{U(T;V) = F[T;V] - T\left(\dfrac{\partial F[T;V]}{\partial T}\right)_V}$ を T を一定にして V で微分すれば

$$\left(\frac{\partial U(T;V)}{\partial V}\right)_T = \left(\frac{\partial F[T;V]}{\partial V}\right)_T - T\left(\frac{\partial\left(\left(\frac{\partial F[T;V]}{\partial T}\right)_V\right)}{\partial V}\right)_T \tag{B.120}$$

である。偏微分の順番を交換して

$$\left(\frac{\partial U(T;V)}{\partial V}\right)_T = \left(\frac{\partial F[T;V]}{\partial V}\right)_T - T\left(\frac{\partial\left(\frac{\partial F[T;V]}{\partial V}\right)_T}{\partial T}\right)_V = -P(T;V) + T\left(\frac{\partial P(T;V)}{\partial T}\right)_V \tag{B.121}$$

となる。

【問い 10-5】の解答 . . . . (問題 p213)

U, F, P を $T; V$ の関数としてみて、

$$dF = -\frac{U(T;V) - F[T;V]}{T}\,dT - P(T;V)\,dV \tag{B.122}$$

の積分可能条件は

$$\left(\frac{\partial\left(-\frac{U(T;V)-F[T;V]}{T}\right)}{\partial V}\right)_T = \left(\frac{\partial(-P(T;V))}{\partial T}\right)_V$$

$$\frac{1}{T}\left(-\left(\frac{\partial U(T;V)}{\partial V}\right)_T + \left(\frac{\partial F[T;V]}{\partial V}\right)_T\right) = -\left(\frac{\partial P(T;V)}{\partial T}\right)_V \quad \left(\left(\frac{\partial F[T;V]}{\partial V}\right)_T = -P(T;V)\right)$$

$$-\left(\frac{\partial U(T;V)}{\partial V}\right)_T - P(T;V) = -T\left(\frac{\partial P(T;V)}{\partial T}\right)_V \tag{B.123}$$

となって、確かにエネルギー方程式 (10.30) が出る。
→ p212

【問い 10-6】の解答 .... (問題 p214、ヒント p340)

$$T \times \overbrace{\frac{NR}{V - bN}}^{\frac{\partial P}{\partial T}} - \overbrace{\left(\frac{NRT}{V - bN} - \frac{aN^2}{V^2} \right)}^{P} = \frac{aN^2}{V^2} \tag{B.124}$$

となるから、$\boxed{\dfrac{\partial U}{\partial V} = \dfrac{aN^2}{V^2}}$ となり、積分すれば

$$U = cNRT - \frac{aN^2}{V} \tag{B.125}$$

となる。V に依らない部分は $cNRT$ とした。

【問い 10-7】の解答 .... (問題 p214、ヒント p340)

ヒントの続きから

$$u(T) = \frac{1}{3} T \frac{\mathrm{d}u\,(T)}{\mathrm{d}T} - \frac{1}{3} u(T)$$

$$4u(T) = T \frac{\mathrm{d}u\,(T)}{\mathrm{d}T} \tag{B.126}$$

となる。後は変数分離して積分してもよいし、$T \dfrac{\mathrm{d}}{\mathrm{d}T}$ という演算子を「T の次数を数える演算子」とみなして、この式を「u は T の 4 次」という意味に読み取ってもよい。どちらにせよ結果は

$$u(T) = (\text{定数})T^4 \tag{B.127}$$

である。定数は熱力学からは決まらない。この式は Stefan-Boltzmann の法則と呼ばれる式で、量子力学による計算ではこの定数も含めて計算できる。しかしこの式は、古典電磁気学からは導出できない。初期の量子力学による成果の一つなのだが、熱力学はそれを先取りしている。

【問い 10-8】の解答 .... (問題 p220、ヒント p340)

このような状況での Helmholtz 自由エネルギーの平衡条件は（簡単のため大気圧を無視して考えると）

$$A_1 \,\mathrm{d}x \underbrace{\left(\frac{\partial F_1[T; V_1, N_1]}{\partial V_1} \right)_{T; N_1}}_{-P_1} - A_2 \,\mathrm{d}x \underbrace{\left(\frac{\partial F_2[T; V_2, N_2]}{\partial V_2} \right)_{T; N_2}}_{-P_2} = 0 \tag{B.128}$$

であるから、$\boxed{P_1 A_1 = P_2 A_2}$ が平衡条件となる[†6]。二つの系の体積変化の割合が 1:1 でないときは、圧力も等しくならず、その比にしたがって変化する。

【問い 10-9】の解答 .... (問題 p222、ヒント p340)

ヒントの (B.14) を $\rho(z)$ で変分を取って 0 と置くと、
→ p340

$$L^2 R \left(\log \left(\frac{T^c}{\xi \rho(z)} \right) - \rho(z) \times \frac{1}{\rho(z)} \right) + \lambda L^2 = 0$$

$$\log \left(\frac{T^c}{\xi \rho(z)} \right) = 1 - \frac{\lambda}{R} \tag{B.129}$$

となるので、$\rho(z)$ は z に依らない。

【問い 11-1】の解答 .... (問題 p229)

【問い 10-4】と同じ方法で：$\boxed{U(T; V, N) = F[T; V, N] - \left(\dfrac{\partial F[T; V, N]}{\partial T} \right)_{V, N}}$ を $T; V$ を一定にし
→ p213

て N で微分すれば

[†6] この式を $\boxed{P_1 \,\mathrm{d}V_1 + P_2 \,\mathrm{d}V_2 = 0}$ と考えると、解析力学での「仮想仕事の原理」（つりあい状態から仮想変位させたときの仕事は 0 ですよ、という原理）と同じ式と考えてもいい。「なんだ、力学と同じ式が出てるだけじゃないか」と思うかもしれない。この段階ではその通りである（最初に言ったように、熱力学は力学の続きなのだ）。熱力学の素晴らしいところは、化学変化や電磁気的現象も含めた、もっと一般的な状態変化に対しても、「F が極小（あるいは、後で出てくる G などが極小）」という条件から平衡点を議論できることである。

$$\left(\frac{\partial U(T;V,N)}{\partial N}\right)_{T;V} = \left(\frac{\partial F[T;V,N]}{\partial N}\right)_{T;V} - T\left(\frac{\partial\left(\left(\frac{\partial F[T;V,N]}{\partial T}\right)_{V,N}\right)}{\partial N}\right)_{T;V} \tag{B.130}$$

である。偏微分の順番を交換して

$$\left(\frac{\partial U(T;V,N)}{\partial N}\right)_{T;V} = \left(\frac{\partial F[T;V,N]}{\partial N}\right)_{T;V} - T\left(\frac{\partial\left(\left(\frac{\partial F[T;V,N]}{\partial N}\right)_{T,N}\right)}{\partial T}\right)_{N,V}$$

$$= \mu(T;V,N) - T\left(\frac{\partial\mu(T;V,N)}{\partial T}\right)_{N,V} \tag{B.131}$$

となる。

【問い **10-5**】と同じ方法で：U, F, μ を $T; V, N$ の関数として考える。体積一定という条件をおいて
→ p213
$-P\,\mathrm{d}V$ の項は 0 にすると

$$\mathrm{d}F = -\frac{U(T;V,N) - F[T;V,N]}{T}\,\mathrm{d}T + \mu(T;V,N)\,\mathrm{d}N \tag{B.132}$$

という式が出る。この $\mathrm{d}F$ の積分可能条件は

$$\left(\frac{\partial\left(-\frac{U(T;V,N)-F[T;V,N]}{T}\right)}{\partial N}\right)_{T;V} = \left(\frac{\partial\mu(T;V,N)}{\partial T}\right)_{V;N}$$

$$\frac{1}{T}\left(-\left(\frac{\partial U(T;V,N)}{\partial N}\right)_{T;V} + \left(\frac{\partial F[T;V,N]}{\partial N}\right)_{T;V}\right) = \left(\frac{\partial\mu(T;V,N)}{\partial T}\right)_{V,N}$$

$$-\left(\frac{\partial U(T;V,N)}{\partial N}\right)_{T;V} + \mu(T;V,N) = T\left(\frac{\partial\mu(T;V,N)}{\partial T}\right)_{V,N}$$

$$\tag{B.133}$$

となり、(B.131) と同じ結果を得る。

【問い **11-2**】の解答... (問題 p230)

$$U[S,V,N] = \left(\frac{\partial U[S,V,N]}{\partial S}\right)_{V,N} S + \left(\frac{\partial U[S,V,N]}{\partial V}\right)_{S,N} V + \left(\frac{\partial U[S,V,N]}{\partial N}\right)_{V,S} N$$

$$= TS - PV + \mu N \tag{B.134}$$

これは、$\boxed{U = F + TS}$ を思い出せば、(11.10) と同じ式。
→ p230

【問い **11-3**】の解答... (問題 p230)
理想気体では

$$F + PV = \overbrace{cNRT - NRT\log\left(\frac{T^c V}{\xi N}\right)}^{F} + \overbrace{NRT}^{PV}$$

$$= (c+1)NRT - NRT\log\left(\frac{T^c V}{\xi N}\right) \tag{B.135}$$

となるから、

$$\mu = \frac{F + PV}{N} = (c+1)RT - RT\log\left(\frac{T^c V}{\xi N}\right) \tag{B.136}$$

である。一方 F の N 微分から μ を求めると

$$\left(\frac{\partial F[T;V,N]}{\partial N}\right)_{T;V} = \frac{\partial}{\partial N}\left(cNRT - NRT\log\left(\frac{T^c V}{\xi N}\right)\right)$$

$$= cRT - RT\log\left(\frac{T^c V}{\xi N}\right) - NRT \times \overbrace{\left(-\frac{1}{N}\right)}^{\frac{\partial}{\partial N}\log\left(\frac{T^c V}{\xi N}\right)} \tag{B.137}$$

となって確かに $\boxed{\mu = \dfrac{\partial F[T;V,N]}{\partial N} = \dfrac{F+PV}{N}}$ が成立している。

【問い 11-4】の解答 .... (問題 p243、ヒント p340)
　ヒントに書いた二つの平衡条件は

$$\frac{\partial}{\partial N_{A1}}F_A[T;V_{A1},N_{A1}] + \frac{\partial}{\partial N_{A1}}F_{AB}[T;V-V_{A1}-V_{B1},N_A-N_{A1},N_B-N_{B1}] = 0 \tag{B.138}$$

$$\frac{\partial}{\partial N_{B1}}F_{AB}[T;V-V_{A1}-V_{B1},N_A-N_{A1},N_B-N_{B1}] + \frac{\partial}{\partial N_{B1}}F_B[T;V_{B1},N_{B1}] = 0 \tag{B.139}$$

である。これは左と中央で物質 A の化学ポテンシャルが等しいという式と、右と中央で物質 B の化学ポテンシャルが等しいという式になっている。V_{A1} が dV 変化したとき、これに連動して N_{A1} が dN_A、N_{B1} が dN_B だけ変化した（半透膜を通じて物質が移動した）とすると、Helmholtz 自由エネルギーの変化は

$$dV\frac{\partial}{\partial V_{A1}}F_A[T;V_{A1},N_{A1}] + dV\frac{\partial}{\partial V_{A1}}F_{AB}[T;V-V_{A1}-V_{B1},N_A-N_{A1},N_B-N_{B1}]$$

$$+ dN_A\frac{\partial}{\partial N_{A1}}F_A[T;V_{A1},N_{A1}] + dN_A\frac{\partial}{\partial N_{A1}}F_{AB}[T;V-V_{A1}-V_{B1},N_A-N_{A1},N_B-N_{B1}]$$

$$+ dN_B\frac{\partial}{\partial N_{B1}}F_{AB}[T;V-V_{A1}-V_{B1},N_A-N_{A1},N_B-N_{B1}] + dN_B\frac{\partial}{\partial N_{B1}}F_B[T;V_{B1},N_{B1}] \tag{B.140}$$

となるが、下の 2 行は (B.138) と (B.139) により 0 であるから、Helmholtz 自由エネルギーの変化は

$$dV\underbrace{\frac{\partial}{\partial V_{A1}}F_A[T;V_{A1},N_{A1}]}_{-P_A} + dV\underbrace{\frac{\partial}{\partial V_{A1}}F_{AB}[T;V-V_{A1}-V_{B1},N_A-N_{A1},N_B-N_{B1}]}_{P_{AB}} \tag{B.141}$$

である。これは系のする仕事 $\times(-1)$ に等しい。

【問い 11-5】の解答 .... (問題 p248、ヒント p341)
$\boxed{U = cNRT + xN\Delta u}$ を x で微分して、

$$0 = cNR\frac{\partial T}{\partial x} + N\Delta u \tag{B.142}$$

より、$\boxed{\dfrac{\partial T}{\partial x} = -\dfrac{\Delta u}{cR}}$ となる。これを使って

(B.16) を x で微分すると、
→ p341

$$\frac{\partial S}{\partial x} = cNR \times \frac{1}{T} \times \frac{\partial T}{\partial x}$$

$$- NR\left(\log x + 1 - \log(1-x) - 1\right)$$

$$= -\frac{N\Delta u}{T} - NR\log\left(\frac{x}{1-x}\right) \qquad (\text{B.143})$$

となる。これから、$\boxed{\log\left(\dfrac{x}{1-x}\right) = -\dfrac{\Delta u}{RT}}$ と

なり、$\boxed{x = \dfrac{1}{1 + \exp\left(\frac{\Delta u}{RT}\right)}}$ と求まる。

【問い 12-1】の解答 .... (問題 p253)

合成関数の微分を行って、

$$\left(\frac{\partial U[S(T;V,N),V,N]}{\partial T}\right)_{V,N} = \underbrace{\left(\frac{\partial U[S,V,N]}{\partial S}\right)_{V,N}}_{\underbrace{S=S(T;V,N)}_{T}}\left(\frac{\partial S(T;V,N)}{\partial T}\right)_{V,N} \qquad (\text{B.144})$$

$$\left(\frac{\partial H[S(T,P;N),P;N]}{\partial T}\right)_{P;N} = \underbrace{\left(\frac{\partial H[P;S,N]}{\partial S}\right)_{P;N}}_{\underbrace{S=S(T,P;N)}_{T}}\left(\frac{\partial S(T,P;N)}{\partial T}\right)_{P;N} \qquad (\text{B.145})$$

【問い 12-2】の解答 .... (問題 p254、ヒント p341)

(1) ヒントの式(B.17)で T を左辺に集めて、
→ p341

$$T^{1+(1/c)} = \left(\frac{\xi P}{R}\right)^{(1/c)}\exp\left(\frac{S}{cNR}\right) \qquad (\text{B.146})$$

として次に両辺を $\dfrac{1}{1+(1/c)} = \dfrac{c}{c+1}$ 乗して

$$T = \left(\frac{\xi P}{R}\right)^{(1/(c+1))}\exp\left(\frac{S}{(c+1)NR}\right) \qquad (\text{B.147})$$

となる。これを代入して、

$$H = (c+1)NR\left(\frac{\xi P}{R}\right)^{(1/(c+1))}\exp\left(\frac{S}{(c+1)NR}\right) + Nu \qquad (\text{B.148})$$

である。

(2)

$$\frac{\partial H}{\partial S} = \left(\frac{\xi P}{R}\right)^{(1/(c+1))}\exp\left(\frac{S}{(c+1)NR}\right) \qquad (\text{B.149})$$

となるが、これは $\boxed{T = \left(\dfrac{\xi P}{R}\right)^{(1/(c+1))}\exp\left(\dfrac{S}{(c+1)NR}\right)}$ ((B.147) より) と同じ式に

なっているから、T である。次に、

$$\frac{\partial H}{\partial P} = \frac{NR}{P}\left(\frac{\xi P}{R}\right)^{(1/(c+1))}\exp\left(\frac{S}{(c+1)NR}\right) \qquad (\text{B.150})$$

であるが、これも T を使って書き直すと $\dfrac{NRT}{P}$ となり、V である。最後に

$$\frac{\partial H}{\partial N} = (c+1)R\left(\frac{\xi P}{R}\right)^{(1/(c+1))}\exp\left(\frac{S}{(c+1)NR}\right) + u$$

$$+ (c+1)NR \left(\frac{\xi P}{R} \right)^{(1/(c+1))} \exp \left(\frac{S}{(c+1)NR} \right) \times \left(-\frac{S}{(c+1)N^2 R} \right)$$

$$= \left(c+1 - \frac{S}{NR} \right) R \left(\frac{\xi P}{R} \right)^{(1/(c+1))} \exp \left(\frac{S}{(c+1)NR} \right) + u \qquad \text{(B.151)}$$

である。$\boxed{P = \dfrac{NRT}{V}}$ と $\boxed{T = \left(\dfrac{\xi N}{V} \right)^{(1/c)} \exp \left(\dfrac{S}{cNR} \right)}$（(10.5) より _{→ p201}）を使って P を消

すと、

$$= \left(c+1 - \frac{S}{NR} \right) R \left(\left(\frac{\xi N}{V} \right)^{1+(1/c)} \exp \left(\frac{S}{cNR} \right) \right)^{(1/(c+1))} \exp \left(\frac{S}{(c+1)NR} \right) + u$$

$$= \left(c+1 - \frac{S}{NR} \right) R \left(\frac{\xi N}{V} \right)^{(1/c)} \exp \left(\left(\frac{1}{c(c+1)} + \frac{1}{c+1} \right) \frac{S}{NR} \right) + u \quad \text{(B.152)}$$

これは、(11.4) での μ の形 _{→ p228} $\left(c+1 - \dfrac{S}{NR} \right) R \left(\dfrac{\xi N}{V} \right)^{(1/c)} \exp \left(\dfrac{S}{cNR} \right) + u$ に等しい。

【問い 12-3】の解答 . . . . （問題 p256）

$$\frac{\partial G}{\partial T} = (c+1)NR - NR \log \left(\frac{RT^{c+1}}{\xi P} \right) - NRT \left((c+1)\frac{1}{T} \right)$$

$$= -NR \log \left(\frac{RT^{c+1}}{\xi P} \right) \qquad \text{(B.153)}$$

$\boxed{P = \dfrac{NRT}{V}}$ を代入した後に $\boxed{S(T;V,N) = NR \log \left(\dfrac{T^c V}{\xi N} \right)}$（(9.18) より _{→ p174}）と見比べると、この

結果は $-S$ である。

$$\frac{\partial G}{\partial P} = NRT \times \frac{1}{P} \qquad \text{(B.154)}$$

となり、これは V である。

$$\frac{\partial G}{\partial N} = (c+1)RT - RT \log \left(\frac{RT^{c+1}}{P} \right) - s_0 T \qquad \text{(B.155)}$$

これに $\boxed{P = \dfrac{NRT}{V}}$ を代入すれば、$\boxed{(c+1)RT - RT \log \left(\dfrac{T^c V}{\xi N} \right) + u}$（(11.5) より _{→ p228}）と一致する。

【問い 12-4】の解答 . . . . （問題 p256）

$$G[T,P;N] = \frac{\partial G[T,P;N]}{\partial N} N = \mu N \qquad \text{(B.156)}$$

となり、$\boxed{\mu = \dfrac{G}{N}}$ であることがわかる。

【問い 12-5】の解答 . . . . （問題 p257）

H を $T,P;N$ の関数として書くと

$H(T,P;N)$

$$= G[T,P;N] - T \overbrace{\left(\frac{\partial G[T,P;N]}{\partial T} \right)_{P;N}}^{-S(T,P;N)} \qquad \text{(B.157)}$$

となるので、右辺を変形して以下を得る。

$$H(T,P;N) = -T^2 \left(\frac{\partial \left(\frac{G[T,P;N]}{T} \right)}{\partial T} \right)_{P;N} \qquad \text{(B.158)}$$

【問い 12-6】の解答 .... (問題 p257、ヒント p341)

$$\underbrace{\Omega[T, \mu; V]}_{\mu = \mu(T; V, N)} = F[T; V, N] - \underbrace{\left(\frac{\partial F[T; V, N]}{\partial N} \right)_{T; V}}_{\mu(T; V, N)} N \tag{B.159}$$

$$\underbrace{\Theta[P, \mu; S]}_{\mu = \mu(P; S, N)} = H[P; S, N] - \underbrace{\left(\frac{\partial H[P; S, N]}{\partial N} \right)_{P; S}}_{\mu(P; S, N)} N \tag{B.160}$$

$$\underbrace{\Upsilon[\mu; S, V]}_{\mu = \mu(S, V, N)} = U[S, V, N] - \underbrace{\left(\frac{\partial U[S, V, N]}{\partial N} \right)_{S, V}}_{\mu(S, V, N)} N \tag{B.161}$$

である。$\boxed{\mu N = G}$ であることを考えると、

$$\Omega = F - G = -PV, \qquad \Theta = H - G = TS, \qquad \Upsilon = U - G = -PV + TS \tag{B.162}$$

となる。簡単な式になってしまったように見えるかもしれないが、独立変数を明示すると、

$$\Omega[T, \mu; V] = -P(T, \mu; V)V \tag{B.163}$$

$$\Theta[P, \mu; S] = T(P, \mu; S)S \tag{B.164}$$

$$\Upsilon[\mu; S, V] = -P(\mu; S, V)V + T(\mu, S, V)S \tag{B.165}$$

で、これらの熱力学関数を使うときは μ が独立変数となるように書きなおさなくてはいけないので、少々手間がかかる。そのせいもあってか、あまり使われていないが、有用となる場面もある。μ が本領を発揮するのは粒子数が（化学変化などで）変化するときであり、そのときはここで与えた熱力学関数も出番がある。Ω は統計力学ではよく登場し「グランドポテンシャル」と呼ばれている。

【問い 12-7】の解答 .... (問題 p258、ヒント p341)
ヒントより、熱浴のエントロピー変化は

$$dS_{熱浴} = -\frac{1}{T} dU_系 - \frac{P}{T} dV_系 \tag{B.166}$$

となる。よって

$$dS_系 \overbrace{-\frac{1}{T} dU_系 - \frac{P}{T} dV_系}^{+dS_{熱浴}} \geq 0 \tag{B.167}$$

であるが、T, P が一定であると考えれば

$$d(TS_系 - U_系 - PV_系) \geq 0 \tag{B.168}$$

となって、これは $\boxed{dG_系 \leq 0}$ を意味する。

【問い 12-8】の解答 .... (問題 p262、ヒント p341)
2×2 行列の逆行列の式より、

$$\begin{pmatrix} \left(\dfrac{\partial T(P; V)}{\partial P} \right)_V & \left(\dfrac{\partial T(P; V)}{\partial V} \right)_P \\ \left(\dfrac{\partial S(P; V)}{\partial P} \right)_V & \left(\dfrac{\partial S(P; V)}{\partial V} \right)_P \end{pmatrix}^{-1} = \frac{1}{\frac{\partial(T, S)}{\partial(P, V)}} \begin{pmatrix} \left(\dfrac{\partial S(P; V)}{\partial V} \right)_P & -\left(\dfrac{\partial T(P; V)}{\partial V} \right)_P \\ -\left(\dfrac{\partial S(P; V)}{\partial P} \right)_V & \left(\dfrac{\partial T(P; V)}{\partial P} \right)_V \end{pmatrix} \tag{B.169}$$

である。ただし、$\dfrac{\partial(T, S)}{\partial(P, V)}$ は行列 $\begin{pmatrix} \left(\dfrac{\partial T(P; V)}{\partial P} \right)_V & \left(\dfrac{\partial T(P; V)}{\partial V} \right)_P \\ \left(\dfrac{\partial S(P; V)}{\partial P} \right)_V & \left(\dfrac{\partial S(P; V)}{\partial V} \right)_P \end{pmatrix}$ の行列式である。つまり、

$$\left(\begin{matrix}\left(\dfrac{\partial P(T;S)}{\partial T}\right)_S & \left(\dfrac{\partial P(T;S)}{\partial S}\right)_T \\[3mm] \left(\dfrac{\partial V(T;S)}{\partial T}\right)_S & \left(\dfrac{\partial V(T;S)}{\partial S}\right)_T\end{matrix}\right) = \dfrac{1}{\frac{\partial(T,S)}{\partial(P,V)}}\left(\begin{matrix}\left(\dfrac{\partial S(P;V)}{\partial V}\right)_P & -\left(\dfrac{\partial T(P;V)}{\partial V}\right)_P \\[3mm] -\left(\dfrac{\partial S(P;V)}{\partial P}\right)_V & \left(\dfrac{\partial T(P;V)}{\partial P}\right)_V\end{matrix}\right) \tag{B.170}$$

となる。これと (12.32) を見比べると、$\boxed{\dfrac{\partial(P,V)}{\partial(T,S)}=1}$ がわかる。
→ p262

【問い 12-9】の解答 .... (問題 p262)

$$\dfrac{\partial(S,T)}{\partial(V,T)}=\dfrac{\partial(P,V)}{\partial(T,V)} \qquad \rangle\ (反対称性)$$

$$-\dfrac{\partial(S,T)}{\partial(T,V)}=\dfrac{\partial(P,V)}{\partial(T,V)} \qquad \rangle\ (反対称性もう一回)$$

$$\dfrac{\partial(T,S)}{\partial(T,V)}=\dfrac{\partial(P,V)}{\partial(T,V)} \qquad \rangle\ (両辺を右辺で割る)$$

$$\dfrac{\partial(T,S)}{\partial(P,V)}=1 \tag{B.171}$$

で、(12.33) から $\boxed{\dfrac{\partial(T,S)}{\partial(P,V)}=1}$ が示せる。
→ p262

同様に、(12.29) から
→ p262

$$\dfrac{\partial(T,S)}{\partial(V,S)}=-\dfrac{\partial(P,V)}{\partial(S,V)} \qquad \rangle\ (反対称性)$$

$$\dfrac{\partial(T,S)}{\partial(V,S)}=\dfrac{\partial(P,V)}{\partial(V,S)} \qquad \rangle\ (割算して)$$

$$\dfrac{\partial(T,S)}{\partial(P,V)}=1 \tag{B.172}$$

(12.30) から
→ p262

$$-\dfrac{\partial(S,T)}{\partial(P,T)}=\dfrac{\partial(V,P)}{\partial(T,P)} \qquad \rangle\ (反対称性)$$

$$\dfrac{\partial(T,S)}{\partial(P,T)}=\dfrac{\partial(P,V)}{\partial(P,T)} \qquad \rangle\ (割算して)$$

$$\dfrac{\partial(T,S)}{\partial(P,V)}=1 \tag{B.173}$$

(12.31) から
→ p262

$$\dfrac{\partial(T,S)}{\partial(P,S)}=\dfrac{\partial(V,P)}{\partial(S,P)} \qquad \rangle\ (反対称性)$$

$$\dfrac{\partial(T,S)}{\partial(P,S)}=\dfrac{\partial(P,V)}{\partial(P,S)} \qquad \rangle\ (割算して)$$

$$\dfrac{\partial(T,S)}{\partial(P,V)}=1 \tag{B.174}$$

【問い 12-10】の解答 .... (問題 p267、ヒント p341)

ヒントの式で $\boxed{\mathrm{d}P=0,\ \mathrm{d}N=0}$ にすると、

$$\left(-\dfrac{2aN^2}{V^3}\mathrm{d}V\right)(V-bN)+\left(P+\dfrac{aN^2}{V^2}\right)\mathrm{d}V=NR\,\mathrm{d}T \tag{B.175}$$

となる。さらに $\boxed{P+\dfrac{aN^2}{V^2}=\dfrac{NRT}{V-bN}}$ を使って

$$\left(-\dfrac{2aN^2}{V^3}(V-bN)+\dfrac{NRT}{V-bN}\right)\mathrm{d}V=NR\,\mathrm{d}T$$

$$\dfrac{\mathrm{d}V}{\mathrm{d}T}=\dfrac{NR}{-\frac{2aN^2}{V^3}(V-bN)+\frac{NRT}{V-bN}}$$

$$\dfrac{\mathrm{d}V}{\mathrm{d}T}=\dfrac{V-bN}{T-\frac{2aN}{RV^3}(V-bN)^2} \tag{B.176}$$

となる。これを使って Joule-Thomson 係数の分子を計算する。

$$T\left(\dfrac{\partial V(T,P;N)}{\partial T}\right)_{P;N}-V=T\times\dfrac{V-bN}{T-\frac{2aN}{RV^3}(V-bN)^2}-V$$

$$= \frac{T(V - bN) - V\left(T - \frac{2aN}{RV^3}(V - bN)^2\right)}{T - \frac{2aN}{RV^3}(V - bN)^2}$$

$$= \frac{-bNT + \frac{2aN}{RV^2}(V - bN)^2}{T - \frac{2aN}{RV^3}(V - bN)^2} \tag{B.177}$$

となる。V が bN に比べて十分大きいときは、$\dfrac{(V - bN)^2}{V^2} \to 1$, $\dfrac{(V - bN)^2}{V^3} \to 0$ として、

$$T\left(\frac{\partial V(T, P; N)}{\partial T}\right)_{P;N} - V = -bN + \frac{2aN}{RT} \tag{B.178}$$

となり、$\boxed{\dfrac{2a}{RT} = b}$ で 0 になる。

【問い 13-1】の解答 . . . . (問題 p276)

$\boxed{f(T; V) = 0}$ と $\boxed{\dfrac{\partial f(T; V)}{\partial V} = 0}$ から出る

$$-2aN^2(V_c - bN)^2 + NRT_c(V_c)^3 = 0 \tag{B.179}$$

$$-4aN^2(V_c - bN) + 3NRT_c(V_c)^2 = 0 \tag{B.180}$$

を連立方程式として解く。(B.180)$\times\dfrac{V_c}{3}$ を (B.179) から引いて

$$\begin{aligned}&-2aN^2(V_c - bN)^2 \\ &+\frac{4}{3}aN^2(V_c - bN)V_c = 0\end{aligned} \tag{B.181}$$

求めたい臨界点は $\boxed{V_c = bN}$ ではないので、$aN^2(V_c - bN)$ (0 ではない) で割って、

$$-2(V_c - bN) + \frac{4}{3}V_c = 0 \tag{B.182}$$

より、$\boxed{V_c = 3bN}$ となる。これを (B.179) に代入して、

$$-2aN^2(2bN)^2 + NRT_c(3bN)^3 \tag{B.183}$$

より、$\boxed{T_c = \dfrac{8a}{27bR}}$ となる。最後に P_c は

$$P_c = \frac{NR\frac{8a}{27bR}}{2bN} - \frac{aN^2}{9b^2N^2} = \frac{a}{27b^2} \tag{B.184}$$

【問い 13-2】の解答 . . . . (問題 p282、ヒント p342)

(1) ヒントの式を変数分離して、

$$\frac{dp_v}{p_v} = \frac{Q_{L \to G}}{NRT^2}dT \quad\Big)\text{(積分)}$$

$$\log p_v = -\frac{Q_{L \to G}}{NRT} \quad +\text{積分定数} \tag{B.185}$$

より $\boxed{p_v = \text{定数} \times \exp\left[-\dfrac{Q_{L \to G}}{NRT}\right]}$ となる。

(2) $\boxed{\dfrac{Q_{L \to G}}{N} = 4.0 \times 10^4\,\text{J/mol}}$ である。

$\boxed{R = 8.3\,\text{J/K} \cdot \text{mol}}$ も使って、(B.185) から、

$$\begin{aligned}&\log(640\,\text{hPa}) - \log(1013\,\text{hPa}) \\ &= \frac{4.0 \times 10^4\,\text{K}}{8.3}\left(\frac{1}{373\,\text{K}} - \frac{1}{T}\right)\end{aligned} \tag{B.186}$$

より、

$$\frac{-0.459 \times 8.3}{4.0 \times 10^4\,\text{K}} - \frac{1}{373\,\text{K}} = -\frac{1}{T} \tag{B.187}$$

となって、これを計算すると $\boxed{T \simeq 360\,\text{K}}$ でだいたい 87 $^\circ$C となる。

【問い 14-1】の解答 . . . . (問題 p297、ヒント p342)

まず A の化学ポテンシャルを計算すると、

$$\mu_A(T, P; N_A, N_B) = \left(\frac{\partial G_{AB}[T, P; N_A, N_B]}{\partial N_A}\right)_{T, P; N_B}$$

$$
=h_{\mathrm{A}}(T)-RT\log\left(\frac{RT^{c+1}(N_{\mathrm{A}}+N_{\mathrm{B}})}{\xi_{\mathrm{A}}N_{\mathrm{A}}P}\right)\overbrace{\underbrace{-\frac{N_{\mathrm{A}}}{N_{\mathrm{A}}+N_{\mathrm{B}}}+1}_{}}^{N_{\mathrm{A}}\frac{\partial}{\partial N_{\mathrm{A}}}\left(-\log\left(\frac{N_{\mathrm{A}}+N_{\mathrm{B}}}{N_{\mathrm{A}}}\right)\right)}\overbrace{-\frac{N_{\mathrm{B}}}{N_{\mathrm{A}}+N_{\mathrm{B}}}}^{N_{\mathrm{B}}\frac{\partial}{\partial N_{\mathrm{B}}}\left(-\log\left(N_{\mathrm{A}}+N_{\mathrm{B}}\right)\right)}
$$

$$
=h_{\mathrm{A}}(T)-RT\log\left(\frac{RT^{c+1}}{\xi_{\mathrm{A}}x_{\mathrm{A}}P}\right) \tag{B.188}
$$

となる。A の化学ポテンシャルだが、「B と共存している状態での」という注釈付きの化学ポテンシャルであるから（x_{A} を通じて）N_{B} にも依存していることに注意しよう（だから $\mu_{\mathrm{A}}(T,P;N_{\mathrm{A}},N_{\mathrm{B}})$ と書いた）。同様に B の化学ポテンシャルは、

$$
\mu_{\mathrm{B}}(T,P;N_{\mathrm{A}},N_{\mathrm{B}})=h_{\mathrm{B}}(T)-RT\log\left(\frac{RT^{c+1}}{\xi_{\mathrm{B}}x_{\mathrm{B}}P}\right) \tag{B.189}
$$

である。化学平衡の条件は $\boxed{-\mu_{\mathrm{A}}[T,P;N_{\mathrm{A}},N_{\mathrm{B}}]+2\mu_{\mathrm{B}}[T,P;N_{\mathrm{A}},N_{\mathrm{B}}]=0}$ なので、

$$
0=-h_{\mathrm{A}}(T)+2h_{\mathrm{B}}(T)+RT\log\left(\frac{RT^{c+1}}{\xi_{\mathrm{A}}x_{\mathrm{A}}P}\right)-2RT\log\left(\frac{RT^{c+1}}{\xi_{\mathrm{B}}x_{\mathrm{B}}P}\right)
$$

$$
0=\frac{-h_{\mathrm{A}}(T)+2h_{\mathrm{B}}(T)}{RT}-\log\left(\frac{RT^{c+1}\xi_{\mathrm{A}}x_{\mathrm{A}}}{P(\xi_{\mathrm{B}})^{2}(x_{\mathrm{B}})^{2}}\right) \tag{B.190}
$$

となり、

$$
-\frac{-h_{\mathrm{A}}(T)+2h_{\mathrm{B}}(T)}{RT}=-\log\left(\frac{RT^{c+1}\xi_{\mathrm{A}}x_{\mathrm{A}}}{P(\xi_{\mathrm{B}})^{2}(x_{\mathrm{B}})^{2}}\right)
$$

$$
\exp\left(-\frac{-h_{\mathrm{A}}(T)+2h_{\mathrm{B}}(T)}{RT}\right)=\frac{P(\xi_{\mathrm{B}})^{2}(x_{\mathrm{B}})^{2}}{RT^{c+1}\xi_{\mathrm{A}}x_{\mathrm{A}}}
$$

$$
\frac{RT^{c+1}\xi_{\mathrm{A}}}{P(\xi_{\mathrm{B}})^{2}}\exp\left(-\frac{-h_{\mathrm{A}}(T)+2h_{\mathrm{B}}(T)}{RT}\right)=\frac{(x_{\mathrm{B}})^{2}}{x_{\mathrm{A}}} \tag{B.191}
$$

という結果が出る。

【問い 14-2】の解答 . . . . (問題 p303)

(14.26) の右辺を微分すると、
→ p303

$$
\frac{\mathrm{d}}{\mathrm{d}T}\left(\exp\left(-\sum_{i}\frac{\nu_{i}\mu_{i}(T,P_{0})}{RT}\right)\right)
$$

$$
=\frac{\mathrm{d}}{\mathrm{d}T}\left(-\sum_{i}\frac{\nu_{i}\mu_{i}(T,P_{0})}{RT}\right)\exp\left(-\sum_{i}\frac{\nu_{i}\mu_{i}(T,P_{0})}{RT}\right)
$$

$$
=\left(-\sum_{i}-\frac{\nu_{i}\mu_{i}(T,P_{0})}{RT^{2}}+\frac{\nu_{i}\left(\frac{\partial\mu_{i}(T,P_{0})}{\partial T}\right)_{P_{0}}}{RT}\right)\exp\left(-\sum_{i}\frac{\nu_{i}\mu_{i}(T,P_{0})}{RT}\right)
$$

$$
=\left(\sum_{i}\frac{\nu_{i}\mu_{i}(T,P_{0})-T\nu_{i}\left(\frac{\partial\mu_{i}(T,P_{0})}{\partial T}\right)_{P_{0}}}{RT^{2}}\right)\exp\left(-\sum_{i}\frac{\nu_{i}\mu_{i}(T,P_{0})}{RT}\right) \tag{B.192}
$$

となる。$\sum_{i}\nu_{i}\left(\mu_{i}(T,P_{0})-T\left(\frac{\partial\mu_{i}(T,P_{0})}{\partial T}\right)_{P_{0}}\right)$ は (14.14) の右辺の T,P_{0} での値であり、これを
→ p298
$\Delta h_{反応}(T,P_{0})$ と書けば、

$$
\frac{\mathrm{d}}{\mathrm{d}T}K(T)=\frac{\Delta h_{反応}(T,P_{0})}{RT^{2}}K(T)
$$

$$\frac{\mathrm{d}}{\mathrm{d}T}\left(\log K(T)\right) = \frac{\Delta h(T, P_0)}{R T^2} \tag{B.193}$$

を得る。

【問い 14-3】の解答 . . . . (問題 p304、ヒント p342)

ヒントより、$\boxed{N_{\mathrm{NH_3}} : N_{\mathrm{N_2}} : N_{\mathrm{H_2}} = x : \left(1 - \frac{1}{2}x\right) : \left(3 - \frac{3}{2}x\right)}$ となる。圧力もこの比となる。全

物質量は $\boxed{\left(x + 1 - \frac{1}{2}x + 3 - \frac{3}{2}x\right) N_0 = (4 - x) N_0}$ から、

$$P_{\mathrm{NH_3}} = \frac{x}{4-x} P, \quad P_{\mathrm{N_2}} = \frac{1 - \frac{1}{2}x}{4-x} P, \quad P_{\mathrm{H_2}} = \frac{3 - \frac{3}{2}x}{4-x} P \tag{B.194}$$

となる。よって、

$$\frac{\left(\frac{x}{4-x}\frac{P}{P_0}\right)^2}{\left(\frac{1-\frac{1}{2}x}{4-x}\frac{P}{P_0}\right)\left(\frac{3-\frac{3}{2}x}{4-x}\frac{P}{P_0}\right)^3} = K(T)$$

$$\frac{x^2 (4-x)^2}{\left(1 - \frac{1}{2}x\right)\left(3 - \frac{3}{2}x\right)^3} = \left(\frac{P}{P_0}\right)^2 K(T) \tag{B.195}$$

【問い 14-4】の解答 . . . . (問題 p309、ヒント p342)

Maxwell の関係式を使うと、
→ p264

$$\frac{1}{V}\left(\frac{\partial V(T, P; N)}{\partial T}\right)_{P;N} = -\frac{1}{V}\left(\frac{\partial S(T, P; N)}{\partial P}\right)_{T,N} \tag{B.196}$$

$$\left(\frac{\partial P(T; V, N)}{\partial T}\right)_{V,N} = \left(\frac{\partial S(T; V, N)}{\partial V}\right)_{T;N} \tag{B.197}$$

となるが、どちらも右辺は $\boxed{T \to 0}$ で S が定数となり、微分すると 0 になる。

【問い A-1】の解答 . . . . (問題 p317、ヒント p342)

(A.10):ヒントから、$\mathrm{d}x$ の二次以上を無視して、$\boxed{\mathrm{d}y = n x^{n-1}\,\mathrm{d}x}$ となる。

(A.11):$\boxed{\mathrm{e}^{x+\mathrm{d}x} - \mathrm{e}^x = \mathrm{e}^x\left(\mathrm{e}^{\mathrm{d}x} - 1\right)}$ となるが、ヒントより $\boxed{\mathrm{e}^{\mathrm{d}x} - 1 = \mathrm{d}x}$ なので、$\boxed{\mathrm{d}y = \mathrm{e}^x\,\mathrm{d}x}$

となる。

(A.12):$\boxed{\mathrm{e}^y = x}$ としてから両辺の変化量を考えると、$\boxed{\mathrm{e}^y\,\mathrm{d}y = \mathrm{d}x}$ である。$\boxed{\mathrm{e}^y = x}$ を使うと、

$\boxed{\mathrm{d}y = \dfrac{1}{x}\,\mathrm{d}x}$ となる。

(A.13):$\boxed{\sin(x + \mathrm{d}x) - \sin x = \sin x \underbrace{\cos \mathrm{d}x}_{\simeq 1} + \cos x \underbrace{\sin \mathrm{d}x}_{\simeq \mathrm{d}x} - \sin x = \cos x\,\mathrm{d}x}$ より、

$\boxed{\mathrm{d}y = \cos x\,\mathrm{d}x}$ となる。

(A.14):$\boxed{\cos(x + \mathrm{d}x) - \cos x = \cos x \underbrace{\cos \mathrm{d}x}_{\simeq 1} - \sin x \underbrace{\sin \mathrm{d}x}_{\simeq \mathrm{d}x} - \cos x = -\sin x\,\mathrm{d}x}$ より、

$\boxed{\mathrm{d}y = -\sin x\,\mathrm{d}x}$ となる。

(A.15):$\boxed{y \cos x = \sin x}$ の両辺を微分すると

$$\mathrm{d}y \cos x - y \sin x\,\mathrm{d}x = \cos x\,\mathrm{d}x \qquad \left.\right\} \text{($y = \tan x$ を代入し整理)}$$

$$\mathrm{d}y\cos x = \cos x\,\mathrm{d}x + \tan x\sin x\,\mathrm{d}x \qquad\Big)\ (\cos x\ \text{で割る})$$

$$\mathrm{d}y = \left(1 + \tan x\frac{\sin x}{\cos x}\right)\mathrm{d}x \tag{B.198}$$

となるが、$\boxed{1 + \tan^2 x = \dfrac{1}{\cos^2 x}}$ である。

【問い A-2】の解答 .... (問題 p321)

$\boxed{x_1 - x_0 = \Delta x}$ と $\boxed{y_1 - y_0 = \Delta y}$ を微小量とすると、(A.28)−(A.29)は
$\underset{\to\ \text{p320}}{}$　$\underset{\to\ \text{p320}}{}$

$$\Delta x\left(\frac{\partial f(x,y_0)}{\partial x}\right)_{y_0} + \Delta y\left(\frac{\partial f(x_1,y)}{\partial y}\right)_{x_1} - \left(\Delta y\left(\frac{\partial f(x_0,y)}{\partial y}\right)_{x_0} + \Delta x\left(\frac{\partial f(x,y_1)}{\partial x}\right)_{y_1}\right) = 0$$

$$\Delta x\left(\left(\frac{\partial f(x,y_0)}{\partial x}\right)_{y_0} - \left(\frac{\partial f(x,y_1)}{\partial x}\right)_{y_1}\right) + \Delta y\left(\left(\frac{\partial f(x_1,y)}{\partial y}\right)_x - \left(\frac{\partial f(x_0,y)}{\partial y}\right)_x\right) = 0 \tag{B.199}$$

となるが、第 1 項の括弧内は

$$\left(\frac{\partial f(x,y_0)}{\partial x}\right)_{y_0} - \left(\frac{\partial f(x,y_1)}{\partial x}\right)_{y_1} = -\Delta y\frac{\partial}{\partial y}\left(\left(\frac{\partial f(x,y)}{\partial x}\right)_y\right) \tag{B.200}$$

と、第 2 項の括弧内は

$$\left(\frac{\partial f(x_1,y)}{\partial y}\right)_{x_1} - \left(\frac{\partial f(x_0,y)}{\partial y}\right)_{x_0} = \Delta x\frac{\partial}{\partial x}\left(\left(\frac{\partial f(x,y)}{\partial y}\right)_x\right) \tag{B.201}$$

と展開できて、

$$\Delta x\Delta y\left(-\frac{\partial}{\partial y}\left(\left(\frac{\partial f(x,y)}{\partial x}\right)_y\right) + \frac{\partial}{\partial x}\left(\left(\frac{\partial f(x,y)}{\partial y}\right)_x\right)\right) = 0 \tag{B.202}$$

という式が出る。これは(A.27)である。
$\underset{\to\ \text{p320}}{}$

【問い A-3】の解答 .... (問題 p323、ヒント p342)

(1) 微分すると

$$0 = \underbrace{\left(\frac{\partial x(y,z)}{\partial y}\right)_z}_{y=y(x,z)}\left(\frac{\partial y(x,z)}{\partial z}\right)_x + \underbrace{\left(\frac{\partial x(y,z)}{\partial z}\right)_y}_{y=y(x,z)} \tag{B.203}$$

より、

$$\underbrace{\left(\frac{\partial x(y,z)}{\partial y}\right)_z}_{y=y(x,z)}\left(\frac{\partial y(x,z)}{\partial z}\right)_x = -\underbrace{\left(\frac{\partial x(y,z)}{\partial z}\right)_y}_{y=y(x,z)} \tag{B.204}$$

を得る。字面を見て「∂y を約分」と考えると間違える。これは、これらの微分が（最初から順に）

「z が一定」「x が一定」「y が一定」と、条件の違う微分だからである。こういう場合に「常微分と同じだろう」と甘く考えてはいけない。

(2) 微分すると左辺は 1 になり、

$$1 = \underbrace{\left(\frac{\partial x(y,z)}{\partial y}\right)_z}_{y=y(x,z)}\left(\frac{\partial y(x,z)}{\partial x}\right)_z \tag{B.205}$$

という式が出る。この式の場合、二つの微分で「z が一定」という条件が同じなので、変数なのは x, y の二つしかない（どちらか一方が独立変数でもう一方が従属変数）。この場合は常微分と同様に「∂x などの約分」的操作ができる。

【問い A-4】の解答 .... (問題 p325、ヒント p342)

ヒントにしたがって計算すると、

$$\mathrm{d}f = \frac{\partial f(x,y)}{\partial x}\left(\mathrm{d}r\,\cos\theta - r\sin\theta\,\mathrm{d}\theta\right) + \frac{\partial f(x,y)}{\partial y}\left(\mathrm{d}r\,\sin\theta + r\cos\theta\,\mathrm{d}\theta\right) \tag{B.206}$$

並べ直して、

$$\begin{aligned}
\mathrm{d}f = {}& \left(\frac{\partial f(x,y)}{\partial x}\cos\theta + \frac{\partial f(x,y)}{\partial y}\sin\theta\right)\mathrm{d}r \\
& + \left(-\frac{\partial f(x,y)}{\partial x}r\sin\theta + \frac{\partial f(x,y)}{\partial y}r\cos\theta\right)\mathrm{d}\theta
\end{aligned} \tag{B.207}$$

となり、

$$\frac{\partial f(r,\theta)}{\partial r} = \frac{\partial f(x,y)}{\partial x}\cos\theta + \frac{\partial f(x,y)}{\partial y}\sin\theta \tag{B.208}$$

$$\frac{\partial f(r,\theta)}{\partial \theta} = -\frac{\partial f(x,y)}{\partial x}r\sin\theta + \frac{\partial f(x,y)}{\partial y}r\cos\theta \tag{B.209}$$

【問い A-5】の解答 .... (問題 p330)

(1) まず(A.73)を y_1 で微分する。第1項は y_1 を含まないので関係なくなり、
→ p330

$$\left(\frac{\partial U(x_1,y_1)}{\partial y_1}\right)_{x_1} = \frac{\partial}{\partial y_1}\left(\int_{y_0}^{y_1}\mathrm{d}y\,Q(x_1,y)\right) \tag{B.210}$$

となるが、これは $Q(x_1,y)$ を y で積分してから y_1 で微分する[†7]ので、結果は $Q(x_1,y_1)$ となる。次に、(A.73)を x_1 で微分する。
→ p330

$$\left(\frac{\partial U(x_1,y_1)}{\partial x_1}\right)_{y_1} = P(x_1,y_0) + \int_{y_0}^{y_1}\mathrm{d}y\,\frac{\partial Q(x_1,y)}{\partial x_1} \tag{B.211}$$

第1項の微分は上と同様である。ここで積分可能条件を使うと、第2項が

$$\int_{y_0}^{y_1}\mathrm{d}y\,\frac{\partial Q(x_1,y)}{\partial x_1} = \int_{y_0}^{y_1}\mathrm{d}y\,\frac{\partial P(x_1,y)}{\partial y} = \Big[P(x_1,y)\Big]_{y_0}^{y_1} \tag{B.212}$$

となるので、

$$\left(\frac{\partial U(x_1,y_1)}{\partial x_1}\right)_{y_1} = P(x_1,y_0) + \overbrace{P(x_1,y_1) - P(x_1,y_0)}^{\left[P(x_1,y)\right]_{y_0}^{y_1}} = P(x_1,y_1) \tag{B.213}$$

(A.74)の方も同様に
→ p330

$$\left(\frac{\partial U(x_1,y_1)}{\partial x_1}\right)_{y_1} = \frac{\partial}{\partial x_1}\left(\int_{x_0}^{x_1}P(x,y_1)\,\mathrm{d}x\right) = P(x_1,y_1) \tag{B.214}$$

$$\begin{aligned}
\left(\frac{\partial U(x_1,y_1)}{\partial y_1}\right)_{x_1} &= Q(x_0,y_1) + \int_{x_0}^{x_1}\mathrm{d}x\,\underbrace{\frac{\partial P(x,y_1)}{\partial y_1}}_{\frac{\partial Q(x,y_1)}{\partial x}} \\
&= Q(x_0,y_1) + Q(x_1,y_1) - Q(x_0,y_1) = Q(x_1,y_1)
\end{aligned} \tag{B.215}$$

[†7] 1変数の積分のときの $\dfrac{\mathrm{d}}{\mathrm{d}x}\displaystyle\int_{x_0}^{x}\mathrm{d}t\,f(t) = f(x)$ の2変数バージョンの式。

(2)　(A.73)は
→ p330

$$U(x_0 + \Delta x, y_0 + \Delta y) = \int_{x_0}^{x_1} P(x, y_0)\,\mathrm{d}x + \int_{y_0}^{y_0 + \Delta y} Q(x_0 + \Delta x, y)\,\mathrm{d}y$$

$$= P(x_0, y_0)\Delta x + Q(x_0 + \Delta x, y_0)\Delta y$$

$$= P(x_0, y_0)\Delta x + Q(x_0, y_0)\Delta y + \frac{\partial Q(x_0, y_0)}{\partial x}\Delta x \Delta y \tag{B.216}$$

となり、(A.74)に対して同様の計算を行うと
→ p330

$$U(x_0 + \Delta x, y_0 + \Delta y) = P(x_0, y_0)\Delta x + Q(x_0, y_0)\Delta y + \frac{\partial P(x_0, y_0)}{\partial y}\Delta x \Delta y \tag{B.217}$$

であるから、積分可能条件を使うとこの 2 式は等しい。

(3)　(A.73)の積分を実行すると、
→ p330

$$\underbrace{\int_{x_0}^{x_1}\left(\frac{\partial U(x, y_0)}{\partial x}\right)_{y_0}\mathrm{d}x}_{\left[U(x, y_0)\right]_{x_0}^{x_1}} + \underbrace{\int_{y_0}^{y_1}\left(\frac{\partial U(x_1, y)}{\partial y}\right)_{x_1}\mathrm{d}y}_{\left[U(x_1, y)\right]_{y_0}^{y_1}} + U(x_0, y_0)$$

$$= U(x_1, y_0) - U(x_0, y_0) + U(x_1, y_1) - U(x_1, y_0) + U(x_0, y_0) = U(x_1, y_1) \tag{B.218}$$

(A.74)の方は
→ p330

$$\underbrace{\int_{y_0}^{y_1}\left(\frac{\partial U(x_0, y)}{\partial y}\right)_{x_0}\mathrm{d}y}_{\left[U(x_0, y)\right]_{y_0}^{y_1}} + \underbrace{\int_{x_0}^{x_1}\left(\frac{\partial U(x, y_1)}{\partial x}\right)_{y_1}\mathrm{d}x}_{\left[U(x, y_1)\right]_{x_0}^{x_1}} + U(x_0, y_0)$$

$$= U(x_0, y_1) - U(x_0, y_0) + U(x_1, y_1) - U(x_0, y_1) + U(x_0, y_0) = U(x_1, y_1) \tag{B.219}$$

索　引

著者紹介

前野　昌弘
（まえ　の　まさ　ひろ）

1985年　神戸大学理学部物理学科卒業
1990年　大阪大学大学院理学研究科博士後期課程修了
1995年より琉球大学理学部教員
現　在　琉球大学理学部物質地球科学科准教授
著　書　『よくわかる電磁気学』『よくわかる初等力学』
　　　　『よくわかる解析力学』『よくわかる量子力学』
　　　　『ヴィジュアルガイド物理数学～1変数の微積分と常微分方程式』
　　　　『ヴィジュアルガイド物理数学～多変数関数と偏微分』
　　　　（以上6冊は東京図書）
　　　　『今度こそ納得する物理・数学再入門』（技術評論社）
　　　　『量子力学入門』（丸善出版）

ネット上のハンドル名は「いろもの物理学者」
ホームページは http://www.phys.u-ryukyu.ac.jp/~maeno/
twitter は http://twitter.com/irobutsu
本書のサポートページは http://irobutsu.a.la9.jp/mybook/ykwkrTD/

装丁（カバー・表紙）高橋　敦

よくわかる熱力学
（ねつりきがく）
Printed in Japan

2020年9月25日　第1刷発行
2024年7月25日　第4刷発行

©Masahiro Maeno 2020

著　者　前　野　昌　弘
発行所　東京図書株式会社
〒102-0072 東京都千代田区飯田橋 3-11-19
振替 00140-4-13803 電話 03(3288)9461
http://www.tokyo-tosho.co.jp

ISBN 978-4-489-02341-5

	理想気体	van der Waals
$P(T;V,N)$	$\dfrac{NRT}{V}$	$\dfrac{NRT}{V-bN} - \dfrac{aN^2}{V^2}$
$U(T;V,N)$	$cNRT + Nu$	$cNRT - \dfrac{aN^2}{V}$
$F[T;V,N]$	$cNRT - NRT\log\left(\dfrac{T^cV}{\xi N}\right) + Nu$	$cNRT - \dfrac{aN^2}{V}$
$S(T;V,N)$	$NR\log\left(\dfrac{T^cV}{\xi N}\right)$	$NR\log\left(\dfrac{T^c(V}{\xi}\right.$
$T(S,V,N)$	$\left(\dfrac{\xi N}{V}\right)^{(1/c)}\exp\left(\dfrac{S}{cNR}\right)$	$\left(\dfrac{\xi N}{V-bN}\right)^{(1/c)}$
$U[S,V,N]$	$cNR \times \left(\dfrac{\xi N}{V}\right)^{(1/c)}\exp\left(\dfrac{S}{cNR}\right) + Nu$	$cNR\left(\dfrac{\xi N}{V-bN}\right.$
$\mu[T;V,N]$	$(c+1)RT - RT\log\left(\dfrac{T^cV}{\xi N}\right) + u$	$\left(c+1 + \dfrac{bN}{V-b}\right.$
$\mu[S,V,N]$	$\left((c+1)R - \dfrac{S}{N}\right)\left(\dfrac{\xi N}{V}\right)^{(1/c)}\exp\left(\dfrac{S}{cNR}\right) + u$	$\left(c+1 - \dfrac{bN}{V-b}\right.$
$H(T;P,N)$	$(c+1)NRT + Nu$	$\left(c+1 + \dfrac{}{v_{\mathrm{vdw}}(}\right.$
$H[P,S,N]$	$(c+1)NR \times \left(\dfrac{\xi N}{V}\right)^{(1/c)}\exp\left(\dfrac{S}{cNR}\right) + Nu$	複雑なので略
$G[T,P;N]$	$(c+1)NRT - NRT\log\left(\dfrac{RT^{c+1}}{\xi P}\right) + Nu$	$\left(c+1 + \dfrac{}{v_{\mathrm{vdw}}(}\right.$
$\mu[T,P;N]$	$(c+1)RT - RT\log\left(\dfrac{RT^{c+1}}{\xi P}\right) + u$	$\left(c+1 + \dfrac{}{v_{\mathrm{vdw}}(}\right.$

上の $v_{\mathrm{vdw}}(T,P$

【完全な熱力

$$\mathrm{d}U = T(S,V,N)\,\mathrm{d}S - P(S,V,N)\,\mathrm{d}V + \mu(S,V,N)\,\mathrm{d}N \quad \leftarrow \text{Legendre 変}$$

$$\text{Legendre 変換 } V \leftrightarrow P$$

$$\mathrm{d}H = T(P;S,N)\,\mathrm{d}S + V(P;S,N)\,\mathrm{d}P + \mu(P;S,N)\,\mathrm{d}N \quad \leftarrow \text{Legendre 変}$$

上の式の $\alpha\,\mathrm{d}A + \beta\,\mathrm{d}B$ の部分から $\dfrac{\partial\alpha}{\partial B} = \dfrac{\partial\beta}{\partial A}$ という式を作ると Maxwell の関係式

例：$\mathrm{d}H$ の $T(P;S,N)\,\mathrm{d}S + V(P;S,N)\,\mathrm{d}P$ から、$\left(\dfrac{\partial T(P;S,N)}{\partial P}\right)_{S,N} = \left(\dfrac{\partial V(P;S}{\partial S}\right.$